国家出版基金项目
NATIONAL PUBLICATION FOUNDATION

"十三五"
国家重点图书

食品加工过程安全控制丛书
Safety Control in Food Processing Series

U0301403

食品加工过程
安全性评价及风险评估

Food Safety Evaluation
and Risk Assessment in Processing

孙秀兰 李耘 李晓薇 等编著

化学工业出版社
·北京·

面对当前严峻的食品安全形势，急需关注食品加工过程中危害因子的产生与控制。因此，本书围绕食品加工过程的风险因素，跟踪食品加工过程中的安全隐患，结合案例分析，重点阐述风险快速识别、风险监测及其安全性评价方法。本书共9章，内容大致分为食品加工与安全性评价及其风险评估原理与方法；食品加工过程产生的生物性、物理性和化学危害物的安全性评价及风险评估；食品过敏原和食品包装材料安全性评价及风险评估。

本书可作为从事食品科学、食品工程、粮油加工、食品检验、卫生检验、外贸商检等相关工作人员的参考书，亦可作为农业、食品、生物、环境等各学科方向的有关研究人员、专业技术工作者、食品监督检验和管理人员及相关专业院校师生的参考资料。

图书在版编目（CIP）数据

食品加工过程安全性评价及风险评估/孙秀兰等编著. —北京：化学工业出版社，2016.11
国家出版基金项目
"十三五"国家重点图书
（食品加工过程安全控制丛书）
ISBN 978-7-122-28258-3

Ⅰ.①食… Ⅱ.①孙… Ⅲ.①食品加工-生产过程控制-安全评价 Ⅳ.①TS205

中国版本图书馆 CIP 数据核字（2016）第 236958 号

责任编辑：赵玉清　　　　　　　　文字编辑：周　偶
责任校对：宋　夏　　　　　　　　装帧设计：尹琳琳

出版发行：化学工业出版社（北京市东城区青年湖南街 13 号　邮政编码 100011）
印　　刷：北京永鑫印刷有限责任公司
装　　订：三河市胜利装订厂
710mm×1000mm　1/16　印张 24½　彩插 1　字数 431 千字　2017 年 3 月北京第 1 版第 1 次印刷

购书咨询：010-64518888（传真：010-64519686）　　售后服务：010-64518899
网　　址：http://www.cip.com.cn
凡购买本书，如有缺损质量问题，本社销售中心负责调换。

定　　价：88.00 元

《食品加工过程安全控制丛书》 编委会名单

本书编写人员名单

（按汉语拼音排序）

顾文树　江南大学

纪　剑　江南大学

蒋　卉　江南大学

李晓薇　江南大学

李　耘　江南大学

皮付伟　江南大学

尚晓红　国家食品安全风险评估中心

孙　超　江南大学

孙嘉笛　江南大学

孙秀兰　江南大学

孙艳格　江南大学

王轶凡　江南大学

辛志宏　南京农业大学

徐　丹　陕西科技大学

张银志　江南大学

20 世纪 50 年代后，随着工业技术的发展造成环境污染加剧，加之食品生产过程中不恰当的操作，给食品安全带来了一系列重大问题。 目前，这些问题已经引起国家的高度重视，2009 年 6 月我国颁布实施了《中华人民共和国食品安全法》，其第二章明确规定实施食品安全风险监测和风险评估国家制度，作为食品安全国家标准制定、食品安全风险警示和食品安全控制措施的科学依据。 这表明我国食品安全风险分析工作进入了法制化轨道。

无论是对发展中国家还是发达国家而言，确保食品安全，保障公众健康和促进经济发展，都极具挑战。 许多国家在加强食品安全体系方面取得了长足进展，减少和预防食源性疾病面临很大机遇。 但是，食源性疾病的发生率依然很高，食品供应链中新的危害因素仍然不断出现。 随着经济发展的全球化，食源性疾病也随之呈现出流行速度快、影响范围广等新特点， 为此，食品安全得到各国政府和有关国际组织的重视。 影响人体健康的食源性风险可能来自于自然界的生物、化学或物理等方面的因素，进一步减少食源性疾病，强化食品安全体系的一个重要方法就是风险分析。 风险分析原则开始出现在食品安全领域，目的在于保护消费者的健康和保证国际食品贸易的公平。 食品安全风险分析正是世界各国在食品安全管理与食源性疾病防控工作实践中总结形成的应用科学分析方法解决食品安全问题的强有力工具。

面对当前严峻的食品安全形势，急需关注食品加工过程中危害因子的产生与控制。 因此，本书围绕食品加工过程的风险因素，跟踪食品加工过程中的安全隐患，结合案例分析，重点阐述风险快速识别、风险监测、风险评估及其安全评价方法。 全书共分为 9 章，编写分工如下：第 1 章、第 3 章、第 7 章、第 8 章由孙秀兰编写，皮付伟、孙艳格、孙嘉笛、顾文树、孙超参与协助；第 2 章、第 5 章、第 9 章由李耘编写，徐丹、张银志、纪剑、王轶凡参与协助；第 4 章、第 6 章由李晓薇编写，尚晓红、辛志宏、蒋卉参与协助。

本书凝聚了众多专家大量的心血和研究成果，涉及的内容繁杂，由于时间和能力有限，书中不妥之处在所难免，恳请各位专家和读者批评指正。

编者
2016 年 6 月

目录
CONTENTS

1 食品加工与安全

1.1 食品加工安全概述 **2**

   1.1.1 食品安全与食品加工 4

   1.1.2 食品加工安全研究内容与目的 5

1.2 食品安全性与安全性评价 **6**

   1.2.1 毒性作用与致癌作用评价 7

   1.2.2 剂量和剂量-反应关系 8

   1.2.3 毒性作用的影响因素及机理 13

1.3 食品安全性评价程序 **17**

   1.3.1 食品安全性检测新方法 17

   1.3.2 特殊食品的安全性评价 22

   1.3.3 我国食品安全性评价的不足和发展 ... 26

参考文献 **26**

2 食品加工过程风险评估原理与方法

2.1 基本概念 **30**

   2.1.1 风险 30

   2.1.2 风险评估 30

   2.1.3 食品加工过程风险评估 31

2.2 相关概念之间区别与联系 **32**

   2.2.1 危害、安全与风险的区别与联系 32

   2.2.2 食品安全、食品加工过程安全及农产品质量安全风险评估的区别与联系 33

2.3 危害特征描述原理及方法 **33**

   2.3.1 有阈值、无阈值与剂量-反应评估 33

   2.3.2 主流的剂量评估方法 35

2.4 暴露评估原理及方法 **48**

2.4.1 概率评估方法 ·································· 48

2.4.2 阶层式概率评估程序 ························ 52

2.4.3 概率分布与拟合数据选择 ·················· 60

2.4.4 概率分布函数 ······························ 61

2.4.5 概率分布函数拟合数据 ···················· 63

2.4.6 食品加工过程混合危害物暴露评估 ·········· 69

参考文献 ·· **82**

③ 食品加工技术安全性评价

3.1 热处理加工食品安全性评价 ················ **88**

3.1.1 热处理对食品品质的影响 ·················· 88

3.1.2 热处理食品的安全性 ······················ 92

3.2 辐照和微波加工食品安全性评价 ·············· **100**

3.2.1 辐照对食品品质的影响 ···················· 101

3.2.2 辐照食品的安全性评价 ···················· 104

3.2.3 微波加工对食品品质的影响 ················ 106

3.3 转基因食品安全性评价 ···················· **111**

3.3.1 转基因食品概述 ·························· 111

3.3.2 转基因食品安全性评价的内容 ·············· 116

3.3.3 转基因食品安全性评价实例 ················ 120

参考文献 ·· **127**

④ 食品加工产生的化学危害物的安全性评价及风险评估

4.1 加工产生的化学危害物风险评估现状 ·········· **134**

4.1.1 国外化学危害物风险评估现状 ·············· 134

4.1.2 国内化学危害物风险评估现状 ·············· 136

4.2 化学物累积暴露风险评估方法 ················ **137**

4.2.1 联合作用类型 ···························· 138

4.2.2 化学物累积暴露风险评估的常用方法 ········ 138

4.3 化学危害物国内外风险监测水平 ·············· **142**

4.3.1 生物监测在风险评估中的应用 ………………………………… 142

4.3.2 风险评估中生物监测应用的局限性 ……………………… 145

4.4 转化毒理学在风险评估中的应用 ……………………… **147**

4.4.1 细胞电化学传感器的构建及丙烯酰胺毒性检测 ………… 148

4.4.2 利用代谢组学和人类多能干细胞预测发育毒性 ………… 149

4.4.3 细胞转染荧光传感器的构建及用于毒性分析检测 ……… 150

4.4.4 开展 SAR 毒理学评估的结构化和机制化驱动框架 …… 150

4.4.5 21 世纪毒理学测试新技术 TT21C 的应用展望 ……… 151

4.5 典型化学危害物风险评估案例 ………………………… **151**

4.5.1 酱油中 3-氯-1,2-丙二醇的暴露风险评估案例分析 … 151

4.5.2 反式脂肪酸风险评估案例分析 ………………………… 158

4.5.3 即溶咖啡粉中丙烯酰胺的风险评估案例分析 ………… 165

参考文献 ………………………………………………………… **170**

⑤ 重金属危害及风险评估

5.1 重金属风险污染及评估现状 ………………………… **176**

5.1.1 铅毒的危害及其临床表现 …………………………… 176

5.1.2 镉毒的危害及其临床表现 …………………………… 177

5.1.3 汞毒的危害及其临床表现 …………………………… 177

5.1.4 砷毒的危害及其临床表现 …………………………… 178

5.2 重金属国内外安全限量标准 ………………………… **179**

5.2.1 我国食品中重金属限量标准状况 …………………… 179

5.2.2 国外水产品中重金属限量标准情况 ………………… 181

5.3 重金属风险评估方法 …………………………………… **183**

5.3.1 农产品中重金属的毒性效应评估 …………………… 183

5.3.2 农产品中重金属暴露评估 …………………………… 184

5.3.3 农产品中重金属风险描述 …………………………… 184

5.4 重金属毒性风险识别 …………………………………… **185**

5.4.1 通过基因诊断评估重金属离子毒性风险 …………… 185

5.4.2 通过细胞评估重金属离子毒性风险 ………………… 189

5.4.3 通过模式动物评估重金属离子毒性风险 …………… 191

5.5 典型重金属风险评估案例分析 …………………………… **192**

   5.5.1 案例背景 ………………………………… 192

   5.5.2 食品消费调查和体内暴露检测 ……………………… 193

参考文献 ……………………………………… **198**

6 食品加工过程中食源性致病菌的危害及风险评估

6.1 致病菌的微生物学特性及致病机理 ……………… **203**

   6.1.1 革兰氏阳性致病菌 ………………………… 203

   6.1.2 革兰氏阴性致病菌 ………………………… 212

6.2 食品中致病菌风险监测及毒性识别 ……………… **220**

   6.2.1 致病菌风险监测方法 ……………………… 220

   6.2.2 致病菌毒性风险识别 ……………………… 225

6.3 食品中致病菌限量标准 ………………………… **232**

   6.3.1 沙门氏菌 ………………………………… 232

   6.3.2 单核细胞增生李斯特氏菌 …………………… 233

   6.3.3 大肠埃希氏菌 O157：H7 …………………… 233

   6.3.4 金黄色葡萄球菌 ………………………… 233

   6.3.5 副溶血性弧菌 …………………………… 233

6.4 国内外致病菌危害风险评估方法及研究现状 …… **233**

   6.4.1 国内外致病菌危害风险评估方法 …………… 234

   6.4.2 国内外致病菌危害评估研究现状 …………… 237

6.5 零售熟食店中单增李斯特氏菌的风险评估案例分析 ………… **240**

   6.5.1 研究背景 ………………………………… 240

   6.5.2 指导风险评估的步骤 ……………………… 241

   6.5.3 范围与目的/风险管理问题 ………………… 242

   6.5.4 概念模型和框架 ………………………… 243

   6.5.5 数据采集 ………………………………… 247

   6.5.6 风险评估模型的全面描述 …………………… 248

   6.5.7 风险评估结果与讨论 ……………………… 255

   6.5.8 风险评估结果的总结 ……………………… 262

   6.5.9 结论 …………………………………… 267

参考文献 ··· 267

⑦ 食品加工过程真菌毒素的危害及风险评估

7.1 真菌毒素在食品加工链中污染及其危害 ················· **274**

    7.1.1 食品中常见真菌毒素 ································· 274

    7.1.2 加工对食品原料及食品中真菌毒素的影响 ········· 276

7.2 食品中真菌毒素的国内外限量标准 ····················· **281**

    7.2.1 黄曲霉毒素限量指标 ································· 282

    7.2.2 黄曲霉毒素 M_1 限量指标 ························· 282

    7.2.3 赭曲霉毒素 A 限量指标 ····························· 283

    7.2.4 展青霉素限量指标 ··································· 284

    7.2.5 脱氧雪腐镰刀菌烯醇和玉米赤霉烯酮限量指标 ······· 284

7.3 真菌毒素危害风险评估内容与方法 ····················· **284**

    7.3.1 风险评估内容 ······································· 284

    7.3.2 DNA 毒性试验 ······································ 287

    7.3.3 细胞毒性试验 ······································· 288

    7.3.4 动物试验 ··· 291

    7.3.5 霉菌毒素的联合毒性 ································· 294

    7.3.6 主要真菌毒素的生物防治研究 ····················· 297

7.4 典型真菌毒素风险评估案例分析 ······················· **301**

    7.4.1 酿制酱油中黄曲霉毒素 B_1 风险评估案例分析 ······· 301

    7.4.2 中国产后花生黄曲霉毒素污染与风险评估方法研究 ····· 310

参考文献 ··· **313**

⑧ 食品过敏原安全性评价及风险评估

8.1 过敏原的危害性及安全性评价 ························· **320**

    8.1.1 过敏原的种类及危害 ································· 320

    8.1.2 过敏原的管理 ······································· 325

    8.1.3 食品脱敏技术 ······································· 326

    8.1.4 大豆脱敏技术 ······································· 330

    8.2 食品中过敏原的风险评估 ································· **334**

      8.2.1 过敏原的风险监测新方法 ··················· 335

      8.2.2 过敏原的风险评估 ··························· 343

    8.3 典型过敏原风险评估案例分析 ···················· **345**

      8.3.1 案例1 ····································· 345

      8.3.2 案例2 ····································· 345

    参考文献 ··· **347**

⑨ 食品包装材料的安全性评价及风险评估

    9.1 食品包装材料危害物及其迁移规律 ··············· **356**

      9.1.1 食品包装材料危害物的来源及范围 ············· 357

      9.1.2 食品接触材料中的化学物质 ················· 357

      9.1.3 食品包装材料危害物的化学迁移 ··············· 358

    9.2 国内外对食品接触的包装材料风险评估的要求 ········· **361**

      9.2.1 欧盟 ····································· 361

      9.2.2 美国 ····································· 363

      9.2.3 中国 ····································· 364

    9.3 典型包装材料中邻苯二甲酸酯类增塑剂 ············· **365**

      9.3.1 食品接触材料中邻苯二甲酸酯类增塑剂的风险评估 ······ 365

      9.3.2 增塑剂应用现状和问题 ····················· 368

      9.3.3 应对增塑剂的对策和建议 ··················· 372

    参考文献 ··· **374**

索引 ··· 375

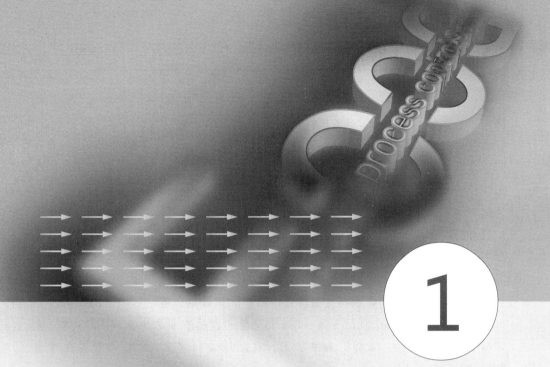

1

食品加工与安全

1.1 食品加工安全概述

食品产业是一个产值大、解决就业人口多、发展速度快的支柱产业，是保障国家食物安全的基础，承载着国民营养与健康，同时也是拉动内需、增加就业、保障民生和促进经济增长的关键产业，列入了国务院十大行业振兴规划中。在国际上食品产业被喻为永不衰败的朝阳产业，与人口、环境、能源一起被列为当今国际经济和社会发展的四大战略研究主题之一。世界上大部分国家把食品产业作为国民经济的主要支柱产业加以扶持，纷纷制订相关发展计划，促进食品产业的发展和提高本国的食品保障水平，让国人吃得"更安全、更营养"。典型的食品发展计划有英国的"饮食、食品和健康关联计划"、"学校食品计划"、"高水平食品研究战略（2007—2012）"，加拿大食品和饮料局发起的"埃尔伯特技术革新计划（2007—2012）"，欧洲食品研究"第7框架计划"等。欧洲食品研究"第7框架计划"下设两个食品专题："健康"与"食品农业和生物技术"。规划未来研究重点领域为：营养、食品加工、食品质量和安全、环境影响及整个食物链。

改革开放以来，我国食品加工业发展取得巨大成就，已发展成规模巨大的产业。2010年全国食品工业规模以上企业达到41867家，比2005年增加17828家，增长74.2%，年均增长11.7%。2010年全国食品工业从业人员654万人，比2005年增加190万人，增长40.9%，年均增长7.1%。食品工业已成为解决就业、改善民生的一支重要力量。2010年全国食品工业完成固定资产投资7141.5亿元，比2005年增长279.54%，年均增长30.6%。2010年全国食品工业总资产3.95万亿元，比2005年增长150.0%，年均增长20.2%。大米、小麦粉、食用植物油、鲜冷藏冻肉、饼干、果汁及果汁饮料、啤酒、方便面等产品产量已位居世界第一或世界前列。

进入21世纪以来，依靠科技进步，我国食品加工业的科技发展取得很大成效，促进了食品加工与制造能力和产业的国际竞争力大幅度提高。通过连续的科技计划和重点攻关，食品产业重点攻克了一批食品加工关键技术难题，开发了一批在国内外市场具有较大潜力和较高市场占有率的名牌产品，建设了一批科技创新基地和产业化示范生产线，扶持了一批具有较强科技创新能力的龙头企业，储备了一批具有前瞻性和产业需求的技术，初步构建起产学研紧密结合的以食品制造为主体的"食品产业科技创新体系"，对支撑我国食品产业高速发展起到了积极的推动作用。全球食品产业整体正在向多领域、多梯度、深层次、低能耗、全利用、高效益、可持续的方向发展。发达国家在世界范围内将技术领先优势迅速转化为市场垄断优势。跨国公司通过专利、标准、技术、装备的垄断和资本整合及人才的争夺，使我国食品产业面临日趋激烈的国际竞争，对我国食品产业科技发展提出十分严峻的挑战。

　　我国食品产业发展在面临严峻挑战的同时，更面临前所未有的机遇：城乡居民收入增加和城市化进程加快刺激食品消费结构发生变化，食品产业迎来蓬勃发展的新时期。食品的生产加工是食品生产阶段的中心环节，它具有两面性。这个环节既可以改变食品的物质存在形态，增强食品的功能，提高食品的附加值，同时又可能增加食品不安全的机会。因此，食品进入生产加工环节后，要实施清洁生产和绿色生产，要在未受污染的生态环境和车间环境中，严格执行安全生产标准和质量卫生控制标准，严禁添加规定以外的添加剂。同时还要注意尽最大可能地减少生产加工环节对自然环境的污染和噪声、粉尘等对员工的健康威胁，实现生产加工企业与自然环境、员工的三方共赢。

　　食品安全的主要影响因素如下。

　　① 生物性污染　　食品的生物性污染很多，比如微生物、昆虫、寄生虫以及病毒等。我国在食品安全生产加工以及保存等环节存在着卫生条件差、监管者疏于监管、消费者食品卫生安全意识淡薄等问题，而以美国为代表的发达国家食品生产加工规模大，存在着交叉污染等问题，所以食品的生物性污染目前看来在短期内比较难以得到根本性的控制。以美国为例，美国每年因为食品的生物性污染引起的各种疾病造成的经济损失达3500亿美元，每年有7000多人与食源性疾病有关。2010年我国卫生部通过突发公共卫生事件网络直报系统共收到全国食物中毒类突发公共卫生事件报告220起，中毒7383人，死亡184人，涉及100人以上的食物中毒事件7起。与2009年网络直报数据相比，食物中毒事件的报告起数和中毒人数分别减少18.82%和32.92%，死亡人数增加1.66%。

　　② 化学性污染　　我国食品的化学性污染比较多，常见的是食品添加剂、农药以及兽药残留污染，重金属超标为代表的食品污染。我国也有一些化学性污染是由于使用者在食品生产加工环节不遵守政府规章和标准所导致的，比如蔬菜以及水果中农药残留超标或者动物性食品中兽药残留超标，这些都是一些生产者利欲熏心，违法使用大量、过量的农药、兽药从而引起食品污染，造成食品的不安全。

　　③ 转基因技术的出现　　转基因食品在世界范围里得到了广泛应用，生物工程技术也得到了长足的发展。但转基因食品可能在以下几方面出现安全性问题：

第一，毒性问题。有些科学家认为，对于基因的改变可能会增加食物中原有的微量毒素。第二，对抗生素的抵抗作用。食品原料中加入的外来基因会与别的基因连接在一起，人们服用这种转基因食品后，食物中的耐药性基因会传给致病性的细菌，人体从而产生耐药性。第三，营养问题。外来基因可能会以某种方式破坏食物中的营养成分，这一方式还有待研究。第四，过敏反应问题。外来基因的转入可能会导致对以前不过敏的食物产生过敏。第五，对环境的威胁。转基因植物作为一个新物种进入生态系统后，可能会造成负面影响（刘恺等，2006）。

1.1.1　食品安全与食品加工

食品安全的概念在不同时期有不同的定义。1974 年，联合国粮农组织（Food and Agriculture Organization，FAO）在罗马举行的世界粮食会议上，将食品安全的概念定义为：所有人在任何情况下都能获得维持健康生存所必需的足够食物。1984 年世界卫生组织（Word Health Organization，WHO）将食品安全定义为：确保食品安全可靠而在制作过程中采取的各种必要的措施。制作过程包括从田地到餐桌的所有程序。此时的食品安全定义和食品卫生是混合的，没有严格分开。1996 年，为了进一步将二者进行区分，世界卫生组织在文件中将食品安全的定义改变为：对食品按其原定用途（食品的功用）进行制作和使用时不会使消费者受到伤害的一种担保；食品卫生则定义为：确保食品在食品链的各个阶段具有安全性与适宜性的所有条件与措施。这个概念强调了食品安全是食品卫生的目的，食品卫生是实现食品安全的措施和手段。到了 21 世纪，食品安全的概念有所扩展，成为一个综合的概念，其内涵包括政治概念、法律概念、社会概念等（师俊玲，2012）。

食品加工可从诸多方面进行定义，其定义与加工的产品或商品常常密切相关。许多传统的定义强调食品加工与保藏的关系，保藏仍然是食品加工的一个重要理由。食品加工的一个简单定义是，把原材料或成分转变成可供消费的食品。在 Conner（1988）的书中有一个更完整的定义，即商业食品加工是制造业的一个分支，从动物、蔬菜或海产品的原料开始，利用劳动力、机器、能量及科学知识，把它们转变成半成品或可使用的产品。这一更复杂的定义清楚地表明了食品工业的起点和终点及获得理想结果需要的投入。

食品加工的所有进展都具有类似或共同的起因。一个共同的方面是要获得或维护产品中微生物的安全性。从历史上来看，如果食物没有一些保藏处理，则使用后就会引起疾病。正是这些长期的现象观察后，才建立了食品安全与微生物之间的关系。与食品加工历史有关的第二个共同的因素是延长食品货架寿命，在大多数情况下，部分消费者都希望有机会在全年获得许多季节性商品。如果不改变食品的一些属性，延长货架寿命是不可能的，而货架寿命的延长又与引起食源性疾病的微生物的生长有密切关系。所以，食品加工的基础在于安全控制，即在食品加工的各个环节，包括原料收集、生产工艺、包装、贮藏、运输、销售等方面采用一定的方法、手段或程序来降低或消除引起人类健康的不安全因素，来达到提高食品安全性的目的（彭池方，2013）。

食品在中国一直是一个非常重要的问题。中国传统中，食品安全一直是民生的核心议题，正所谓"民以食为天，食以安为先"。在社会主义市场经济和科学技术发展的现代化背景下，食品安全日益呈现出与以往不同的严重性和紧迫性。2013 年 1 月 23 日，李克强在全国食品安全委员会会议上强调："一饭膏粱，维系万家；柴米油盐，关系大局。"在农产品产量和质量之间，还存在深层次的矛盾冲突，源头性污染短期内尚无法彻底根除。主要的源头性污染包括：化肥、农药残留；抗生素、激素与有害物残留；病疫性生物污染；动植物中毒素过敏污染；转基因食品原料的负面反应以及环境污染等。

从技术角度来看，目前的食品安全全程控制技术还缺乏针对性，对食品加工过程中有害物质的形成机理、变化规律和控制技术的研究还相当薄弱，缺乏有效的在线检测技术和装备；在物流安全方面，相关研究严重滞后，距离建立比较完善的食品安全全程控制技术体系还有不小的差距。

1.1.2　食品加工安全研究内容与目的

食品安全事关经济社会的发展和社会的和谐稳定，既是党和政府高度关注的重大民生问题，也是与人民群众日常生活息息相关的难点、焦点问题。在我们这样一个人口超过 13 亿的大国，正处于全面建成小康社会的关键阶段，在实现中华民族全面复兴的中国梦的过程中，如何进一步做好食品安全工作，尤其紧迫，尤其重要，其中有许多问题值得去研究、探索和思考。同时，食品安全也是世界各国面临的难题，需要相互启发和借鉴成功的经验。

党和政府历来高度重视食品安全工作，继《食品安全法》及其实施条例颁布实施以来，仅 2012 年以来，国务院先后下发了《国务院关于加强食品安全工作的决定》、《国务院办公厅关于印发国家食品安全监管体系》等多个法规、政策和文件，明确了加强食品安全工作的指导思想、总体要求、工作目标和具体措施。《国务院机构改革和职能转变方案》对重点围绕国家食品安全监督管理，对生产、流通、消费环节的食品安全和药品的安全性、有效性实施统一监督管理等，做出了规定。

　　近年来，我国涉及食品安全的事件屡见不鲜，甚至出现了一些影响十分恶劣的食品安全公共事件。从 2001 年的广东河源"瘦肉精"事件，到 2008 年三鹿奶粉的三聚氰胺事件，再到 2011 年的塑化剂添加剂事件，2012 年备受关注的地沟油事件，几乎每年都会出现重大的食品安全公共事件，甚至有逐年加重的态势。日益严重的食品安全问题已经成为我国社会主义现代化事业和社会主义和谐社会构建过程中一个亟须正视和解决的问题，它不仅关系到每一个公民个体的生命和健康，也关系到我国经济社会的稳定与发展，更直接影响到政府的执政水平和公信力。加强食品安全理论与对策研究，是当前和今后一项十分重要的任务。

　　自 19 世纪工业革命以来，化学合成工业获得了迅猛发展，大量化学合成品包括食品、医药、农药、食品添加剂、化妆品、兽药等涌入人类生活。一方面极大地丰富和提高了人们的生活质量，创造了大量的物质财富；另一方面也给人类健康带来了许多不利的影响，甚至造成了许多重大灾难事件，伴随产业的发展所带来的是日趋严重的公害问题。各国在安全性对策上也采取了相应的措施，制定了相应的规范，特别是作为关系民生的食品，它们的应用经历了众多事故和灾难，付出了惨痛代价。科学家们和管理部门不断总结经验、教训，逐步建立、完善和发展食品安全性评价的一系列法规和管理规范。1949 年美国 FDA 在《食品、药品和化妆品法》上提出了临床前毒性实验的指导原则。1961 年欧洲发生了由"反应停"引起的药物灾难事件：在欧洲市场销售的一种抗焦虑药物——反应停，它能够治疗妊娠抑郁症，当大量孕妇服用后，造成万名婴儿出现海豹肢体畸形。事件发生的原因是因为致畸实验动物选择不当，仅应用于大鼠、小鼠，而没有应用于敏感动物——兔和猴。该事件促使美国国会在 1962 年 10 月通过《食品药品和化妆品联邦管制法》重要修正案。此法案要求新药必须进行两种实验动物的致畸实验，其中一种动物是兔。食品安全性评价引起各国政府主管部门对安全性评价的重视，面对新问题不断制定、修改相应法规及细则。随着国际贸易的发展，安全性评价的毒理学实验规范趋向于国际化，经济合作与发展组织（OECD）为了统一成员国化学物（包括药物）安全性评价的方法，使成员国之间能相互承认研究及其评价结果，提出了新化学物上市前的最低限度的安全性评价项目，制定了一系列毒性实验准则，凡按此实验准则进行的毒理学实验，成员国间可相互承认和接受。

1.2　食品安全性与安全性评价

　　对食品中任何组分可能引起的危害进行科学测试、得出结论，以确定该组分究竟能否为社会或消费者接受，据此以制定相应的标准，这一过程称为食品的安全性评价。

　　食品安全性评价是运用毒理学动物实验结果，并结合流行病学调查资料来阐述食品中某种特定物质的毒性及潜在危害、对人体健康的影响性质和强度，预测人类接触后的安全程度。评价方法包括食品毒理学方法、人体研究、残留量研究、暴露量研究、膳食结构和摄入风险性评价。

1.2.1　毒性作用与致癌作用评价

1.2.1.1　毒性作用评价

　　外源化学物质的一般毒性是指实验动物单次、多次或长期染毒所产生的总体毒性综合效应。一般毒性是与特殊毒性相对应的，是外源化学物质的基本毒性。一般毒性评价法是指对一般毒性所进行的观察和毒性评价。根据染毒时间的长短，可将产生的一般毒性作用分为急性毒性、亚慢性毒性和慢性毒性。急性毒性试验处在对外源化学物质进行系统毒理学评价研究的初始阶段，包括经口、吸入、经皮和其他途径的急性毒性，研究急性毒性效应表现、剂量-反应关系、靶器官和可逆性，对阐明化合物或其他产品的毒性作用具有重要意义。急性毒性试验是指实验动物一次接触或24h内多次接触某一化学物质所引起的毒性效应，甚至死亡的过程。半数致死量法是一种经典的急性毒性试验方法，试验结果经统计学处理可获得受试物的LD_{50}。亚慢性毒性是指实验动物或人较长期连续重复染毒外源化学物质所产生的毒性反应。所谓"较长期"是相对于急性、慢性毒性而言，并没有统一的、严格的时间界限，通常为1～3个月。慢性毒性是指实验动物或人长期反复接触外源化学物质所产生的毒性效应。所谓"长期"，一般是指2年（彭双清，2008）。

1.2.1.2　癌症作用评价

　　癌症是严重威胁人类健康和生命的疾病。癌症的病因很复杂，有遗传因素和环境因素等，一般认为人类癌症有80%～90%由环境因素所引起。环境致癌的因素主要有化学因素、物理因素（电离辐射）、生物因素（致瘤病毒）。化学因素是人类肿瘤的主要病因，在环境因素所引起的肿瘤中，其中80%以上为化学因素所致。致癌性的评价方法主要包括：构效关系等理论分析、遗传毒性试验及体外细胞转化试验、短期动物致癌试验、动物长期致癌试验和人群流行病学调查。

　　化学物质能引起正常的细胞发生恶性转化并发展成肿瘤的作用，称为化学致癌作用。这里包括真正意义上的癌症，也包括肉瘤及良性肿瘤。迄今所发现的可诱发良性肿瘤的化学物质均有引起恶性肿瘤的可能性，具有化学致癌作用的化学物质称为化学致癌物。化学致癌物质种类繁多复杂，可根据其致癌作用的机制或者致癌性证据的多少等来分类。

根据化学致癌物的作用机制，化学致癌物可分为遗传毒性和非遗传毒性两大类。遗传毒性致癌物进入细胞后作用于遗传物质（主要是 DNA），通过引起细胞基因的改变来发挥致癌作用。然而，有些化学物质进入机体后，不需要体内的代谢活化，其原型就可以与遗传物质发生作用来诱导细胞癌变，称为直接致癌物。这类化学致癌物为亲电子剂，可以与细胞大分子的亲核中心发生共价结合。烷基和芳香基环氧化物、内酯、硫酸酯及亚硝基脲等都属于此类致癌物。大多数有机致癌物本身并不具有与细胞大分子的亲核中心发生共价结合的能力，进入机体后需经过代谢活化生成亲电子的活性代谢物，从而作用于细胞大分子来发挥致癌作用，此类致癌物称为间接致癌物。属于间接致癌物的有多环芳烃类化合物、亚硝胺类、芳香胺类、偶氮化合物、黄曲霉毒素 B_1 等。某些化学致癌物的终致癌物可能有不止一种代谢产物（彭双清，2008）。

非遗传毒性致癌物不直接作用于遗传物质，主要有以下几类。

① 细胞毒剂，具有细胞毒性的化学物质，可以通过引起细胞的死亡，来导致细胞的增殖活跃而引起肿瘤。

② 免疫抑制剂，如硫唑嘌呤、环孢素 A 和巯嘌呤，可诱发人或动物的白血病或淋巴瘤等。

③ 激素调控剂，激素对于维持"内环境"十分重要。异常的内源激素、生物体的稳态机制被扰乱或激素产生过多，均可改变内分泌系统的平衡及细胞的正常化。雌、雄激素和类固醇都可增加患癌的风险。已知雌二醇可诱发人和动物的肿瘤发生。长期使用大剂量的抗甲状腺物质可诱发肿瘤。

④ 固态物质，一些惰性物质及金属薄片可在啮齿类动物体内的种植部位引发肉瘤，物理特性及表面积在很大程度上决定了植入物的致癌能力。暴露于石棉纤维会引起恶性间皮瘤或者呼吸系肿瘤，致癌性主要取决于石棉的晶体结构而非其组分。

1.2.2　剂量和剂量-反应关系

剂量-反应关系是毒理学的重要概念，一直用于对化学品、药物、食品、物理等有害因素进行毒性预测和外推，公共卫生管理部门以此为基础进行有害因素的危险度评价，并制定相应的管理法规和控制措施。最近毒理学界提出了一种新

的剂量-反应关系模型，即毒物兴奋效应模型，对过去公认的阈值模型和线性非
阈值模型提出了挑战。

16 世纪著名的医学家 Paracelsus 有一段关于毒理学的论述：所有的物质都
是有毒的，只是依剂量的不同区分为毒物或药物。他在这里明确提出了物质剂量
的概念，奠定了现代毒理学的基础，至此毒理学开始了对剂量-反应关系的研究。
剂量-反应关系是指不同剂量的外源化学物与其引起的质效应发生率之间的关系。
可用曲线表示，即以表示反应的百分率或比值为纵坐标，以剂量为横坐标，绘制
散点图所得到的曲线。传统的用于对化学物进行危险度评价的基本模型有两种：
一种是用于对非致癌性物质进行危险度评价的阈值模型［图 1-1(a)］；另一种是
用于对极低剂量致癌性物质危险度进行外推的线性非阈值模型［图 1-1(b)］。

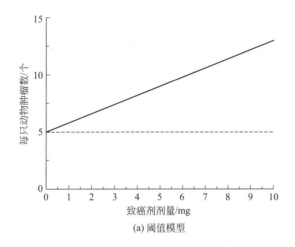

(a) 阈值模型

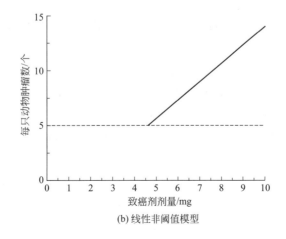

(b) 线性非阈值模型

图 1-1　毒物剂量-反应关系（戴宇飞，郑玉新，2003）

1.2.2.1　毒物兴奋性剂量-反应关系的概念

Calabrese 认为剂量-反应关系既非阈值模型，又非线性非阈值模型，其基本形式应该是 U 形。U 形曲线通常被称作毒物兴奋性剂量-反应关系曲线，即在低剂量条件下表现为适当的刺激（兴奋）反应，而在高剂量条件下表现为抑制作用。这种刺激作用通常（不全是）表现在最初的抑制性反应之后，表现为对动态平衡破坏后的一种适度补偿。依据所检测的终点不同，毒物兴奋性的剂量-反应关系可以是倒 U 形，即监测终点为生长情况（如多种有毒金属、除草剂和放射物在低剂量条件下对植物生长状况的影响）或存活情况（如 γ 射线在低剂量条件下对啮齿动物寿命的影响）；也可以是 J 形，即监测终点为发病率（如突变、畸变、癌症）。

毒物兴奋效应作为对低剂量条件下的剂量-反应关系的一种更科学、更精确的描述，必将取代原有的模型而占据主导地位，但是这种取代以及观念的转变并不是一蹴而就的，用论文作者的话来形容，就像将社会从苏联模式转变为西方社会一样。如果毒物兴奋效应观点被承认，必将对社会各方面产生巨大的影响。这表现在以下几个方面。

① 在公共卫生管理方面，公共卫生管理部门对工厂企业等有害物质作业场所进行危险度评价和管理时首先要制定相应的职业接触安全限值。如果作业场所的实测值低于限值则认为是安全的；如果高于限值，则必须采取措施加以控制。职业接触安全限值就是在线性反应关系模型的基础上通过外推得到的计算公式：职业接触安全限值＝无不良反应剂量×安全系数。安全系数旨在用来解释外推中的未知因素以及种属间的差异，其中包含了以往的经验以及专家所做出的推断。由于外推是以线性模型为基础，而从毒物兴奋效应模型可知在低剂量条件下的毒性反应并不遵循线性规律，提示以往所制定的卫生标准存在商榷之处。由此可见，毒物兴奋效应模型将会对卫生标准的制定带来巨大的影响。

② 毒物兴奋效应的观点彻底改变了向公众进行危险度交流的策略。在过去 30 年，许多国家的管理部门和公共卫生机构都教育公众，且过分渲染，使大家认为许多毒物没有安全的接触剂量，特别是致癌剂，如放射性物质和二噁英。如果毒物兴奋效应观点被承认，公共交流的危险度评价信息将完全改变。

③ 在医学上带来的影响。许多抗生素、抗病毒剂和抗肿瘤制剂以及大量的其他药物都表现出毒物兴奋性的双相剂量-反应：一个剂量可能是临床有效的，但另一剂量则可能是有害的。如一些抗肿瘤药物（如苏拉明）在高剂量下抑制细胞增殖，此时具有临床疗效；而在低剂量条件下又成为一种局部激动剂，可以促

进细胞增殖。再比如，治疗阿尔茨海默病的药物抗胆碱酯酶制剂，在低剂量时增强患者的认知功能，但在高剂量时降低认知功能。由于毒物兴奋效应的存在，在药物的使用剂量上，需要进行仔细的临床监测。因此毒物兴奋效应的双相剂量-反应关系不仅为完善临床治疗方案提供了新的机会，同时也提出了必须要解决的危险性问题。

④ 在科研方面：研究发现 150 多种内源性兴奋剂、药物和污染物通过影响抗体产生、细胞转移、噬菌体的吞噬作用、肿瘤细胞的破坏及其他作用终点对人体和其他动物产生毒物兴奋效应。对这种现象的认识对将来的研究和生物医学发展产生重要影响。此外，目前很少有人意识到大多数肽类物质的剂量-反应关系遵从毒物兴奋效应模型，对毒物兴奋性双相剂量-反应关系的认识对于阐明各种肽类物质的生物学调控作用及它们对人体所具有更深层次的生化作用具有十分重要的意义。

正是由于毒物兴奋效应模型一旦被认可将会产生如此广泛而深远的影响，因此这一观点提出后引起热烈的讨论，尤其是在进行危险度评价时，是否要应用毒物兴奋效应模型重新进行评价，对这个问题还存在如下疑义。

① 在低剂量时观察到某一检测终点的毒物兴奋效应，在高剂量时，这个检测终点是否还会受到影响而表现出相对应的毒性反应？例如：维生素 C 在低剂量时降低坏血病的发病率，但在高剂量表现出的有害作用并不是坏血病，因此对于某一特定的化学物质来说，如果在高和低剂量条件下作用于不同的作用终点，那么很显然不能把对于某一作用终点产生毒物兴奋效应的剂量作为这一化学物的安全接触剂量。

② 在接触多种化学物时，假如所有的化学物都存在毒物兴奋效应，那么这种作用是相加、协同，还是拮抗？

③ 假如在某一剂量时证明了毒物兴奋效应的存在，是否有办法证明在更低剂量时不会产生有害作用？

④ 正常条件下癌症的发病率很低，对于致癌性物质来说，即使发生毒物兴奋效应，降低了癌症的发病率，但没有统计学显著性，如何说服反对者们承认存在毒物兴奋效应？

⑤ 即使确认了毒物兴奋效应的剂量水平，在确定职业接触限值时还是需要通过外推来得到，这仍然是一个估计值，而且对于一些化学物来说，测试毒物兴奋效应的试验费用要远远超过由它来确定职业接触限值所带来的好处。因此，有人建议这样的试验最好只在那些原有的标准出现明显漏洞的化学品中进行。

由此看来不论是线性模型，还是毒物兴奋效应模型，用于危险度评价都有局限性。随着分子遗传学、蛋白质化学、人类基因组研究的不断深入，以及对环境-基因交互作用的深入研究，将使我们对毒性作用机制有更完整的认识，以机制为基础的危险度评价将极大减少危险度评价中的不确定因素，这将是真正科学意义上的危险度评价模式，同时也是毒理学发展的终极目的之一。

1.2.2.2　传统的危险评定方法及缺点

传统的剂量-反应关系基本步骤是在毒效应作用模式（MOA）研究的基础上，确定外推的起始点（POD），然后根据生物学阈值的有无，将低剂量外推分为非线性或线性两类。

① 非线性剂量-反应评定，用于非癌终点的危险评定和经 MOA 评价低剂量为非线性剂量-反应的致癌物。步骤为：识别 NOAEL 或推导 POD→选择不确定性/校正因子，跨物种（U1），人的个体变异（U2），其他（U3）→推导参考剂量 RfD＝POD/(U1×U2×U3)→危险表征：危害指数 $HI=\sum i$（暴露/RfD）或暴露范围（MOE＝POD/暴露）。

② 线性剂量-反应评定，用于癌终点的危险评定。步骤为：评价作用模式，如线性 MOA 或没有建立 MOA→动物到人的剂量转换（利用动物药物剂量×人的等效剂量）或以毒效学校正的毒动学建模→推导 POD 和斜率因子，例如斜率因子＝0.01/POD→危险表征，低剂量的额外危险＝斜率因子×暴露。

1.2.2.3　非癌终点和癌终点统一的剂量-反应关系的概念模型

利用人群体阈值的概念，危险管理的趋势是认为部分非癌终点低剂量呈线性剂量-反应关系。这是由于，人类敏感性范围广泛，并且不能在流行病学模型检测阈值。这样，美国 EPA（2008）建议化学物非癌和癌终点统一剂量-反应评价框架。框架包括：①汇总健康影响数据；②终点评定；③MOA 评定，脆弱群体（指婴幼儿、儿童、老人和孕妇等）评定，本底暴露评定；④根据个体与群体的剂量-反应之间的关系，选择概念模型；⑤剂量-反应建模和结果报告。

1.2.2.4　研究剂量-反应和阈值的关键事件的框架

ILSI 等提出研究剂量-反应和阈值的关键事件的框架（KEDRF）。作用模式（MOA）分析应从识别具体的关注效应开始，然后识别导致此效应一系列的关键事件。术语"关键事件"是指所观察效应的前体步骤或其生物标志，是化学物导致特定的损害效应过程中的必要步骤，但不是充分步骤。此框架包括：摄入或暴露的初始剂量→毒动学（吸收、分布、代谢和排泄，即 ADME）过程及影响机制→在靶组织的毒效学过程及影响机制→关注的最终效应。

1.2.3 毒性作用的影响因素及机理

1.2.3.1 化学致癌物的作用机制

癌症是环境因素与遗传因素相互作用而导致的一类疾病，虽然目前化学致癌机制还未彻底阐明，但一致认为癌症是多因素、多基因参与的多阶段过程。

① 引发阶段是化学致癌过程的第一阶段。普遍认为引发是化学致癌物本身或其活性代谢物作用于 DNA，诱发体细胞突变的过程，可能涉及原癌基因的活化及肿瘤抑制基因的失活。具有引发作用的化学物称为引发剂，引发剂大多数是致突变物，没有可检测的阈剂量，引发剂作用的靶位置主要是原癌基因和肿瘤抑制基因。引发细胞在引发剂的作用下发生了不可逆的遗传性改变，但其表型可能正常，不具有自主生长性，因此不是肿瘤细胞。促长阶段指引发细胞增殖成为癌前病变或良性肿瘤的过程。具有促长作用的化学物称为促长剂。促长阶段引发细胞在促长剂的作用下，以相对于周围正常细胞的选择优势进行克隆扩增或其细胞凋亡相对减少，形成良性肿瘤。促长阶段历时较长，早期有可逆性，晚期为不可逆的，因此在促长阶段持续给以促长剂是必需的。促长阶段的另一个特点是对生理因素调节的敏感性，衰老、饮食和激素可影响促长作用，许多影响因素本身就是促长剂。进展阶段指从癌前病变或良性肿瘤转变成恶性肿瘤的过程。在进展阶段肿瘤获得恶性化的特征，如生长加快、侵袭、转移、耐药性。进展阶段关键的分子特性是染色体的不稳定性，主要表现为染色体发生断裂、片段易位及非整倍体等染色体变化。使细胞由促长阶段进入进展阶段的化学物称为进展剂。进展剂可能具有引起染色体畸变的特性但不一定具有引发作用，但有时会使与核型不稳定性有关的染色体断裂增加。

② 化学致癌的癌基因学说，是指细胞的增殖分化都是在基因的调控下进行，如果调控的基因发生异常则可导致细胞增殖分化紊乱，细胞持续增殖，不能及时分化和凋亡，形成肿瘤。虽然诸如涉及 DNA 修复、致癌代谢物和免疫系统异常的许多其他基因会对癌症的遗传易感性产生影响，但与细胞恶性转换有关的基因主要是癌基因和肿瘤抑制基因两大类。癌基因是一类能引起细胞恶性转化及癌变的基因。癌基因通常是以原癌基因的形式普遍存在于正常动物细胞的基因组内，原癌基因在进化过程中高度保守，具有正常的生物学功能，对细胞增殖、分化和信息传递的调控起重要作用，在正常细胞中原癌基因通常并不表达，仅在胚胎期或组织再生、修复过程中有限表达。肿瘤抑制基因也称抑癌基因，其作用方式与癌基因相反，它们在正常细胞中起着抑制细胞增殖和促进分化的作用，在环境致癌因素作用下，肿瘤抑制基因失活而引起细胞的恶性转化。大量的研究已显示，

在人类基因组内含有多种肿瘤抑制基因，它们存在于不同的染色体上。致癌过程的三个阶段都有癌基因和肿瘤抑制基因参与，是多种基因协同作用的结果。

③ 非遗传毒性致癌的机制，是指在正常的体细胞转变成为癌细胞的过程中，有时基因的结构即 DNA 序列并没有发生改变，而是发生了基因外的一些变化，这些变化影响基因的调控，使基因出现不正常的关闭和开放。许多研究表明，部分化学致癌物对细胞并无致突变作用，说明突变不是致癌的唯一机制，因此，有学者提出了非突变致癌学说或表观遗传致癌学说，主要包括细胞异常增生、免疫抑制、内分泌激素失衡及过氧化物酶增殖剂激活受体等。

1.2.3.2　有机污染物对水生生物毒性作用机理的判别及影响因素

随着工业的发展，越来越多的外源性有机污染物进入到水体，对水生生物和水生生态系统造成严重危害。目前，有超过 100000 种化合物正在被生产和使用，每年还有大约 2000 种新化合物投入市场，因此化合物的生态风险评价是世界各国都非常关注的一个问题。对水体中的有机污染物进行危险性评价不仅需要了解它们的理化性质和环境行为，更重要的是要搞清它们对水生生物的毒性作用机理（李金杰等，2013）。研究有机污染物的毒性作用机理，不仅要考虑污染物本身的结构和性质，还要考虑其与有机体作用靶位之间的作用模式。许多研究者根据毒性作用机理的不同对有机物进行分类，并建立了分类化合物的定量结构-活性关系（quantitative structure-activity relationships，QSAR）预测模型，这种以毒性作用机理为基础建立 QSAR 模型的方法被认为是最成功的建模方法。

1.2.3.3　化合物毒性作用机理分类的判别

（1）反应型和非反应型毒性化合物的判别

为了区分反应型和非反应型化合物，许多研究者引入了毒性比率（toxic ratio，TR）的概念（Papa et al，2005）。毒性比率（TR）是指用基线模型预测的毒性（Tpred）与有机物观测毒性（Texp）的比值。如果有机物的 TR 值接近 1，说明其毒性表现为基线毒性作用模式，有机物的 TR 值越大，说明其多于基线毒性的剩余毒性越大，一般反应性化合物都有较大的剩余毒性。TR＝Tpred（基线）/Texp。一般用 TR＝10 作为反应型和非反应型化合物的临界值，化合物的 TR 值在 1～10 之间，说明其为非反应型化合物；如果化合物的 TR 值显著地大于 10，说明其存在剩余毒性，也说明有机物与生物靶位之间发生了相互作用，为反应型化合物（赵元慧等，1993）。

（2）非极性麻醉型和极性麻醉型毒性作用化合物的判别

Verhaar 在研究中应用 TR＝5 作为非极性麻醉型和极性麻醉型化合物的临

界值，认为 5 < TR < 10 的化合物为极性麻醉性化合物，而 1 < TR < 5 的化合物为非极性麻醉型化合物（Moore et al，2004）。并对极性和非极性麻醉型化合物的结构特点进行了总结，结果见表1-1。虽然研究者给出了非极性麻醉型和极性麻醉型化合物的分类列表，但是仅仅通过一或两个取代官能团来区分非极性麻醉型和极性麻醉型化合物是非常困难的，例如分子量较小的醇和酮的极性都较强，但是它们却被分为非极性麻醉型化合物。所以极性并不是区分两种麻醉型化合物的特征性因素。苯酚和乙醇的偶极矩都约等于 1.7D❶，但是苯酚被分为极性麻醉型而乙醇是非极性麻醉型。此外，含有氨基取代和酯基取代的有机物已经被确定为麻醉型，但是它们在某些时候的毒性效应要大于基线毒性，因此含有酯基取代的有机物属于哪一种麻醉型还存在争议（倪哲明等，1992）。

表 1-1　非极性麻醉型和极性麻醉型化合物的分类列表（李金杰等，2013）

非极性麻醉型化合物	极性麻醉型化合物
只含有 C 和 H 的化合物以及饱和卤代烃	无酸性或弱酸性的酚：烷基酚、单硝基酚、1 到 3 个氯取代苯酚
不饱和卤代烃（不包括卤素取代化合物） 苯烷基取代苯卤代苯醚（不包括环氧化物） 脂肪醇（不包括丙烯醇或烯丙醇） 芳香醇（不包括酚类和苯甲醇） 酮类（不包括不饱和酮） 脂肪族仲胺和叔胺 卤代醚醇酮（不包括 α 位和 β 位的卤素取代化合物）	烷基苯胺、单硝基苯胺、1 到 3 个氯取代苯胺 单硝基苯、烷基取代单硝基苯、1 个或 2 个氯取代单硝基苯 脂肪伯胺 烷基取代吡啶和 1 个或 2 个氯取代吡啶

　　麻醉型化合物是分为非极性和极性两种类型还是只存在一种作用机理，目前还存在很大争论。用疏水性参数 lg K_{OW} 建模时，两种麻醉型化合物可以得到不同的构效关系模型是麻醉型化合物分为两种类型的有力证据（许禄等，2000）。但是研究者发现用膜-水分配系数取代 lg K_{OW} 可以将两种类型的化合物很好地拟合在同一个构效关系模型中（Murugan et al，1994），但是随后的研究又发现了相反的结果。在鱼类急性综合征的研究中，研究者发现麻醉型化合物的两种截然不同的毒性效应，非极性麻醉型有机物使鱼嗜睡，而极性麻醉型化合物使鱼表现出多动症状，联合毒性研究也表明极性和非极性麻醉型的毒性是非相加作用（蒋勇军等，2004）。

1.2.3.4　影响有机物毒性作用机理分类的因素

　　（1）生物富集及辛醇/水分配系数对有机物毒性的影响
　　用于衡量化学品水生生物毒性的测试终点一般被定义为在一定时间之内引起

❶　1D＝3.33564×10^{-30}C·m。

水生生物 50% 不良反应的化学品在水中的浓度 C_{water}，是化学品对水生生物的体外浓度，如 EC_{50}、LD_{50}、IC_{50} 等。但是要准确衡量化学品对水生生物毒性作用，应该使用到达水生生物体内作用靶位的化学品的临界浓度，也就是体内临界浓度（critical body residue，CBR）（颜贤忠等，2004）。化学品从水体进入到水生生物体内的主要推动力就是生物富集作用，因此可以用生物富集因子推导出化学品的水体临界浓度和水生生物体内的体内临界浓度的关系。一般认为基线化合物的 CBR 值近似一个常数，因此化学品的体外毒性只与生物富集呈正相关。

（2）代谢和转化的影响

水生生物对有机物的代谢也是影响有机物毒性作用分类的因素之一。尽管鱼类和低等水生生物对有机物代谢的速度途径和能力都不尽相同，但是生物代谢是必然会发生的，对于鱼类而言有机物代谢发生的主要场所是肝脏，肝脏可以通过一系列抗氧化酶的作用代谢外源性有机物，另外细胞色素 P450 也是主要的代谢外源性有机物的酶。代谢产物的毒性有时会大于有机物本身的毒性。此外，有些化合物在溶解状态下很容易发生转化（唐惠儒，王玉兰，2006），例如酯类很容易在水生生物的作用下水解成醇和酸；含有三元环或者三元杂环的化合物因为环的张力过大，很容易发生反应；羟基苯酚氨基酚和二元胺类化合物在水中很容易被氧化成醌类化合物，或者发生分子间反应，对于容易发生代谢和转化的有机物，很难通过生物实验准确测得其毒性值，误差很大。

（3）离子化的影响

外源性化合物的毒性取决于两个过程：一是污染物透过生物膜并到达作用靶位的过程；二是污染物在作用靶位与生物大分子之间的相互作用过程（徐旻等，2006）。第一个过程实际上也是生物富集的过程。麻醉型化合物没有与生物大分子发生相互作用，所以其毒性主要被生物富集影响，与疏水性参数有很好的线性关系；而反应型和特殊作用型化合物的毒性不仅仅受生物富集的影响，其还能与生物大分子中的某些化学结构反应或者发生某些特定作用进而使毒性增强，因此其毒性与疏水性参数相关性较差。

对于可离子化有机污染物，离子化率是一个重要的影响生物毒性的因素，可离子化有机污染物在水中存在两种形态，即离子态和非离子态。就生物富集过程而言，化合物的非离子态比离子态的贡献对脂肪酸和碱的预测毒性是偏低的，即使是被看作极性麻醉型化合物的离子化有机物，例如二卤代苯酚，用极性麻醉型模型预测的毒性与观测毒性相比也是偏低的，这说明化合物的离子态可以与生物大分子靶位相互作用，从而增强毒性。虽然化合物的离子态很难透过生物膜，但是有机物的中性态在进入生物膜之后会进一步水解，产生离子态化合物，直到达到平衡为止。由于不同水生生物自身的性质和结构不同，其对可离子化有机物的吸收能力也不同。在研究中发现可离子化有机物对不同水生生物的毒性显示了不同的结果，对于低等物种如发光菌，可离子化有机物很容易进入细胞组织内，和生物受体作用，因此具有很高的毒性作用，但对于高等生物如鱼或大型蚤却显示了较小的毒性作用。

（4）溶解度的影响

研究表明，有机物的毒性与溶解性呈负相关，对于一些溶解性很低的化学物质来说，尽管溶解度接近饱和，这些化合物仍没有显示出毒性，但是并不能完全说明这类化合物就不具有毒性作用。对于低溶解度化合物来说，其生物可利用性会受到很大影响，因为固相化合物是不能通过生物膜的，化合物只有被溶解之后才能被吸收。对于 CBR 值相同的化合物，溶解度较低的化合物一般比溶解度较高的化合物的毒性低，低溶解度化合物实验测得的 BCF（富集系数）值一般不准确，会使 BCF 值偏低。Abernathy 等发现建立有机化学物质溶解度与毒性数据的相关性时，对大分子应加一个校正项，并认为低溶解性的化学物质生物毒性较低的原因是它们在类脂相和水相的富集没有达到平衡（Abernathy and Cumbie，1977）。

1.3　食品安全性评价程序

1.3.1　食品安全性检测新方法

食品安全作为重大民生问题，直接影响到公众健康和社会稳定，关系到国家的形象和国际影响。随着经济全球化和食品工业化的发展，食品安全问题已经突破了国家和省份的界限，成为日益突出的全球性公共卫生问题。

检测技术是保障食品安全的重要技术手段，是一个国家食品安全工作水平的重要体现。目前，国际食品安全保障以检测技术和预防技术为主要手段，实行以预防为主、从农田到餐桌的全程质量检测体系。在化学有害物检测方面，发达国家对食品的检测技术日益呈现速测化、准确化、精确化和高通量化特点，技术的提高和更新十分迅速。主要采用先进的残留检测技术，加强化学物残留检测工作，如气相色谱和质谱联用技术、液相色谱与质谱联用技术、多维色谱与高分辨质谱联用技术等，这些技术极大地提升了食品安全检测的定型能力、检测的灵敏度和检测限。对一些高危害性的化学物质，如二噁英及其类似物，其检测方法的灵敏度已经可以达到超痕量技术水平。此外，通过这些技术可以建立食品中化学有害物的高通量筛选识别技术平台，在短时间内对大量化学物质进行确证和定量，如农药残留的检测技术已从单个化合物的检测发展到可以同时检测数百个化合物的多残留系统分析。而传统的、用于检测食品中矿物质和元素的原子吸收分光光度法，也正在被更加灵敏和快速的 ICP-MS（电感耦合等离子体质谱）取代。由于我国在食品安全检测新技术上起步较晚，总体技术水平较国际先进水平尚有一定的差距，现有分析检测技术还无法满足复杂的食品安全监管的需求。因此，现阶段迫切需要在我国推广食品分析检测新技术、新方法，以逐步完善我国的食品安全保障体系（王世平，2008）。

1.3.1.1 理化快速检测技术

（1）化学比色技术

化学速测法主要是根据有机磷农药的氧化还原特性。有机磷农药在金属催化剂作用下水解为磷酸及醇等，水解产物和检测液反应，使检测液的紫红色褪去变成无色。该方法的特点是避免了用酶的不稳定性，但该方法局限于有机磷农药，灵敏度不高，易受一些还原性物质的干扰。

化学比色技术是利用迅速产生明显颜色的化学反应监测待测物质，通过与标准比色卡相比较进行目视定性或半定量分析。目前，常用的化学比色法包括各种检测试剂和试纸，随着监测仪器的不断发展，与其相配套的微型检测仪器也相应出现。化学比色分析技术在有机磷农药、硝酸盐、亚硝酸盐、甲醛、吊白块等化学有害物质和菌落总数、大肠菌群、霉菌、沙门氏菌和葡萄球菌等微生物的检测方面已经得到广泛应用。

化学比色分析是根据食品中待测成分的化学特点，将待测食品通过化学反应法，使待测成分与特定试剂发生特异性显色反应，通过与标准品比较颜色或在一定波长下与标准品比较吸光度值得到最终结果。化学比色方法是目前应用比较普遍与成熟的理化检测方法，被广泛应用于各类食品分析中。

（2）酶抑制技术

酶抑制技术是利用有机磷和氨基甲酸酯类农药抑制胆碱酯酶的特异性生化反应。酶抑制技术是研究比较成熟、在国内应用最广泛的速测技术之一（表1-2）。

胆碱酯酶主要分为乙酰胆碱酯酶和丁酰胆碱酯酶，农药对其抑制由于来源不同而有差异，对农残的检测精度也因不同品种的农药产品而不同，包括酶抑制率法和速测卡法。

（3）便携式色谱-质谱联用仪

随着与检测技术相关的各种配套装备的不断发展，近几年针对食品安全的检

表 1-2　酶抑制技术在食品污染物快速检测中的应用（王世平，2008）

检测项目	基本原理	应用介质
有机磷或氨基甲酸酯类农药	胆碱酯酶可催化红色的靛酚乙酸酯水解为蓝色的乙酸和靛酚，利用有机磷或氨基甲酸酯类农药对胆碱酯酶的抑制作用	蔬菜、水果
	大豆等植物为酶源提取物，对硫磷和甲胺磷的检出限为 $0.15\mu g/mL$ 和 $0.17\mu g/mL$，测定时间 25min	
	鸡脑为酶源提取物，对硫磷、辛硫磷和氧化乐果的检出限 $1.0\times10^{-3}\mu g/mL$，测定时间 10min	

测车使以前根本无法应用到现场的一些检测方法得到进一步应用，车载的色谱-质谱联用仪主要由主机、顶空设备、采样探头和专用笔记本电脑四部分组成，它的优点是可以较快速地检测到现场的污染，并能分析污染物质的化学成分，而且与仪器相配套的笔记本电脑里还储存有两千种有害化合物的分析材料，可以针对检测的物质立即从电脑里调出相关的资料进行分析，选取处置方法。随着国家对食品安全的重视，目前我国的多家单位已配套了食品安全检测车，这为便携式色谱-质谱联用仪的应用和推广提供了广阔的发展空间。

（4）生物学发光检测技术

生物学发光检测技术的原理是利用细菌细胞裂解时会释放出腺苷三磷酸（ATP），在有氧条件下，萤火虫荧光素酶催化萤火虫荧光素和 ATP 之间发生氧化反应形成氧化荧光素并发出荧光。在一个反应系统中，当萤火虫荧光素酶和萤火虫荧光素处于过量的情况下，荧光的强度就代表 ATP 的量，细菌的 ATP 量与细菌数呈正比，从而推断出菌落总数。用 ATP 生物学发光分析技术检测肉类食品细菌污染状况和食品器具的现场卫生学检测，都能够达到快速适时的目标。国内外均有成熟的 ATP 生物学发光快速检测系统产品出售。

美国 NHD 公司推出的 ATP 食品细菌快速检测系统——Profile-13560 通过底部有筛孔的比色杯将非细菌细胞和细菌细胞分离，这种比色杯细菌细胞过不去，之后用细菌细胞释放液裂解细菌细胞，检测释放出的 ATP 量则为细菌的 ATP 量，得出细菌总数。此检测系统与标准培养法比对，相关系数在 90% 以上，且测定只需 5min，已被美国军队采用。

1.3.1.2　免疫学快速检测技术

（1）酶联免疫法

酶联免疫法（ELISA）是一种以酶作为标记物的免疫分析方法，也是目前应用最广泛的免疫分析方法之一。将酶标记在抗体或抗原分子上，形成酶标抗体或酶标抗原，也称为酶结合物，将抗体抗原反应信号放大，提高检测灵敏度，之后该酶结合物的酶作用于能呈现出颜色的底物，通过仪器或肉眼进行辨别。目前ELISA方法常用的固相载体是96孔聚苯乙烯酶标板，常用的酶是辣根过氧化物酶（HRP），常用的底物是邻苯二胺（OPD）等。

按照测定方式不同，ELISA可以分为许多种不同类型。根据分析对象不同，可分为测定抗原或半抗原的ELISA和测定抗体的ELISA；根据分析方式不同，可分为夹心ELISA和竞争ELISA；根据固定物质的不同，可分为固定抗原的ELISA和使用酶标二抗或生物素-亲和素等放大系统的间接ELISA。

虽然ELISA检测方法发展到今天已经是一项比较成熟的技术，但针对具体的检测项目还有许多的工作需要完善。由于抗体的特异性直接影响免疫反应的特异性，在多克隆抗体以后，1975年Milstein创建了杂交瘤技术并成功制备绵羊红细胞单克隆抗体，目前单克隆抗体主要由杂交瘤技术或基因重组技术制备。国外已有兽药单克隆抗体，制备出了兽药残留检测的ELISA试剂盒，国内已研制出了几种兽药单克隆抗体，并建立了兽药免疫检测的ELISA。

（2）胶体金免疫分析

胶体金免疫分析，也称胶体金试纸条法，它是将特异的抗体交联到试纸条上和有颜色的物质上，试纸条上有一条保证试纸条功能正常的控制线和一条或几条显示结果的测试线，当纸上抗体和特异抗原结合后，再和带有颜色的特异抗原进行反应时，就形成了带有颜色的三明治结构，并且固定在试纸条上，如没有抗原则没有颜色。

免疫学分析法常用于检测有害微生物、农药残留、兽药残留及转基因食品，它的优点是特异性和灵敏度都比较高，对于现场初筛有较好的应用前景；不足之处是由于抗原抗体的反应专一性，针对每种待测物都要建立专门的检测试剂和方法，为此类方法的普及带来难度，如果食品在加工过程中抗原被破坏，则检测结果的准确性将受到影响。目前，国内外均已经有相当成熟的利用免疫学分析方法的商业化试纸条，如美国的Charm Sciences Inc.研发的一系列用于检测牛乳中各种抗生素的胶体金试纸条ROSA系列。

1.3.1.3　分子生物学检测技术

（1）生物芯片

生物芯片包括蛋白质芯片（含免疫芯片、受体配体芯片）、核酸芯片（含寡核苷酸芯片、基因芯片）、有机分子芯片等。

1994 年美国能源部和防御研究计划署、俄罗斯科学院和俄罗斯人类基因组计划在 1000 多万美元的资助下研制出第一块用于测序的基因芯片。虽然当时的测序芯片在准确性方面尚有欠缺，但是它在疾病诊断、药物筛选、基因表达谱测定、环境监测、农作物优育优选和农业病虫监测、刑侦、军事等方面的应用前景却引起了广泛关注。"Science" 和 "Nature Genetics" 杂志分别在 1998 年 10 月和 1999 年 1 月出版了专集，系统介绍了生物芯片研究的重大进展。同时 "Science" 杂志还把生物芯片评选为 1998 年的世界十大科技突破之一。各国政府、相关科研机构和企业对生物芯片技术都十分重视，以生物芯片为核心的各相关产业也在全球迅速崛起，世界范围有几百家较大公司在从事相关研究，提供产品和技术服务。

（2）生物传感技术

生物传感器是将生物感应元件的专一性与一个能够产生和待测物浓度成比例的信号传导器结合起来的一种分析装置。国际纯粹与应用化学联合会（IUPAC）对化学传感器的定义为：一种小型化的、能专一和可逆地对某种化合物或某种离子具有应答反应，并能产生一个与此化合物或离子浓度成比例的分析信号的传感器。

生物传感器应用的是生物原理，与传统的化学传感器和离线分子技术（如HPLC 或 MS）相比有着许多不可比拟的优势，如高选择性、高灵敏度、较好的稳定性、低成本、能在复杂的体系中进行快速在线连续监测。它在现场快速检测领域里有着广阔的应用前景，表 1-3 列举了几种生物传感器在食品快速分析中的应用。

表 1-3   几种生物传感器在食品快速分析中的应用（王世平，2008）

检测项目	检测装置及说明
葡萄球菌肠毒素 B	双层类脂膜电化学基因传感器,响应时间不足 10min
金黄色葡萄球菌 C_2	法国生物梅里埃公司 Gen-probe 系统,石英晶体免疫传感器
左旋咪唑	电化学传感器,检出限 1.2×10^{-10} mol/L
丙烯酰胺	分子印迹压电传感器,响应时间约 10min,检出限 $5 \times 10^{-5}\mu$g/mL
丁酰肼	压电免疫传感器,通过葡萄球菌蛋白 A 将抗肠道菌共同抗原的单克隆抗体包被
食品中常见肠道细菌	在 10MHz 的石英晶体表面,以大肠杆菌为例,菌液浓度在 $10^{-9} \sim 10^{-6}$ mL 范围内响应

（3）食品现场快速检测技术发展趋势

目前的食品现场快速检测主要呈现 4 大趋势（师邱毅等，2010）。

① 由于高新技术的应用，检测能力不断提高，检测灵敏度越来越高，残留物的超痕量分析水平已达到 0.1μg 水平。

② 检测速度不断加快，智能化芯片和高速电子器件与检测器的使用，使食品安全检测周期大大缩短。

③ 选择性不断提高，高效分离分段、各种化学和生物选择性传感器的使用，使在复杂混合体中直接进行污染物选择性测定成为可能。

④ 由于微电子技术、生物传感器、智能制造技术的应用，检测仪器向小型化、便携化方向发展，使实时、现场、动态、快速检测正在成为现实。

针对我国的特殊国情，目前我国基层单位很多速测技术的应用还只处于定性或半定量水平，易用型的小型化仪器的应用是目前和今后快速检测技术的发展趋势。另外食品样品复杂多样，前处理繁琐费时，建立快速检测方法的同时进一步完善样品的前处理方法，研制适合的小型前处理装置，对于缩短现场快速测定时间及提高测定的准确性具有重要意义。

1.3.2 特殊食品的安全性评价

1.3.2.1 转基因食品的安全性评价

用遗传工程的方法，即用一种叫做限制性内切酶充当"手术刀"，将生物细胞内的螺旋状 DNA（脱氧核糖核酸——动植物的遗传物质）分子切开，选取所需要的一段基因（生物体遗传的基本单位，存在于细胞染色体内 DNA 分子上），与其他相关的基因重新组合，就像电影编辑把不同的影片片段剪接在一起一样；经过重新组合的基因要借助于另外的一些方法送回生物体内发挥作用。用这种方法把一种植物、动物或微生物的基因植入到另一种植物、动物或微生物的 DNA 中，接受方由此而获得了一种它所不能自然拥有的由转入基因带来的新特性，称为转基因植物、动物或微生物（里夫金，2000）。用转基因植物、动物或微生物为原料（全部或部分）生产制造的食品叫转基因食品。转基因食品（genetically modified foods）上市已有几个年头，但对其安全性的辩论愈演愈烈，各国政府也纷纷采取措施，限制转基因食品上市。而随转基因食品的不断增加，其安全性也引起广泛关注，成为科学界讨论的热点（蔡磊明，王捷，2001）。

转基因食品也可能产生一定的危害，目前的转基因技术可以准确地将 DNA 分子切断和拼接，进行基因重组。但是异源 DNA 片段被导入一个生物体后，对受体基因的影响程度不能事先完全地、精确地预测到，受体基因的突变过程及对人类的危害同样是无法预料的，因此有关科学界人士认为在转基因的研究、商业性生产和使用中可能会产生危害。

（1）直接危害

① 转基因寄宿、受体或带菌生物感染人类、动物及植物。有资料披露英国研究人员发现实验鼠吃了转基因马铃薯后，免疫系统变弱，肾脏、胸腺和脾脏等器官也出现缩小或发育不良，多个重要器官也遭破坏，实验鼠的脑部也缩小了。科学家对已获准在西班牙和美国商业化种植的转基因玉米和棉花进行针对性研究后认为，转基因作物可能引发出脑膜炎和其他新病种。重组奶牛生产激素（rb-GH）在美国投入实际的商业化使用后，使用者很快就发现这类药物导致了奶牛乳腺炎患病率增加，奶牛的繁殖率降低。

② 转基因生物、组分或代谢物产生毒性或引起过敏反应，日本的一家公司对微生物进行基因处理，使之产生高含量的色氨酸，结果在使用这种色氨酸的人群中有 37 人死亡，并造成了 1500 多人的永久性伤害。科学家把巴西胡桃的特质移植到黄豆上去，但结果却使一些对胡桃敏感的人在摄取黄豆时有过敏可能。

③ 因意外释放转基因生物而对环境产生影响。

（2）间接危害

① 产生具有传染性或耐药性的微生物。英国的研究显示，转基因作物中的突变基因可能会进入到生物的有机体，突变基因如跨越种群和转移至细菌，其结果可能会导致新的疾病。英国政府顾问委员会成员、利兹大学微生物学家约翰·荷瑞泰吉博士表达了自己对转基因作物的担忧，他认为虽然产生新病种的可能性很小，但如出现无法治疗并会广泛传播的对生命造成严重威胁的疾病时，其后果将不堪设想。

② 将有害的基因（例如致癌物质）传给人类。

③ 产生克隆环境、抑制原生植物或富有攻击性的转基因植物。

④ 转基因植物中有关基因物质转移到杂草类的相关植物中，使之增加抵抗力而变得具生长的竞争性。

有报道证实将优良特质的基因（如抗杀虫剂）植入作物，可能会使周围野生植物一并获得改良，呈现出抗杀虫剂的特征，营养物质在环境中的自然循环受到转基因微生物的干扰。

（3）转基因食品食用安全性评价标准的制定

为加强转基因食品的安全管理，促进我国转基因食品的产业化，规范转基因食品的安全性检验和评价，提高我国转基因食品食用安全性评价检验水平，农业部制定并颁布了行业标准 NY/T 1101—2006《转基因植物及其产品食用安全性评价导则》和 NY/T 1101—2006《转基因植物及其产品食用安全检测大鼠 90 天喂养试验》标准，关于转基因微生物及其产品食用安全性评价技术规范目前正在研究制定之中，转基因食品的安全性评价主要从基因受体、供体、基因操作、转基因食品毒理学、致敏性和营养学等方面进行，并在全国认证了转基因食品食用安全性检验机构。依据现行标准已对进口和国内研发的转基因食品开展了百余项转基因食品的食用安全性检测和评价工作，为转基因食品的安全性和转基因食品商业化的健康发展提供了保证。

（4）转基因食品的展望(程焉平，庄炳昌，2001)

尽管在世界范围内对转基因食品有很多争议，但这并不影响转基因食品技术的迅速发展，新的转基因食品还在不断问世，而且发展速度越来越快。我们既要充分认识转基因食品的优点，又要高度重视其潜在的安全性问题。转基因技术是一项投入和产出都十分巨大的高新技术，有着巨大的知识价值和经济价值。从某种意义上讲，转基因技术代表着一个国家的科技水平，目前，绝大部分转基因作物种子在专利的保护下，由少数几家大型生物工程公司所控制。未来全球许多地区农作物的种子很可能被几个"基因巨人"垄断。由于转基因作物种子价格十分昂贵，科技比较落后的发展中国家可能买不起转基因作物种子，而在将来的农业竞争中处于更加不利的地位。

我国对转基因技术及转基因食品的研究和应用采取了积极扶持的政策，在转基因水稻、小麦、棉花、番茄、甜椒等方面的研究和应用方面已达到国际同类研究领先水平，但在转基因基础研究领域与发达国家仍存在较大差距。

1.3.2.2　保健食品的安全性评价

食品卫生法、保健食品管理办法要求保健食品必须符合食品卫生要求，对人体不产生任何急性、亚急性或慢性危害。我国的保健食品安全性评价是一个需要逐渐完善的领域，应用传统安全性毒理学评价技术不能完全适应保健食品安全性评价发展的需要。目前在我国保健食品安全评价技术和标准的研究方面仍有大量相关的技术或方法尚未解决，评价技术或方法的整体发展落后于当前保健食品工作的需要，我国保健食品安全性评价技术和标准研究的落后现状，严重影响了我国保健食品产业的健康发展。

（1）保健食品功能分类

保健食品功能分类有以下多项：促进排铅；改善睡眠；减肥；改善营养性贫血；增强免疫力；辅助降血脂；辅助降血糖；抗氧化；辅助改善记忆；缓解视疲劳；清咽；辅助降血压；缓解体力疲劳；提高缺氧耐受力；对辐射危害有辅助保护功能；改善生长发育；增加骨密度；对化学性肝损伤有辅助保护作用；祛痤疮；祛黄褐斑；改善皮肤水分；改善皮肤油分；调节肠道菌群；促进消化；通

便；对胃黏膜有辅助保护作用。

我国《食品卫生法》第 22 条明确了保健食品的法律地位，规定其产品及说明书必须报国务院卫生行政部门审查批准。卫生部发布的《保健食品管理办法》和《保健食品广告审查暂行规定》对审批、生产经营、标签、说明书及广告宣传、保健食品监管等各方面做出规范要求。2003 年 6 月卫生部停止受理保健食品的申报，转交国家食品药品监督管理局，国产保健食品批准文号为"国食健字G"，进口保健食品批准文号为"国食健字 J"。

（2）我国保健食品的特点

① 天然原料的使用较为广泛，多以传统养生理论为主要依据，应用传统食物、动植物等天然物质为主要原料。

② 保健功能比较集中，目前约有三分之二的产品，功能集中在免疫调节、抗疲劳和调节血脂等几个方面。

③ 与传统意义上的食品形式差距较大，常见剂型为胶囊、口服液和片剂等。

④ 产品的科技含量不高，由于保健食品开发周期较长，忽视了产品的创新和研发过程。

⑤ 产品生产地域比较集中，目前已批准生产的保健品中，大部分来自北京、广东、山东、江苏、上海。

⑥ 国产保健食品共批准 8000 个，进口保健食品不到 600 个，但进口保健品却占市场约 50%（来自林飞《我国保健食品的安全性回顾》）。

（3）保健食品违法添加化学药物

① 缓解体力疲劳类保健食品中非法添加枸橼酸西地那非。枸橼酸西地那非主治男性性功能障碍，属于二类精神药管理范围，不得在药店零售，只能在二级及其以上医院凭处方领用。此药服用过量，对有高血压等心血管疾病、糖尿病的患者身体危害十分严重，甚至会导致死亡。

② 减肥类保健食品中非法添加芬氟拉明、麻黄素、利尿剂等。芬氟拉明用于单纯性肥胖症以及有冠心病、高血压和糖尿病的肥胖患者，但精神抑郁、癫痫患者以及孕妇忌用，严重心律失常者、驾驶员、高空作业者慎用。长时间服用利尿剂可引起低钾血症、低氯性碱中毒及高尿酸血症。

③ 降糖类保健食品中非法添加格列本脲等。由于我国糖尿病患者数量巨大、降血糖药市场广阔，非法添加格列本脲、格列吡嗪、格列齐特、苯乙双胍、阿卡波糖等降血糖西药。

④ 改善睡眠保健食品中非法添加苯巴比妥等。掺进西药组分如苯巴比妥、苯妥英钠、卡马西平、丙戊酸钠、地西洋、阿米替林、艾司唑仑等，致使患者往

往深受其害而不知何故。

⑤ 改善生长发育类保健食品中添加醋酸泼尼松、醋酸地塞米松、倍他米松等肾上腺皮质激素，若服用者合并有糖尿病、结核病或病毒感染性疾病，后果将非常严重。

⑥ 其他非法添加现象。如降压类保健食品中加入硝苯地平等；清咽类保健食品中加入甲硝唑、磺胺类、四环素等；还有私自添加人工合成的药物（功效）成分，引发安全问题。如咖啡因加入茶饮料、阿魏酸作为当归等使用，以降低成本，提高"功效"。

1.3.3　我国食品安全性评价的不足和发展

尽管我国近 20 年来，在食品安全性毒理学检验和评价方面出台了一系列法规、标准，在食品安全性的检验和评价以及保障食品安全方面做出了贡献，但应看到，当前我国在食品安全性毒理学检验和评价领域仍有许多不足，比如国标《食品安全性毒理学评价程序和方法》尚未与国际完全接轨，急需对现有标准进行修订，并建立与国际接轨的食品安全性毒理学评价程序和方法。此外实验室良好操作规范（GLP）是国际上公认的进行毒理学安全性检验的管理规范，我国 SFDA 2003 年颁布了《药物非临床研究质量管理规范》及检查办法，对药品的毒理学安全性评价检验机构已强制推行 GLP 管理，我国农业部也已颁布了行业标准《农药毒理学安全性评价良好实验室规范》，因此，为进一步提高我国食品安全性毒理学检验的规范性及检验结果的国际认可度，建立与国际接轨的食品安全性毒理学评价方法体系以及 GLP 管理规范下的质量保证体系已迫在眉睫。

参 考 文 献

蔡磊明, 王捷. 2001. 主要国际组织关于转基因食品安全性评价的研究动态. 农药科学与管理, 22（5）: 28-32.

陈必链, 吴松刚. 1999. 钝顶螺旋藻对 7 种重金属的富集作用. 福建师范大学学报: 自然科学版, 15（1）: 81-85.

程焉平, 庄炳昌. 2001. 转基因作物安全性的研究现状与展望. 松辽学刊: 自然科学版,（4）: 8-10.

戴宇飞, 郑玉新. 2003. 毒理学中心法则的重新审视——毒物兴奋性剂量-反应关系及其对毒理学发展的影响. 国外医学: 卫生学分册, 30（4）: 246-249.

高琳, 谢鸣. 2002. 关于"中草药肾病"及中药毒性的认识. 中国医药学报, 17（11）: 668-670.

何学佳, 彭兴跃. 2003. 应用流式细胞仪研究 Pb 对海洋微藻生长的影响. 海洋环境科学, 22（1）: 1-5.

蒋勇军, 曾敏, 周先波, 邹建卫, 俞庆森. 2004. CDK2-抑制剂结合自由能计算. 化学学报, 62（18）: 1751-1754.

孔繁翔，陈颖，章敏. 1997. 镍、锌、铝对羊角月芽藻（*Selenastrum capricornutum*）生长及酶活性影响研究. 环境科学学报，17（2）：193-198.

李金杰，张栩嘉，赵元慧. 2013. 有机污染物对水生生物毒性作用机理的判别及影响因素. 环境化学，32（7）：1236-1245.

李坤，李琳. 2002. Cu^{2+}，Cd^{2+}，Zn^{2+} 对两种单胞藻的毒害作用. 应用与环境生物学报，8（4）：395-398.

里夫金. 2000. 生物技术世纪：用基因重塑世界. 付立杰，陈克勤，昌增益译. 上海：上海科技教育出版社.

林碧琴，张晓波. 1988. 羊角月芽藻对镉毒作用的反应和积累的研究——Ⅰ. 镉对羊角月芽藻的毒性作用. 植物研究，8（4）：195-202.

刘恺，张占吉，牛树启. 2006. 转基因食品安全性评价综述. 保定师范专科学校学报，（04）：18-20.

倪哲明，洪水皆，金祖亮，景世廉，单孝全，黄骏雄，金龙珠. 1992. 环境分析化学发展战略研究. 环境化学，5（1）：1-19.

彭池方. 2013. 食品加工安全控制. 北京：化学工业出版社.

彭双清. 2008. 毒理学替代法. 北京：军事医学科学出版社.

师俊玲. 2012. 食品加工过程质量与安全控制. 北京：科学出版社.

师邱毅，纪其雄，许莉勇. 2010. 食品安全快速检测技术及应用. 北京：化学工业出版社.

唐惠儒，王玉兰. 2006. 代谢组学：一个迅速发展的新兴学科. 生物化学与生物物理进展，33（5）：401-417.

王世平. 2008. 食品安全检测技术. 北京：中国农业出版社.

徐旻，林东海，刘昌孝. 2006. 代谢组学研究现状与展望. 药学学报，40（9）：769-774.

许禄，胡昌玉，许志宏. 2000. 应用化学图论. 北京：科学出版社.

阎海，潘纲，霍润兰. 2001a. 铜、锌和锰抑制月形藻生长的毒性效应. 环境科学学报，21（3）：328-332.

阎海，王杏君，林毅雄，温官. 2001b. 铜、锌和锰抑制蛋白核小球藻生长的毒性效应. 环境科学，22（1）：23-26.

颜贤忠，赵剑宇，彭双清，廖明阳. 2004. 代谢组学在后基因组时代的作用. 波谱学杂志，2.

赵广宇，于安源，董飒英. 2001. 衣藻对铅离子的耐受性研究. 腐蚀科学与防护技术，13（1）：387-388.

赵元慧，王连生，高鸿. 1993. 有机污染物定量结构与活性相关性研究. 科学通报，38（6）：516-518.

周宏，项斯端. 1998. 重金属铜、锌、铅、镉对小形月芽藻生长及亚显微结构的影响. 浙江大学学报：理学版，2.

Abernathy A R, Cumbie P M. 1977. Mercury accumulation by largemouth bass (Micropterus salmoides) in recently impounded reservoirs. Bulletin of Environmental Contamination and Toxicology，17（5）：595-602.

Moore M N, Depledge M H, Readman J W, Paul Leonard D, 2004. An integrated biomarker-based strategy for ecotoxicological evaluation of risk in environmental management. Mutation Research/Fundamental and Molecular Mechanisms of Mutagenesis，552（1）：247-268.

Murugan R, Grendze M P, Toomey J, Katrizky A, Karelson M, Lobanov V, Rachwal P, 1994. Predicting physical properties from molecular structure. Chemtech-Washington DC，24：17.

Papa E, Battaini F, Gramatica P. 2005. Ranking of aquatic toxicity of esters modelled by QSAR. Chemosphere，58（5）：559-570.

Wong P, Chau Y, Patel D. 1982. Physiological and biochemical responses of several freshwater algae to a mixture of metals. Chemosphere，11（4）：367-376.

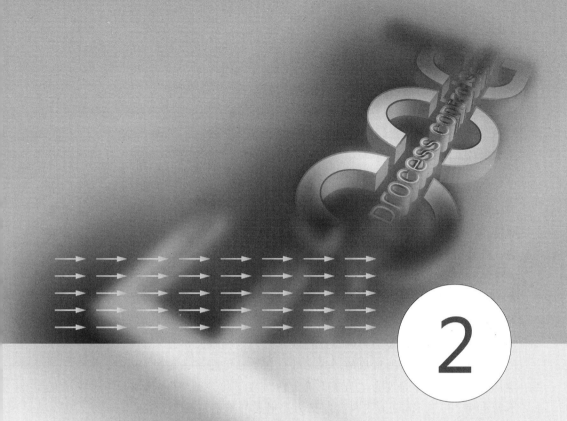

2

食品加工过程风险评估原理与方法

2.1 基本概念

2.1.1 风险

　　风险的概念或定义最早并非起源或出现在食品安全、食品加工过程安全或农产品质量安全等饮食链条安全领域。广义而言，H. Mowbray 称风险为"不确定性"（Slovic，2000）。C. A. Williams 将风险定义为"在给定条件和某一特定时期，未来结果的变动"（Acuna et al，2012；Ryan，1992）。March 和 Shapira 认为"风险是事物可能结果的不确定性，可由收益分布的方差来测定"（Acuna et al，2012；Altenburger and Greco，2009）。F. H. 奈特认为风险是"可测定的不确定性"。上述定义均强调了"风险是不确定性"（Cassee et al，1998）。另外，风险一方面表现为常态的不确定性，即风险不可能避免和消除；另一方面风险又是承担由于不确定性所造成的后果，即存在不确定性不一定存在风险。因此，风险具有二维性，即表现为"与某不确定性对应下的某结果"。风险还并非所有的不确定性，J. S. Rosenb 将风险定义为"损失的不确定性"（Gent et al，1996），F. G. Crane 认为"风险是未来损失的不确定性"（Morrison and Crane，2007），Ruefli 等将风险定义为"不利事件发生的机会"（Ruefli et al，1999）。这些观点或概念强调了风险是"不确定性结果的损失性"。因此，风险概念是：能带来不利损失结果的不确定性。对于食品加工过程中的风险可理解为食品加工过程中或因食品加工工艺所带来食品中存在对人体健康不利影响的不确定性或可能性，用数学概念模型［见公式(2-1)］表达，即风险（R）是健康不利影响（s）与发生可能性（v）的函数关系（Andersen and Dennison，2004）。

$$R = f(s, v) \qquad (2-1)$$

2.1.2 风险评估

　　风险评估首先建立在两个必要基础之上：一方面存在风险。根据风险特性及其本质，只要定义在技术、社会或心理范畴，同时具有如下特性，即某不确定性下导致的不良结果或某不良结果伴随着某不确定性，则风险就存在。而自然界中大多事物具有此特性，所以风险几乎可等同于客观存在。如生老病死、花开花落、春夏秋冬等，是客观的必然性。另一方面风险的"可度量性"。风险本质有不确定性，即随机性，表现到具体事件中就是这样或那样的结果，变幻无常。因此，不确定性给风险的准确估计带来挑战，而可度量性给风险的估计又带来可能。因此，风险可度量性，也可理解为可度量的不确定性。另外，风险评估需要区分和明确两个概念，这两个概念在具体风险评估技术中有非常清楚的数学界定，即变异度（variability）和不确定度（uncertainty）（Nauta，2000；Winkler，1996）。变异度是事物本身的特性，反映事物个体间的差异性，差异性不会随着数据和信息的丰富而减少，如每人身高差异，每日摄取食物数量和质量差异等。而不确定度指事件接近真实程度的可靠性，随着数据和信息质量与数量更趋于丰富和可靠，不确定度随之降低，如估计每人每天摄取食物的量可采用每日准确称量和大概估计两种方法来获取，显而易见，前方法带来的不确定度会远小于后方法。

风险评估在不同领域和行业还存在如下具体定义和解释，在"损失的不确定性"和"度量"上存在一致性，但就发生序列、危害及其对象、风险评估与风险分析包含与被包含、是否是管理措施还是仅辅助给予管理措施建议等存在明显差异性（Hollenstein，2005）。主要定义如下：①一个建立在科学基础上的包含危害识别、危害特征描述、暴露评估以及风险特征描述的过程。②风险评估是对系统存在的风险进行定性和定量分析，评价系统发生危险可能性及其程度，以寻求最低事故率、最少损失和最高的安全投资效益。③风险评估是综合运用安全系统方法对系统风险程度进行预测和度量。④风险评估是指在风险事件发生之后，对于风险事件给人们的生活、生命、财产等各个方面造成的影响和损失进行量化评估的工作。⑤风险评估是采用系统科学方法确认系统存在的危险性，并根据其风险大小采取相应的安全措施，以达到系统安全的过程。⑥风险评估是对信息资产面临的威胁、存在的弱点、造成的影响，以及三者综合作用而带来风险的可能性的评估。

2.1.3　食品加工过程风险评估

食品加工过程风险评估即针对食品加工过程中或因食品加工工艺技术带来食品中存在危害物，采用一切科学手段，进行危害识别、危害特征描述、暴露评估以及风险特征描述的过程（Kroes et al，2005）。另外，由于新工艺、新技术（转基因技术、微波处理等）的飞速发展或加工过程中新材料（纳米材料、量子点等）的不断应用，给食品加工过程风险评估带来极大挑战。

① 危害识别：尽可能根据现有的动物试验、体外试验、结构-活性关系等科学数据、文献信息、专业科学家经验及相关利益方意见等确定目标对象（包括人体、靶标生物等）暴露（一般是经口途径）于含某种危害的加工食品（危害可能由加工过程中主要携带或本身因加工工艺副作用造成）所带来不良影响的程度、

范围、可能性等，初步判定风险是否存在并决定纳入具体评估必要性及评估时间、成本等相关决策过程。

② 危害特征描述：对与危害相关的不良健康作用进行定性、半定量和/或定量描述。根据危害识别初步判定结果，更有针对性、系统性地利用动物试验、体外实验（细胞层面、酶层面、模式生物层面等）等，研究确定危害与各种不良健康作用之间的剂量-反应（效应）关系、作用机制等。如果可能，对于毒性作用有阈值的危害应建立人体安全摄入量水平。该过程应适当考虑加工过程及加工工艺本身对食品带来的影响。

③ 暴露评估：描述人体暴露于危害的主要途径、频率、方式等，估算不同人群（尤其是主要目标人群）摄入危害的水平。根据危害在食品中的水平和人群消费量，初步估算危害总摄入量，同时考虑其他非膳食进入人体的途径，采用一切科学手段（包括数学建模）等估算人体摄入水平。

④ 风险特征描述：根据危害识别、危害特征描述和暴露评估结果，综合分析危害特征描述的毒性标准与实际人体接触和暴露水平之间的关系，结果应当考虑并描述和解释风险评估过程中的不确定性及变异性，最终获取风险大小。风险大小可通过点估计和概率估计结果来进行描述，同时会同风险管理者根据不同级别和大小的风险结果进行风险管理策略制定。

2.2   相关概念之间的区别与联系

2.2.1   危害、安全与风险的区别与联系

定义风险概念前，首先了解三个很关键的概念，即安全、危害和伤害（Lammerding and Fazil，2000）。"安全"指随着人类活动及其时空变化，将损失控制在可接受水平的状态，反之即为不安全，包括危害和伤害。"危害"是造成伤害的来源，是物质的本质属性，如物理危害、化学危害和生物因素危害。"伤害"是危害对其对象造成的不良结果。危害和伤害的区别在于，前者强调来源，后者更强调结果。上述三者都基于利于人类及其生存环境和社会发展主观需求角度而言，即主观性，如对于生态环境而言食源性病原微生物并非一定构成危害或伤害，而对于人类而言则反之。另外，安全、危害和伤害伴随着消费心理主观改变而改变。同时，危害和伤害存在直接性和间接性，如直接危害和伤害，以及间接危害和伤害。危害有显现性和隐蔽性两种表现，显现性表现在当前危害随即带来伤害，并表现明显的因果关系；隐蔽性则更多呈现积累和链条传递特征，

虽有关联，但并未表现出明显和直接的因果关系。

2.2.2 食品安全、食品加工过程安全及农产品质量安全风险评估的区别与联系

我国的《食品安全法》中对食品安全风险评估定义是指对食品、食品添加剂中生物性、化学性和物理性危害对人体健康可能造成的不良影响所进行的科学评估，包括危害识别、危害特征描述、暴露评估、风险特征描述等。

我国《农产品质量安全法条文释义》中将农产品质量安全风险定义为"指将对人类、动植物健康或环境可能产生不良效应的可能性和严重性，这种不良效应由农产品中某种危害所引起。"这里所定义的风险强调了农产品中或由于农业生产操作带来的危害影响到人体健康、动植物健康或农业产地环境健康（可是其中一类或多类）效应的不确定性，这里的不确定性描述称为可能性和严重性。农产品质量安全风险评估定义为"指在特定条件下，对动植物和人类或环境暴露于某危害产生或将产生不良效应的可能性和严重性的科学评价。风险评估包括危害识别、危害特征描述、暴露评估和风险特征描述四个步骤。"

2.3 危害特征描述原理及方法

危害特征描述是加工过程风险评估最关键步骤之一，评价方法与评价的危害对象一致，由于该步骤实际上主要是对基准-剂量关系的探讨，因此也叫做剂量-反应（效应）关系评估。同时很大程度上，研究结果对质效应（如酶活力抑制率等）较量效应（如活细胞减少数量等）而言更有意义，危害特征描述在某种程度上也简称为剂量-反应评估。

目前，除传统用于毒性评价的无明显损害作用水平（NOAEL）方法外，新开发出的方法包括基准剂量法（BMD）、化学物系数调整法、概率剂量反应评价法等，其中基准剂量法因其对数据量和使用对象专业数学水平要求相对较低，且大多情况下方法精准度较传统 NOAEL 而言极大提升（顾刘金等，2006；何贤松等，2013），因此该方法被接受认可，应用推广程度最高。

2.3.1 有阈值、无阈值与剂量-反应评估

2.3.1.1 有阈值与剂量反应评估

有阈值（threshold）（Schwartz et al，1995）指化学物质引起受试对象出现

可指示最轻微的异常或改变时需要的最低剂量，也就是一种物质使机体（人或实验动物）刚开始发生反应的剂量或浓度。阈值又分为急性阈值及慢性阈值。急性阈值为一次暴露所产生不良反应的剂量点，而慢性阈值是长期不断反复暴露所产生不良反应对应的剂量点。

一种化学物对每种反应都可有一个阈值，因此一种化学物可有多个阈值。对某种反应，对不同的个体可有不同的阈值，同一个体对某种反应的阈值也可随时间而改变。就目前科学发展现状，对于某些化学物和某些毒效应还不能证实存在阈剂量（如遗传毒性致癌物和性细胞致突变物）。阈值并非实验中所能确定，在进行风险评估时通常用 NOAEL 或最低可见有害作用水平（LOAEL）作为阈值的近似值。在利用 NOAEL 或 LOAEL 时，应说明测定的是什么效应、何种群体和其染毒途径。当所关心的效应被认为是有害效应时，就确定为 NOAEL 或 LOAEL（Calabrese and Baldwin，2003）。

在风险评估为风险管理提供科学依据时，最常用到的是制定最大残留限量（MRLs）标准，但在标准制定过程中，最关心的不是一条曲线，而是一个剂量点，而该点是判定有害与无害之间的一个临界点，即 NOAEL 或 LOAEL。该点可通过剂量-反应模型获取或直接通过动物试验获取，然后通过该点来推导 MRLs（Chou et al，1998）。

另外，阈值表征危害对个体产生的不良反应，但实际上该不良反应常常取决于观察指标、检测技术与检测方法、仪器灵敏度、试验设计等多重因素，于是很难严格规定该"安全"与"不安全"剂量点，故阈值实际上更具备理论研究价值和意义。阈值实际上具有两层不同的含义。一是基于科学含义，指在不良效应发生情况下的暴露水平，如有生理刺激，但未形成不良反应；二是阈值代表一个水平，在该水平上没有不良反应，但这仅仅指在该水平下的反应极为不明显，以至不能被观察和监测到，如 NOAEL（Leisenring and Ryan，1992）。在类似情况下，相对于实际结论而言，这更基于分析者或采纳分析方法的原则所界定的阈值。在第一层含义中阈值也许需要考虑剂量-反应模型，阈值剂量的引入将剂量-反应模型分为不同情况：一方面在阈值以下，有效剂量为零；另一方面，在阈值以上，有效剂量是剂量-反应模型上剂量点减去阈值剂量。阈值通常不能提高模型的拟合效果，而阈值的置信度一般非常大。有阈值与无阈值是从毒理学角度划分风险评估范畴的一个重要分界点（Leisenring and Ryan，1992）。另外，对于有阈值化学物风险评估，不同机构赋予其不同的剂量点表征名，世界卫生组织（WHO）采用了每日允许摄入量（ADI），世界卫生组织/国际化学品安全机构（WHO/IPCS）采用了 TI，美国环保署采用了参考摄入量（RfD）或参考浓度

（RfC），美国毒物与疾病登记署（Agency for Toxic Substances and Disease Registry，ATSDR）采用了最小风险水平（minimum risk level，MRL），加拿大卫生部采用了日允许摄入量/浓度（tolerable daily intake/concentration，TDI/TDC）。

2.3.1.2 无阈值与剂量-反应评估

那些具有遗传毒性的致癌物，因其无典型的所谓引起受试对象出现可指示最轻微的异常或改变时需要的最低剂量，一旦产生暴露，便可指示目标不良效应，这类效应即无阈值（unthreshold），具有这类效应的物质即无阈值物（Christenson et al，2014）。一般该类物质安全水平通过数学模型来推导，虽然有几种数学模型，但通常采用线性多级模型（超线性多阶打击模型等）。这些模型在某个特定暴露水平具有可置信区间的上限值与下限值，在下限值中可包括零值，而所谓安全水平一般以保守方式表示为终生癌症超额危险的上限估计值 10^{-6}（即摄入含该无阈值物质的食品 70 年，每 10 万人中会产生一个癌症病例）。该数值不一定等于接触该浓度水平所引起的癌症病例，这是考虑大量不确定因素后的最大潜在危险水平，很可能实际风险水平比该水平还要低，也可能还要高，但低剂量暴露水平的风险程度往往无法由实验验证。

2.3.2 主流的剂量评估方法

2.3.2.1 基准剂量法

基准剂量（benchmark dose，BMD）方法是美国人 Crump 于 1984 年首先提出并得到美国环境保护署（U. S Environmental Protection Agency，EPA）和美国食品与药品管理局（U. S Food and Drug Administration，FDA）的极大重视，随后加以推广和应用，目前 BMD 法是当前国际组织和发达国家继 Lehman 和 Fitzhugh 于 1954 年提出商值法（即 NOAEL 法）后最积极推广并用于剂量-反应评估的重要技术程序之一。该方法有诸多优势，主要包括：一是 BMD 利用了所有的动物实验数据（二分类型数据），选用合适的剂量-反应模型，并通过统计方法（极大似然估计等）得到结果，因而对实验设计依赖性减小，消除了实验设计的随意性，提高结果可靠性、准确性；二是 BMD 可根据基准剂量反应（BMR）水平的选择，了解 BMD 不同反应水平；三是需获取反应剂量 95% 可信区间下限值，必须纳入组数、每组受试对象数及终点指标观察值的离散度。如果资料质量水平不高，则可信区间会宽（即不确定性提高），BMD 水平也相应降低，使得保护水平提高。

BMD 是对于一个特定的观察终点，应用其所有剂量-反应数据来估计总体剂量-反应关系的形状。BMD 是一个剂量水平，从估计的剂量-反应曲线上获得，与反应的特定改变有关，该反应被称为基准剂量响应（benchmark response，BMR）（Gordon and Malley，2014）。基准剂量下限（BMD_L）是 BMD 的可信区间下限，该值通常被用作参考点。图 2-1 说明了 BMD 方法的基本概念。从图 2-1可以看出，计算出来的 BMD_L（如 BMR 的 5％）可解释为：基准剂量下限值 5（BMD_{L5}）＝反应可能低于 5％的剂量，此处的"可能"由统计学上的可信限来确定，通常是 95％的可信限。以观察到的反应的平均值（三角形）及其可信区间进行作图。实体曲线是拟合的剂量-反应模型。根据该曲线可确定 BMD，BMD 通常是指与较低的且可测量的效应（称为 BMR）相对应的剂量。虚线分别代表效应 95％可信限的上限和下限，是剂量的函数。它们与水平线的交叉点所对应的横坐标分别是 BMD 的下限和上限，即基准剂量下限（BMD_L）和基准剂量上限（BMD_U）。

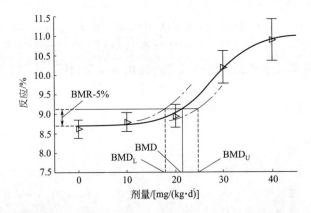

图 2-1   基准剂量（BMD）方法的基本概念（Gordon and Malley，2014）

BMD 指基准剂量；BMD_L 指基准剂量下限；BMD_U 指基准剂量上限；BMR-5％指基准剂量反应的 5％

在利用基准剂量（BMD）方法推到每日允许摄入量（ADI）过程中会用到不确定系数，种间差异和人类变异性是能常用于导出每日允许摄入量/日允许摄入量（ADI/TDI）的 100 倍不确定性系数的依据，与种间差异和人类变异性有关的不确定性同样适用于基于动物数据的某项有效性量度（MOE），但是存在附加的不确定性，所述附加的不确定性与试验的/可观测的范围以下的剂量-反应关系的性质有关，与对于生成变异细胞以及后来克隆扩充并发展成为某种癌症具有决定性的过程中的遗传多态性的影响有关。因此，一项 100 倍的 MOE 不足以反映这样的事实：起始点基准剂量下限（BMD_L）值不能认定为一项阈值或与作用方式有关的附加的不确定性。

$$ADI = BMD_L / UF \qquad (2\text{-}2)$$

式中，ADI 为每日允许摄入量；BMD_L 为基准剂量下限值；UF 为不确定系数。

线性低剂量外推的应用，使用 5% 反应的 BMD_L 来评估一项百万分之一的一生风险，相当于一项 50000 的有效性量度（MOE）。该方法必须通过一定不确定系数（uncertainty factor，UF）加以修正后才能获取每日允许摄入量（ADI），有的研究不能直接获得 NOAEL，所以在获得真正意义上的 NOAEL 时，必须考虑到 UF。目前，UF 有 6 个，这些 UF 合理被应用于公式(2-2)中，用于合理估计 ADI。6 个 UF 如下。

UF1——种内差异，主要为人类之间差异。这个时候数据直接来自人体试验，合理结果采取外推 UF 设定为 10。

UF2——种间差异，主要是实验动物外推到人类之间差异。对于 BMD 而言，当人群暴露研究不能直接采纳时，从实验动物外推到人类时，采用 UF 为 10；对呼吸暴露，人相对浓度 NOAEL 作为获取 ADI 方法时，该 UF 为 3，因为人相对浓度时已考虑了毒代动力学的差异。

UF3——长期、中期及短期暴露差异。当从慢性（成本及可操作性等因素决定在动物实验中不会采纳）、亚慢性及急性动物实验推导时，采用 UF 为 10。

UF4——LOAEL 推导不可见作用最高剂量（NOAEL）带来的差异。采用 UF 为 10。

UF5——当资料不完善或可信度不是相当高时，如数据是否来自 GLP 实验室，采用 UF 为 10。

UF6——修饰系数（modifiying factor，MF），该系数在 0~10 之间，数据可信度差异（不同对比试验分析），数据是否经过不同实验室重复试验，数据是否全面等。

经过这些不确定系数一系列复杂计算修正后的 NOAEL 才能采用。UF 一般基数为 10。目前一般选定的 UF 为前两项，即 UF1 与 UF2，分别为种间差异和种内差异，每项取 10，所以不确定系数为 100。

2.3.2.2　化学物系数调整法

1994 年国际化学品安全机构（IPCS）召开会议后讨论了化学物质的调整系数概念（chemical-specific adjustment factors，CSAFs），该方法目的是为更真实反映人体对于不同物质的毒代动力学（toxicokinetics，主要表示化学物在人体内经过复杂代谢后的产物）及毒效动力学（toxicodynamics，主要表示化学物在人体内经过复杂代谢后对人体的作用）后对 UF 的贡献率［该方法被世界卫生组织/国际化学品安全机构（WHO/IPCS）所应用］，取代原来非常传统的一律采用 UF 为 10 的做法，这样，减少了对经验数学模型的依赖（Organization，1994）。如图 2-2 所示。

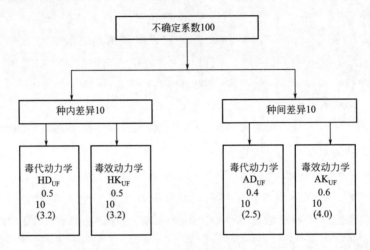

图 2-2   不确定系数（UF）引入毒代动力学与毒效动力学（Organization 1994）

H—不同人之间的差异；A—人类与实验动物之间的差异；D—毒代动力学；K—毒效动力学

2.3.2.3   结构活性方法

（1）二维定量结构-性质/活性关系（QSPR/QSAR）基础理论

化学物在生物体的吸收、分布、代谢和排泄（ADMEs）取决其理化性质。因此，只有理解了外源性化学物的理化性质，才可正确评估其生物活性、生物利用度、在生物体内转运过程及在生物系统不同隔室之间的分布情况。二维定量结构-活性关系（2D-QSAR）揭示化学物疏水性、电性和立体性等理化参数与生物活性之间的相关性。其模型框架如图 2-3 所示。由于所有参数与系统自由能相关，故为线性自由能相关模型（Carlsen，2009）。

（2）数据定义

① 化学物结构参数   化学物结构参数可称为自变量，该变量可通过实测也可通过计算获取，可以是物化参数，也可以是量化参数或图形参数。化学物结构参数根据模型框架，包括电性参数、输水性参数、立体参数等。

电性参数包括哈米特常数（Hammett）、原子电荷、最高占有分子轨道、最低空轨道、前线轨道电荷密度以及解离常数等。其中，Hammett 用得最多，以

σ 表示，$\sigma = \lg\left(\dfrac{k_x}{k_h}\right)$，其中 k_x、k_h 均表示解离常数，但前者是取代基 x 存在时酸解离度（25℃，水），后者是苯甲酸解离度（25℃，水），该常数根据取代基对苯甲酸解离度影响提出，在芳香族取代基中应用最广泛。同时因为吸电子基使苯甲酸解离度增加，因此吸电子基为正值，反之，斥电子基为负值。常可利用间位或对位取代基常数，由于邻位取代基既有电性效应，又有熵效应，所以一般而言，不利用邻位取代基常数。

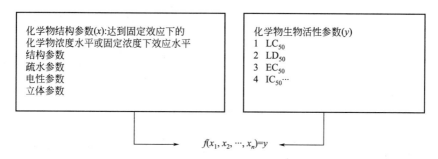

图 2-3　二维定量结构-活性关系（2D-QSAR）模型框架（Carlsen，2009）

LC_{50}—半数致死量浓度；LD_{50}—半数致死量；EC_{50}—半数有效浓度；IC_{50}—半数抑制率浓度

输水性参数包括分配系数和疏水性常数。许多方法可用于分配系数（$\lg K_{ow}$，也称为 $\lg P$）的实验测量，$\lg P$ 的预测可使用贡献法或定量结构-性质关系（QSPR）模型。针对 QSAR 关系建模和环境化学物规趋建模中所涉及的其他理化性质，也有许多实验测定和预测方法。

立体参数包括塔夫脱（Taft）立体参数、范德华立体参数以及最小立体差异参数等。其中 Taft 立体参数应用最多，由于水解反应速率受到取代基 Y 的诱导，以及共振及立体效应的影响，所以在酸性条件下，酯的水解几乎完全取决于立体因素。

② 生物活性数据　生物活性数据可称为因变量，由试验测定，可以是连续型也可以是二分型数据。同样可以基于体内实验获取，也可通过体外实验测定获取。因变量通常以产生标准生物效应时化学物的剂量或浓度负对数（$-\lg C$）表示，而标准生物效应则采用剂量效应曲线的敏感部位，如酶抑制剂抑制 50% 时的浓度水平（IC_{50}）、半数致死剂量（LD_{50}）、最小抑菌浓度（MIC）以及产生 50% 最大效应的化学物浓度水平（EC_{50}）表示。另外，数据最好选取化学物作用靶器官的生物活性数据进行建模。半数致死剂量（LD_{50}）最好来自啮齿类动物急性毒性实验数据，因为此类数据具有更好的统计学和毒理学双重意义。影响 LD_{50} 的因素包括生物物种、品系、性别、生理状况及在实验室分析测试条件等。

如采用 Sherman 品系成年大鼠，在严格且相同的实验条件下进行经口农药毒性试验，结果表明大多数农药对雌性大鼠的毒性强于对雄性大鼠的毒性。每种农药对雌、雄两种大鼠的 LD_{50} 的置信限不发生重叠，这表明雄性和雌性大鼠之间存在着敏感性差异。

③ 置信限　由于二维定量结构-活性关系（QSAR）模型开发往往数据来源丰富，因此首先必须对数据有效性进行确认和验证。通常，生物数据需要经过转换才能用于 QSAR 建模。如化学物的 LD_{50} 需转换为物质的量单位后才能用于结构活性建模。此外，使用经典数学统计方法（如回归分析）时，为避免统计误差，生物数据须转换为对数形式，然后才可用于建模。按照惯例，因为活性较高的化学物实测值较大，所以最好将这些数值转换为负对数。生物数据集经过对数转换后，最好能跨越几个数量级，这样利于 QSAR 建模。最后，如果 LD_{50} 来自多个数据来源或来源不明，则需将数据分类。有些毒理学数据分类（如致癌性）基本遵从布尔表达方式（即致癌/非致癌）。

④ 指示符变量　指示符变量，亦称为一维描述符，可影响化学物生物活性的分子结构特征（如原子或官能团）。指示符变量是虚拟参数，当不能用结构参数或理化参数描述时，指示符变量往往可以解释该结构对呈现的活性的贡献率，对复杂化学物进行 QSAR 建模，指示符变量意义在于初筛结构-活性关系的相关性并在解释作用机理方面起到重要作用。

指示符变量只能用 0 或 1 来描述，表示编码化学物分子中一个结构元件。指示符变量也被称为虚拟变量或布尔描述符，这些描述符是用于描述分子最简单的方法。布尔描述符尤其适合编码化学物分子中取代基的位置或数目。Free-Wilson 方法即是基于此类描述符的方法，该方法可定量分析取代基对化学物生物活性的贡献率。根据假定，分子母环上的取代基对于化学物生物活性的恒定贡献呈现简单加和性原则。方法基本步骤是生成一个由 0 和 1 所组成的数据矩阵，该矩阵中每一列对应于分子上特定位置的一个特定取代基，该取代基可视为一个独立变量（即自变量）。数据表中还有一列因变量数据（即生物数据）。因变量和自变量之间应用多元回归分析，使用经典的统计方法来实现拟合并检验拟合优度。模型的回归系数代表了取代基对化学物生物活性的贡献。目前为止，Free-Wilson 方法已广泛应用于 QSAR 建模。

对于分子结构的描述，除简单的布尔描述外，分子上特定的原子或官能团出现的频率也可作为分子描述符。然而，出现频率必须足够高才能确保在回归分析中得到良好的回归系数。即使不使用回归分析或其他统计方法，此类描述符也可用于 QSAR 的预测。事实上，指示符变量可独立预测一些特定终点。在可预测特定终点的情况下，指示符变量被称为结构警报。

（3）分子描述符选择及确定

有机分子的整个结构还可被描绘为不带氢原子结构，由此推导出的数值描述符称为拓扑指数。目前有许多算法可计算拓扑指数，对于所有已有和未合成的化学物均可很容易使用这些描述符来计算。同时，将几种描述符有机结合起来可综合多变量描述化学物分子。

迄今为止，可计算出二维分子的描述符数以千计，但只有具备理化性质意义且彼此互不相关的描述符才可用于 QSAR 建模。在实际应用中，计算出的部分描述符，由于过度统计拟合，以至即使该描述符具有很好的预测能力，从机理角度而言，这些描述符依然毫无意义。一个集合里选取的分子描述符应尽可能彼此独立（即正交关系），如建模所用的描述符彼此相关性太强，则由于偶然相关性，很可能得到的是自圆其说，不能现实应用的模型。为了避免此问题，根据不同描述符性质，可选择使用主成分分析法或对应因子分析法。上述两种方法为线性多变量分析，即通过原始变量的线性组合而创建新的变量，创建的新变量分别称为主成分和因子，这些新变量呈现彼此正交关系，可用于描述符的数据矩阵，以显示和解释描述符、化学物和活性之间的关系。

（4）二维定量结构-性质关系（QSPR）建模方法

QSPR 建模需使用不同数理统计方法，从现有数千个理化性质参数中筛选出"最好"的几个参数，然后基于这几个参数，生成 QSPR/QSAR 模型。典型的统计方法包括简单线性回归（simple linear regression，SLR）、逐步线性回归（multiple linear regression）、多级逐步线性回归（stepwise multiple linear regression）、遗传算法（genetic algorithms）、神经网络算法、聚类方法（cluster analysis，CA）、因子分析（FA）、主成分分析法（principal compinent analysis，PCA）以及偏最小二乘法（partial least squares，PLS）等。这些方法可根据结构、生物性质、取代基及理化性质对化学物进行分类，便于针对不同分类的化学物进行针对性研究。

① 回归分析　由于变量之间关系复杂，无法得到精确数学表达式，或由于误差导致结构参数与生物活性参数之间关系存在某些不确定性，需要采用统计方法，在大量实验和观测结果中寻求隐藏在随机性后面的统计规律，这样的方法称为回归关系。对这类回归关系进行分析的方法称为回归分析。回归分析是对一组数据进行最小二乘拟合处理并建立参数之间的相关性过程，当有几种结构性质可能对生物活性有影响，产生贡献率时，可用多元回归来进行预测和分析，拟合函数的统计评价也是该分析方法的一部分，验证的方法包括 Free-Wilson 方法及

Hansch 方法等。

在该方法中,判定预测情况优劣的指标有样本数量 n、复相关系数 R、标准偏差 S 以及显著性检验 F。

样本数量 n:在 QSPR/QSAR 建模过程中,要求样本数量不能过少,最好越多越好,且最好是参数数量的 5 倍以上,具体数目一般不能低于 10 个,10 个以下的样本数量不具有太大意义。最后建立回归方程,在建立方程时可删除一些异常样本,但应遵循删除样本不能超过总样本数量的 10%,同时对异常样本应一个一个删除,然后检验,慎重处理,如此反复,直到获取最好的回归模型。

复相关系数 R:复相关系数 R 可描述方程中生物活性参数与结构参数之间线性关系的大小程度,复相关系数一般由公式(2-3)计算得出。

$$R = \sqrt{1 - \frac{\sum_{i=1}^{n}(y_{\mathrm{exp},i} - y_{\mathrm{calc},i})^2}{\sum_{i=1}^{n}(y_{\mathrm{exp},i} - \overline{y})^2}} \tag{2-3}$$

式中,n 为样本数量;$y_{\mathrm{exp},i}$ 为第 i 个样本的实验值;$y_{\mathrm{calc},i}$ 为第 i 个样本的计算值;$\overline{y}$ 为所有样本的均值。

复相关系数 R 的取值范围为 $0 \leqslant R \leqslant 1$,且 R 越接近 1,回归效果越好。

标准偏差 S:标准偏差 S 是判断回归效果优劣的标准,反映数据离散程度,其计算方程见公式(2-4)。

$$S = \sqrt{\frac{\sum_{i=1}^{n}(y_{\mathrm{calc},i} - y_{\mathrm{exp},i})^2}{(n - m - 1)}} \tag{2-4}$$

公式(2-4)中与公式(2-3)中相同符号所表示的相关参数及其含义一致;m 为回归方程中化学物结构参数的数量。

显著性检验 F:显著性检验主要用于判定样本是否具有显著性差异,F 越大,则差异性越大。在最后的方程中,化学物理化性质参数间呈现正交性,判断正交性的简单办法是将选定的化学物取代基进行两两对应的回归分析,相关系数应低于 0.8。

回归包括一元线性回归和多元线性回归,一元线性回归[见公式(2-5)]表达生物活性参数(Y)和化学物结构参数(X)之间存在的关系。但实际上往往影响生物活性的参数是多个,即 $X = (X_1, X_2, X_3, \cdots)$,研究 Y 与 $X = (X_1, X_2, X_3, \cdots)$ 之间定量关系的问题就是多元回归。多元线性回归可优化和预测同源先导化学物活性,分析化学物作用机理,推测受体模型结构,并获得因果模型且物理意义明确。

$$Y = aX + b \tag{2-5}$$

式中，a 和 b 为回归方程的回归系数。

判断生物活性与理化性质参数之间是否存在线性关系，可通过对回归系数进行 t 检验来判定，如果发现有的偏回归系数不显著，则要从回归方程中删除没有显著作用的理化性质参数，不可同时将几个不显著的参数同时删除，应当先删除 t 值最小的，重新计算回归方程后对新的方程再行检验，一一删除，直到回归方程中所有生物参数均显著为止。

均方根误差（RMSE）或均方误差（MSE）：

$$\text{RMSE} = \sqrt{\frac{\sum_{i=1}^{n_k}(y_k - y_{k'})^2}{n_k}} \quad \text{或} \quad \text{MSE} = \frac{\sum_{i=1}^{n_k}(y_k - y_{k'})^2}{n_k} \tag{2-6}$$

式中，y_k 表示试验值；$y_{k'}$ 表示预测值；n_k 表示样本数量。

② 聚类分析　聚类分析又称为类聚群分析、群分析等，是按照不同化学物、取代基团或不同结构信息参数之间的相似程度，用数学方法将这些信息进行多元统计的方法，该方法可对基于某化学性质参数为基准的不同化学物分类，使相似化学物、相似取代基等物质汇总一起，节省建模时间和成本。

③ 主成分分析法　主成分分析法在 QSAR 建模中，由于所选用的结构参数、理化参数之间往往存在不同程度相关性，使得提供的信息发生重叠，从而掩盖本质信息，试图透过重叠信息探明本质，可通过线性组的方法来实现。当 x 个化学物中用 y 个参数描述，而其中 z 个参数之间可能存在相关性，则可用主成分分析方法给出 z 个彼此无相关性的新综合参数，即原始参数的线性组——主成分。合理从 z 个主成分中挑选出能代表关键信息的主成分，即可获取由原始参数包含的绝大部分信息，根据主成分值绘制主成分图，以考察化学物更为合理的分类情况。主成分分析随着次序增加，其信息重要性依次降低。

④ 偏最小二乘法（PLS）　偏最小二乘法考虑化学物结构参数相关的同时，还考虑生物活性参数的情况，以此探明上百甚至上千个独立结构参数与生物活性参数之间的相关性。该方法首先用交叉验证法求取预测残差，以选出最大预测模型，然后用非交叉方法计算回归模型表达式，回归系数 R^2 越大，标准差 S 越小，表示相关性越好，QSAR 模型的预测能力越佳。目前，PLS 是当前应用于QSAR 建模最好的方法，其主要有如下优点：首先，多元线性回归方法要求提出相关的结构参数，过分强调回归方程的相关系数，而对于相关结构参数的信息提取有所忽视，而 PLS 方法对该参数之间非共线性要求并不苛刻，较合理地提取参数信息，使得 PLS 方程更大、更全面且具有更好的统计意义；其次，传统主成分分析方法中注册成分不包含生物活性参数的成分，而 PLS 法主成分中包含该参数；另外，当结构参数超过样本总量时，PLS 法能得出具有统计意义的

方程，而传统线性回归方法则要求样本数量至少是结构参数的五倍以上才能获取；最后是 PLS 方法运用了交叉验证，以降低偶然相关性，比多元逐步回归偶然相关的可能性小，也使得模型过度拟合大为改进，因此预测能力及准确度加强。

基于一套训练数据集建立起来运行良好的 QSPR 模型未必能很好地预测训练集以外化学物的理化性质。因此，评估 QSPR 对未知化学物的预测能力非常重要。一般方法是运用建立该 QSPR 模型训练集以外的几种化合物的理化性质的数据集（该数据集应当非常精准）进行验证，纳入验证的数据集被称作测试集。测试集相关化学物理化性质类似于训练集相关化学物的理化性质。因此，通常做法是将化学物的所有数据集分成两组，较大的一组（50%～95%）作为训练集，较小的一组（5%～50%）作为测试集。如果测试集标准误差远大于训练集标准误差，则该 QSPR 模型预测能力不佳，反之则相反。如果化学物总数据集本身较小，不足以拆分成为训练集和测试集。在此情况下，可使用内部交叉验证，即从训练集中随机抽取一种化学物数据集进行验证，同样随机抽取另一种化学物的数据集用于开发 QSPR 模型，然后反过来，原来用于开发模型的数据集用于验证，而用于验证的数据集用于建模，直到所有化学物验证数据集和建模数据集组合全部通过上述方式尝试完毕。然后计算交叉验证的 R^2 值，称为 Q^2，这是 QSPR 建模内部评价模型预测能力的一个指标，当 $Q^2 \leqslant 0.5$ 时，结果可接受。

（5）模型筛选和优化

有许多方法可将生物数据与分子描述符之间建立相关性模型。如何选择最适合的统计方法，以及应当注意避免的主要误区至关重要。建立 QSAR 模型，首先最简单的方法是以图形表示建模过程中用到的生物数据及各种分子描述符。简单的散点图可帮助建模者辨识和舍弃没有意义的分子描述符，并有助于避免模型设计的偏置。

在结构-活性关系（SAR）或 QSAR 建模过程中，用于计算结构-活性模型的最佳统计方法选择非常重要，但往往被忽略。很多人在描述化学物分子活性与其分子描述符之间关系时常常假定为线性关系，而对于连续数据建模，通常使用线性回归分析和偏最小二乘分析，对于分类数据建模，通常使用线性判别分析。事实上，上述假定常常会出现错误，这是因为大量 SAR 模型通常呈现非线性关系，因此只有使用纯粹的非线性统计方法，才能正确地表征这种非线性结构-活性关系。然而，这些非线性统计工具的正确使用需要一定统计知识，只有将这些参数调整为正确值，才可计算出可接受的预测结果。因此，最好的策略是先用线性方法（回归分析或 PLS 分析），再用非线性方法（如三层感知器方法，见图 2-4）检验预测结果质量是否得到提升（Katritzky and Gordeeva，1993）。

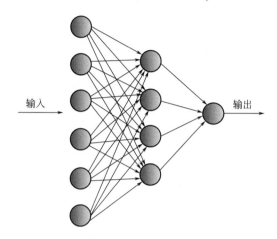

图 2-4　三层感知器示意图（Katritzky and Gordeeva，1993）

（6）模型诊断

建模的重要步骤首先是验证模型的统计意义并检查模型是否能够正确地预测化学物结构-活性。如果 SAR 模型旨在预测二分类型数据结果（如阳性或阴性、有或无等），那么模型预测结果会有 4 种可能性，即真阳性（TP）、真阴性（TN）、假阳性（FP）和假阴性（FN）。假阳性结果是把真正的“无活性”（或称为“阴性”）错误地归类为“活性”（或称为“阳性”）。从这四种类型结果可计算出各种参数，最重要的有以下几种：

① 灵敏度或真阳性率（TPR）＝TP/（TP＋FN）。

② 假阳性率（FPR）＝FP/（FP＋TN）。

③ 特异性或真阴性率（TNR）＝TN/（FP＋TN）。

④ 准确性＝TP＋TN/（TP＋FP＋TN＋FN）。

上述 TPR 与 FPR 坐标图被称为标准特征曲线（ROC）。对于不同分类模型的比较，ROC 曲线非常重要。

如 QSAR 模型计算基于连续型数据 $[$如 $\lg(1/LD_{50})]$，则建模验证方法是用每一种化学物活性预测值减去该化学物相应活性实验值，得到残差，过大残差被称为离群值。离群值的存在表明建模者还需更多地了解 QSAR 模型（Escher and Hermens，2002）。此外，导致离群值的原因如下。

① 用于 QSAR 建模计算的一组化学物选择不当。

② 生物数据试验值不准确或错误。这可能由于建模终点和实验条件等方面

的差异导致，还可能由于数据整理和优化过程中出现错误等。

③ 模型所选择的描述符不正确。

④ 化学物在其生化作用位点的分子机制不同于该数据及其他化学物。

⑤ 化学物生成了一个或多个代谢产物，这些产物在其生化作用位点的分子机制不同于该数据集其他化学物。

⑥ 选择的统计方法不恰当，不足以将生物活性和选定分子描述符之间确立函数关系。

只有找到正确的原因才能删除处于离群的化学物，方法是添加更多的化学物，添加其他分子描述符或选用另一种统计方法。改进 QSAR 模型非常耗时，尤其该模型来自非线性方法（如人工神经网络）。

（7）模型预测性能评估

模型建成后，都需要评估其预测性能。方法的第一步是内部验证，通常采用留一法交叉验证（LOO）或留 n 法（leave-n-out）交叉验证，后者通常优于前者。留一法顾名思义是从建模数据集删除一个化学物，其余化学物用于拟合模型，删除的化合物用于验证该模型的预测能力，然后周而复始，直到数据集的每个化学物都被轮番删除一次。使用该过程可生成各种统计数据，如预测残差的平方、交叉验证的 R^2（被称为 Q^2）、预测误差的标准偏差（SDEP）等。其他常用内部验证技术还包括不同类型的重采样方法，如自举法（bootstrapping）、随机测试法（randomization tests）以及置换测试（permutation tests）法等。对于利用线性回归分析或 PLS 分析针对同系物进行 QSAR 建模可使用这些内部验证方法对模型稳定性进行合理评估。对于线性判别分析建模的 SAR 模型，只要数据集类别不太失衡，就可使用这些方法对模型稳定性进行评估。相反，对于纯粹非线性方法建立非同系物 SAR 或 QSAR 模型，利用上述这些方法进行模型预测能力评估就不太准确。利用纯粹的非线性方法建模，实际上，即使针对相同数据集和参数进行建模，也可能得出不同模型，这些模型的预测略有差异。究竟何种模型最优，这需要折中选择，就是模型对于训练集化学物预测能力和对于外部测试集化学物预测能力之间权重平衡，以确保该模型总体预测能力最优。事实上，对于线性或非线性方法建立的 SAR 或 QSAR 模型，若要正确地评估模型预测性能，就必须使用外部测试集。但由于可用的生物数据测试数据有限，以至不具备设置外部测试集条件，因为少之又少的数据都不得已用来建模。在此情况下，只能退而求其次使用内部验证统计方法。

理想情况下，SAR 或 QSAR 模型既可用来作为建模的训练集或学习集，又可作为性能评估的外部测试集。这些集合的选择，则根据具体的建模需求和目标而定。训练集和测试集的划定通常使用线性和非线性多变量方法，以确保这两个集合中的各化学物具备代表生物活性和化学结构的能力。为尽量准确评估结构-活性模型的预测能力，可尝试把测试集拆分为内在测试集（ISTS）和外在测试集（OSTS）。ISTS 包含的化学物结构可代表训练集化学结构（如不同位置的同分异构体），用以评估 QSAR 模型的插值性能。OSTS 包含的特殊化学物没必要具有代表性，用以评估模型边缘性或附带性能。很明显，当可用生物数据很多，不成为建模的限制因素，就可使用该策略进行模型性能评估（Lin et al，2003）。

（8）三维 QSPR/QSAR 基础理论及建模

在 Hansch 所建立的 QSAR 模型方法中，描述符的计算是根据化学物分子的"平面"表示图。因此没有必要了解受体-配体的相互作用。而目前 QSAR 建模已拓展到六维 QSAR（6D-QSAR），甚至更高阶形式，但实质上而言，真正将线性平面建模拓展至立体建模且意义重大的是 3D-QSAR。Cramer 提出的比较分子场分析法（comparative molecular field analysis，CoMFA）认为，如果一组结构类似化学物以同样方式作用同一个受体化学物，它们与受体分子之间在各种作用场应具有一定相似性，而活性取决于每个化学物周围分子场的差异，而分子场在分子水平上影响生物活性的相互作用通常是非共价力，利用分子力场中的立体场和静电场可较好地解释分子的生物活性。目前 3D-QSAR 建模方法发展较为完善，根据分子场及其相关信息、对齐标准以及化学计量学基础上建立起来的相关方法也较多。

主要 3D-QSAR/QSPR 方法如下。

① 分子场分析法（CoMFA）　分子场分析法基本假设是将一组分子叠合在一起，对其周围的范德华力场和库仑静电场恰当采样，所获取的信息足以解释这组分子的生物活性。采样是通过将分子叠合空间划分为若干固定空间间隔网格，然后用一个探针粒子在分子周围的空间中游走，计算探针粒子与分子之间的相互作用，并记录下空间不同坐标中相互作用的能量值，从而获得每个网格点上，每个分子与一个适当探针之间的相互作用能量。使用 PLS 分析这些通过计算得出的场参数属性（能量值）与建模研究的生物活性之间的关系。CoMFA 关键步骤是初始的分子精准叠合，该步骤既耗费时间又需要有一定前期研究积累。进行分子叠合通常在建模数据集选取最活跃的分子作为模板。对于非刚性分子，活性构象的选择是进行分子叠合的主要障碍之一，因此首先需要进行系统的构象搜索，以定义将要使用的最低能量构象。CoMFA 方法作为第二代分子场比较分析定量构效关系模型构建方法具有四大特点：模型生成速度快、全自动进行数据拟合、无需手动叠合分子结构、模型可用于虚拟筛选。

② 相似性指数分析法（CoMSIA）　相似性指数分析法（comparative molecular similarity index analysis）是 Klebe 等于 1994 年提出，CoMSIA 与 CoMFA 相对，不同之处在于分子场的能量函数采用与距离相关的高斯函数，而非库仑势能和 Lemard-Jone 势能函数形式。CoMSIA 将一组分子叠合并嵌入在三维晶格中（此步骤与 CoMFA 相同），对分子中原子与一个探针之间的相似性评估使用多达五种场属性，包括立体场、静电场、疏水场、氢键受体场和氢键配体场，因此可更清晰地分析和显示分子叠合空间区域中不同场属性对于生物活性的贡献。

③ 共同反应性模式方法（COREPA）　为避免分子叠合构象对齐和探针选择（特定的药效团的原子/片段）之间存在误差的问题，出现共同反应性模式方法。该方法通过分析一组化学物分子构象分布的整体和局部反应参数（这些反应性参数与建模研究的终点相关）实现预测。

④ 距离几何学三维定量构效关系（DG3D-QSAR）　距离几何学三维定量构效关系严格来讲是一种介于二维和三维之间的 QSAR 方法。这种方法将药物分子划分为若干功能区块定义药物分子活性位点，计算低能构象时各个活性位点之间的距离，形成距离矩阵；同时定义受体分子的结合位点，获得结合位点的距离矩阵，通过活性位点和结合位点的匹配为每个分子生成结构参数，对生理活性数据进行统计分析。分子形状分析认为药物分子的药效构象是决定药物活性的关键，比较作用机理相同的药物分子的形状，以各分子间重叠体积等数据作为结构参数进行统计分析获得构效关系模型。

2.4　暴露评估原理及方法

暴露评估同剂量反应评估一样，是食品加工过程风险评估最重要的步骤，同时因为和加工过程及加工工艺紧密相关，因此，暴露评估可以说是食品加工风险评估最有特色的重点环节。暴露评估最核心也是最常用的是概率风险评估（PRA），同时针对食品加工过程中食品基质载体中出现危害往往是多种危害混合存在，因此本节重点介绍概率评估方法以及多种危害存在情况下暴露评估技术。

2.4.1　概率评估方法

概率评估是暴露评估常常采用的主要方法，其通过产生一个风险的概率分布来量化有毒物对人体健康威胁的风险评价。通过概率分布来表征人群中不同的风险水平的可能性（即变异性）和风险评估的不确定性，这种不确定性可以通过概率分布的每个百分位的置信区间来表征。风险概率分布通常代表了潜在暴露人群在风险评估中的变异性，此外，PRA 也可用来量化风险评估中的不确定性因素，这有利于风险评估员对风险超过关注水平的可能性做出判断（Krewski and Zhu，1994）。

2.4.1.1　概率评估分析对象特性

（1）不确定性

不确定性和变异性都是概率风险评估的基本术语。正如前面提到的，概率风险评估的一个主要目的就是分析变异性和不确定性对风险评估的影响。

不确定性是来源于对参数、模型或当前的其他因素［或不完全了解的未来状态（信息缺乏）］，不确定性来自于不了解所致。例如，我们无法确定在污染处的某种污染物的平均浓度以及无法确定摄取的某些特定度量（如美国所有成年男性鱼类消费率的第 95 百分位数）。不确定性往往可以通过收集更多更好的数据来降低。

风险评估不确定性的潜在来源可分为 3 大类，即参数不确定性、模型不确定性和场景不确定性。

① 参数不确定性　参数不确定性是风险评估过程中产生的一种不确定性，它发生在风险评估过程的每一个步骤，从数据的收集与分析到风险评估。参数不确定性可能是在有害废物场地进行风险评估时最容易被确认的不确定性来源。参数不确定来源可能包括：数据采集过程中的测量误差和系统误差，分析测量的不精确性推论，以及当数据集不能在研究中代表变量时，采用外推法对有限数据集进行推断或采用替代变量代替关键变量。从随机样本到目标群体的参数估计中用到的不确定性的统计概念（例如，算术平均数、标准差等都会导致参数的不确定性）。简而言之，风险评估中参数的不确定性由现有数据的质量、数量、结构和代表性以及统计估算方法而产生。在点风险评估中，参数不确定性可以采用多变量定性方法来解决。举例来说，土壤取样中产生的小样本量不能代表整体的污染物浓度，因此风险评估结果可能超过或低于实际风险。

② 模型不确定性　模型的不确定性是指由于对真实过程必要的简化而导致的不确定性。其中包括错误地使用专门化模型，使用不当的替换变量，相关假设的简化，输入变量的选择，输入变量的概率分布选择以及来源于实证数据用于校准模型的内插法或外推法等。

③ 场景的不确定性　场景的不确定性是指利用缺失或不完整信息来确定暴露的不确定性。这可能包括关于化学物接触或毒性数量和程度的描述性错误、时间和空间聚合错误、不完整分析（即缺失暴露途径），以及潜在的暴露人群或暴露单位不协调的程度。

描述这几类不确定性来源非常重要，因为它们会影响到点评估和概率风险评估的风险管理决策的可信度。PRA 中有各种各样的方法可以用来有效地量化不确定性，以增加风险管理决策的可信度。

（2）变异性

变异性是指发生在一个群体中由于真正的异质性或多样性而导致的可以被观察到的差异。变异性是由自然随机过程、环境、生活方式以及个体间的基因差异而导致的结果。例如，人的生理变异、土壤类型变异以及环境污染物浓度变异。生理变异包括体重、身高、呼吸频率、饮用水摄入率等方面的不同，环境污染物浓度变异是指在不同介质（如空气、水、土壤等）中污染物的浓度是不同的。在人类健康风险评估中，导致风险变异性的因素有环境污染物浓度变异性、摄入率或暴露频率差异等。

变异性通常以标准差或方差进行衡量，代表着由环境、生活方式和遗传等因素引起的个体差异。例如，饮用同一水源的人群，虽然污染物浓度相同，但食用这些水的风险可能会有所不同。这可能是由于不同暴露量（即不同的人喝不同量的水、不同的体重、暴露频率、暴露时间），以及不同的反应（例如，化学剂量耐性的遗传差异）。一个人群内个体之间差异称为个体间差异，而同一个体在不同时间的差异称为个体内差异。

通过额外测量或研究，变异的不确定性可以得到改善，但不可能降低变异性，因为变异性是进行群体评估时一个固有特点。但变异性可以通过广泛的数据得到更好的表征，但它并不能减少或消除。举例来说，如果我们要研究某一物种（白足鼠）部分个体的体重，我们会发现一系列的体重。这群小鼠的体重分布，在统计上可以用样品体重的平均值、范围和标准差来描述。虽然我们对于体重的统计描述（如平均数）由于较大幅度地增加了样本规模，不确定性会降低，但额外的抽样不会改变体重的自然变化。从理论上讲，如果我们完全可以测量场所的所有的小鼠体重，就不会有体重的均值不确定性（或关于小鼠体重的任何其他统计量），但体重变异性依然存在。

2.4.1.2　蒙特卡罗模拟

蒙特卡罗模拟或蒙特卡罗分析（MCA）是 PRA 中常用的一种概率技术。其又称统计模拟法、随机抽样技术，是一种随机模拟方法，以概率和数理统计理论方法为基础的一种计算方法，是使用随机数（或更常见的伪随机数）来解决很多计算问题的方法。将所求解的问题同一定的概率模型相联系，用电子计算机实现统计模拟或抽样，以获得问题的近似解。

蒙特卡罗方法是 20 世纪 40 年代美国在第二次世界大战中研制原子弹的"曼哈顿计划"的著名科学家 S. M. 乌拉姆和 J. 冯·诺伊曼首先提出来的。数学家冯·诺伊曼用驰名世界的赌城——摩纳哥的 Monte Carlo 来命名这种方法，为它蒙上了一层神秘色彩。在这之前，蒙特卡罗方法就已经存在。1777 年，法国数学家蒲丰（Georges Louis Leclere de Buffon，1707—1788）提出投针实验的方法求圆周率 π，这被认为是蒙特卡罗方法的起源。

蒙特卡罗模拟已广泛用于许多学科，如工程、商业和保险通过为风险方程中的输入变量（不一定是每个输入变量）确定它的概率分布，然后对概率分布进行重复抽样并使用这些抽样作为输入值来计算出一系列的风险值，从而描述风险评估中不确定性和变异性。风险评估的模拟输出是一个连续的概率分布，它能够以概率密度函数（PDF）或累积分布函数（CDF）表示。PDF 和 CDF 是同一概率分布的不同表现形式，但是它们表达了不同的信息。风险的 PDF 表示不同风险值出现的概率，而风险的 CDF 通常是一个 S 形状，它表示小于或等于某一风险值的概率，并且它能为人们所关注风险水平相关的百分位提供明确信息。

MCA 是一种概率技术，在风险方程中将计算机模拟技术与多种概率分布相结合，风险（$Risk$）方程可以表示为一个多重暴露变量（v_i）和毒性参数（$Toxicity$）的函数：$Risk = f(v_1, v_2, \cdots, v_n) \times Toxicity$。在简化的情况下，评估变量在统计上是独立的，即一个变量与其他任何变量没有关系。在这种情况下，电脑会按照该变量指定的 PDF，以随机抽样方式给每个变量选择一个值（v_i），然后计算相应的风险值。这个过程是反复多次进行（如 10000 次）。每次计算作为一个迭代过程，建立一个迭代系统，称为模拟。蒙特卡罗模拟的每一次迭代应代表一个可能的输入值（即暴露变量与毒性变量的组合）。然而，风险评估并不意味着对应于任何一个具体的人，以"个人"为代表的蒙特卡罗迭代都是虚拟的，以取得在一个特定的暴露人群或生态种群中风险发生的概率。模拟结果得到的一系列风险值，形成风险分布图。更为复杂的蒙特卡罗模拟，需要考虑输入变量的相关性，利用条件分布或相关系数进行分析。

目前还没有特定的标准确定 PRA 的"最低限度"的迭代次数，一般的经验法则是，在决策时需要有足够的迭代次数来获得稳定的输出百分位数值。数值稳定，是指随机变异性，或随机抽样的"摆动"能通过按照同一输入假设进行的多次模拟并计算出在指定输出百分位的平均变化来进行评估。举例来说，当以 ±1% 作为标准应用于多次模拟时，5000 个迭代足以使输出的第 50 百分位数值稳定，但对于第 95 百分位却不够。

2.4.2　阶层式概率评估程序

2.4.2.1　基本概念

阶层式评估是一个系统的过程，其中包括概率风险评估在内，是一种复杂程度不断增加的评估方法。阶层式评估的过程核心概念是评估工作、审议工作、收集数据、工作规划和通信交流的迭代过程。层次越高所表现的复杂程度越大，需要更多的时间和资源。层次高也反映出在风险评估中越来越多的变异性和不确定性特征，这对于制定风险管理决策是很重要的。

所有这些步骤应着重于：①在当前的状态下，风险评估是否足以支持风险管理决策（每一层都有可能做出退出阶层程序的决定）；②若评估被认为是不充分的，是否要进行具有更大复杂性的下一层（或进一步完善当前层）。

所有风险评估，应该从问题描述、确定范围、编制一份工作计划以及收集数据这几方面开始。问题描述一般是一个迭代的过程，这是由于新的信息和数据的获得可能需要进行重新评估。项目管理者在进行任何风险评估活动之前应召开一次研讨会。根据具体的情况，在最初的这次研讨会议上讨论开展似然性概率风险评估可能是恰当的，或者在稍后阶段的阶层评估过程中进行这种讨论会更加富有成效。

在该过程中，风险管理者应在规划风险评估之前，着手与风险管理和其他利益相关者进行讨论。这种早期沟通可以帮助风险管理者评估目前的资料是否足够，并规划额外的数据收集活动。与公众和其他利益相关者进行的早期沟通，有利于信任的建立，并通过讨论协商一个恰当的备选方案。虽然概率风险评估可能涉及与环保界和外界的"专家"之间的技术交流，但是也应寻求在评估过程中的某个合适阶段与那些对备选方案有兴趣的普通民众之间的沟通。风险评估过程中，环保部门和利益相关者之间频繁和富有成效的沟通对于提高似然性概率风险评估成功率是必要的，也是十分重要的。

通常，一旦完成了对问题充分描述和工作计划，就可以开始对点估计风险评估进行数据收集工作。

2.4.2.2　阶层式概率评估方法

（1）第一层估计

第一层是对人类健康或生态环境的点估计风险评估。第一层风险评估的典型元素被列在表 2-1 中。决定风险评估的结果是否足以做出相应决策时，需要考虑的两个主要因素：一是风险估计与关注的风险程度的对比结果；二是风险估计的置信水平（Hill et al，2005）。

在第一层中，比较风险估计结果与关注的风险水平是相对较简单的，因为点估计风险评估的结果是风险的单值估计，只存在要么将超过、要么不超过关注的风险程度这两种结果。在第一层的风险估计中，计算评估的置信度是比较困难的，因为从一个点估计分析中常常不容易获得关于不确定性的定量方法。不确定因素产生于两个主要来源：①由于知识缺乏（数据空白）造成的对风险方程输入的不确定性；②点估计的精确度的不确定性，这主要来源于点估计的计算简化。

用来计算风险的输入值通常具有许多的不确定性来源。其中最常见的一个（但并不总是最重要的）是污染物浓度值的不确定性。这种不确定性通常通过计算暴露方程平均浓度的 95％置信上限（95％UCL）来量化。风险方程中其他变量的不确定性（如吸收率、暴露频率和持续时间、毒性因子等）也可能是显著的，往往通过选择对风险更有可能被高估而不是被低估的输入来加以解决。通过讨论使用具体输入的误差方向与大小来定性这些不确定性来源。利益相关者能提供关于不确定变量和不确定性来源的有用资料。这是确保利益相关者有机会审查风险评估，并参与这一评估进程的一个重要原因。

表 2-1　第一层风险评估的典型元素（Hill et al，2005）

分析工具	点估计风险评估
变异性建模	半定量,使用中点趋势暴露(CTE)和合理最大暴露(RME)的估计值作为输入变量
不确定性建模	用对某个点估计的置信区间进行半定量(例如,浓度)
基于评估结果的风险决策	点估计超过了所要求的危险程度了吗?

① 风险决策　如果风险管理者认为点估计风险评估的结果对于风险管理决策是充分的，风险管理者可以退出阶层式发展步骤，并完成补救调查或可行性研究过程。根据具体的结果，可能会做出以下两种决策之一："不用采取进一步行动"或者"采取补救动作"。当对风险的估计结果明显低于要求的水平［例如，国家石油及有害物质污染应急计划（NCP）风险范围 1E-04 至 1E-06］和风险评估中置信度很高的时候，可以得出"不用采取进一步行动"的决定。当超过国家标准或者当风险明显超过了要求的程度和风险估计中的置信度较低的时候，可以做出"采取补救行动"的决策。

如果点估计风险评估的结果对风险管理决策的制定不够充分（例如，当风险估计在国家石油及有害物质污染应急计划风险范围 1E-04 至 1E-06 之内和风险估计的置信度较低的时候），在这种情况下，风险管理者不应该退出阶层式发展步骤，应采取适当方法来增加置信度，使得管理决策更具有可靠性。这些方法可能包括讨论点估计的敏感性分析，找出数据之间的差距，与利益相关者进行沟通（例如，获取特定情况的资料），讨论进行概率风险评估的潜在价值（或更高层次的概率分析），工作规划，进一步收集额外的数据等。

② 敏感性分析　敏感性分析可能是风险评估中最有价值的一部分。敏感性分析可以识别重要的变量和评估路径，这可能是做进一步分析和收集数据的目标。PRA 的每一层中，敏感性分析提供的信息是不同的。在每一级都可以使用多种敏感性分析方法，使用不同方法得出的结果差异可能很大。关于敏感性分析的内容在此只做简单介绍。第一层中的敏感性分析通常会涉及比较简单的方法，并不会采用蒙特卡罗模拟这样复杂的分析方法。一个典型的做法是计算各个暴露途径对风险的点估计的相对贡献。一个更为复杂的方法是从输入变量取值范围中取值，并用这些取值（即低端估计和高端估计）计算相应的风险点估计。风险输出对输入变量的敏感性是通过计算敏感性比率来衡量的，即风险输出的百分比变化除以输入变量值百分比的变化，即相对变化率。

敏感性比率（SR），通常是对变量逐个进行分析，因为同时让多个变量发生变化会让点估计变得非常麻烦。由敏感性比率所提供的信息一般限于输入变量的点估计的取值范围较小。因为点估计的方法不会产生风险分布，所以敏感性比率不能提供关于输入变量对风险变化的相对贡献，甚至无法提供风险分布百分位的不确定性等方面的定量信息。此外，对于标准乘除形式的风险方程，敏感性比率在对风险方程中的暴露变量进行相对重要性排序时也显得比较困难。当存在其他的一些可用信息时，一种对敏感性比率的改善方法，就是敏感性分值，即将输入变量的敏感性比率用该变量的变异系数进行加权。总的来说，最翔实的敏感性分析需要涉及蒙特卡罗方法。敏感性分析方法潜在优缺点是决定在第二层中是否进行概率分析的重要原因。

一旦确定缺乏数据，就需要收集更多的数据，并根据新增数据进行新的点估计风险评估。正如任何数据采集工作一样，数据质量目标（DQO）进程应当遵循获取适于风险评估并充分支持补救措施的样本。然后，再对新的点估计风险评估进行审议和决策，判断其是否能够成为做出风险管理决策的依据。更多数据的收集也可以为进入第二层和开展似然性概率风险评估提供一个有说服力的理由。如果概率风险评估的结果影响到风险管理的决策，那么就可以开展概率分析评估工作。收集数据、计算点估计值、考虑概率风险评估的潜在价值这一过程要不断循环，直到有足够的数据可支持风险管理决策，或者由于资源的限制不能进行数据收集工作。例如，土壤摄取率数据的一些研究只局限于小样本量，尽管一个新的土壤摄取研究可以减少风险评估的不确定性，但是这一研究是昂贵的、费时的，而且难以操作。数据质量的不确定性不会成为退出第一层的原因。

由于样本太小，在选择概率分布时就存在不确定性。针对这一点，可以使用比较简单的概率分布，如三角分布或均匀分布也是可行的。这些简单的分布会对风险评估中的变异性分析带来方便，因此它们也应该包含在敏感性分析中。包括一个或一个以上的初步分布的蒙特卡罗模拟结果可能会导致几个不同的决策。如果敏感性分析表明风险估计对用概率分布描述的变量是相对不敏感的，那么与分布选择相关的不确定性不会影响使用阶层式方法的风险管理决策过程（例如，选择最大合理暴露百分位，获取初步整治目标）。但是，如果初步分布所描述的变量是风险估计中变异性或不确定性的重要来源，那么这个信息应体现在科学管理的决策上（Hill et al，2005）。在批准进行更多的数据收集工作的风险管理决策中，不确定性是十分重要的。反过来说，如果不确定性不能降低，那么退出阶层式过程则是必要的。虽然阶层式过程可能在这一点结束，但是它仍然可以为概率风险评估的结果提供有用的信息。举例来说，不确定性的信息可能会影响表征合理最大暴露风险的百分点的选择。此外，当似然性概率风险评估中的不确定性比较大的时候，着眼于重点估计分析的结果是比较恰当的。

如果想要知道点评估位于风险分布的什么位置，那么就要授权开展概率风险评估工作。这方面的一个例子是国家石油及有害物质污染应急计划（NCP）中的在1E-04到1E-06内（关注风险范围）的风险估计。如果能够证明风险的点估计位于风险分布相当高的位置，则该评估就足以支持风险管理决策。举例来说，如果点估计是在风险分布的第99百分位，并且合理最大暴露的风险范围中的较低百分位数是低于NCP的关注风险范围，以及风险结果具有较高置信度，那么就可以做出"不用采取进一步行动"的决策。这种类型的评估需要使用PRA这一技术。即使风险的合理最大暴露点估计超过了规定的风险关注水平，则不需要用PRA来确定这个结果，但源于PRA的信息仍然有益于制定实现保护性的初步整治目标的战略。

（2）第二层估计

风险评估的阶层式发展步骤的第二层一般包括一个简单的概率方法，例如一维蒙特卡罗分析（Bortz et al，1975）。一维蒙特卡罗分析是一项统计技术，它结合点估计与概率分布产生一个能够表征总体风险的变异性和不确定性的概率分布。第二层风险评估的典型元素见表2-2。虽然第二级评估大部分是用一维蒙特卡罗分析来表征风险评估中的变异性，但是有时也利用一维蒙特卡罗方法来描述风险评估中的不确定性。

选定的输入变量的算术平均数或中位数（即第 50 百分位数）的不确定性的概率分布可以用一维蒙特卡罗分析通过产生一个中点趋势风险评估的不确定性的概率分布来详细描述。但是一维蒙特卡罗分析重点还是用来表征风险评估中的变异性。

表 2-2   第二层风险评估的典型元素（Bortz et al，1975）

分析工具	一维蒙特卡罗分析
变异性建模	针对输入变量用概率分布表征其变异性
不确定性建模	变异性用一维蒙特卡罗分析模拟，或中点趋势暴露风险中不确定性用一维蒙特卡罗分析，并对其不确定性进行半定量评估
敏感性分析	用概率分布改变多重输入变量，根据对暴露途径和中点趋势暴露或合理最大暴露风险变量的相对贡献给出定量分级
风险-基于决策的输出-变异性的风险分布	所求的风险水平是在风险分布的可接受范围内吗（例如，合理最大暴露范围）？不确定性的风险分布：中点趋势暴露风险的 90%置信区间是什么？

（3）风险决策

一般情况下，当决定一维蒙特卡罗分析的结果对风险管理决策是否充分时，主要考虑的问题有三个（Chen et al，2001），它们分别是：①合理最大暴露的风险范围是什么，以及它同要求的水平的比较结果如何？②点估计风险位于风险分布的什么位置？③风险估计中的置信度水平是多少？

在第二层，同点估计方法相类似，单一的一维蒙特卡罗分析风险分布的置信水平以一种定性或半定量的形式表示。但是我们应避免形成这样的输入分布，因为概率风险评估模型不仅表征变异性，而且还描述了不确定性，将二者混合在同一个风险分布里，不利于二者的区分。第二层中，表征风险估计中不确定性的首选方法应该采用多重一维蒙特卡罗分析模拟（关于变异性），即用对一个或多个参数的不确定性进行不同的点估计，同时结合一个或多个变量的变异性的概率分布。更为先进的 PRA 技术，如二维蒙特卡罗分析，通过一个暴露模型对变异性和不确定性分开处理，这将在第三层中涉及。

如果第二层中的一维蒙特卡罗分析的风险评估结果能够充分地支持风险管理的决策，那么风险管理者就可以退出阶层式发展步骤，并完成补救调查和可行性研究过程。一维蒙特卡罗分析的结果可能支持"不用采取进一步行动"或"采取补救行动"的决定。当合理最大暴露风险范围（或在合理最大风险范围之内的指定点）明显低于所要求的水平和风险分布的置信度很高的时候，我们就会得出"不用进一步采取行动"的决定。当超过国家标准（例如，适用于地下水的最高污染物含量），或者当合理最大暴露的风险范围明显高于所要求的水平和风险分布的置信度较低的时候，可能就会做出进一步"采取补救行动"的决定。

如果风险评估的结果无法支持风险管理的决策，就存在以下几种情况：①合理最大暴露的风险范围接近于国家标准并且风险分布的置信度较低。在这样的情形下，风险管理者可能决定不退出阶层式发展步骤，而是继续采取适当措施，以增加风险估计的置信度。②不确定性高，有一个以上的变量对风险评估中的不确定性有重大影响。用一维蒙特卡罗分析模拟去暴露一个以上变量的不确定性是很困难的。③点估计风险评估的结果与一维蒙特卡罗分析的结果是显著不同的。虽然我们并不指望合理最大暴露风险估计与一维蒙特卡罗分析的结果相一致，但是通常合理最大暴露的点估计应与风险分布内的合理最大暴露范围内的百分位值（即从第 90 至第 99.9 百分位）相对应。如果合理最大暴露的点估计值不在这个范围内，我们将进一步评估输入变量相关内容的选择，包括输入变量的合理最大暴露点估计，一维蒙特卡罗模拟中输入变量的概率分布选择，以及分布中相关参数选择（其中还包括截断界限的选择）。

第二层和第三层之间的审议、决策步骤与第 1 级和第 2 级之间的决策步骤是相似的，包括讨论第 2 级各个输入变量的敏感性分析，进一步确定数据的缺失，以及与利益相关者的沟通（例如获取特定情况的资料），讨论用概率方法进行进一步分析的潜在价值，编排工作规划，以及收集更多数据等。与第 1 级的评估一样，收集更多数据的工作应遵循数据质量目标过程，应当用新的数据重新进行点估计风险评估。然后再对新的点估计风险评估进行审议和决策，判断其是否能够成为做出风险管理决策的依据。

在所有层次中都应该积极鼓励利益相关者的参与。一旦完成了针对变异性或不确定性的一维蒙特卡罗分析，就可用于审查和解释，那么就应当召开一个利益相关者会议。也应当为感兴趣的利益相关者提供机会去审核一维蒙特卡罗分析和提供建议。

除了确定缺乏哪些数据，还应该考虑改善一维蒙特卡罗模拟或更高级的 PRA 技术能够给风险决策过程带来什么样的好处。如果在概率风险评估讨论期间，能够确定更高级的似然性概率风险评估可能会影响风险管理决策，那么就可能会批准利用更高级的概率风险评估。如果已经收集到更多的数据，那么能够进一步精确点估计和一维蒙特卡罗分析。具体而言，如果高级的概率风险评估技术能够同时表征一个以上的变量的不确定性，就应该授权开展高级的概率评估工作。二维蒙特卡罗分析能在多变量和多参数估计中同时表征可变性和不确定性。在做出是否采用这类高级的概率风险评估技术时，应该同时考虑资源限制和降低给定变量不确定性的可行性。

（4）第三层估计

风险评估阶层式发展步骤的第三层包括更为高级的似然性概率风险评估方法，如二维蒙特卡罗分析、微暴露事件分析（MEE）（Grzywacz et al，2004）、浓度数据的地质统计分析和贝叶斯统计等。第三层风险评估的典型元素见表 2-3。和其他级别一样，第三层包含一个讨论和决策制定的循环过程，在这个过程中分析的难度和复杂程度不断增加，直至分析的范围满足决策制定的需要。鼓励利益相关者的参与也是第三层次的重要步骤。

表 2-3　第三层风险评估的典型元素（Grzywacz et al，2004）

分析工具	二维蒙特卡罗分析、微暴露事件分析（MEE）、浓度数据的地质统计分析和贝叶斯统计等
变异性建模	针对输入变量用概率密度模型或概率质量模型充分表征风险中的变异性
不确定性建模	定量，将不确定性和变异性表征分离，并同时与多个变量建立联系
敏感性分析	改变概率分布的可变参数，用与第 2 级相同的敏感性分析方法确定和排列有序
参数的不确定性	同时，探索其他替代的概率分布选择和模型的不确定性来源
风险-基于决策标准-具有置信度的变异性的风险分布	要求的风险水平是在风险分布（例如，合理最大暴露范围）的可接受范围之内并且不确定性具有可接受的水平

一般情况下，第三层审议、决定循环中的各种要素同第一层和第二层中的环节是一样的。风险管理者必须确定高级概率风险评估的结果对风险管理决策来说是否充分，这与确定第一层的点估计风险结果和第二层的一维蒙特卡罗分析结果时所考虑的问题是相似的，并评估不确定性的来源、规模和范围。如果结果对风险管理决策是充分的，那么风险管理者就可以退出阶层式发展步骤，并完成相应的补充调查和可行性研究的过程。如果风险评估结果对于风险管理决策是不够充分的，那么就应查明缺乏的数据，而且如果已经收集了更多的数据，对于风险评估的各个阶段，包括高级概率风险评估、一维蒙特卡罗分析和点估计风险评估应加以完善。总体而言，继续在第三层做进一步分析直到足以满足制定风险管理决策条件为止。

① 确定评估层级　第一、第二和第三层的具体分析工具的分配往往会对具体评估都不适用（Hutton et al，2006）。在完成第一层和第二层之间的审议阶段之后，结论可能是第三层中的分析工具是适用的，而且对于决策制定问题是有益的。举例来说，空间建模对于改进关于暴露点浓度的不确定性的估计是有利的，甚至对于进一步减少不确定性而设计的区域抽样计划而言可能是有利的。然后一种改进的具有 95％置信上限的地理空间分析估计（第三层的分析工具）将被集成到第二层加以评估，或平均浓度的不确定性的完全分布可能会被纳入到第三层

的二维蒙特卡罗分析中。灵活地确定某个层的分析的复杂程度，有利于处理将会遇到的各种各样的风险评估问题。使用阶层式评估方法的一个重要的好处是，在复杂度水平不断提高的情况下，确保在评估之前进行相关的讨论，这一过程不可或缺。与生硬地为某一层指定一套分析工具相比，协商过程更为重要，当然要记录整个协商的过程。

② 不确定性与变异性分析

a. 变异性描述

$$I = \frac{C \times CR \times EF \times ED}{BW \times AT} \tag{2-7}$$

式中，I 为日摄入量；C 为污染物浓度；CR 为接触率（通过摄入、吸入、皮肤接触的方式）；EF 为暴露频率；ED 为暴露时间；BW 为体重；AT 为平均时间。

在 PRA 中（Freudenburg，1988），唯一的区别是概率分布能细分为一个或多个变量，而不是单一值。通过重复选取随机值和计算相应的风险，得以实施蒙特卡罗模拟。对大部分 PRA 而言，概率分布将用于描述个体间的变异性，这种变异性指的是人种间真正的差异性或多样性。因此，例如每日摄入量的变异性能通过结合暴露中变异性的多种来源（如摄入率、暴露频率、暴露持续时间和体重）来描述。在风险评估中还可能考虑化学物质浓度的变异性和生态风险评估中毒性期限等。

b. 不确定性描述　可将不确定性描述为对影响暴露或风险因子缺乏相应的了解。有些评估受规章制度限制，希望风险评估者将试验性的数据转化为对人类健康有不良影响的概率分布，这是不确定性的有用证据。来源于样本或可替代总体的数据被用来确定特定目标人群的暴露评估和风险评估，这一推断要求假设存在固定的浓度和局限性，同时风险评估结果可能会因此而出现偏差。例如，对致癌物质，风险评估中的一个共同的假设是危害废弃物所界限范围内污染物浓度表示的是受体暴露于整个暴露阶段的浓度，它与整个生命过程的剂量平均值一致。假如在整个暴露持续期间，受体均暴露于危害的情况是不可能出现的，这个假设将是保守的估计（即导致过高暴露估计）。评估人员应该清楚地知道风险评估中假设的合理性及它的影响性和局限性，这是风险评估者不容推卸的责任。

在美国环保署准则中，包括暴露评估准则（U. S. EPA，1992a）、暴露因子手册（U. S. EPA，1997a，b，c）和蒙特卡罗分析指南（U. S. EPA，1997d），已经将暴露评估中的不确定性分成了三大类：一是参数的不确定性——该不确定值用于估计模型变量；二是模型的不确定性——模型结构（例如，暴露方程式）

或有意使用的不确定性；三是方案的不确定性——由于缺失或不完全信息来定义暴露导致的不确定性。

2.4.3　概率分布与拟合数据选择

2.4.3.1　总体与抽样

总体包括目标总体和抽样总体。目标总体是指"关注群体"。风险评估者往往有意量化群体的特有属性（如暴露时间、暴露频率等）。抽样总体，是可选择和测量的受体群体，被用来代表目标总体。统计学总体是基于从抽样总体获得的信息得到的一个近似的目标总体（沃瑟曼，2008）。

用从具有代表性的抽样总体得来的分布来推断目标总体。理想的情况下，抽样总体应该是目标总体的一个子集，被选定用来测量，从而提供被研究的暴露因子准确和代表性的信息。然而，确定代表性样本也是需要说明和解释。

2.4.3.2　代表性数据

理解什么是代表性数据对于数据的选择和拟合分布是非常重要的。很多因素可以影响到代表性（例如样本量、选择目标总体和抽样总体的方法），这些因素对点估计和 PRA 都有影响。环境保护署关于风险评估中数据使用指南（U. S. EPA，1992）的 A 部分描述了在风险评估中，数据具有对人类健康和环境的真正风险方面的代表性。然而评价数据的代表性却很难，尤其在没有清楚地了解所要研究的问题和目标的情况下。评估的复杂水平不同，样本代表性的重要程度也不相同。为了研究目标总体，我们对抽样总体进行研究，该抽样总体与目标总体相似，但并不是目标总体的子集。当使用替代数据时，风险评估者应该判断数据对于目标总体的代表性。例如，来自两组独立样本（来自于同样的生态环境）的鹿鼠的体重分布会有不同，这主要是年龄结构、雄雌鹿鼠比例以及获取样本时间的不同所致。当不能确定样本数据的潜在概率分布类型时，可以对多种概率分布类型逐个进行风险计算，然后比较它们的结果。这种方法对于不确定性分析是一种简单而有效的方法。作为一个基本要求，应该在评估中讨论使用替代研究所带来的不确定性。

在许多情况下，抽样样本与目标样本有同样的属性，但这并不意味着其具有代表性。风险评估者应该确定它们之间的差异以及是否能够做出调整以减小这些差异。有很多种方法都可以根据可用的信息来估计这些差异。汇总抽样总体的统计数据可以用来估计目标群体的线性特征。例如，如果已知样本的均值、标准差以及不同的百分位，那么超过一个固定阈值的均值或比例就可以通过简单的加权平均求得。如果风险评估者有原始数据，那么调整的方法有很多。对于原始数据的调整包括加权平均、加权比例、变换以及建立在可用信息基础上的数据分组（例如，经验数据和专业判断）。

在大多数情况下，数据代表性的评估一定会涉及判断。整个工作计划一般应该包括数据描述，选择每个分布的基础以及参数估计的方法。一般情况，经验数据（例如观测值）可用来选择分布和取得参数估计。然而，在可用数据的数量和质量不能得到满足的情况下，可能会需要专家的判断。

2.4.3.3　专家判断

专家判断是指某个或某组专家在其研究领域所给出的推论性建议。当存在与输入变量有关的不确定性时，比如数据缺乏，这时专家的判断对获得分布是一个很合适的参考。需要注意的是，从专家那里所得到分布反应的是个人或一组人的推断，而不是经验证据。在决策分析框架中以专家判断为基础而得到的分布其作用与先验贝叶斯一样。当新的经验数据可用时，分布和先验贝叶斯可以进行修改。关于产生专家判断的操作原则和使用该结果支持决策的原则有很丰富的文献作参考。专家建议已经在被用于在风险估计（Morgan and Henrion，1990；Hora，1992；U. S. EPA，1997b）和确定空气质量标准（U. S. EPA，1982）中得到分布。

贝叶斯分析是一种统计方式，它允许当前的状态（以概率分布方式表示）与新的数据相融合以得到最新的信息状态。在 PRA 中，贝叶斯蒙特卡罗分析（Bayesian MCA）可以被用来确定新数据使不确定性的程度进一步减少。当与决策分析技术相结合时，贝叶斯 MCA 能够帮助我们判断减少不确定性所需要的数据种类和数量。在 PRA 中应用专家建议、贝叶斯统计、贝叶斯 MCA 和决策分析。

2.4.4　概率分布函数

在 PRA 中，概率分布是可以用来表征变异（PDFv）或不确定性（PDFu）。使用概率分布的一个优点是它们以一种紧凑的方式呈现出大量数据值（McDonald et al，2000）。例如，对数正态分布就是对 1 到 11 岁儿童的自来水摄入率（$n=5600$）（Roseberry and Burmaster，1992）这一大量数据集的一个很好的拟合。因此，分布类型（对数正态的）及相关参数（均值和标准差）充分说明了摄入率的变异性（PDFv），从而可以计算出其他有用的统计量（如中位数，第 95 百分位）。简化复杂暴露模型和良好的拟合分布，可以促进定量分析和交流建模方法。PDFu 可用来表征参数的不确定性。例如，由于测量误差、样本量小以及其他关于样本代表性的问题，样本均值 $\overline{X}$ 就是总体均值（μ）的不确定的估计。对于一个真实存在但是未知的参数，可以通过一个概率分布来表征它的所有可能的取值。理解变异性和不确定性可以通过一个 PDF 来表征，对决定在 PRA 中如何指定和使用该分布和其参数是很关键的。

2.4.4.1　概率密度函数与累积分布函数

提到概率分布，必须要提到的一个概念就是随机变量。随机变量是一个变量，其可以从一组偶然值中假设任意值。离散型随机变量仅可以假设为有限的或可数的多个数值（例如，一年的降雨次数），但如果取值为一个区间内的任何数据，则随机值是连续的（例如，一年中的降水量），该变量就是连续随机变量（Carreras et al，1999）。

概率密度函数（PDF），也称为概率模型，是概率分布的一个常用术语，它表示变量在其取值范围内每一个值的概率，它被用来表征连续型随机变量 X。例如，在普通美国人群中自来水摄入（mL/d）分布规律，大致为对数平均值 6.86 和对数标准差为 0.575 的对数正态分布（Cunha et al，1998）。

可以通过蒙特卡罗模拟变量，从而得到变量的概率密度函数的形状分布。密度来源于一个点 X 的概率的概念，对于一个连续分布而言，就等于在与 X 值附近的一个狭窄范围内的概率密度模型曲线下的面积。

概率分布函数是指随机变量 X 小于或等于某个值的概率 $P(X \leqslant x)$，即 $F(x) = P(X \leqslant x)$，即所有小于或等于 x 的值出现概率的和。对于连续随机变量而言，它的概率分布函数被称为累积分布函数（CDF），是其概率密度函数的积分。对于离散型随机变量（如抛骰子或掷硬币）而言，它的概率分布函数被称为概率群分布函数（PMF）。PDF 和 PMF 的主要特点是，描述了一个变量可取的数值范围，并标明每一个值在该范围内出现的相对可能性（即概率）。

PDF 作为蒙特卡罗分析的基础，是进行一次有目的分析必不可缺的部分。PDF 可以采取各种各样的形式。一些理论性 PDF 例子包括正态、对数、指数、均匀、二项式分布，这些形式都具有自己的特点。在蒙特卡罗分析应用中，选定一个模型中每个输入变量的 PDF，对输出值是非常关键的。PDF 的形式可能极大地影响蒙特卡罗分析的结果，所以必须慎重选择，因为选择不适当的 PDF 可能会导致不正确的结论。

2.4.4.2　经验分布函数与参数分布函数

在某些情况下，与调整数据集使其符合一个预先假定的分布相比，经验分布函数显得更好一些。经验分布函数（EDF）也叫做经验累积分布函数（ECDF），它提供了一种使用数据本身来确定变量分布的方法。简单地说，一个随机变量的经验分布函数就是一个阶梯函数，该阶梯函数是基于该随机变量观测值的频率直方图得来的。连续随机变量的经验分布函数是通过对频率分布中不同水平区间插值而变成曲线（该线性是表示连续不间断的意思）。插值后的频率分布的累计分布函数（CDF）就是一条曲线，而不是呈阶梯式的（Skaug and Tjøstheim，1993）。

经验分布函数代表了所有的数据，没有丢失任何信息。经验分布函数不依赖于理论概率分布中参数估计的假设，它提供有关分布形状的直接信息，这些信息包括数据集的偏斜、多峰性以及其他特性。然而，经验分布函数由于数据获取的限制，并不能充分描述实际分布的尾部。简单地理解，经验分布函数就是数据集的极限。如果限制经验分布函数所用样本的最小值或最大值，就可能大大地低估实际分布的尾部。如果这是不确定性的一个重要来源，风险评估者应该选择延长经验分布的尾部到一个合理的界限或是用另一种分布描述尾部，如下：

线性化：在两个观察值之间出插值，就会得到一个线性化的累积分布函数。

对延伸：除了线性化（见上面），基于经验判断，添加下限和上限。

结合指数分布：添加一个指数分布到 EDF 的尾部（低端或高端）。

例如，基于最后 5% 的数据可以用一个指数分布来延长尾部。这种方法是以极值理论，以及许多连续无界的分布的极端值都服从一个指数分布这一结论为基础的。和其他概率模型一样，可以通过获得额外的信息来减少具有假定界限的经验分布的不确定性。

2.4.5 概率分布函数拟合数据

当获得足够关于输入变量的相关数据时，我们可以根据这些数据来拟合输入变量的概率分布。然而，为所有的输入变量拟合概率分布，是资源密集的，所以一般是不必要的。在理想的情况下，确定一个变量子集，这个子集是风险估计中的变异性和不确定性的重要来源。而敏感性分析可以用于确定主要的暴露途径和暴露变量，并同时对它们进行等级排序（Acuna et al，2012）。但是，从敏感性分析中获得的资料可能是不同的，这要取决于所使用的敏感性分析方法和有关输入变量的相关资料，所以风险评估人员需要了解每一种敏感性分析方法所具有的局限性。

有时不止一个概率分布可以描述变异性和不确定性。分布的选择应以可用数据为基础，并要考虑产生变异性的机制或过程。一般说来，首先要考虑的是能充分描述变异性或不确定性，与数据的产生机制相一致的最简单的概率分布。例如，不一定因为在使用拟合测试软件包测试之后，对数常态分布（lognormal distribution）比一个含两参数的对数正态分布有更高的排名而必须选择对数常态分布。

选择分布需要考虑是否存在选择分布的原理？分布的形状会受到物理或生物特征或其他机制的影响吗？变量是离散还是连续的？变量的界限是什么？分布是否是对称的？是否知道有关分布形状的其他信息？分布的尾部对观测样本的代表性如何？等等。其第一步是判断随机变量是离散的还是连续的。连续变量可以取一个或多个区间的任何值，并且一般表示测量值（如身高、体重、浓度）。对于连续变量概率密度函数一般描述一个区间上的每个值的概率。离散变量可以取有限的或可数的多个（与整数集中的元素个数一样多）的一系列数值。每一个离散值被赋予唯一的概率。一个月中降雨发生的次数就是一个离散变量，而降雨量却是一个连续变量。同样每个月吃鱼的次数是离散的，而平均每次吃的鱼量却是连续变量。另一个需要考虑的因素是对于一个变量是否有合理范围。例如，一个美国人体重小于 30kg 或大于 180kg 都是不太可能的。多数暴露变量在合理范围内都假设为非负。因此，分布大都在零处进行最小值截断（或更高），或者指定一个具有理论非零值范围的概率分布。

2.4.5.1 分布拟合时考虑变异性与不确定性

用来描述一个变量变异性与不确定性的概率分布不止一个。例如，一个正态分布可以被用来描述体重的变异性，一个均匀分布可以被用来描述该正态分布均值这一参数的不确定性。变异性一般是指观察值的差异，这些差异是源自于一个总体中个体的异质性和多样性。个体间的变异性产生于环境、生活方式和遗传基因的不同。例如，个体间的生理差异（如体重、身高、呼吸率、饮水的摄入率等方面的差异）、环境差异、土壤类型的不同以及环境中污染物浓度程度的不同。个体内的变异性表现在随年龄变化而产生的差异（例如，体重和身高）。变异性通过进一步的测量或研究是不会减少的。表征变异性的概率分布函数（PDF）可以通过对样本观察进行拟合得到（Limpert et al，2001；Wilheit et al，1991）。

2.4.5.2 不确定性来源

不确定性一般是指对某个具体因素、参数或模型等缺乏了解。由于我们在研究过程对现实世界进行了必要的简化，风险评估中存在不确定性是不可避免的，但是它可以通过进一步的测量和研究而降低。参数不确定性部分来源于测量误差、样本误差或其他在数据采集过程中的系统误差。模型不确定性来源于对复杂过程的简化、模型结构的错误构造或错误地应用模型、使用错误的概率分布以及使用替代的数据或变量。场景不确定性可以用来反映一个暴露模型的不确定性，例如目标群体的暴露途径。

风险评估中通常有很多的不确定性来源，其中最熟悉的一个（但并不见得最重要的）是污染物浓度值的不确定性。在风险方程中，浓度一般用平均浓度95％置信上限来表征，这就为风险评估带来了不确定性。风险方程中其他变量的不确定性（如摄入率、暴露频率和暴露时间、毒性因子等）也可能是显著的，所以一般选择对风险可能被高估的输入值而不是低估的输入值。利益相关者可能会提供不确定性来源的有用材料，所以应该确保利益相关者有机会参与审查风险的评估过程。

暴露模型可以指定不确定性事物的概率分布。例如风险估计中的浓度通常是指一个受体长期的平均浓度，该浓度的不确定性的概率分布可以在一定程度上是基于小样本长期平均估计的统计不确定性，以及对指定暴露单元受体的随机运动而产生的统计不确定性。

2.4.5.3 概率分布与模型不确定性

概率分布在某种意义上也可以看作是一种模型，这个模型是对样本数据或经验的变异性或不确定性的近似表示。模型更为广义的意义是用来表征一个化学、物理或生物过程。在风险估计中，可以找到不同的风险模型，这些模型有着不同的对象、专业定义、不同的组件和理论基础。

所有的模型都是对复杂的生物和物理过程的简化描述，模型可能排除重要变量或暴露的重要途径，忽略输入量间的联系，使用替换变量，或者模型是为特殊场景设定的。这样就使得模型不可能充分表征它所要评估的现象的各个方面，它也不适合另一个不同类型场景的风险评估。例如，针对污染物的连续稳定的暴露进行风险评估的模型，可能就不合适或不能用于评估急性的或慢性的暴露事件的风险。在任一风险评估中，弄清楚模型的最初目的，模型中所做的假设，模型中的参数代表什么，以及它们如何相互影响，都是非常重要的。根据这些知识，我们可以清楚地了解，在特定场景中运用此模型的代表性和适用性。假设多重模型存在，且能用于给定的方案中，为了解差异间的潜在含义，对其结果进行比较是非常有用的。针对不同的场景，运用不同的模型或是改变模型的复杂水平，能为风险评估中的不确定性提供有用的信息，而这些不确定性来源是场景的不确定性或模型不确定性。搜集一个给定的参数或与模型输出相关的可测数据（比如搜集蔬菜和水果污染数据作为模型中植物摄入量），可以减少或至少更好地理解模型与场景的不确定性。

2.4.5.4 概率分布与参数不确定性

在概率模型中量化参数的不确定性一般需要进行判断。例如，小样本量和问题样本，都会导致不确定性。蒙特卡罗模拟是风险评估不确定性的一个有用的工具。当不能确定敏感的输入变量时，模拟不确定性是非常重要的。可以使用点估计法（例如，一系列中心趋势暴露可能值）或概率方法（例如，分布算术均值的一系列可能值）来量化不确定性。然而不确定性分析可能使风险管理决策变得复杂，这是由于风险估计是高度不确定的，但这些信息可以促使我们收集数据以减少敏感输入变量的不确定性。同样，当量化了风险模型中具有高度不确定性的输入变量后，风险估计的结果仍然在监测水平之下，风险管理者就可能在做出决策时更有信心。风险评估者应该避免在同一个蒙特卡罗模拟中将所有备选的不同分布设定特殊的概率。相反，建议在探究模型或参数不确定性时对不同的备选模型使用单独的模拟。例如，与其在模拟的每次迭代中为暴露变量随机指定 β 分布或指数正态分布，不如对备选概率分布进行单独的模拟。同样的，如果量化的风险具有多个时间或空间尺度，我们也需要考虑多个模拟。

参数不确定性最容易被认为是不确定性的来源，这种不确定性在危害废弃物场所的定点危害评估中能被量化。参数不确定性可能发生在风险评估过程中的每个环节，从数据搜集和评估到暴露和毒性评估的每一步。参数不确定性来源可能包括系统误差，或是在样本数据采集过程中出现的偏差，不精确的分析测量，替代重要参数的外推法等。例如，土壤数据的搜集只来源于最高污染的区域，而不是受体可能会接触的全部区域，这样将会导致暴露评估出现偏差。

参数估计的不确定性可以用不同的方法进行描述。正如用于描述变异性的概率分布函数一样，参数不确定性可以用带有参数的概率分布函数来描述。有时不确定性的分布可以通过已知（或假设）的可用于描述变异性的概率分布来指定（Marx and Larsen，2006）。例如，如果 X 是正态随机变量，t 分布和卡方分布（χ^2）就可以分别描述由于随机测量误差引起样本均值和方差的不确定性。t 分布和卡方分布（χ^2）的不确定性（PDFu）是由样本量 n 来决定。如果不确定性不能用一个 PDF 来描述或有关描述变异性分布的假设不成立，我们就要考虑采用非参数或"自由分布"方法（如 bootstrapping）。参数方法与非参数方法都会产生总体参数估计的置信区间。

一般来说，参数的不确定性在 PRA 的每一层都能被量化，包括点评估分析（第一层）、一维蒙特卡罗分析（第二层）和二维蒙特卡罗分析（第三层）。在点评估方法中，对大多数变量而言，参数不确定性可以用一种定性的方式来表征。例如，有关点评估的风险评估文件中不确定性部分可能规定了吸收分值 100% 将被用于表示胃肠道吸收的土壤污染物的总量，这样就会导致风险评估可能高于实际的风险。此外，可实施敏感性分析，即改变一个输入的变量并保持其他变量不变，检测出它对风险结果的影响。对于胃肠道吸收这种情况，对吸收分值这一变量，其可能不同的高端或 RME 点估计值均可作为风险方程的输入值，它们对应的不同的风险评估就能反映出吸收分值 RME 点估计的不确定性。

2.4.5.5 参数估计方法

对于给定参数的估计，通常有多种不同的方法可供选择。应用中要根据所采用方法的相对难度以及所满足的统计标准选择合适的方法。最大似然估计（MLE）是一种常用的方法，被认为是一种基于观测样本最佳的参数估计。最大似然估计值是符合连贯性、有效性、健壮性、充分性和无偏性这一系列标准的。在一些情况下（比如小样本时），这些估计值不是无偏的；然而，这通常可以通过调整来补偿。一个有关这种调整的常见的例子是正态分布的方差估计。用样本方差来估计总体方差属于有偏估计，但是将样本方差乘以因数 $n/(n-1)$ 就可得到总体方差的无偏估计。对于一些分布，计算最大似然估计是很直接的（Scholz，1985）。

2.4.5.6 如何处理参数或变量之间的相关性

暴露变量间相关性或概率分布参数间的相关性是概率模型的重要组成部分。相关性用于衡量两个随机变量间联系的紧密程度（Bound et al，1995）。两个随机变量既可能是正相关，也可能是负相关。两个变量中，如果 X_1 值随着 X_2 值增大而增大，则呈正相关性。例如，儿童血液中铅浓度随着微尘中铅含量升高而升高。两个变量中，如果 X_1 值随着 X_2 值减小而增大，则呈负相关性。例如，研究表明，土壤尘埃粒子的摄入率随着粒子的增大而减少。有一点需要注意的是，相关性描述的是变量间数量相关程度，而不是变量间的因果关系。

鉴别相关性的第一步是评估变量之间可能存在的物理的和统计的关系。相关性影响一个风险模型输出的程度取决于：①两个变量之间相关性强度；②相关性变量对输出变化的影响。因此，不妨进行初步敏感性分析评估相关的假设对模型输出的影响。如果影响显著，这种相关性应在 PRA 进行确定和计算。

在蒙特卡罗模拟中寻找相关性的步骤包括：①修改模型使其考虑到相关性；②在生成样本中模拟变量间的相关性。修改模型是首选的途径，因为模拟技术不能完整地反映模型输入之间的复杂度。然而，当不可能修改模型时，变量之间的相关性可以通过相关系数和二元正态分布近似。

相关系数是一个度量两个向量（具有大小和方向）间关系的数值工具。样品相关系数可以用来度量变量间的线性关系。可是，如果两个变量来自不同概率的分布，不太可能具有线性关系。Spearman 相关系数又称为秩相关系数，使利用两变量的秩次大小作线性相关分析，对原始变量的分布不做要求，属于非参数统计方法。因此它的适用范围比 Pearson 相关系数要广得多。即使原始数据是等级资料也可以计算 Spearman 相关系数。对于服从 Pearson 相关系数的数据也可以计算 Spearman 相关系数，但统计效能比 Pearson 相关系数要低一些（不容易检测出两者事实上存在的相关关系）。

概率分布中的参数也可能存在相关性。在设计一个二维蒙特卡罗模拟时，我们常常对同一个 PDFv's 中的参数用独立不相关的 PDFu's 表征。针对这种情况，一个常用的方法是为两个相关参数指定一个二元正态分布。一个二元正态分布允许一个变量在另一个变量条件下进行取样。这是联合分布的一个特例，其中 x 和 y 是两个随机变量，并且是正态分布（因为在 x 或 y 的条件下分布是正态分布）。

应谨慎对待相关性分析的结果，两个变量出现相关性有以下几种原因：①两个变量相互依存；②偶然性（由于在取样过程中的两个独立变量偶然出现相关）；③分析中未涉及的变量（潜在变量）影响了分析的两个变量。同样，一个相关性低的结果也不能说明两个变量是独立的，因为可能存在一个潜在变量隐藏了两个相关变量间的相关性。另外，还应谨慎地对待相关性的推广。例如，孩子们的年龄和体重之间可能有很强的线性关系。然而，这个相关性用在成人中却是不恰当的。另外需要注意的是在同一时间内两个因素以上的相关性。一般而言，因为当在同一时间内关联两个以上的因素时，这就需要指定一个有效的协方差矩阵，但是这往往具有一定的复杂性，所以风险评估者需要去咨询统计学家，从而避免产生错误的风险估计。

2.4.5.7 截断与截断数据

截断就是对一个概率分布强加一个最小或最大值，截断的主要目的是将样品空间限制在一组"合理的值"之内。例如，将一个成人体重的概率分布截断，使其在最小值为 30kg 和最大值 180kg 之间，以避免出现偶然性的不可能值（如 5kg 或 500kg）（Lee and Desu，1972）。在选择截断界限时具有主观性，所以进行选择时应该非常谨慎，并需要指定地点、环境及利益相关者的了解和参与。举例来说，有可能有的人体重超过 180kg 或低于 30kg。截断分布曲线的尾部的目的是为蒙特卡罗模拟的每次风险评估限制一组合理的输入值。在 PRA 中，截断无界概率分布的好处是，集中趋势和高端的风险评估不会出现不切实际的偏移值。缺点是由于限制了样本空间，未截断分布的原有参数估计发生了改变。参数评估的偏移随最大、最小截断限值间隔的减小而增大。例如，均值为 100 的正态分布，可以拟合一个数据集；采用 300 的截断界限可能会导致被截去顶部的正态分布的均值变成 85。截断与不截断的参数估计之间的关系，可以通过对这两种情况进行蒙特卡罗模拟来做进一步决定。

当使用无界概率分布（比如正态分布、对数正态分布、γ 分布、威布尔分布）描述变异性时，通常会考虑截断（Fishburn，1980）。在为暴露变量确定"合理范围"合适的截断限制时，需要做进一步的判定。鉴于大部分的数据集代表的是目标总体中的统计样本，观察到的最小值及最大值并不能代表总体的真实最小和最大值。然而，生理或物理因素可能会有助于确定合理的截断限值。例如，在胃肠道（消化道）中化学物的最大生物利用率是 100％。同理，化学药品在水合环境中的可溶性（考虑了温度影响）一般都将低于其在自由水中的溶解性。

一般而言，敏感性分析可以确定截断界限在风险估计中是否是参数不确定性的一个很重要的来源。对于风险方程中分子的暴露变量，其最大截断限值应给予极大关注。对于风险方程分母中的暴露变量，其最小截断限值应给予极大关注。关于拟合概率分布尾部的详细资料和截断在参数估计中的影响应该列入工作规划中。

2.4.6　食品加工过程混合危害物暴露评估

2.4.6.1　总体评估框架

一般而言，对于食品加工过程混合危害暴露评估首先应根据数据性质、数量以及评估目的需求等决定是开展综合毒性明确条件下的评估还是开展混合化学物中单一毒性均明确条件下的评估。前者同评价单一污染物风险方法类似，仅考虑混合化学物中关注的化学物，关注类似或其他已知与混合化学物类似的化学物的情况来评价。后者是真正意义上复合风险评估，而目前对复合风险评估方法研究也重点关注于此，本文也主要介绍基于混合污染物中各单一化学物毒性作用方式及其毒性数据可获取情况下的风险评估方法。

混合化学物根据其与机体作用方式和效应等可分为相似作用、非相似作用、部分相似作用、相互作用和依赖作用，如图 2-5 所示（Boobis et al，2011）。

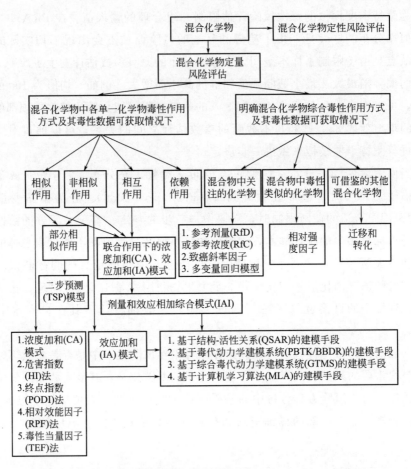

图 2-5　混合化学物复合风险评估决策框架（Boobis et al，2011）

① 相似作用：也叫浓度加和（concentration addition，CA）模式或剂量加和（dose addition，DA）模式，混合物体系中不同化学物对机体作用靶器官、毒性效应均相同，相互之间不影响其活性，其共同毒性相当于被不同化学物共同稀释，毒性取决于化学物毒性当量（TU）。危害指数（hazard index，HI）法、毒性当量因子（toxicity equivalency factor，TEF）法、相对效能因子（relative potency factor，RPF）法、终点指数（point of departure index，PODI）法、暴露边界（margin of exposure，MOE）法以及累积风险指数（cumulative risk index，CRI）法等均属于该范畴内。

② 非相似作用：也叫效应加和（independent action，IA）模式，不同化学物对机体作用靶器官及作用基团、配体或位点不同，但毒性效应相同。采用 IA 模型评价方法。

③ 部分相似作用：该作用介于相似和非相似作用之间，是两者皆有的模式。应用二步预测（two steps prediction，TSP）建模，该方法既考虑了 CA 模式，又考虑了 IA 模式所组成的化学物混合体毒性评价。适用方法有综合相加模型（integrated addition model，IAM）。

④ 相互作用：相互作用指化学物之间存在的协同、拮抗、增毒和减毒等联合毒性效应，相互作用发生于浓度修饰或效应修饰，当导致有效浓度改变，则产生浓度相互作用。适用方法主要是剂量和效应相加综合模式（integrated addition and interaction，IAI）建模、生理毒代动力学（PBPK/ PD）建模、QSAR 建模、物种敏感度分布及动态能量测算（DEBTOX）等。上述方法尚未能很好应用于具有相互作用混合污染物的复合风险评估中，主要原因是由于应用这些方法需要相对连续和准确的原始数据，同时为满足不同风险评估目的，数据量需求相对非常庞大。

⑤ 依赖作用：化学物对机体作用方式、途径以及靶器官等各不相同，且相互有影响，则为依赖作用。

2.4.6.2 混合化学物复合风险评估技术及应用

（1）相似作用模式下建模方法

对于 CA 模式，二元混合和多元混合化学物毒性效应可分别通过公式（2-8）和公式（2-9）表达（Kim et al，2010）。

$$TU = \frac{E_1}{EC_{x1}} + \frac{E_2}{EC_{x2}} \qquad (2-8)$$

$$TU = EC_{x_{mix}} = \left(\sum_{i=1}^{n} \frac{p_i}{EC_{xi}} \right)^{-1} \qquad (2-9)$$

式中，E_i 是化学物 i 在混合物中有效浓度水平；EC_{xi} 表示化学物 i 导致 x 效应的浓度水平，$EC_{x_{mix}}$ 表示多种混合化学物产生的毒性水平；TU 表示毒性单位，是混合化学物导致某效应的毒性当量；p_i 为化学物 i 在混合污染物体系中自身的浓度水平。

如 $TU=1$ 时，则混合物之间呈现相加作用，即 CA 模式效应，相当于二元混合化学物产生一个单位的毒性当量；如 $TU<1$，混合物之间呈现协同作用，即混合化学物不需要达到一个单位毒性当量的综合浓度，即可达到一个单位毒性当量效应；如 $TU>1$ 时，混合物拮抗作用，如 TU_0 表示标准毒性当量，当 $TU=TU_0$，则呈现独立作用。

目前针对 CA 模式开展人体健康评估是累积性风险评估（cumulative risk assessment），其主流方法有 HI 法［公式（2-10）］、CRI 法［公式（2-11）］、PODI 法［公式（2-12）］、MOE 法［公式（2-13）］、RPF 法［公式（2-14）］ 和

TEF 法［公式(2-15)］等。

$$HI = \frac{E_1}{ALP_1} + \frac{E_2}{ALP_2} + \cdots + \frac{E_n}{ALP_n} = \sum_{i=1}^{n} \frac{E_i}{ALP_i} \tag{2-10}$$

式中，HI 表示危害指数；E_i 表示化学物 i 在混合物中有效浓度水平；ALP_i 表示适当保护水平，该保护水平可以是 ADI、急性参考剂量（ARfD）、TI 等人体健康毒性阈值水平。

$$CRI = \frac{1}{\sum_{i=1}^{n} \dfrac{E_i}{ALP_i}} = \frac{1}{HI} \tag{2-11}$$

式中，CRI 表示累积风险指数，其结果为 HI 的倒数。

$$PODI = \frac{E_1}{POD_1} + \frac{E_2}{POD_2} + \cdots + \frac{E_n}{POD_n} = \sum_{i=1}^{n} \frac{E_i}{POD_i} \tag{2-12}$$

式中，$PODI$ 表示终点指数，POD_i 可以以 BMD 或 NOAEL 替代，也即是 PODI 方法未考虑不确定系数 UF 和 MF，直接为动物毒性阈值水平，而 HI 方法直接表征人体健康阈值水平。

$$MOE = \frac{POD_1}{E_1} + \frac{POD_2}{E_2} + \cdots + \frac{POD_n}{E_n} = \sum_{i=1}^{n} \frac{POD_i}{E_i} \tag{2-13}$$

式中，MOE 表示总暴露边界，其结果为终点指数的倒数。

$$RPF = E_1 RPF_1 + E_2 RPF_2 + \cdots + E_n RPF_n = \sum_{i=1}^{n} E_i RPF_i \tag{2-14}$$

式中，RPF 表示总相对效能因子；E_i 表示化学物有效浓度水平；RPF_i 表示化学物 i 的相对效能因子。

PRF 法是当前美国环境保护署（EPA）和欧盟食品安全局（EFSA）等机构在开展食用农产品中具有共同毒性效应机制农药累积性风险主推的技术方法。

$$TEQ = \sum_{i=1}^{n} (C_i \times TEF_i) \tag{2-15}$$

式中，TEQ 表示总毒性当量；TEF_i 表示化学物 i 的毒性当量因子。

TEF 法与 RPF 方法基本一致。

上述模型可见，其建模原理几乎一致，相对初级的方法为 HI 法，该方法简单易懂，数据易得，是对单一污染物 HI 的简单加和，既未考虑联合毒性的累积性效应，也未考虑毒性效应终点（point of departure，POD）（主要包括 ADI、ARfD 或 BMD）外推过程中的不确定性（uncertainty factors，UF），因此实际上并不能最真实地反映累积性膳食风险。TEF 法和 RPF 法属于同一系列，该方法考虑了毒性当量，并利用基准物的毒性当量进行加权求和来进行风险评估，反映了毒性当量以及累积性评估概念。

（2）非相似作用模式下建模方法

对于 IA 模式，二元混合和多元混合化学物毒性效应可分别通过公式(2-16)

和公式(2-17)表达和判定。

$$E(C_{mix}) = E(C_1) + E(C_2) - E(C_1) \times E(C_2) \tag{2-16}$$

$$E(C_{mix}) = 1 - \prod_{i=1}^{n} [1 - E(C_i)] \tag{2-17}$$

式中，$E(C_i)$ 表示混合物中化学物 i 有效浓度水平；$E(C_{mix})$ 表示总复合效应。

多元混合化学物的复合效应还可表述为公式（2-18）。

$$S_{mix} = \frac{EC_{501'}}{EC_{501}} + \frac{EC_{502'}}{EC_{502}} + \cdots + \frac{EC_{50i'}}{EC_{50i}} \tag{2-18}$$

式中，S_{mix} 是毒性加权之和；$EC_{50i'}$ 是化学物 i 在混合物中导致 50% 发生率的浓度水平；EC_{50i} 是化学物单一作用条件下导致 50% 发生率的浓度。

当 $S \leqslant 1$，加和指数 AI=$1/S-1$；当 $S \geqslant 1$，加和指数 AI=$-S+1$。当 AI=0，则混合污染物之间为相加作用；当 AI<0，则混合污染物之间呈现拮抗作用；当 AI>0 时，则混合污染物呈现协同作用。

（3）部分相似作用模式下建模方法

事实上，混合物往往不但存在 CA 模式，还存在 IA 模式，这是部分相似作用模式。评价部分相似模式的评估方法为 TSP 方法。该模型可预测含 CA 模式和 IA 模式下的化学物混合体联合毒性。预测第一步是将所研究混合物中具有 CA 模式的化学物归为一组，针对这些不同组内的化学物分别进行 CA 模式评估，然后将评估完成后的不同组整合起来视作 IA 模式，按照 IA 模式评估策略开展评价。事实上即是将 CA 模式和 IA 模式下的公式组合为同一个公式［见公式(2-19)］。

$$R_{mix} = 1 - \prod_{i=1}^{n} \left\{ 1 - \frac{100}{1 + \left(\dfrac{1}{\sum_{i=1}^{n} \dfrac{C_i}{EC_{50i}}} \right)^{p'}} \right\} \tag{2-19}$$

式中，R_{mix} 表示混合污染物中复合毒性；EC_{50i} 是造成 50% 反应率化学物 i 的浓度水平；C_i 是混合污染物中化学物 i 的浓度水平；p' 表示不同化学物占混合污染物毒性当量的均值。该方法主要缺陷是需要明确混合污染物中各化学物毒性水平，同时假定这些物质之间不存在拮抗、协同、增毒和减毒等联合作用，因此该方法应用范围相对较窄，几乎是停留在概念上的模型。

（4）联合作用模式下建模方法

① 剂量和效应相加综合模式建模　对于 CA 模式和 IA 模式下的风险评估策

略可定性判定是否存在拮抗、协同等联合毒性效应，但理论上不能定量分析和评价其复合毒性（Kim et al，2010）。Rider 和 LeBlanc 开发了剂量和效应相加综合模式（IAI），该模型对协同、拮抗等联合作用关键采用 K 函数进行表达［见公式(2-20)］。

$$R = 1 - \prod_{I=1}^{N} 1 - \cfrac{1}{1 + \cfrac{1}{\left(\cfrac{1}{\sum_{i=1}^{n} \cfrac{K_{a,j}(C_a) \times C_i}{EC_{50i}}} \right)^{p'}}} \tag{2-20}$$

式中，$K_{a,j}(C_a)$ 表征混合化学物中浓度为 C_a 的化学物 a 影响化学物 i 的程度；EC_{50i} 表示化学物 i 引起 50% 动物反应的浓度水平；p' 表示混合物中毒性平均水平。

基于马拉硫磷、对硫磷和增效醚三元混合化学物对细胞色素 P450 酶抑制效应开展复合风险评估，IAI 模型（$R^2 = 0.716$）的结果明显优于 CA 模型、IA 模型以及 IAM 模型（$R^2 = 0.010$）结果。但实际上，IAI 模型中使用 K 函数并无太大可行性，因为该函数需要通过大量试验才能确定，否则该模型不可能成立。

② 基于联合作用的危害指数法建模　美国环境保护署（EPA）在危害指数法基础上开发了可实现定量评价具有联合作用混合化学物风险的建模方法，称为基于联合作用的危害指数法（interaction-based hazard index，IBHI），也叫 HI_{int}-EPA（Haddad et al，1999）。此方法假定混合化学物中所有化学物之间存在二元联合毒性效应，其模型可表达为公式(2-21)。

$$HI_{int} = \sum_{i=1}^{n} \left(\frac{C_i}{Standard_{ii}} \times \sum_{j \neq i}^{n} f_{ij} M_{ij}^{B_{ij}\theta_{ij}} \right) \tag{2-21}$$

式中，HI_{int} 表示具有联合效应的总危害指数；C_i 代表 i 物质在混合物体系中的浓度水平；f_{ij} 表示缩放因子，该因子描述在混合化学物中，可与化学物 i 产生联合毒性效应的所有化学物中化学物 j 所占的贡献率；M_{ij} 表示化学物 i 与 j 最大联合毒性效应，该参数由二元联合毒性反应数据推导得出，如该数据无法获取，则赋缺省值 5；B_{ij} 表示证据力因子，该因子反映化学物 j 受化学物 i 在酶底物产生竞争或诱导影响的强度，同样由二元联合毒性反应数据推导得出；θ_{ij} 表示基于等毒法，化学物 i 较化学物 j 的毒性强度。

2.4.6.3　目前前沿的混合化学物建模系统

（1）定量结构-活性关系建模

结构-活性关系（structure-activity relationships，SAR）建模兴起于 20 世纪

70～80 年代，是将化学分子特定基团对某特定生物活性作用功能建模的一种方法，其中化学分子功能基团又称为药效基团或毒效基团（Cao et al，1997）。SAR 方法总体为定性评估方法，较为粗泛，因此更为精准且基于定量结构-活性关系（quantitative structure-activity relationships，QSAR）方法得到快速和迅猛发展。目前已发展到了六维 QSAR 模型（6D-QSAR），但 2D-QSAR 的 hansch 模型、3D-QSAR 的比较分子场分析法（comparative molecular field analysis，CoMFA）模型，以及偏最小二乘法（partial least squares，PLS）求解成为 QSAR 的经典和基础。当前，利用 QSAR 建模实现混合化学物毒性预测依然主要集中于挖掘描述符同生物活性效应之间内在机制关联的多维模型以及寻求适合 QSAR 模型求解和验证方法为目标。

① 基于实证描述符的 QSAR   在缺乏实验数据的情况下，某种化学品展现活性和性能之间的可接受关系的特性可以通过 QSAR 模型预测出来。采用 QSAR 方法来预测混合物毒性，可以描述为实证描述符和非实证量子描述符之间的区别。例如，正辛醇-水分配系数（K_{OW}）是某化学物在正辛醇相与水相浓度之比，可表达化学物亲水性或疏水性。在 QSAR 建模中，该描述符非常重要且应用广泛。与单一化学物相比，混合化学物的复合正辛醇/水分配系数不再是一个常数，而是混合物组分及两相体积比的函数（So，2000）。

单纯利用众多单一 K_{OW} 确定混合化学物中 K_{OW} 很难，因为从物理学手段上无法区分混合物中 K_{OW}。Lin 等（2003）提出通过利用疏水性描述符膜/水分配系数（K_{MD}）等推导 K_{OW}，最终建立 2D-QSAR 模型以预测混合化学物联合毒性效应的方法，对 50 种混合卤代苯使用下面的公式，这种方法表现出可接受的预测结果（在 $P<0.0001$ 的情况下，$r^2=0.929$，$SE=0.104$，$F=169.513$）[模型见公式(2-22)]。

$$\lg\left(\frac{1}{EC_{50M}}\right)=0.907\lg K_{MD}+0.881 \tag{2-22}$$

式中，EC_{50M} 表示该混合物的毒性；K_{MD} 表示混合物中 C_{13}-Empore™膜/水分配系数。

该模型分别基于公式(2-23) 和公式(2-24)采用经验和非经验方法预测出 K_{MD} 和 K_{SD}，最终估计得出 K_{OW}。

$$K_{MD}=\frac{W}{V}\times\frac{\sum_{i=1}^{n}\dfrac{Q_{water,i}^{0}}{1+\dfrac{W}{V\times K_{SDi}}}}{\sum_{i=1}^{n}Q_{water,i}^{0}-\sum_{i=1}^{n}\dfrac{Q_{water,i}^{0}}{1+\dfrac{W}{V\times K_{SDi}}}} \tag{2-23}$$

$$K_{SD}=0.995 \lg K_{OW}+0.70 \tag{2-24}$$

$$n=18, \ R^2=0.93, \ SE=0.24$$

式中，K_{MD} 表示混合物中 C_{13}-Empore^{TM} 膜/水分配系数；K_{SD_i} 表示单一化学物 i 的分配系数；W 表示该溶液的体积；V 表示疏水相的体积；Q^0_{water} 表示化学物 i 在水中初始数量；n 表示混合物中单一的化学物总数；W/V 值等于 0.68×10^6。

麻醉性化学物，如苯酚、苯胺等的毒性高于非极性麻醉的化学物。麻醉性化学物和非极性麻醉化学物在环境中能够共存。然而，基于疏水性 QSAR 模型只适用于非极性麻醉的化学混合物。疏水性模型的应用范围扩展到亲水性化学混合物，同时混合物中共同作用的氢键方面的知识完善了基于疏水性的 QSAR 模型。因此，改进的 QSAR 模型针对极性和非极性麻醉化学品的混合毒性取得了较好的预测结果（$r^2=0.885$，$SE=0.245$，$F=613.708$，$P \leqslant 0.001$ 的结果只来自于疏水性的 QSAR 模型；而 $r^2=0.948$，$SE=0.166$，$F=745.201$，$P \leqslant 0.001$ 的结果来自于疏水性和氢键为基础的 QSAR 模型）。公式（2-25）描述的是基于疏水性和氢键的 QSAR 模型。

$$\lg \left(\frac{1}{EC_{50M}} \right) = \alpha + \beta \times \lg K_{MOW} + \gamma \times A^{MH} + \delta \times B^{MH} \tag{2-25}$$

式中，EC_{50M} 表示 50% 的混合物浓度效果；α、β、γ 和 δ 表示实证常数；K_{MOW} 表示混合物中辛醇-水的分配系数；A^{MH} 和 B^{MH} 分别表示混合物中共同作用的氢键（类似于 Lewis 酸度），这根据不同的混合物在各种有机相/水系统中的分配系数进行量化。

然而，QSAR 模型的建立只用来预测混合物的 EC_{50}。这个模型从根本上采用 CA 的概念，只有三个化学基团：苯、苯酚、苯胺进行验证（即极性和非极性的麻醉性化合物）。与其他特定作用的化学品的进一步研究必须在真实的环境中进行。此外，由于需要测量不同类型的有机相/水系统来判断 A^{MH} 和 B^{MH}，因此其实际用途是非常有限的。

如上所示，一般基于实证描述符的 QSAR 模型，不可避免地需要进行实验数据或复杂的多步骤计算，以确定描述符。传统的 QSAR，甚至很多最新的 QSAR，经常使用实证描述符，如电离势、分配系数、线性自由能关系（例如，Hammett 和 Taft 参数）及立体描述符（如 Sterimol 参数）到量化的理化性质。然而，当不易获得实验资料数据集时，实证的 QSAR 模型难以使用。

② 基于非实证量子描述符的 QSAR　量子化学描述符可从作为唯一输入、定义了化学结构的个别物质中计算出来。如前线轨道的能量、物质中占据分子轨

道的最高能量（E_{HOMO}）以及未占据分子轨道的最低能量（E_{LUMO}）也常用来表征化学反应相对活性。电荷分布、偶极矩、激进的分布、范德华力体积、溶剂化能等也可被计算出来。

Zhang 等表明，苯及其衍生物包括 8 种非极性麻醉物质和 4 种极性的麻醉物质的二元混合物的毒性，在不参考每一种化学物确切毒性机制的情况下，使用量子化学描述符进行预测，其构建了唯一的输入文件，包括 2mol 的二元混合物，使用商业软件（Chem3D 和 Gaussian98）来实施二元混合物的 QSAR 分析。公式(2-26)和公式(2-27)描述了二元混合物相应的 QSAR 模型。

$$\lg\left(\frac{1}{EC_{50M}}\right) = 34.828 q_{\overline{M}} + 3.266 \lg Enr_M - 17.505 GAP_{h-lM} - 7.349 \quad (2\text{-}26)$$

$$\lg\left(\frac{1}{EC_{50M}}\right) = 4.622 \lg Enr_M - 11.792 GAP_{h-lM} - 0.961 GAPV_{mM} + 0.081 \mu - 15.977$$

$$(2\text{-}27)$$

式中，EC_{50M} 表示混合物中的浓度效果为 50%；$q_{\overline{M}}$ 表示原子周围最大的负电荷；$\lg Enr_M$ 表示原子核排斥力能量的对数；GAP_{h-lM} 表示 E_{HOMO} 和 E_{LUMO} 的差值；μ 表示电偶极矩；$GAPV_{mM}$ 表示二元混合物的摩尔体积差值的绝对值。

Lu 等建立了一个 QSAR 模型［公式(2-28)］，包括 LUMO 和辛醇/水分配系数来预测混合物毒性。模型结果显示了二元、三元及四元混合物毒性计算的可能性（$n=32$，$r^2=0.834$，$s=0.139$，$F=73.01$）。

$$\lg(IC_{50mix}^{-1}) = 0.326 \lg P_{mix} - 0.660 E_{LUMO_{mix}} + 3.323 \quad (2\text{-}28)$$

式中，IC_{50mix} 表示 50% 的混合物的抑制浓度；P_{mix} 表示基于相互独立的假设对单一物质分块求和计算得到的该混合物的水分配系数；$E_{LUMO_{mix}}$ 表示混合物中的 LUMO，即对单一物质中的 LUMO 的简单求和。

因此，基于上述研究现状，QSAR 预计将克服只使用单一物质的物化性质的模型限制，推进混合物毒性预测的现有算法研究。

③ 生理毒代动力学建模 混合化学物风险评估还可通过构建生理毒代动力学模型（physiologically based toxicokinetic，PBTK）实现评价（Barfield et al，2008）。该方法是基于人体或动物体内组织房室或隔室之间质量和能量守恒定理，实现外源化学物母体及其代谢产物在体内及靶组织中吸收、分布、代谢和排泄（ADMEs）的剂量、时间及其过程估算。房室有固定容量，且内部化学物质均匀分布，与化学物性质无关，但总隔室模型（如动脉或静脉血液灌流组织）与化学物相关。因此建立 PBTK 模型可全面、精准地反映混合污染物在机体内不同靶器官的作用时间、作用方式及作用内剂量变化情况之间的关系，即"时-量"关

系。同时为明确作用内剂量与不同靶器官效应之间的关系，即"量-效"关系，建立基于生物剂量-反应（biologically based dose-response，BBDR）模型。PBTK/BBDR建模为全面回答和解释累积性剂量-反应过程提供更为科学的手段（Shuey et al，1994）。

PBTK/BBDR建模涉及的基础模型众多，不再详述，但对于混合化学物评价而言，最重要的是阐明对酶作用位点相同，一种为酶的代谢底物，另一种为酶的抑制或诱导物的二元混合化学物联合毒性代谢动力学关系。建模首先应建立混合物中单一化学物的PBTK模型，然后开发可描述联合作用的描述符，以表达基于酶的竞争抑制或诱导作用。化学物1的代谢动力学 RAM_1（化学物2也可如此描述）可采用优化后的米氏方程表述〔见公式(2-29)〕。

$$RAM_1 = \frac{v_{max1} \times C_1}{C_1 + K_{M1} \times \left(1 + \frac{C_2}{I_{2,1}}\right)} \tag{2-29}$$

式中，v_{max1} 和 K_{M1} 分别表示化学物1的最大速率及其米氏常数；C_1 和 C_2 分别表示化学物1和化学物2的浓度水平，而此二元化学物均与相同酶作用；$I_{2,1}$ 表示在化学物1代谢中发挥竞争性抑制作用的化学物2的竞争性抑制常数（质量/体积）。

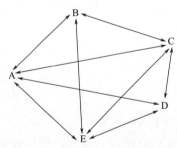

图 2-6 多元混合化学物联合效应
关系（Shuey et al，1994）

对于多元（超过三种以上）混合化学物之间联合作用相对更复杂，如对含5种化学物的混合体，它们之间可能存在的多元混合效应和关系可以用图2-6描述。

④ 基于机器学习的算法 建立用于预测混合物毒性的大多数传统模型需要混合物成分完整的定性和定量数据，如摩尔成分、剂量-反应曲线、用于确定成分间组合效应类型的方法。在假定混合物是通过完全相似或相异作用的化学品制备的理想情况下，该模型已被证明是对混合物有效的。然而，生物体暴露是在有更多复杂混合物的环境中的，包括相似和相异的作用方式。

Mwense等提出了一种称作综合模糊CA-IA模型的新方法，该方法结合了QSAR方法和模糊集理论，以对混合毒性进行评估。基于含有相似和相异作用方式的混合物成分暴露于真实环境中这一根本假设，该模型采用了模糊集理论来说明混合物中化学品的相似性和相异性程度。这种方法被用于确定混合物的毒性，无论混合物的成分是否具有相似的、相异的或两者皆有的作用方式。该研究表明，其可对具有相似和相异作用方式的化学品混合物的毒性进行预测。此外，对具有完全相似或相异毒性作用方式的混合物的毒性预测结果是精准的，且与 CA 或 IA 模型所预测的结果更准或相当。公式(2-30) 和公式(2-31) 为 INFCIM 的概念，可用于计算混合物的毒性。

$$EC_{x,mix} = \omega_A \times (CA) + \omega_B \times (IA) \tag{2-30}$$

$$EC_{x,mix} = \alpha_{sim} \times \left[\frac{1}{\sum_{i=1}^{n} \left(\dfrac{p_i}{EC_{x,i}} \right)} \right] + \alpha_{dis} \times \{ 1 - \Pi_{i=1}^{n} [1 - E(C_i)] \} \tag{2-31}$$

式中，$EC_{x,mix}$ 表示混合物效果浓度；系数 ω_A 和 ω_B 表示权重，其可通过用于计算 CA 和 IA 贡献的与相似度和相异度一致的二元分子距离的分子描述符和模糊隶属度函数模型估算；α_{sim} 表示内部相似；α_{dis} 表示内部相异。

模糊集是由其子集与子集的隶属度确定的。模糊集中子集的隶属度是由隶属函数确定的。INFCIM 方法仅需要两个附加参数 α_{sim} 和 α_{dis}，这两个参数仅由混合物毒性的一个数据集就可确定，也就是说，由给定成分的混合物的浓度反应曲线确定。子集的隶属度值范围为 0~1，即在模糊集算法内能够确定相似度和相异度之间的度。Mwense 等还对模糊隶属集进行了详细描述以及对 INFCIM 方法进行了概述。

（2）基于整体风险概率法

全风险概率（overall risk probability，ORP）模型通过暴露和效应两个累积概率函数综合来量化健康风险（Boehm，1991），其总体是基于概率评价手段来估计风险，区别于大多数依赖于点估计的评估方法，也可称为多点评估方法（multiple-point method）（Strebelle，2013）。非概率方法（点估计）的优点是易于理解，数据相对要求较少且容易获得，成本较低等，但计算出来的风险结果是单点效应的风险，精确性不够，不能完成评估现实环境中人类接触各种浓度污染物的可能性；而概率方法则相对复杂，数据量也相对多，获取成本也较高，但结果总体精度和描述结果的科学性优于非概率方法，且可更全面地描述现实情况中接触不同浓度多种污染物的风险。Cao 等（2011）首先整合了剂量-反应评估和暴露评估，将暴露曲线（ExpC）和效应曲线（EffC）在同一个风险概率图上表达，实现全风险概率估计的目的。初级 ORP 方法更多注重对单一物质所导致的全风险概率的评价。Yu 等（2011）在此基础上提出并引入联合毒性因子（a_{ij}）来表征 m 种化学物体系中化学物 i 对化学物 j 产生联合毒性效应的性质及强度，同时定义了该值范围为 $-1 \leqslant a_{ij} \leqslant 1$，在实际计算过程中，默认拮抗效应缺省值为-1，而协同效应缺省值为1。ORP 方法亮点在于：将剂量-效应-暴露关系用概率估计手段进行整合来获取总体风险，简便而直观；通过 a_{ij} 引入，实现多种污染物联合毒性效应的概率估计。

在全风险概率评估方法中，暴露值与效应值通过概率分布函数来表示，并展示在同一个坐标系中。而在传统的单点风险评估方法中，风险由危害系数（hazard quotient，HQ）来表示，它是 95% 累积概率的暴露剂量值除以 5% 累积概率的效应剂量值，使用实际计算出的 HQ 值与参考值进行比较，可评估该污染物的有害健康风险是否显著。但 HQ 风险评估方法只是单点风险评估方法，不能反映现实环境中不同剂量污染物产生不同程度的毒效应的真实情况。

ORP 模型主要涉及暴露曲线、效应曲线、暴露超过值曲线及其关系来共同决定联合风险。其中暴露曲线（exposure curve，ExpC）是指污染物在环境中暴露剂量的分布曲线。对于单一污染物来说，有该污染物以单一形式存在时的暴露曲线。对混合污染物来说，有混合污染物的暴露曲线。分布曲线通常使用分布拟合来获得，常用的分布函数如下。

① 正态分布：$P(dose, \alpha, \beta) = \dfrac{1}{\sqrt{2\pi}} \mathrm{e}^{-\frac{(dose-a)^2}{2\beta^2}}$

② 对数正态分布：$P(dose, \alpha, \beta) = \dfrac{1}{\sqrt{2\pi}} \mathrm{e}^{-\frac{[\ln(dose)-a]^2}{2\beta^2}}$

③ 伽玛分布：$P(dose, \alpha, \beta) = \dfrac{1}{\Gamma(\alpha)} \displaystyle\int_0^{\beta dose} t^{\alpha-1} \mathrm{e}^{-t}\,\mathrm{d}t$，其中 $\Gamma(\alpha) = \displaystyle\int_0^{\infty} t^{\alpha-1} \mathrm{e}^{-t}\,\mathrm{d}t$

④ Logistic 分布：$P(dose, \alpha, \beta) = \dfrac{1}{1+\mathrm{e}^{-(\alpha+\beta dose)}}$

⑤ 对数 Logistic 分布：$P(dose, \alpha, \beta) = \dfrac{1}{1+\mathrm{e}^{-[\alpha+\beta\ln(dose)]}}$

⑥ Probit 分布：$P(dose, \alpha, \beta) = \Phi(\alpha+\beta dose)$，其中 Φ 是标准正态分布函数

⑦ 对数 Probit 分布：$P(dose, \alpha, \beta) = \Phi[\alpha+\beta\ln(dose)]$，其中 Φ 是标准正态分布函数

⑧ Weibull 分布：$P(dose, \alpha, \beta) = 1 - \mathrm{e}^{-\beta dose^{\alpha}}$

⑨ 指数分布：$P(dose, \alpha) = \alpha \mathrm{e}^{-a dose}$

效应曲线（effect curve，EffC）是指污染物以不同剂量作用于生物体时的效应，即剂量-效应曲线。对于单一污染物来说，有该污染物以单一形式存在时的效应曲线，有该污染物以混合形式存在时的效应曲线，但前者可通过实验获得，而后者无法量化。对混合污染物来说，有混合污染物的效应曲线。效应曲线通常

使用函数拟合来获得，由于剂量-效应曲线通常为 S 形曲线，故使用 Logistic 曲线来拟合。

暴露超过值曲线（exposure exceed curve，EEC）首先要明确暴露超过值。

将污染物的暴露曲线和效应曲线合并在同一坐标系，如图 2-7 所示，在效应曲线（剂量-效应曲线）上，纵坐标 $x\%$ 表示某毒性效应的概率值，横坐标表示 $x\%$ 效应下在效应曲线对应的剂量水平值 $dose_x$。在同一个坐标系中，剂量水平值 $dose_x$ 对应于暴露曲线中暴露量的概率值 $y\%$。则 $1-y\%$ 为潜在存在风险的部分，这部分称为暴露超过值，实际上该部分是需要引起关注的对人体健康有害的范围。

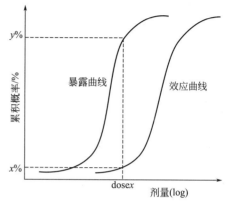

图 2-7　暴露曲线与效应曲线的汇总图

通过不同的剂量值（即图 2-7 中的横轴表示），将效应曲线上的效应概率（$x\%$）与暴露曲线上的风险部分（$1-y\%$）对应，投射到新坐标中形成图 2-8，在图 2-8 中，横坐标表示有害毒性效应的概率，而纵坐标表示暴露超过值。其中如果有害毒性效应为 $x\%$，则其暴露超过值为 $1-y\%$，这条曲线定义为暴露超过值曲线。这条曲线的含义是指在产生特定效应时，对应潜在风险大小。

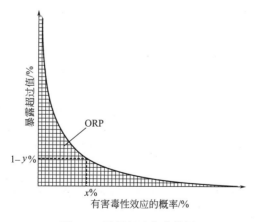

图 2-8　暴露超过值曲线图

全风险概率（ORP）是对暴露超过值进行累加，即暴露超过值曲线与坐标轴之间的面积，见图 2-8 阴影部分，这个阴影部分的面积便是全风险概率，ORP 取值范围为 0 到 1。全风险概率值越大，表示风险越大。

$$P_m = 1 - \prod_{i=1}^{n}(1 - P_i) \tag{2-32}$$

式中，P_m 表示混合污染物的 ORP；P_i 表示污染物 i 在混合形式下的 ORP 值；n 表示混合污染物体系中污染物的数量。

$$P_i = P_i^0 \prod_{j=1}^{n}(1 + a_{ij}P_j^0) \tag{2-33}$$

公式 (2-33) 中，给出了公式 (2-32) 中 P_i 的求取方法，其中 P_i^0 表示污染物 i 在单一形式存在下的 ORP 值；a_{ij} 表示联合毒性效应系数，表征 i 与 j 之间的联合作用及其性质（协同、拮抗等）。

参 考 文 献

顾刘金，朱丽秋，陈琼姜，杨校华，陈秀凤，吴立仁. 2006. 亚慢性毒性研究中基准剂量法的应用. 毒理学杂志，19（A03）：184-185.

何贤松，李亭亭，乙楠楠，吴惠，王霞，赵敏娴，王灿楠. 2013. 应用基准剂量法探讨氯蜱硫磷的参考剂量. 中国药理学与毒理学杂志，27（2）：289-293.

沃瑟曼. 2008. 统计学完全教程. 张波，刘中华，魏秋萍等译. 北京：科学出版社.

Acuna G，Möller F，Holzmeister P，Beater S，Lalkens B，Tinnefeld P. 2012. Fluorescence enhancement at docking sites of DNA-directed self-assembled nanoantennas. Science，338（6106）：506-510.

Altenburger R，Greco W R. 2009. Extrapolation concepts for dealing with multiple contamination in environmental risk assessment. Integrated Environmental Assessment and Management，5（1）：62-68.

Andersen M E，Dennison J E. 2004. Mechanistic approaches for mixture risk assessments—present capabilities with simple mixtures and future directions. Environmental Toxicology and Pharmacology，16（1）：1-11.

Barfield M，Spooner N，Lad R，Parry S，Fowles S. 2008. Application of dried blood spots combined with HPLC-MS/MS for the quantification of acetaminophen in toxicokinetic studies. Journal of Chromatography B，870（1）：32-37.

Boehm B W. 1991. Software risk management：principles and practices. Software IEEE，8（1）：32-41.

Boobis A，Budinsky R，Collie S，Crofton K，Embry M，Felter S，Hertzberg R，Kopp D，Mihlan G，Mumtaz M. 2011. Critical analysis of literature on low-dose synergy for use in screening chemical mixtures for risk assessment. Critical Reviews in Toxicology，41（5）：369-383.

Bortz A B，Kalos M H，Lebowitz J L. 1975. A new algorithm for Monte Carlo simulation of Ising spin systems. Journal of Computational Physics，17（1）：10-18.

Bound J，Jaeger D A，Baker R M. 1995. Problems with instrumental variables estimation when the correlation between the instruments and the endogenous explanatory variable is weak. Journal of the American Statistical Association，90（430）：443-450.

Calabrese E J，Baldwin L A. 2003. The hormetic dose-response model is more common than the threshold model in toxicology. Toxicological Sciences，71（2）：246-250.

Cao G, Sofic E, Prior R L. 1997. Antioxidant and prooxidant behavior of flavonoids: structure-activity relationships. Free Radical Biology and Medicine, 22 (5): 749-760.

Cao Q, Yu Q J, Connell D W. 2011. Health risk characterisation for environmental pollutants with a new concept of overall risk probability. J Hazard Mater, 187: 480-487.

Carlsen L. 2009. The interplay between QSAR/QSPR studiesand partial order ranking and formal concept analyses. International Journal of Molecular Sciences, 10 (4): 1628-1657.

Carreras B, Van Milligen B, Hidalgo C, Balbin R, Sanchez E, Garcia-Cortes I, Pedrosa M, Bleuel J, Endler M. 1999. Self-similarity properties of the probability distribution function of turbulence-induced particle fluxes at the plasma edge. Physical Review Letters, 83 (18): 36-53.

Cassee F R, Groten J P, Bladeren PJ v, Feron V J. 1998. Toxicological evaluation and risk assessment of chemical mixtures. CRC Critical Reviews in Toxicology, 28 (1): 73-101.

Chen K, Blong R, Jacobson C. 2001. MCE-RISK: integrating multicriteria evaluation and GIS for risk decision-making in natural hazards. Environmental Modelling & Software, 16 (4): 387-397.

Chou C, Holler J, De Rosa C T. 1998. Minimal risk levels (MRLs) for hazardous substances. J Clean Technol Environ Toxicol Occup Med, 7 (1): 1-24.

Christenson E, Bain R, Wright J, Aondoakaa S, Hossain R, Bartram J. 2014. Examining the influence of urban definition when assessing relative safety of drinking-water in Nigeria. Science of The Total Environment, 490: 301-312.

Cunha L M, Oliveira F A, Oliveira J C. 1998. Optimal experimental design for estimating the kinetic parameters of processes described by the Weibull probability distribution function. Journal of Food Engineering, 37 (2): 175-191.

Escher B I, Hermens J L. 2002. Modes of action in ecotoxicology: their role in body burdens, species sensitivity, QSARs, and mixture effects. Environmental Science & Technology, 36 (20): 4201-4217.

Fishburn P C. 1980. Continua of stochastic dominance relations for unbounded probability distributions. Journal of Mathematical Economics, 7 (3): 271-285.

Freudenburg W R. 1988. Perceived risk, real risk: Social science and the art of probabilistic risk assessment. Science, 242 (4875): 44-49.

Gent M, Beaumont D, Blanchard J, Bousser M, Coffman J, Easton J, Hampton J, Harker L, Janzon L, Kusmierek J. 1996. A randomised, blinded, trial of clopidogrel versus aspirin in patients at risk of ischaemic events (CAPRIE). CAPRIE Steering Committee Lancet, 348 (9038): 1329-1339.

Gordon E, Malley L A. 2014. Toxicology Studies Conducted for Pesticides and Commodity Chemicals. The Role of the Study Director in Nonclinical Studies: Pharmaceuticals, Chemicals, Medical Devices, and Pesticides: 465.

Grzywacz J G, Almeida D M, Neupert S D, Ettner S L. 2004. Socioeconomic status and health: A micro-level analysis o exposure and vulnerability to daily stressors. Journal of Health and Social Behavior, 45 (1): 1-16.

Haddad S, Tardif R, Viau C, Krishnan K. 1999. A modeling approach to account for toxicokinetic interactions in the calculation of biological hazard index for chemical mixtures. Toxicology letters, 108 (2): 303-308.

Hill M J, Braaten R, Veitch S M, Lees B G, Sharma S. 2005. Multi-criteria decision analysis in spatial decision support: the ASSESS analytic hierarchy process and the role of quantitative methods and spatially explicit analysis. Environmental Modelling & Software, 20 (7): 955-976.

Hollenstein K. 2005. Reconsidering the risk assessment concept: Standardizing the impact description as a building block for vulnerability assessment. Natural Hazards and Earth System Science, 5 (3): 301-307.

Hutton J, McGrath C, Frybourg J-M, Tremblay M, Bramley-Harker E, Henshall C. 2006. Framework for describing and classifying decision-making systems using technology assessment to determine the reimbursement of health technologies (fourth hurdle systems). International Journal of Technology Assessment in Health care, 22 (01): 10-18.

Katritzky A R, Gordeeva E V. 1993. Traditional topological indexes vs electronic, geometrical, and combined molecular descriptors in QSAR/QSPR research. Journal of Chemical Information and Computer Sciences, 33 (6): 835-857.

Kim J, Kim S, Schaumann G E. 2010. Comparative Study of Risk Assessment Approaches Based on Different Methods for Deriving DNEL and PNEC of Chemical Mixtures. EKC 2009 Proceedings of the EU-Korea Conference on Science and Technology, Springer: 191-202.

Krewski D, Zhu Y. 1994. Applications of Multinomial Dose—Response Models in Developmental Toxicity Risk Assessment. Risk Analysis, 14 (4): 613-627.

Kroes R, Kleiner J, Renwick A. 2005. The threshold of toxicological concern concept in risk assessment. Toxicological Sciences, 86 (2): 226-230.

Lammerding A M, Fazil A. 2000. Hazard identification and exposure assessment for microbial food safety risk assessment. International Journal of Food Microbiology, 58 (3): 147-157.

Lee E T, Desu M M. 1972. A computer program for comparing K samples with right-censored data. Computer Programs in Biomedicine, 2 (4): 315-321.

Leisenring W, Ryan L. 1992. Statistical properties of the NOAEL. Regulatory Toxicology and Pharmacology, 15: 161-171.

Limpert E, Stahel W A, Abbt M, 2001. Log-normal Distributions across the Sciences: Keys and Clues On the charms of statistics, and how mechanical models resembling gambling machines offer a link to a handy way to characterize log-normal distributions, which can provide deeper insight into variability and probability—normal or log-normal: That is the question. BioScience, 51 (5): 341-352.

Lin Z, Zhong P, Yin K, Wang L, Yu H. 2003. Quantification of joint effect for hydrogen bond and development of QSARs for predicting mixture toxicity. Chemosphere, 52 (7): 1199-1208.

Marx M L, Larsen R J. 2006. Introduction to mathematical statistics and its applications. Pearson/Prentice Hall.

McDonald P, Miralda-Escude J, Rauch M, Sargent W L, Barlow T A, Cen R, Ostriker J P. 2000. The observed probability distribution function, power spectrum, and correlation function of the transmitted flux in the Lyα forest. The Astrophysical Journal, 543 (1): 1.

Morrison S, Crane F G. 2007. Building the service brand by creating and managing an emotional brand experience. Journal of Brand Management, 14 (5): 410-421.

Nauta M J. 2000. Separation of uncertainty and variability in quantitative microbial risk assessment models.

International Journal of Food Microbiology, 57 (1): 9-18.

Organization W H. 1994. Assessing human health risks of chemicals: derivation of guidance values for health-based exposure limits/published under the joint sponsorship of the United Nations Environment Programme, the International Labour Organisation, and the World Health Organization.

Ruefli T W, Collins J M, Lacugna J R. 1999. Risk measures in strategic management research: auld lang syne?. Strategic Management Journal, 20 (2): 167-194.

Ryan L. 1992. Quantitative risk assessment for developmental toxicity. Biometrics: 163-174.

Scholz F. 1985. Maximum likelihood estimation. Encyclopedia of Statistical Sciences.

Schwartz P F, Gennings C, Chinchilli V M. 1995. Threshold models for combination data from reproductive and developmental experiments. Journal of the American Statistical Association, 90 (431): 862-870.

Shuey D L, Lau C, Logsdon T R, Zucker R M, Elstein K H, Narotsky M G, Setzer R W, Kavlock R J, Rogers J M. 1994. Biologically based dose-response modeling in developmental toxicology: biochemical and cellular sequelae of 5-fluorouracil exposure in the developing rat. Toxicology and applied pharmacology, 126 (1): 129-144.

Skaug H J, Tjøstheim D. 1993. A nonparametric test of serial independence based on the empirical distribution function. Biometrika, 80 (3): 591-602.

Slovic P E. 2000. The perception of risk. Earthscan Publications.

So S-S. 2000. Quantitative structure-activity relationships. Evolutionary Algorithms in Molecular Design: 71-97.

Strebelle S. 2013. Method and system for using multiple-point statistics simulation to model reservoir property trends. Google Patents.

Wilheit T T, Chang A T, Chiu L S. 1991. Retrieval of monthly rainfall indices from microwave radiometric measurements using probability distribution functions. Journal of Atmospheric and Oceanic Technology, 8 (1): 118-136.

Winkler R L. 1996. Uncertainty in probabilistic risk assessment. Reliability Engineering & System Safety, 54 (2): 127-132.

Yu Q J, Cao Q, Connell D W. 2011. An overall risk probability-based method for quantification of synergistic and antagonistic effects in health risk assessment for mixtures: theoretical concepts. Environs, Sci Pollut Res, 19: 2627-2633.

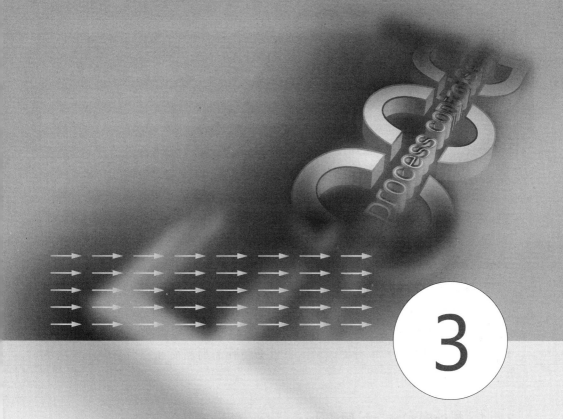

3

食品加工技术安全性评价

本章内容主要介绍热加工、辐照和微波以及转基因技术处理食品后，对食品品质、营养成分的影响及对其安全性的评价。

3.1　热处理加工食品安全性评价

热加工是延长食品保藏期最重要的方法，也是食品加工中应用最多的一种方法。工业上的热加工包括烹调、烫漂、巴氏消毒和杀菌等。烹调则又包括烧、烤、煎、炸、蒸、煮、炖等。热加工可延长食品的保存，有利于制品的感官性状（改善色、香、味等），以及增加消化、吸收等。

高温处理的主要作用是杀灭致病菌和其他有害微生物，钝化酶类，破坏食品中不需要或有害的成分或因子，改善食品的品质与特性，以及提高食品中营养成分的可利用率、可消化性等（Kuang et al，2013）。当然，热处理也存在一定的负面影响，如对热敏性成分影响较大，也会使食品的品质和特性产生不良的变化，加工过程消耗的能量较大等。

3.1.1　热处理对食品品质的影响

热处理主要对食品中蛋白质、糖类、脂肪等有影响，以下就热处理对食品中六大营养素的影响进行阐述（刘志皋，2011）。

3.1.1.1　热处理对膳食纤维的影响

膳食纤维在热加工时可有多种变化。加热可使膳食纤维中多糖的弱键受到破坏。加热可降低纤维分子之间的缔合作用和/或解聚作用，因而导致增溶作用。若广泛解聚可形成醇溶部分，导致膳食纤维含量降低。中等的解聚和/或降低纤维分子之间的缔合作用对膳食纤维含量影响很小，但可改变纤维的功能特性（如黏度和水合作用）和生理作用。

加热同样可使膳食纤维中组成成分多糖的交联键等发生变化。由于纤维的溶解度高度依赖于交联键存在的类型和数量，因而加热期间细胞壁基质及其结构可发生改变，这不仅对产品的营养性，而且对可口性都有重大影响（孙玊平，李慧娟，1998）。

膳食纤维在烫漂时的损失依不同情况而异。胡萝卜、青豌豆、菜豆和抱子甘蓝没有膳食纤维进入加工用水，但芜菁甘蓝则有大量膳食纤维（主要是不溶的膳食纤维）因煮沸和装罐时进入加工用水而流失。

3.1.1.2 热处理对糖类的影响

通常，将淀粉加水、加热，使之产生半透明、胶状物质的作用称为糊化作用。糊化的淀粉称为 α-淀粉，未糊化的淀粉称为 β-淀粉。淀粉糊化后可使其消化性增加。这是因为多糖分子吸水膨胀和氢键断裂，从而使淀粉酶能更好地对淀粉发挥酶促消化作用的结果。未糊化的淀粉则较难消化。此外，科学家发现当 α-淀粉在高温、快速、干燥，并使其水分低于 10%时，可使 α-淀粉长期保存，成为方便食品或即食食品。此时，若将其加水，可无需再加热，即可得到完全糊化的淀粉（周涛等，2002）。

食品加工期间沸水烫漂后的沥滤操作，可使果蔬装罐时的低分子碳水化合物，甚至膳食纤维受到一定损失。例如，在烫漂胡萝卜和芜菁甘蓝时，其低分子碳水化合物如单糖和双糖的损失分别为 25%和 30%。青豌豆的损失较小，约为 12%，它们主要进入加工用水而流失。此外，胡萝卜中低分子量碳水化合物的损失，可依品种不同而有所不同，且在收获与贮藏时也不同。贮存后期胡萝卜的低分子量碳水化合物损失增加，这可能是因其具有更高的水分含量而易于扩散的结果。

焦糖化作用是糖类在不含氨基化合物时加热到其熔点以上（高于 135℃）的结果。它在酸、碱条件下都能进行，经一系列变化，生成焦糖等褐色物质，并失去营养价值。但是，焦糖化作用在食品加工中控制适当，可使食品具有诱人的色泽与风味，有利于摄食。

羰氨反应又称糖氨反应或美拉德反应。这是在食品中有氨基化合物如蛋白质、氨基酸等存在时，还原糖伴随热加工，或长期贮存与之发生的反应。它经一系列变化生成褐色聚合物。此反应有温度依赖性并在中等水分活度时广泛发生。由于此褐变与酶无关，故称为非酶褐变。所生成的褐色聚合物在消化道中不能水解，无营养价值。尤其是该反应还可降低赖氨酸等的生物有效性，因而可降低蛋白质的营养价值，但它对碳水化合物的影响不大。羰氨反应如果控制适当，在食品加工中可以使某些产品如焙烤食品等获得良好的色、香、味。戊糖比己糖更易进行羰氨反应。非还原糖蔗糖只有在加热或酸性介质中水解，变成葡萄糖和果糖后才发生此反应。当用含葡萄糖和果糖的高果糖玉米糖浆代替蔗糖进行食品加工时，可迅速而广泛地发生羰氨反应（于彭伟，2010）。这在根据不同食品加工、选定加工操作和贮存条件时应予以注意。

3.1.1.3 热处理对脂类的影响

脂类在高温时的氧化作用与常温时不同。高温时不仅氧化反应速率加快，而且可以发生完全不同的反应。常温时脂肪氧化可因碳键断裂，产生许多短链的挥发性和不挥发性物质；高温氧化（＞200℃）时，产生相当大量的反式和共轭双键体系，以及环状化合物、二聚体和多聚体等。在此期间所形成的不同产物的相对比例和它们的性质取决于温度与供气程度（于彭伟，2010）。

脂类在高温时所形成的聚合物与常温氧化时所形成的聚合物也不相同。常温时多以氧桥相连；而高温氧化时，这些聚合物彼此以 C—C 键相连。这种聚合既可以通过单个的三酰甘油酯中不饱和脂肪酸的相互作用形成，也可以在至少含有一个共轭双键体系的三酰甘油酯分子之间产生。脂类高温氧化的热聚合作用可分成两个不同阶段。它在玉米油中的表现最为典型。第一阶段是吸收氧，同时将非共轭酸转变为共轭脂肪酸。油脂的羰基值明显增加，而折射指数和黏度变化很少。第二阶段则共轭酸"消失"，羰基值下降，折射指数和黏度增加，表明聚合物形成。随着加热时间的延长，聚合物含量增加。至于油脂起泡可能与高度充氧的极性聚合物有关。

3.1.1.4 热处理对蛋白质的影响

热加工是食品保藏最普通和有效的方法。由于加热可使蛋白质变性，因而可杀灭微生物和钝化而引起食品败坏的酶，相对地保存了食品中的营养素。加热使蛋白质变性提高消化率，这是由于蛋白质变性后，其原来被包裹有序的结构显露出来，便于蛋白酶作用的结果。生鸡蛋、胶原蛋白以及某些来自豆类和油料种子的植物蛋白等，若不先经加热使蛋白质变性则难于消化。例如生鸡蛋白的消化率仅 50%，而熟鸡蛋的消化率几乎是 100%。实际上，体内蛋白质的消化，首先就是在胃的酸性 pH 下使之变性。蔬菜和谷类的热加工，除了软化纤维多糖、改善口感外，也提高了蛋白质的消化率。同时，加热可以破坏食品中某些毒性物质、酶抑制剂和抗生素等而使其营养价值大为提高。比如大豆的胰蛋白酶抑制剂和植物血细胞凝集素等都是蛋白质性质的物质，它们都对热不稳定，易因加热变性、钝化而失去作用。许多谷类食物如小麦、黑麦、荞麦、燕麦、大米和玉米等也都含有一定的胰蛋白酶抑制剂和天然毒物，并可因加热而破坏。此外，热加工还可破坏大米、小麦和燕麦中的抗代谢物。将花生仁加热可使其脱脂粉的蛋白质功效比值增加，并降低被污染的黄曲霉毒素含量。但是，热处理温度过高或时间过长均可降低蛋白质功效比值（PER）和可利用赖氨酸含量。同样，向日葵子蛋白质的营养价值，当用中等热处理（100℃ 1h）时可有增加，而高温处理则有下降（姜梅等，2013）。

适当的热加工可提高蛋白质的营养价值，但是过热可引起不耐热的氨基酸如胱氨酸含量下降和最活泼的赖氨酸可利用性降低等，从而降低蛋白质的营养价值。

加热对蛋白质和氨基酸的营养价值有一定的损害，氨基酸的破坏即为其中之一。这可通过蛋白质加热前后由酸水解（6mol HCl，12h）回收的氨基酸来确定。有人将鳕鱼在空气中于炉灶上130℃加热18h，发现赖氨酸和含硫氨基酸有明显损失。牛乳在巴氏消毒（110℃ 2min 或 150℃ 2.4s）时不影响氨基酸的利用率，但是传统的杀菌方法可使其生物价下降约6%，与此同时，赖氨酸和胱氨酸的含量分别下降10%和13%。传统加热杀菌的方法生产淡炼乳时对乳蛋白质的影响更大，其可利用赖氨酸的损失可达15%～25%。奶粉在喷雾干燥时几乎没有什么不良影响，但用滚筒干燥时则依滚筒和操作条件而有不同。肉类罐头在加热杀菌时由于热传递比乳更困难，其损害也较乳重。据报告，肉罐头杀菌后胱氨酸损失44%，猪肉在110℃加热24h亦可有同样损失，其他氨基酸破坏较少。加热对焙烤制品的蛋白质、氨基酸也有不良影响，特别是面包皮的损失尤为严重。胱氨酸不耐热，在温度稍高于100℃时就开始破坏，因而可作为低加热温度商品的指示物。在温度较高（115～145℃）时，胱氨酸可形成硫化氢和其他挥发性含硫化合物如甲硫醇、二甲基硫化物和二甲基二硫化物等，这已在将牛乳和肉加热时得到证明。至于蛋氨酸因不易形成这些挥发性含硫化合物，在150℃以下通常比较稳定，150℃以上则不稳定。以不同温度（100～300℃）和时间（0～80min）加热纯蛋白质制剂，从其氨基酸含量表明：色氨酸、蛋氨酸、胱氨酸、碱性氨基酸和 β-羟基氨基酸比酪蛋白和溶菌酶制剂中的酸性和中性氨基酸更易破坏，在150～180℃时发生大量分解。

尽管由于加热破坏，食品的粗蛋白含量有降低，但是在一般情况下并不认为有多大实际意义。不过，如果受影响的氨基酸是该蛋白质的限制氨基酸，而且此种蛋白质又是唯一的膳食蛋白质时应予以注意。

3.1.1.5　热处理对矿物质的影响

食品在烫漂或蒸煮时，若与水接触，则食品中的矿物质损失可能很大，这主要是因为烫漂后沥滤的结果。至于矿物质损失程度的差别则与它们溶解度有关。此外，烹调过程对不同食品的不同矿物质含量影响不同。尤其是在烹调过程中，矿物质很容易从汤汁内流失。比如铜在马铃薯皮中的含量较高，煮熟后含量下降，而油炸后含量却明显增加。豆子煮熟后矿物质的损失非常显著，其钙的损失与其他常量元素相同而与菠菜中钙损失的程度相反，至于豆子中其他微量元素的损失也与常量元素相同（李丹，李中华，2013）。

3.1.1.6　热处理对维生素的影响

不管具体的加热方法如何,热加工期间均可有维生素的损失。这取决于:食品和维生素的不同;热加工的温度和时间关系;传热速度;食品的 pH;加热期间的氧量;有无金属离子催化剂等。

食品种类不同,其所含维生素在食品加工中的损失可不相同。菠菜的表面积较大,其维生素的损失亦较多。不同维生素在食品热加工中的损失亦不相同,损失范围可从 $0\sim90\%$。其中维生素 C 和维生素 B_1 对热不稳定,维生素 B_2、烟酸、生物素、维生素 K 等通常较稳定,但也可能有一定损失(张建红等,2004)。

目前,人们多采用高温短时间加热、搅动高压蒸汽灭菌和降低容器的含氧量等,尽量把营养素的损失减到最小。虽然这些因素可以不同程度地减少热破坏作用,但是加热仍然是导致食品维生素损失的重要因素。

牛乳和果汁通常用高温短时间(HTST)巴氏消毒。近来对乳尚采用超高温杀菌(UHT)。这些方法可大大降低维生素的损失。脂溶性维生素(维生素 A、维生素 D、维生素 E、维生素 K)在 HTST 巴氏消毒或 UHT 杀菌期间较稳定,很少或没有损失。但是在空气中延长对乳的高温加热时间则有一定的维生素损失。

水溶性维生素在乳的巴氏消毒时,HTST 操作仅维生素 B_1、维生素 B_{12}、叶酸和维生素 C(李丹,李中华,2013)有一定损失($0\sim10\%$),但是 UHT 杀菌时维生素 B_2、维生素 B_6 和维生素 B_{12} 的破坏增加。

通常,热处理温度越高,加热时间越长,某些维生素如维生素 B_1、维生素 B_{12} 和维生素 C 的损失也越大。其他维生素 B_2、维生素 B_6、烟酸、生物素、维生素 A 和维生素 D 等在一般加工条件下影响较小。瓶装乳杀菌和浓缩时维生素的损失大得多,主要是因为热加工时间长。乳在喷雾干燥时维生素的损失比滚筒干燥小,也是由于热加工的温度和时间关系影响所致。

3.1.2　热处理食品的安全性

食品加工对食品质量和安全性尤为重要。热处理加工技术对食品产生香味和预防微生物滋长尤为重要。然而,热反应过程中同样会产生低剂量的毒性物质,比如丙烯酰胺、呋喃、3-氯-1,2-丙二醇和甘油酯等,微量都会影响食品营养成分,造成不安全性。当前的动物实验已经显示出热处理后这些产物的毒性,但是完全去除这些物质是不可能的。目前也没有相关的指导文件来降低暴露量。

3.1.2.1 丙烯酰胺的安全性

热加工影响食品中一些物质的反应，比如酶失活、降低微生物活性，以及过敏性成分的特异性以及抗氧化性。然而，众所周知，高温加热产生的丙烯酰胺有着潜在的毒性作用，从大量的热处理食品（烤、油炸）中也发现了呋喃物质。目前，已经有课题组进行了这两种物质的暴露量、代谢，以及毒性研究（Capuano and Fogliano，2011）。

丙烯酰胺自从 2002 年被瑞典国际食品委员会发现后，已经被列为食源性毒性物质，它通常存在于薯条、薯片、咖啡和面包中。在发现丙烯酰胺存在于食品中不久，已经有报道其在食品中存在的途径：天冬氨酸作为前驱体的美拉德反应，天冬氨酸经过脱氨基和脱羧基反应发生分解，产生大量的丙烯酰胺，特别是在含有还原糖极高的食品中；此外，还会经过其他反应产生丙烯酰胺，例如小麦面筋中产生的丙烯醛和丙烯酸。

（1）丙烯酰胺的代谢途径

丙烯酰胺存在于许多主食中，尤其存在于提供热量的食物和大量的营养素中。其存在的广泛性想完全从食品中消除极为困难。丙烯酰胺进入体内的代谢研究已经在人体、大鼠和小鼠中进行了实验。图 3-1 是丙烯酰胺在体内主要的代谢途径。

丙烯酰胺被动物和人体消化吸收后分布于全身。在很多器官中可以找到，例如胸腺、肝脏、心脏、大脑和肾脏中（Zhang et al，2011），以及胎盘和人乳中，因此其很容易在腹中胎儿和新生儿中发现。丙烯酰胺要么被细胞色素 P4502E1 氧化成环氧丙酰胺，或与谷胱甘肽结合。环氧丙酰胺的形成程度依赖于丙烯酰胺的暴露量，这种途径已经在体内和体外进行了相应的实验。丙烯酰胺和环氧丙酰胺可以结合体内血红蛋白、白蛋白以及氨基酸和酶。环氧丙酰胺比其他蛋白质结合 DNA 更为活跃。其表现在啮齿类动物中体现得尤为关键，据估计，食用等摩尔量的丙烯酰胺，啮齿类动物中环氧丙酰胺的暴露量是人体中的 2～4 倍。环氧丙酰胺可进一步被水解为甘油酰胺（Song et al，2013）。谷胱甘肽连接的丙烯酰胺和环氧丙酰胺进一步转化成巯基连接的半胱氨酸。毒性动力学研究表明，吸收到人体中 60％的丙烯酰胺大多数随尿液排出，剩下的 4.4％留在体内，仅仅只有少量的未发生改变的环氧丙酰胺在人体尿液中发现。磺化后的丙烯酰胺对人体有特殊作用，其会诱导肾脏毒性和膀胱毒性。

血液中丙烯酰胺和环氧丙酰胺的血红蛋白加合物以及巯基酸可以作为尿液中

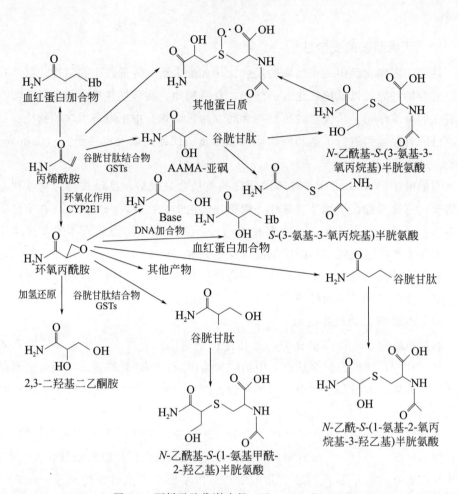

图 3-1 丙烯酰胺代谢途径（Zhang et al，2011）

丙烯酰胺的生物标志物，丙烯酰胺和环氧丙酰胺的血红蛋白加合物表明丙烯酰胺在人体中存在时间已经超过了 4 个月之久，巯基酸作为生物标志物表明丙烯酰胺的暴露时间不长。尿液中巯基化的丙酰胺的尿液浓度可以作为丙烯酰胺的暴露严重程度。DNA 加合物，可以当做丙烯酰胺在体内活性成分的生物标志物，迄今为止在尿液中未被检出。Limpert 提出的三种动力学毒性代谢模型说明丙烯酰胺在人体中的吸收和代谢（Watzek et al，2012）。基于生理活性的毒代动力学模型被研究出，迄今为止，在小鼠和大鼠中的丙烯酰胺、环氧丙酰胺和谷胱甘肽偶联物质广泛用于该模型中。肝脏中的环氧丙酰胺加合物包括该模型的药效性，以及人体中的减少量。每 10^8 核苷酸中环氧丙酰胺 DNA 加合物大概处于 0.06～0.26 之间（von Stedingk et al，2011）。正如前面已经提到过的，涉及生物转化的酶是 P450 2E1 酶，它催化丙烯酰胺环氧化成环氧丙酰胺，而 EPHX1 酶对丙烯酰胺的环氧化作用并不大，相反，水溶性酶 GSTM1、GSTT1 和 GSTP1 促进丙烯酰胺和环氧丙酰胺偶联谷胱甘肽。然而，近期也有被提出连接谷胱甘肽这一反应不需要酶。CYP 2E1 酶在丙烯酰胺环氧化和偶联谷胱甘肽的作用已经在小鼠实验中得到证明，这种生物作用的氧化行为被当做丙烯酰胺发挥毒性作用最为关键的一步，而环氧丙酰胺的水解以及丙烯酰胺和环氧丙酰胺加成为谷胱甘肽被认为是解毒效应。参与致癌物的毒性和解毒作用的物质例如丙烯酰胺，该物质的作用通过等位基因的多肽表达出来，用到的酶的基因编码可以作为个体受到癌细胞攻击的标志物，不同酶的活性可以改变异性生物质转化活性代谢、解毒和失活的速率。在最新的文章中，作者研究了环氧丙酰胺-血红蛋白和丙烯酰胺-血红蛋白与代谢酶活性的关系，在基因变异和加合物形成速率之间存在明显的关系，尤其是结合了 GSTM1 和 GSTT1 无效变异基因，被认为形成加合物的概率最高（von Stedingk et al，2011）。这种研究发现，基因型对决定丙烯酰胺是否让机体发生癌变至关重要。然而，这些结论仅仅基于个别个体，进一步具体的数据需要更多研究，比如参与丙烯酰胺代谢的酶，以及非基因变异导致癌变的实验需要多元化群体来进行分析研究。

（2）丙烯酰胺的神经毒性

受到丙烯酰胺神经毒性影响的主要因素是源于呼吸和皮肤接触，主要体现在运动肌和骨骼肌失衡。通过大鼠和小鼠实验，NOAEL 剂量在 $0.2 \sim 10 mg/(kg \cdot d)$，其远远超过了膳食暴露量。但研究发现，丙烯酰胺的神经毒性是累积效应，并且膳食暴露或许不能忽略不计（Monien et al，2009）。

（3）丙烯酰胺的致癌性

丙烯酰胺被国际癌症研究中心（IARC）认为是人体致癌物以后，在经过小鼠实验后已经被确定为人体致癌物质（Zhang et al，1993），能引起肺等其他器官的癌变。F344 和 B6C3F1 大鼠被用来实验，表明肿瘤位点与早期动物实验研究结果相同，丙烯酰胺的致癌性源于哺乳动物体内向环氧丙酰胺的转化，体内和体外实验已经证明丙烯酰胺具有诱变毒性和遗传毒性，丙烯酰胺诱导 DNA 加合物和诱变发生这一结论仍然没有足够直接的证据说明，丙烯酰胺诱导肿瘤形成过程中环氧丙酰胺的作用由 CYP2E 小鼠实验证明。到目前为止，丙烯酰胺诱导肿瘤形成的运动模式实验在大鼠睾丸和乳腺细胞中得到了证明，但在小鼠和大鼠的甲状腺癌变过程没有足够的证据，同时，丙烯酰胺遗传毒性也已有所研究。与谷胱甘肽的连接会导致细胞氧化应激，因而影响基因表达，有证据研究表明，丙烯酰胺和环氧丙酰胺阻止细胞的有丝和减数分裂，这也可以认为是形成 DNA 加合物的又一个原因。最后，大鼠的激素效应也被认为是导致体内发生癌变的原因之一。然而，对于丙烯酰胺遗传毒性的机制并没有充分的结论，有研究表明丙烯酰胺发生癌变具有多重结合位点，同时，也有研究表明，早期暴露于新生儿体内的丙烯酰胺会导致器官发生癌变，因为其很早就会发生环氧化，所以，当新生儿暴露于丙烯酰胺时遭遇癌变的风险会更大。

（4）风险评估

作为遗传毒性致癌物，丙烯酰胺没有暴露阈值，例如单分子的暴露量就可以刺激机体发生癌变的生物化学变化。在食品安全领域，这些化合物主要由尽可能低的获得量（ALARA）定量，然而，研究人员已经提出丙烯酰胺发生癌变引起的风险评估，这些数据往往来自于啮齿类动物实验中数据累积后的外推法，根据不同的数学模型，致癌效应也有所不同。美国环境保护委员会预测了雌鼠肿瘤中每天每千克体重每微克丙烯酰胺癌变因子为 4.5×10^{-3}。Dybing 和 Sanner 预测乳腺瘤中每天每千克体重每微克丙烯酰胺癌变因子为 1.3×10^{-3}，该位置是最为敏感的肿瘤位点（Zhang et al，2011）。后来，联合国粮农组织/世界卫生组织食品添加剂联合专家委员会评估了丙烯酰胺癌变因子为 3.3×10^{-4}，其基础为每天每千克体重长期暴露 $1\mu g/kg$ 的剂量。通常我们使用的是低剂量下外推法进行风险评估，众所周知，这种线性外推法不能充分表示其在体内发生癌变的生物过程，而这种线性外推法只是过高估计了其风险水平。动物实验中丙烯酰胺的使用剂量高于人体剂量，丙烯酰胺向环氧丙酰胺的转换以及 DNA 修复和凋亡的机制在低剂量下也不同。此外，丙烯酰胺的生物活性、代谢以及对癌变灵敏度的响应也不同。最后，动物实验外推法数据主要的丙烯酰胺来自水中，而不是食品中，因此其结论会有不同。

欧洲食品安全委员会（EFSA）和联合国粮农组织/世界卫生组织食品添加剂联合专家委员会（JECFA）提出了另一种综合方法来对遗传致癌物包括丙烯酰胺，用 MOE（有效性量度）值来表示。MOE 值表示衡量人群"暴露量"估计值与动物实验中获得的未观察到有害作用剂量（NOAEL）差异大小的指标。MOE＝NOAEL/人群暴露量，基准剂量下限用来作为剂量效应曲线的参考点，其通过剂量-反应曲线获得，与背景值相比，达到预先确定的有害效应发生率（通常为 1%～10%）所对应的剂量，一般用 95% 可信限区间的下限值。EFSA 和 JECFA 得出当 MOE 值为 10000 以上时，从公共健康的角度来讲是安全的，并不用优先考虑风险评估。对于个体 MOE 值＝300 或 75 的获得是基于每人每天单位个体体重下丙烯酰胺的暴露 $1\mu g/kg$ 和 $4\mu g/kg$，而 BMD_L（基准剂量下限）值的获得是基于大鼠肿瘤细胞中 $300\mu g/kg$ 的暴露量。丙烯酰胺 MOE 值的预测低于传统的啮齿类动物致癌物，它在食品中是普遍存在的，而且远低于 JECFA 规定的多环芳烃 MOE 值（Osimitz et al，2013），因此，针对西方人群丙烯酰胺的摄入量被认为可能有一定的风险性。

3.1.2.2 5-羟甲基糠醛的安全性

5-羟甲基糠醛是美拉德反应中形成的呋喃化合物的一种，即在食品热处理过程中，酸性条件下糖类物质的直接分解形成。3-脱氧木糖被认为是呋喃形成过程中最为关键的一步，它源于葡萄糖和果糖的脱水反应，接着由 3-脱氧木糖进一步水解和环化作用合成 5-羟甲基糠醛。干燥和热解下，也有另一种形成呋喃的过程，即具有高度活性的呋喃果糖苷离子有效而直接地转化成呋喃化合物。除了温度，食品中呋喃化合物的形成也依赖于糖的形态、pH 值、水活性，以及介质中二价阳离子浓度（Morales，2008）。

（1）代谢

利用不同剂量的 5-羟甲基糠醛（HMF）（0.08～500mg/kg 体重）对小鼠和大鼠进行灌胃实验发现，其在胃肠道中能快速被吸收。研究者（Ulbricht et al，1984）报道 HMF 在 Caco2 细胞系的吸收和运输高于细胞暴露于高浓度下的 HMF，此外，还建议像含有纤维素组分的食物，可能会影响 HMF 在体内的摄入量。因此，有人提出假设，没有被体内消化吸收的 HMF 可以被肠道菌群转化成糠醛。利用 [^{14}C]-HMF 的一些实验表明尽管在肾、膀胱和肝脏中 HMF 共价结合，但是膳食摄入 HMF 可以通过尿液快速代谢和排出。图 3-2 表明了已经有文献报道的哺乳动物中 HMF 生物转化的通路，HMF 的代谢与其他呋喃糠醛在体内转化的通路有相似的地方，主要由 HMF 早期氧化成 5-羟基呋喃酸（HMFA），连接上甘氨酸以后生成 N-(5-羟基-2-呋喃)甘氨酸（HMFG），这种主要代谢物从尿液排出。

HMFA/HMFG 的比例在小鼠和大鼠中会随着 HMF 摄入量的增加而下降，这表明甘氨酸的活性会影响偶联效率。呋喃甲酸（FA）和 FDCA 的代谢是经过另一条途径。小鼠和大鼠体内已经发现有 HMFA、HMFG 和 FDCA，已经在人体尿液中检测出了 HMFA、HMFG 和 FDCA，并且已证明这些物质来自于食物。FDCA、HMFA、HMFG、(5-羧基-2-呋喃)甲胺以及 (5-羧基-2-呋喃)甲氧胺近期被发现它们来源于榨李子汁的渣子中，且在含有 α-葡萄糖醛酸酶和硫酸酯酶的尿样孵化后发现，并不能明显改变尿液中 HMF 衍生物的数量，因此，葡糖苷酸和硫酸盐偶联 HMF 的物质并不存在。此外，与呋喃甲醛和 5-甲基糠醛的代谢相似，HMF 被转化成羟基呋喃乙酰 A（HMFAG-CoA），并由 HMFAG

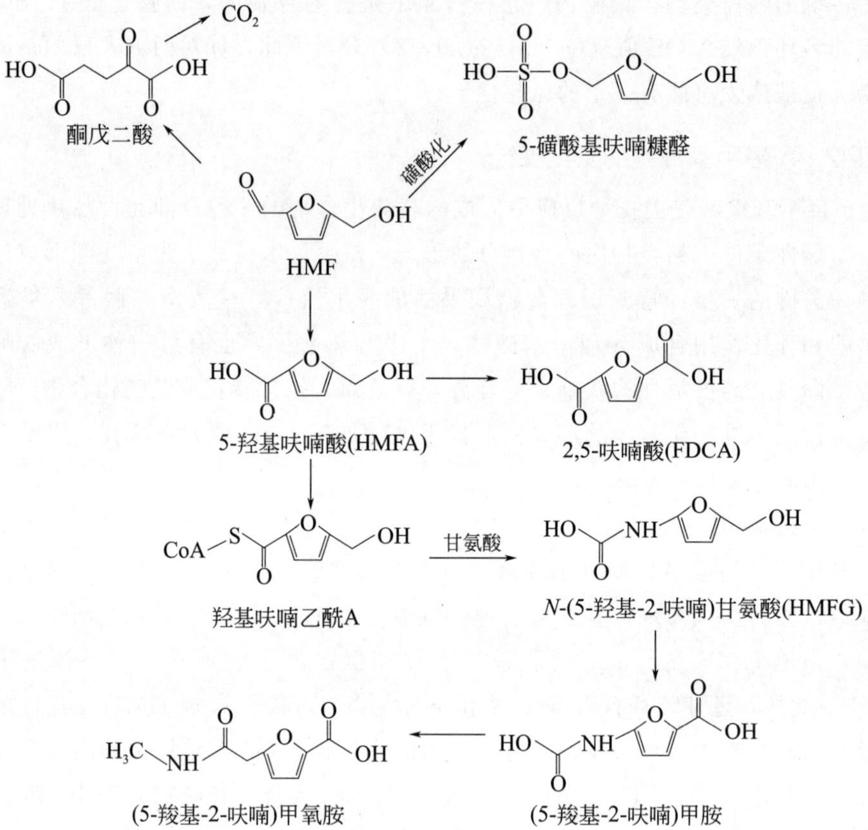

图 3-2　5-羟甲基糠醛可能的代谢途径（Ulbricht et al，1984）

（羟基呋喃）连接上甘氨酸后由尿液排出。然而，HMFAG 还未在啮齿类动物和哺乳动物体中检出。除了上面提到的这几个通路以外，HMF 已经在体外实验中被证明经过烯丙基羟基可以被磺化成硫酸呋喃（SMF），SMF 中的硫酸盐基团具有良好的活性，其可以自由与 DNA 或者其他大分子反应，从而产生毒性和诱变效应。SMF 极为不稳定，但常常在 HMF 处理过的小鼠血液中出现。最后一种转化是 HMF 和呋喃甲醛的开环反应，它们被氧化产生 CO_2，形成 α-酮戊二酸和柠檬酸循环，这项实验结果在啮齿类动物实验论文里已有发表，而在人体实验中还未发现。

（2）毒性

高浓度下的 HMF 具有细胞毒性，它刺激眼睛、上呼吸系统、皮肤和黏膜。Ulbricht 等，研究发现大鼠经口 HMF 的 LD_{50}（半数致死量）值为 3.1g/kg 体重；另一项大鼠实验 US EPA 预测了雄性经口 HMF 达到敏感程度的 LD_{50} 值为

2.5g/kg，雌性介于 2.5～5.0g/kg 之间（Ulbricht et al，1984）。HMF 的致癌活性在啮齿类动物中已经有研究，其会促进大鼠结肠中发生病灶反应。Marx 等人发现在啮齿类动物口服单位剂量 HMF 0～300mg/kg 下，HMF 有明显的剂量效应关系。Surh 等人（Surh and Tannenbaum，1994）以 10～25μmol 的量对小鼠进行局部给药而使得皮肤发生癌变；相反，Miyakawa 等人报道经由 HMF 给药后，皮肤癌变速率并没有明显增加（Miyakawa et al，1991）。Schoental、Hard 和 Gibbard（Rosatella et al，2011）报道对大鼠皮下注射 200mg/kg 单位体重的 HMF 后，在肾脏中发现有脂肪瘤。有报道导致小鼠肠瘤 HMF 的因素不大。此外，由国家毒理学计划实施的 2 年喂养试验发现，以 188mg/kg 和 375mg/kg 的喂养量喂养 B6C3F1 小鼠后，HMF 引起的肝细胞肿瘤的发生概率增加；相反，对 F344/N 雌性大鼠以 188mg/kg、375mg/kg 或者 750mg/kg 和对雄性大鼠 B6C3F1 以 188mg/kg 或者 375mg/kg 喂养 HMF，鲜有致癌活性。HMF 导致诱变和遗传毒性的结论经由细菌体外实验得出，总之这些研究结果得出 HMF 没有诱变和遗传毒性。相反，在鼠沙门氏伤寒杆菌 TA104 发现 HMF 有诱变性，条件是大鼠体内出现肝磺化转移酶，同时在 TA100 菌株以及哺乳细胞系中也有 HMF 诱变可能。HMF 在体内或体外被硫酸转移酶（SULTs）转化成 SMF，一种经由传统 Ames 实验发现其具有诱变性的化合物，并且它能够促进皮肤发生癌变反应。不像 HMF，SMF 在细胞系中形成 DNA 加合物，并且不需要任何激活系统就能够发生诱变，当用在小鼠皮肤上时，SMF 诱发肿瘤的活性高于 HMF。在最近的研究中，小鼠的体内实验发现 SMF 具有很强的肾毒性，组织病理学分析证实 SMF 诱导肝和肾损伤，尤其是在接近肾小管的位置。人体多肽 SULTs 上 SMF 由 HMF 的转化机制已经被研究，研究者分析了 13 种人体由 HMF 转化成 SMF 的 SULTs 形式，基于动力学参数，SULT1A1 被证实是最活跃的一种形式，SULT1A1 在许多组织中表达，包括小鼠和大鼠的结肠和神经元，它被当做 HMF 生物转化成 SMF 最为重要的一个物质。HMF 也通过烯丙基氯化产生 5-氯化糠醛（5-CMF），它在菌中比 SMF 更具有诱变性，这种转化可以在胃液中找到，因为其中有很强的氯离子，然而在体内实验中，5-CMF 却没有发现。

（3）风险评估

人体在 HMF 暴露下是否存在风险并没有足够的数据说明。Janzowski 等（Janzowski et al，2000）得出结论：即使在细胞系生物有效浓度下的 HMF 含量最高的食品中也不存在明显的健康风险。科学板块确立的基础是对食品添加剂、面粉以及加工辅料预测每人每天摄入 HMF 量为 1.6mg，这个估计远远超过了来自于慢性和亚慢性动物得到的每人每天摄入量为 $540\mu g$ 的数据。Zaitzev、Simonyan 和 Pozdnyakov 建议应用 40 倍的变异系数得到每日可耐受摄入量（TDI）值为 $132mg/$人，而当前的数据远远低于之前的研究值（Surh and Tannenbaum，1994）。

对 HMF 最主要的研究是其向 SMF 的转化，研究报告是基于 SMF 的诱变，有充分的数据说明它可能存在遗传毒性，但对摄入 HMF 是否影响人体产生遗传毒性的评估过程还没有进行。Monien 等（Monien et al, 2009）通过给 FVB/N 小鼠静脉给药发现其血液中含有 SMF，这是首次在人体和动物体内实验中发现 HMF 生物转化成 SMF，作者同时也报道了药代动力学理论并且预测在 $450mg/kg$ 和 $550mg/kg$ 之间的 HMF 可以转化成 SMF，并且形成后大量的 SMF 可能和细胞反应，人体的 SULTs 比啮齿类动物的表达更有活性。此外，人体在肝外组织表达 SULTs 的活性强于啮齿类动物，从而人体对 HMF 更为敏感，事实上，只要 HMF 摄入量足够高，即使有较低的转化量，SMF 在人体内的存在也会对健康带来一定的风险。

3.2   辐照和微波加工食品安全性评价

辐照食品是指用钴 60、铯 137 产生的 γ 射线或电子加速器产生的低于 10MeV 电子束辐照加工保藏的食品，即将原子能射线作为能量对食品原料或食品进行辐照杀菌、杀虫、抑制发芽、延迟后熟等处理，使其在一定的贮藏条件下能保持食品品质的一种物理性的加工方法。辐照处理可使食品中的水分和各种营养物质发生电离作用，抑制蔬菜的发芽和生根。辐照杀死微生物的效果明显，经辐照处理的肉禽类食品，霉菌、大肠杆菌等腐败性和致病性微生物可被全部消灭。食品辐照通常又叫"冷巴氏杀菌"，辐照处理的食品几乎不会升高温度（2℃），特别适用于用传统方法处理而失去风味、芳香性和商品价值的食品，因为它可以迅速杀灭微生物而温度不明显升高，并且还能很好地保持食品的色、香、味、形等外观品质，也不改变食品的特性，而且可以最大限度地延长货架期。用 $2\sim7kGy$ 的剂量进行辐照处理，能有效去除非芽孢形成的致病菌，如沙门氏菌、葡萄球菌、李斯特氏菌和大肠杆菌 O157：H7，但不能杀灭引起肉毒中毒的病原菌肉毒杆菌（古丽等，2011）。

微波是指频率在 $300MHz\sim300GHz$ 范围内的电磁波，波长 $1mm\sim1m$。微波具有电磁波的诸多特性，如反射、透射、干涉、衍射、偏振以及伴随着电磁波进行能量传输等波动特性。由于微波广泛地运用于工业、军事、医学和科研等领域，为避免相互干扰，规定（915±25）MHz 和（2450±50）MHz 可用于工业领域。在食品工业中，微波常用频率为 915～2450MHz。微波会与物料中的极性物质（如水分、蛋白质和脂肪等）相互作用，通过使物料极性的取向随外电磁场发生变化，造成分子急剧的摩擦和碰撞，从而在同一瞬间加热物料的各部分（程安玮等，2009）。

在半个多世纪的研究中，微波对食品的作用方式是微波致热生物效应和微波非热生物效应。微波加热食品是通过微波的电场和磁场交替周期变化，使食品中的偶极分子（如水、蛋白质、脂肪等）极性取向随着外电磁场的变化而变化，在（915±25）MHz 或（2450±50）MHz 的调频电磁场作用下，使极性分子旋转次数达数十亿次/秒，使分子与分子之间产生急剧地摩擦、碰撞、振动、挤压等的作用而产生热能，使物料内各部分在同一瞬间获得热量而升温。微波的能量虽不能使牢固的共价键解离，但对氢键、范德华力、疏水键、盐键等次级键具有一定的破坏作用，可使其松弛、断裂和重组。也对 Maillard 反应（美拉德反应）、自由基的生成等反应有促进效应。因其加热的形式、加热速度与常规加热方式不同，所以，微波加热具有选择性和即时性，加热速度比常规加热快 2～4 倍，高效节能，穿透性好。

因此，食品物理场加工技术作为一种提高食品安全和延长货架期的技术，得到越来越多的国家和组织的关注和应用，也日益显现出其巨大的经济和社会效益。

3.2.1 辐照对食品品质的影响

食品辐照加工属于一种安全的物理性处理，加工过程温度变化较小，不会引起食品内部温度的增加，同时辐照加工过程食品物料绝对不直接接触辐照源，而是通过放射源发射的物理射线作用于食品，这种高能射线再对食品中的水、脂肪、蛋白质、维生素、糖类等产生作用。由于食品成分的化学性质不同，它们对辐照的敏感程度不同，所产生的化学变化也不同，最终会有一定的辐照产物产生。

辐照食品的安全性要从动物、人体实验以及辐照后食品主要成分（如蛋白质、碳水化合物、脂肪和维生素）的化学变化、损失和食品营养素的生物利用率等方面进行评价（刘志皋，2011；徐丽萍，2008）。

3.2.1.1 辐照对水分的影响

水分广泛存在于各类食品中，辐照导致的大多数其他组分的化学变化，很大程度上都是这些组分与水辐解的离子和自由基产物相互作用而产生的结果。辐照纯水后，水的辐解中间产物主要有：水合电子 e-aq、H 原子、OH·自由基和过氧化氢。具有氧化性的是 OH·自由基，具有还原性的是水合电子 e-aq 和 H 原子，过氧化氢既具有氧化性又具有还原性。这些活性物质的"间接"效应或"次级"效应导致食品其他化学组分的进一步变化。如水合电子 e-aq 作为强还原剂，可以很快与大部分芳香族化合物、羧酸、醛、酮、硫代化合物以及二硫化合物反应，与氨基酸和糖反应较慢。e-aq 跟蛋白质反应时，很容易加成到组氨酸、半胱氨酸和胱氨酸等上。e-aq 还可以与食品中的较少的组分（如维生素、色素等）起反应。所以，水分辐照后的辐解产物是食品中最重要、最活跃的因素（王锋等，2006）。

3.2.1.2　辐照对蛋白质的影响

当吸收剂量小于 1Mrad❶ 时，蛋白质几乎不受影响；大于 1Mrad 时，酶首先被钝化；如果剂量再高时，蛋白质长链将发生分解。辐照后蛋白质的变化取决于辐照剂量、温度、pH 值、氧气、水的含量和食品的复杂体系。蛋白质由于它的多级结构而具有独特的性质，对低剂量辐照表现不敏感。

蛋白质经辐照后，可以通过间接作用和直接作用而发生变化。辐照引起蛋白质分子的化学变化主要有脱氨，放出二氧化碳，巯基的氧化、交联和降解。辐照剂量和蛋白质、氨基酸实际吸收的辐照剂量对它们的肽键、氢键、三级结构和四级结构的离子键、酯键、二硫键、金属键等产生一定的破坏作用，这种结构性的破坏程度有轻有重，尽管辐射蛋白质和氨基酸的化学键很少断裂，但辐射过的蛋白质会发生变形、降解和聚合作用。蛋白质的物理性质会发生改变，如电导率增大，电泳迁移速度加快，黏度升高，旋光度、折射率、表面张力变化等。如果辐照的样品是纯蛋白质的固体，辐照过程就不会产生自由基，也不会引起蛋白质的分解；如果辐照的样品是蛋白质的水溶液或者是含有蛋白质的混合物，由于在辐照过程中产生水或者混合物中某种物质的自由基，引起蛋白质分解，产生了氨基酸。大剂量辐照时，蛋白质中的部分氨基酸会发生分解或氧化，游离氨基酸类和肽类会产生脱氨作用和脱羧基作用，有些氨基酸的混合物经辐射杀菌后会损失谷氨酸和丝氨酸。盐、pH 值、温度和氧气等会影响氨基酸对辐射的敏感性。部分蛋白质会发生交联或裂解作用，但由于蛋白质的氨基酸以肽键结合，所以比溶液中的氨基酸更能抵抗辐射作用（傅俊杰等，

---

❶　1rad＝10mGy。

2004)。

3.2.1.3　辐照对碳水化合物的影响

大量辐照会引起固态和溶液中的碳水化合物的氧化和降解，产生辐解产物。D-半乳糖、葡萄糖和 D-甘露糖等单糖的水溶液，在射线照射下，只能单独在第 6 个碳原子上发生作用，生成相应的糖酮酸。固态的糖被辐照后，其辐解产物取决于晶体结构和水分含量，与辐照过程中的气体条件无关。糖晶体对辐照极其敏感，一旦辐照的局部能量传递到晶格，糖晶体就会辐解，晶体对光的散射和透射率降低，其辐解产物与传递的能量有直接关系。多糖类在射线照射下，会放出氢气、二氧化碳，从而变得松脆，易于水解，黏度也下降。但由于氧气和水的辐照电离作用产生大量的自由基，因此它参与与辐解作用有关的一系列反应，包括降解和裂解反应，也有交联聚合作用，如己糖类发生脱氢降解，复杂的多糖类配糖被破坏；单糖如葡萄糖在受到辐照处理时还原能力会降低 2%～14%，水溶液中 50%浓度的蔗糖会分解成还原糖。纤维素和淀粉这类多糖可以通过辐解聚合为蔗糖。辐照富含糖类的食物，有可能会形成少量的对人身体有潜在危害的物质，然而由于受辐照食物其他成分不断反应和相互保护的影响，这些物质的含量是非常低的。在辐照加工中，由于辐照剂量大多控制在 10kGy 以下，所以糖类的辐照降解和辐解产物是极其微量的（李艳等，2010）。

3.2.1.4　辐照对脂肪的影响

脂肪是食物成分中最不稳定的物质，因此对辐照十分敏感。辐照脂肪的氧化程度与脂肪酸的饱和度、抗氧化剂的种类和含量、物料中氧气和水的含量、辐照的总剂量、速度剂量率等有关。一般来说，辐照饱和脂肪相对稳定，不饱和脂肪则容易发生氧化，氧化程度与辐照剂量大小成正比。大量研究发现，脂肪烃是辐照的产物，辐照脂肪和脂肪酸生成大量的正烷类，其次级反应可生成正烯类物质。在有氧存在时，由于烷自由基的反应而形成过氧化物及氢过氧化物，次反应类似常规脂类的自动氧化过程，最后产生醛、酮等。

在辐照时由于自由基浓度较高，形成过氧化物的反应链比自动氧化的反应链短，辐射的剂量决定形成的过氧化物的浓度，在比较低的剂量率下形成的过氧化物反而更多。照射过的不饱和脂肪酸在双键构型上发生变化。已知动物性脂肪辐射时比植物性脂肪更容易产生化学变化，辐照过程采用降低温度和除氧的措施可减轻这种变化。有些研究人员讨论了脂类辐射时过氧化氢的情况。辐射或过氧化作用对脂类的影响包括某些必需脂肪酸的变化，从而引起营养成分的不足。高度氧化、降解或聚合的脂类的消化吸收率是一个问题，但一般来说，这对营养价值的影响不大，在常规剂量下，无显著变化，5～10Mrad 时引起脂肪的酸败变性，使消化率降低（万忠民，郑刚，2003）。

3.2.1.5 辐照对维生素的影响

维生素对辐照很敏感，其损失量取决于辐照剂量、温度、氧气和食物类型。一般来说，低温缺氧条件下辐照可以减少维生素的损失，低温、密封状态下也能减少维生素的损失。辐照对水溶性维生素的影响不大，油溶性维生素受到损失的顺序是维生素 E、维生素 A、维生素 D、维生素 K。Kung 等证明，维生素 A 和类胡萝卜素在牛乳或乳脂杀菌过程中其破坏程度较大。含水分较多的鲜乳在辐射过程中维生素 A 的破坏率高于炼乳、奶油、干酪或稀奶油。类胡萝卜素的破坏率不及维生素 A 高，食品中的其他成分可能会提供一种保护机制，例如添加抗坏血酸和维生素 E 能减轻胡萝卜素的破坏。维生素 E 是对辐射最敏感的脂溶性维生素，超过了其他所有的脂溶性维生素。纯维生素溶液对辐照很敏感，若在食品中与其他物质复合存在，其敏感性就降低。抗坏血酸是一种对自由基有较大亲和力的化合物，在食品系统中添加抗坏血酸和其他物质，自由基与它们起反应而被消耗，并保护其他敏感性色素、风味化合物和食品组分。水溶性维生素 C 对辐照敏感性最强，其他水溶性维生素，如维生素 B_1、维生素 B_2、泛酸、叶酸等对辐照也较敏感，维生素 B_5 对辐照不敏感。在常温条件下，水溶液中维生素 C 辐照将受到较大程度的破坏，而在冷冻状态下其辐照破坏作用小。肉类在低温（－80℃）下辐射能保护维生素 B_1 免受破坏，保存率可高达 85％。

在所有食品成分中维生素对辐射最敏感，但维生素会受到其他化学成分和相互作用的维生素本身的保护，辐照食物中维生素的损失不至于对人的生理功能和营养状况造成影响（万本屹，董海洲，2001）。

3.2.2 辐照食品的安全性评价

联合国粮食与农业组织（FAO）、世界卫生组织（WHO）、国际原子能机构（IAEA）组织的辐照食品卫生安全转接联合委员会（JECFI）曾做出规定：食品辐照是为防止食品腐败增加的一个新的物理加工方法，它能杀灭食品中的腐败菌、致病菌和昆虫，延长食品的货架寿命及改进各种食品的安全性等，无残留。该规定对辐照加工技术的本质进行了解释。

在对辐照食品进行食品安全性评价时，需要了解预进行评价的辐照食品（必要时包括杂质）的物理、化学性质（包括化学结构、纯度、稳定性等）。预评价的辐照食品必须是符合既定的生产工艺和配方的规格化产品，其纯度应与实际应用的相同，在需要检测高纯度受试物及其可能存在的杂质的毒性或进行特殊试验时可选用纯品，或以纯品及杂质分别进行毒性检验。

根据辐照食品的特点，按《辐照食品卫生管理办法》中的要求，提供毒理学试验资料。在试验方法的选择上，遵循《食品安全毒理学评价程序和方法》，选择合适的试验内容进行安全性毒理学试验。通过急性毒性试验，了解辐照食品的毒性强度、性质和可能的靶器官，为进一步进行毒性试验的剂量和毒性判定指标的选择提供依据。开展遗传毒性试验，筛选辐照食品可能具有的遗传毒性以及是否具有潜在的致癌作用。通过致畸作用，了解辐照食品对胎仔是否具有致畸作用。通过短期喂养试验和亚慢性毒性试验（90天喂养试验、繁殖试验），观察辐照食品以不同剂量水平经较长期喂养后对动物的毒性作用性质和靶器官，并初步确定最大作用剂量；了解辐照食品对动物繁殖及对子代的致畸作用，为慢性毒性和致癌试验的剂量选择提供依据。开展代谢试验是非常困难的，一般不要求进行，如果了解辐照食品在体内的吸收、分布、排泄速度以及蓄积性和有无毒性代谢产物的形成，可对寻找可能的靶器官、选择慢性毒性试验的合适动物种系提供依据。慢性毒性试验（包括致癌试验）是了解经长期接触辐射食品后出现的毒性作用，尤其是进行性或不可逆的毒性作用以及致癌作用，最后确定最大无作用剂量，为辐照食品是否进入市场提供依据（古丽等，2011）。

在判定辐照食品的安全性上，需要考虑以下因素。

① 人的可能摄入量：除一般人群的摄入量外，还应考虑特殊人群和敏感人群。

② 人体资料：由于存在动物与人之间的种族差异，在将动物实验结果推论到人时，应尽可能收集人群接触辐照食品后反应的资料，志愿受体者体内的代谢资料对于将动物试验结果推论到人具有重要意义。在确保安全的条件下，可以考虑按照有关规定进行必要的人体试食试验。

③ 动物毒性试验和体外实验资料：在实验得到的阳性结果，而且结果的判定设计辐照食品能否应用于食品时，需要考虑结果的重要性和剂量-反应关系。

④ 安全系数：由动物毒性试验结果推论到人时，鉴于动物、人的种属和个体之间的生物特性差异，一般采用安全系数的方法，以确保对人的安全。安全系数通常为100倍，但可根据受试物的理化性质、毒性大小、代谢特点、接触的人群范围、食品中的使用量及使用范围等因素，综合考虑增大或减小安全系数。

⑤ 代谢试验资料：代谢研究是对化学物质进行毒理学评价的一个重要方面，因为不同化学物质、剂量大小，在代谢方面的差别往往对毒性作用影响很大。在毒性试验中，原则上应尽量使用与人具有相同代谢途径和模式的动物种系来进行试验。研究辐照食品在实验动物和人体内吸收、分布、排泄和生物转化方面的差别，对于将动物试验结果比较正确地推论到人具有重要意义。

综合评价是在进行最后评价时，必须在受试物可能对人体健康造成的危害以及其可能的有益作用之间进行权衡。评价的依据不仅是科学试验资料，而且与当时的科学水平、技术条件，以及社会因素有关，因此，随着时间的推移，很可能结论也不同。随着情况的不断改变、科学技术的进步和研究工作的不断进展，对已通过评价的辐照食品需进行重新评价，做出新的结论。对于已在食品中应用了相当长时间的辐照食品，对接触人群进行流行病学调查具有重大意义，但往往难以获得剂量-反应关系方面的可靠资料。对于新的辐照食品，则只能依靠动物实验和实验研究资料，保证在对人体健康和环境造成最小危害的前提下，发挥辐照食品的最大效益（朱佳廷等，2007）。

3.2.3　微波加工对食品品质的影响

食品中各组分的分子极性不同，介电常数不同，它们对微波的吸收就会产生差异，从而导致微波对食品物料各部分的影响有所不同（曾庆祝，曾庆孝，2003）。

3.2.3.1　微波加工对碳水化合物的影响

糖类作为能量的主要来源，是食品中的重要营养成分。其中，蔗糖和葡萄糖可吸收微波而熔化，但过量的辐射会使其发生焦糖化反应而失去营养价值。淀粉是谷类食品的主要成分，微波对淀粉的 α 化度和结晶度有一定的影响，但不会改变淀粉的化学结构，这说明微波加工对碳水化合物是安全的。值得注意的是，微波加热时间过长还是会使物料中的碳水化合物发生 Maillard 反应等一系列变化（盛国华，1999）。

无论以何种方式进行微波辐射，不同含水量的木薯淀粉经微波辐射后的红外光谱中并未出现新峰。所以认为微波不会引起木薯淀粉的化学结构变化，微波加热对淀粉类食品是安全的。在考察微波对稻米淀粉的影响时，得到微波对水溶性直链及支链淀粉影响不大，而对不溶性直链淀粉则有一定的影响。采用常规加热、常规加热＋微波复热、微波加热、微波加热＋微波复热 4 种模式实验烹制米饭时丙烯酰胺的生成，得到如图 3-3 所示结果。

结果表明，家用微波炉烹制米饭时会明显促成丙烯酰胺的生成，常规烹制米饭中丙烯酰胺含量为 $30\mu g/kg$，而微波烹制的较常规的高 2~9 倍。这是由微波的加热特性及微波的非热效应所致。因此，微波炉烹制米饭丙烯酰胺含量增加的现象应引起重视。

天冬酰胺、还原糖、脂肪酸和高温是食品中形成丙烯酰胺的关键因素。用微波进行焙烤或煎炸食品时产生致癌物丙烯酰胺的可能性很大，因此，建议不要用微波炉焙烤或煎炸食品。

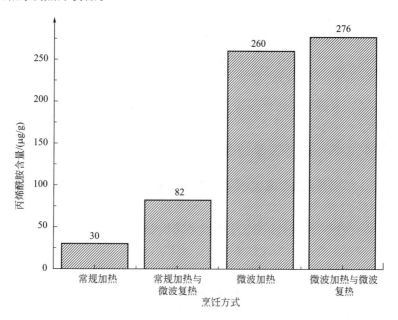

图 3-3　不同烹饪方式下米饭中丙烯酰胺含量（盛国华，1999）

3.2.3.2　微波加工对蛋白质的影响

蛋白质的营养价值受其存在形式和结构的影响。相比其他加工方式，微波对蛋白质的影响较小。例如，微波几乎不影响牛奶中的蛋白质含量，也不会破坏酱油中的氨基酸，而且适当的微波处理有利于提高大豆蛋白的营养价值。食品加工中，微波处理会产生大豆浓缩蛋白的溶解性增大、改善谷朊乳化性、显著扩大谷朊粉的应用范围等一系列有利影响，但长时间改性会极大地破坏物料的功能性质（黄校亮等，2007）。

微波（2450MHz）的热力作用能使极性分子 1s 旋转次数达 24.5 亿次，温度迅速升高，蛋白质受热变性凝固，破坏其活性；加上微波的非热力作用能使活性大分子在微波交变电磁场作用下改变其生物性排列组合状态及运动规律，电容性结构被电击穿破裂，大分子的氢键松弛、破坏，使其的生命化学活动过程中所必需的物质、能量及信息交换的正常条件和环境遭受破坏，以致完全失活，所以血液或希望保持活性的其他蛋白质制品等不能用微波加热。微波加热会使鹰嘴豆中的赖氨酸、色氨酸、芳香族氨基酸和含硫氨基酸的浓度降低。微波烹调鱼肉过程中，可溶性蛋白通过二硫键构成二聚体或多聚体，出现了 2 种高分子量的新型可溶性蛋白。

研究微波处理与传统热烫对 10 种叶类蔬菜中胰蛋白酶抑制物活性和糜蛋白酶抑制物活性的影响，发现短时微波作用对两种蛋白酶抑制物活性的灭活作用均比传统热烫法低；同时也发现微波处理能显著降低蔬菜中单宁酸（鞣酸）、肌醇六磷酸（植酸）含量，但草酸含量未见明显降低。微波烹调 30s 就能使 90% 蒜氨酸酶活性受抑制，加热 60s 或用传统方法加热 45min，就完全破坏了大蒜中具有抗癌活性的蒜氨酸酶活化烯丙基，从而阻断大蒜对乳腺癌致癌物质 7,12-二甲苯蒽（DMBA）的抑制作用。

3.2.3.3　微波加工对脂肪的影响

油脂的主要成分是甘油酯。油脂对微波敏感，它可以吸收微波，在微波辐射下可被加热到 210℃ 以上（常压）。当油脂在微波加热下开始冒烟时，油温已在 160℃ 以上，会使甘油或甘油酯氧化生成强毒性物丙烯醛；在三酰基甘油分子中，微波辐射断裂优先发生在邻近羰基的 5 个部位（如图 3-4 中的 a、b、c、d、e），而脂肪酸其余碳-碳键的裂解则是困难的。这种辐射断裂一般为均裂，所以产生自由基，形成过氧化物等，诱发一系列的破坏性反应发生，从而导致油脂品质恶化（万忠民，郑刚，2003）。

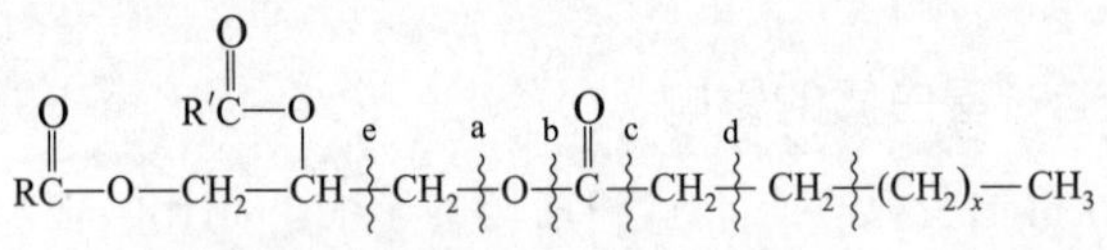

图 3-4　甘油酯的微波辐射断裂部位（万忠民，郑刚，2003）

肉类富含蛋白质和脂肪以及脂溶性维生素。高温下蛋白质与脂溶性维生素还比较稳定，但脂肪经长时间的高温加热，会造成油脂聚合而质量下降。脂肪酸败产生不愉快气味，使食品滋味变得苦涩。脂肪氧化会产生低级脂肪酸、醛和酮等，产生强烈的不愉快气味。在微波加工过程中，脂肪易水解生成甘油和脂肪酸，而脂肪酸的氧化降解能产生不同碳链的不饱和醛类。这些物质可与氨基酸、蛋白质、糖原以及其他成分反应，生成活性褐变中间体。肖春玲等研究认为，用微波炉反复加热剩菜，会使脂肪发生劣变，维生素也大量被破坏。

　　微波处理前后，脂肪酸的组成成分没有太大的变化，尤其是最主要的油酸和亚油酸含量基本上没有变化。而且通过红外光谱扫描图分析，进一步证明了微波处理过程中没有顺反异构现象。但是微波还是会对油脂的组成产生一定的影响，尤其对高水分油脂的影响较为明显。微波处理前后各脂肪酸组成的变化见图 3-5。

　　万忠民等用大豆油、麻油和花生油的对比实验结果表明，植物油的酸值随微波作用时间延长或辐射强度的增大而增大，随麻油（ΔpH 高挡 0～9min＝0.32mg KOH/g 油）、花生油（ΔpH 高挡 0～9min＝0.19mg KOH/g 油）、大豆油（ΔpH 高挡 0～9min＝0.0078mgKOH/g 油）三种油脂中不饱和度的降低其酸值变化也随之有所下降（万忠民，郑刚，2003）。李朝霞等用不饱和度不同的大豆油、菜籽油和猪油进行微波辐射的稳定性实验，结果过氧化值的变化（ΔPOV）随油脂的不饱和度的增大而升高。其原因是不饱和度大、共轭程度高进行自由基反应时所需的能量低，更易受微波辐射影响发生裂解反应（李朝霞，丁成，2000）。

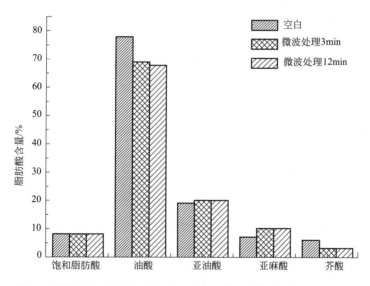

图 3-5　微波处理前后各脂肪酸组成的变化（李朝霞，丁成，2000）

表 3-1　微波处理结果比较（马传国，王敏，2001）

指标	出油率	色泽	密度 /(g/m³)	酸值 /(g KOH/g)	过氧化值 /(mol/kg)	碘值 /(gI/100g)	硫代巴比妥酸值（TBA）	羰基值 /(mg/kg)
微波处理	91.4	Y70R3.4	0.9137	0.60	4.6	125	16.7	538
未处理	75.7	Y70R3.7	0.9123	0.95	3.5	137	5.4	388

从表 3-1 可见，微波处理会使大豆毛油的出油率、过氧化值、硫代巴比妥酸值（TBA）、羰基值和密度升高，而酸值、碘值下降，色泽变浅，而其油脂中脂肪酸组成并没有大的变化，尤其是最主要的油酸和亚油酸含量基本上没有多大变化，但多不饱和脂肪的含量略有降低。实验还表明微波对高水分的大豆影响更为明显。刘国琴等用微波处理葵花籽油后发现：大部分脂肪酸的相对含量减少、十八碳三烯酸消失。微波对油脂的辐射使其脂肪酸组成发生变化的原因可能是由于微波诱发了各种反应所需自由基，导致油脂发生反应，但影响不显著。而经微波处理后的菜籽油进行脂肪酸测定表明芥酸含量降低，其他成分的相对含量几乎不变，可提高其营养价值（刘国琴等，2005）。米糠经微波（2450MHz）处理3min 后，有利于富含不饱和脂肪酸的米糠的贮存。另外，胡小泓等用红外光谱测定微波处理前后菜籽油中脂肪酸的结构表明，在微波处理前后及微波处理不同时间段中，IR 图谱形状几乎一致，未出现反式酸，因此，微波处理不会使油脂中的脂肪酸顺反异构化（胡小泓等，2007）。刘国琴等在实验中用 GC 法或 GC-MS 法测定得到了正辛烷在微波处理的葵花籽油、花生油中变成了正辛烷和它的异构体异辛烷的混合物，花生油经微波处理后出现了肉豆蔻酸和两种不同的十六碳一烯酸，并将十八碳酸变成了十八碳一烯酸，而二十一碳酸却消失的现象。这表明微波能使油脂异构化。两实验出现矛盾的原因可能是测定方法的不同和异构的类型不同的缘故，详情有待进一步研究（刘国琴等，2005）。

3.2.3.4　微波加工对维生素的影响

维生素在调节物质代谢和能量代谢中起着十分重要的作用。在食品加工中，水果、蔬菜类产品中的维生素是要特别保护的成分。加热是食物中维生素 C 含量减少的主要原因。在加工过程中，高温加热时间越短，对保护维生素 C 越有利。微波加热过程热液由内部向外部流动，这使食品内部维生素损失量大于外部。

维生素 C 易被氧化，所以也较易损失。温度越高、作用时间越长，维生素 C 含量减少得越多。利用微波快速、短时，且趋近于整体的加热方式，能够较好地保存物料中的维生素 C。用常规方法处理大白菜和菠菜后，测得它们的维生素保存率均低于 50%，而用微波处理这两种蔬菜的维生素保存率却高达 91.30%和 84.44%。

维生素 E 在微波作用下会发生一定程度的变化。研究表明，适宜的微波辐射强度能较好地保存物料中的维生素 E，但辐射过量会使维生素 E 的含量明显下降。进一步研究表明，微波可有效地抑制维生素 E 的抗氧化作用（张桂英，李琳，1998）。

维生素 B_1 较不稳定，只在冰冻的状态下破坏较少。维生素 B_1 对光和热敏感，在加工过程中会有不同程度的损失。微波加工对 B 族维生素的破坏等同于常规的加工。在高温和有氧存在的条件下，微波对维生素 A 的影响异于常规的影响。事实上，维生素在食品加工期间损失是必然的，尤其是那些很敏感的水溶性维生素，如维生素 C。所以，如果水溶性维生素能在食品加工中保存得很好的话，就可以认为其他维生素也可被较好地保存，因此可以认为微波对维生素的破坏要比传统工艺小得多（万本屹，董海洲，2001）。

3.2.3.5　微波加工对抗氧化物质的影响

研究人员发现，用微波炉烹调会导致蔬菜中的抗氧化剂被完全破坏。类黄酮广泛分布在蔬菜、水果中，是具有抗氧化作用的物质，可以降低人体患心脏病、卒中（中风）和癌症的风险。以椰菜为例，用蒸法，椰菜类黄酮损失率为 11％；高压锅炖法损失率为 53％；水煮法损失率为 81％；微波炉烹饪损失率高达 97％。微波炉加热蔬菜主要会造成蔬菜中抗氧化剂的损失，主要包括类黄酮物质和维生素 C。

3.3　转基因食品安全性评价

转基因作物发展近 20 年来，给人类带来了巨大的经济和社会效益。作为世界上最重要的粮食作物之一，水稻品质育种一直是人们研究的重点。培育高产、优质的转基因品种对世界粮食生产具有重要的现实意义。利用基因工程技术首次获得可育的转基因植株以来，转基因技术在粮食改良上得到了广泛的应用和迅速发展，并且已经成功培育出抗虫、抗病、抗逆、耐除草剂和改善营养品质的转基因食品。

因此，利用转基因技术降低粮食中的抗营养因子并提高（或强化）粮食的营养成分，以获得性状、营养和消费等方面符合人们需要的转基因粮食具有很大的市场前景。但如何评价转基因水稻的安全问题和营养学问题，仍然是我们面临的难题和挑战（李斌等，2011）。

3.3.1　转基因食品概述

利用分子生物学技术，将某些生物（包括动物、植物及微生物）的一种或几种外源性基因转移到其他的生物物种中去，改造生物的遗传物质，使其在性状、营养品质、消费品质等方面向人类所需要的目标转变，总之，将外源 DNA 导入生物体基因组，引起其遗传改变，从而改变了遗传组成的生物，该生物称为转基因生物。以转基因生物为直接食品或为原料加工生产的食品就是转基因食品。这里所指的"外源性基因"，通常是指在生物体中原来不存在的基因，在某些情况下也可指在生物体中存在这种基因但不表达。因此，转移了外源基因的生物体会因此产生原来不具备的多肽或蛋白质而出现新的生物学性质（表型）。一种生物体新表型的产生，除可采用转基因技术外，也可对生物体本身的基因进行修饰而获得，在效果上等同于转基因。产量高、营养丰富和抗病能力强是转基因生物的优势（肖玫等，2005）。

3.3.1.1　转基因食品的分类(赵文,2006)

（1）按生物种类不同分类

① 转基因植物食品　主要培育延缓成熟、耐极端环境、抗虫害、抗病毒、抗枯萎等性能的作物，提高生存能力；培育不同脂肪酸组成的油料作物、多蛋白质的粮食作物等以提高作物的营养成分。目前已有昆虫毒素基因、外源凝集素基因、抗原基因，主要有小麦、玉米、大豆、水稻、土豆、番茄等转基因作物。如把含铁蛋白的基因和 β-胡萝卜素（维生素 A 前体）基因转入稻谷，不仅提高人体对铁的吸收，且能增加维生素 A 的摄入量；将某些病原体抗原基因转入香蕉或马铃薯研制可食疫苗等。

② 转基因动物食品　通过转入适当的外源基因或修饰自身的基因以培育优良性状（如生长速度快、抗病性强、营养价值更高）的转基因动物（如牛、兔、猪、鸡和鱼类）。我国科研人员将大马哈鱼的生长激素基因转入黑龙江野鲤，选育出超级鲤；英国科研人员研究成功转基因鲑鱼，其中50％的鱼比正常生长速度快 3 倍。

③ 转基因微生物食品　现代基因工程已经将许多活性蛋白和营养功能成分的编码基因或调控基因转入微生物宿主细胞中，利用微生物的快速繁殖来改造有益微生物，生产食用酶，提高酶产量，生产天然活性物质等。如将母乳中存在的微量活性蛋白——乳铁蛋白基因克隆到工程菌酵母中使之稳定表达，改善婴儿营养和生长发育。美国的 BioTechnica 公司利用酵母遗传工程技术将黑曲霉的葡萄糖淀粉酶基因克隆入啤酒酵母，生产低热量啤酒。

（2）转基因食品按功能不同分类

① 增产型：农作物增产与其生长分化、肥料、抗逆、抗虫害等因素密切相关，故可转移或修饰相关的基因达到增产效果。

② 控熟型：通过转移或修饰与控制成熟期有关的基因使转基因生物的成熟期延迟或提前，以适应市场需求。最典型的例子是成熟速度慢，不易腐烂，易贮存。

③ 保健型：通过转移病原体抗原基因或毒素基因至粮食作物、果树及动物中，使其产生相应的抗体。人们食用此类食品，相当于在补充营养的同时服用了疫苗，起到预防疾病的作用。

④ 新品种型：通过不同品种间的基因重组形成新品种，由其获得的转基因食品可能在品质、口味、色泽、香气方面具有新的特点。

⑤ 高营养型：许多粮食作物缺少人体必需的氨基酸，为了改变这种状况，可以从改造种子贮藏蛋白质基因入手，使其表达的蛋白质具有合理的氨基酸组成。现已培育成功的有转基因玉米、马铃薯和菜豆等。

⑥ 加工型：由转基因产物作原料，按照食品工业各类食品的加工工艺加工制成。

从理论上讲，转基因食品的主要营养构成与非转基因食品并没有区别，都是由蛋白质、碳水化合物和脂肪等物质组成。但如果是从营养成分的基因改良角度考虑，则会使食品的氨基酸、碳水化合物、脂肪酸以及其他微量成分的种类及构成高分子物质的排列顺序有所变化。这些变化并不会影响人类的饮食结构，也不会对人体健康带来负面的影响。然而由于转基因技术和对其安全管理制度的不完善，转基因食品确实存在对人类健康形成威胁的可能。如外源基因的插入具有随机性，其插入位置的准确性影响其性状的表达；引入外源基因是否会在体内产生毒素，在转基因过程中用来大量复制 DNA 的微生物是否对人体有害等都有待进一步检验证明。另外转基因技术能否对人类所处的生态环境、食物链等形成间接的影响也引起人们广泛的关注。因此，转基因食品技术的发展在带来诱人前景的同时，也带来了新的挑战。

3.3.1.2　研究转基因食品的目的

（1）增加作物对特殊病虫害的生物抗性

减少农药残留，从而减少环境污染和人畜伤亡，降低耕作失败的风险，提高产量。如用 rDNA 技术处理过的非洲甜番茄能抵抗致命的花斑病毒，使产量翻倍。美国人用 Bt 基因对玉米进行基因修饰，使玉米能够抵抗顽固的玉米虫害，从而达到提高产量、减少杀虫剂用量的目的。

（2）增加作物对恶劣生长环境的适应性

诸如干旱、高盐分、盐碱土壤、极端温度等生长环境。如通过基因修饰可使植物产生亚油酸，能更好地耐低温、抗冷害。这些高产量转基因品种能提高土地利用率，缓解我国不断增长的人口对食物需求的矛盾。

（3）提高作物对除草剂的耐性

使除草剂能抑制杂草的生长，而对期望生长的作物无影响。除草剂的耐性提高后，利于保护水土和节约燃料。

（4）获得期望的功能和形状

降低致敏物质和有毒物质的含量，延缓成熟，增加淀粉含量，延长货架寿命等。如采用 rDNA 技术可培植一种高淀粉含量的马铃薯，这种马铃薯在油炸时，吸油量少。又如，用于延缓番茄成熟的生物技术同样可使葡萄的保藏寿命延长，在采摘前和进入市场时具有更好的色泽和风味。

（5）获得期望的营养性状

如改变口味，改变蛋白质和脂肪的含量，提高植物中有用物质或营养物质的含量。如采用 rDNA 技术可以增加作物中营养物质的种类和数量，解决维生素 A、铁、碘、锌等缺乏问题。又如在以稻米为主食的国家中，水稻经基因修饰后，可含有 β-胡萝卜素及更多的铁，从而解决这些营养元素缺乏的问题。

3.3.1.3　国内外转基因食品的发展

研究转基因食品的目的是改变生物体的某些特定性状，提高动物、植物某些特定部分的经济产量，改良动物、植物某些特定品质等。如将携带抗虫性状的外源基因转移到玉米上可获得表现出天然抗虫害危害特性的抗虫基因玉米；将基因技术用于控制番茄成熟的半乳糖醛酸酶，可延缓番茄的衰老，有利其运输和贮存。在转基因动物方面，转基因鱼可以加快自身生长；转基因猪可以提高瘦肉率和饲料转化率；转基因羊可以提高产毛量；转基因牛可以增加牛奶中乳铁蛋白的含量等。此外，转基因技术还可以使生物体具有特殊的性状，如日本农水省生物资源研究所开发出的含牛奶成分的基因重组番茄能生产母乳中所含的功能蛋白质——乳铁蛋白（梁青青，2012）。

以增加产量为目的的转基因技术（包括抗病、抗虫、抗逆等的基因改良），能够培育出高产、优质的农作物新品种，提高作物对除草剂或其他农药的耐受性，提高农作物产量，使人类食品的产量大幅度增加，因此，转基因食品对解决世界人口剧增带来的天然食物缺乏问题有重要意义。转基因食物的生产和利用能够带来更高的生产力或净回报率以及由于传统杀虫剂用量的减少而具有更安全的环境效益。

以改良动物、植物品质为目标的转基因技术，可以改善食品风味、增加营养成分以及增强防腐能力。以增加动物、植物抗病虫害和采后防腐性能为目标的转基因技术，以及能够清除土壤中重金属污染的抗金属作物研究，可以减少动植物在生长期间所需要的化学农药，提高了食品的安全性，避免了环境污染。

随着生物技术不断取得突破性的进展，转基因食品已经走出实验室，进入寻常百姓家。世界上第一例转基因植物诞生于1983年，目前国内外已经有60种以上转基因植物，其中玉米、大豆、油菜、马铃薯、番茄和棉花等已经大面积种植。

1984年延熟保鲜转基因番茄在美国批准上市，从1996年开始，转基因作物商品化应用进入迅速发展时期。我国1996年就开始进口转基因食品，现在每年大约2000万吨的转基因食品登陆中国。转基因食品无论对市场还是对大众的日常生活都形成了巨大的冲击。

1999年世界各地转基因植物种植面积已达到4000万公顷。中国1999年种植了30万平方米的转基因作物，较1998年增加了2倍，是全球增长最快的国家，主要品种是棉花。中国转基因食品的播种面积仅次于美国、加拿大和阿根廷，居世界第4位（赵文，2006）。

2000年全球转基因作物的种植面积已经达到60万公顷，种植转基因产品的国家和地区发展到了18个。其中，大豆是种植面积最大的转基因产品，共计4140万公顷，其次是玉米1550万公顷，油菜360万公顷。

2001年在有激烈争议的情况下全世界转基因作物种植面积仍比上年增加19％，达到5260万公顷。其中，转基因大豆种植面积为3330万公顷，占转基因作物总面积的63％；其次为玉米，980万公顷，占转基因作物总面积的19％；种植面积较大的还有油菜。种植的国家有13个，其中，美国、阿根廷、加拿大分列前3位。各国已获准上市的转基因作物品种已达到100多个（次），仅美国即达53个（次），包括番茄、大豆、玉米、油菜、水稻、马铃薯、西葫芦、番木瓜、甜菜、菊苣、亚麻等11种食用农作物。由转基因作物生产加工的转基因食品和食品成分已达到4000余种。其中，以大豆和玉米为原料的占90％以上。2001年，中国的转基因作物种植面积排列世界第4位，约占全球转基因作物面积的3％，种植的作物为转基因抗虫棉。

2002年全球转基因作物的种植面积创下了历史新高。全球种植转基因作物的面积达1.45亿英亩❶，基因修饰农作物全球每年播种面积超过2500万公顷。

----

❶ 1英亩＝4046.72m²。

在 2002 年，全球已有 16 个国家的 600 万农民以种植转基因作物为生，其中美国仍是头号转基因作物大国，其种植面积占全球转基因作物种植总面积的 66%，据估计有六成加工食品为转基因食品。我国转基因生物种植面积超过 100 万亩❶，有 6 种转基因植物已被批准商品化，进入市场的转基因食品有灯笼椒和番茄。转基因棉花中的棉籽可以榨油。2002 年，中国转基因棉花达到 150 万公顷，已经占棉花产量的 1/3（徐丽萍，2008）。

3.3.2　转基因食品安全性评价的内容

任何新技术的出现，都有两重性，都是"双刃剑"。以重组 DNA 技术为代表的转基因技术，在为农业生产、人类生活和社会进步带来巨大利益的同时，也可能对生态环境和人类健康产生潜在的危害，关键是要权衡利弊，做出抉择。安全性评价是要分析潜在风险并加以避免（周则卫，2014）。

3.3.2.1　安全性评价的目的

从理论上说，转基因技术和常规杂交育种都是通过优良基因重组获得新品种的，但常规育种的安全性并未受到人们的质疑，其主要理由是常规育种是模拟自然现象进行的，基因重组和交流的范围很有限，仅限于同一物种或近缘种间，并且，在长期的育种实践中并未发现什么灾难性的结果。而转基因技术则不同，它可以把任何生物甚至人工合成的基因转入植物，因为这种实践在自然界是不可能发生的，所以人们无法预测将基因转入一个新的遗传背景中会产生什么样的作用，故而对其后果存在着疑虑，消除这一疑虑的有效途径就是进行转基因植物的安全性评价。也就是说，要经过合理的试验设计和严密科学的试验程序，积累足够的数据，人们根据这些数据可以判断转基因植物的田间释放或大规模商品化生产是否安全。对试验证明安全的转基因植物可以正式用于农业生产，而对存在隐患的则要加以限制，避免危及人类生存以及破坏生态环境。只有这样，才能扬长避短，充分发挥转基因技术在农业生产中的巨大应用潜力（赵文，2006）。

3.3.2.2　安全性评价的原则

（1）科学原则

科学原则是第一遵循的原则。转基因技术是新生事物，基于科学基础的食品安全性评价会对整个技术的进步和产业的发展起到关键的推动作用。由于在

---

❶　1 亩 = 666.67m²。

长期的科学实践过程中积累起来的科学理论和技术已经为转基因食品的安全性评价打下了比较好的基础，针对生物技术本身带来的安全问题有个科学的认识，及时地完善评价科学体系，可以有助于转基因食品的安全性评价（徐丽萍，2008）。

（2）实质等同原则

实质等同原则最早由国际经济互助开发组织于1993年提出并已被大多数国家采用，因而经常出现在国际性组织（如世界卫生组织、联合国粮农组织）的文件和有关转基因食品的安全性研究文献中。

该原则认为如果导入基因后产生的蛋白质经确认是安全的，或者是转基因作物和原作物在主要营养成分（脂肪、蛋白质、碳水化合物等）、形态和是否产生抗营养因子、毒性物质、过敏性蛋白等方面没有发生特殊的变化的话，则可以认为转基因作物在安全性上和原作物是等同的。也就是说实质等同原则认为转基因食品与非转基因食品在对人类的影响方面是相似的。

自1953年Watson和Crick揭示了遗传物质DNA双螺旋结构，现代分子生物学的研究进入了一个新的时代。转基因技术作为现代分子生物学最重要的组成部分，是人类有史以来，按照人类自身的意愿实现了遗传物质在四大系统间的转移，即人、动物、植物和微生物。早在20世纪60年代末，斯坦福大学教授Berg尝试用来自细菌的一段DNA与猴病毒SV40的DNA连接起来，获得了世界第一例重组DNA。这项研究受到了其他科学家的质疑，因为SV40病毒是一种小型动物的肿瘤病毒，可以将人的细胞培养转化为类肿瘤细胞，如果研究中的一些有害物质扩散到环境中将对人类造成巨大的灾难。正是转基因技术的这种特殊性，必须对转基因食品采取预先防范作为风险评估的原则。必须采取以科学为依据，对公众透明，结合其他评价原则，对转基因食品进行评估，防患于未然。

（3）个案评估原则

目前已有300多个基因被克隆，用于转基因生物的研究，这些基因的来源和功能各不相同，受体生物和基因操作也不相同，因此，必须采取的评价方式是针对不同转基因食品逐个进行评估，该原则也是世界许多国家采取的方式。

（4）逐步评估原则

转基因生物及其产品的研发是经过了实验室研究、中间试验、环境释放、生产性试验和商业化生产等几个环节。每个环节对人类健康和环境所造成的风险是不相同的。试验规模既影响所采集的数据种类，又影响检测某一个事件的概率。一些小规模的试验有时很难评估大多数转基因生物及其产品的性状或行为特征，也很难评价其潜在的效应和对环境的影响。逐步评估原则就是要求在每个环节上对转基因生物及其产品进行风险评估，并且以前步试验结果作为依据来判定是否进行下一阶段的开发研究。

（5）风险效益平衡原则

发展转基因技术就是因为该技术可以带来巨大的经济和社会效益。但作为一项新技术，该技术所可能带来的风险也是不容忽视的。因此，在对转基因食品进行评估时，应该采用风险和效益平衡的原则，综合进行评估，以获得最大利益的同时，将风险降到最低。

（6）熟悉性原则

所谓熟悉是指了解转基因食品的有关性状、与其他生物或环境的相互作用、预期效果等背景知识。转基因食品的风险评估既可以在短期内完成，也可能需要长期的监控。这主要取决于人们对转基因食品的了解和熟悉程度。在风险评估时，应该掌握这样的概念：熟悉并不意味着转基因食品的安全，而仅仅意味着可以采用已知的管理程序；不熟悉也并不能表示所评估的转基因食品不安全，也仅意味着对此转基因食品熟悉之前，需要逐步地对可能存在的潜在风险进行评估。因此，"熟悉"是一个动态的过程，不是绝对的，是随着人们对转基因食品的认知和经验的积累而逐步加深。

3.3.2.3 安全性评价的内容

（1）过敏原

评价生物技术产品是否有过敏性，需要参照食物过敏原的一些共同特征：相对分子质量，大多数已知过敏原的相对分子质量为 10000～40000；序列同源性，许多过敏原序列已知，应比较免疫作用明显的序列相似性；基因来源，特别是提供生物是否含已知过敏原；热加工稳定性，熟食和加工过的食品稳定性较小；pH 值和胃酸作用，大多数过敏原抗酸和蛋白酶消化；食物部分，在植物非食用部分表达的新蛋白质不是食物过敏原。

在下列情况下转基因食品可能产生过敏性：所转基因编码已知的过敏蛋白质；基因含过敏蛋白质；转入蛋白质与已知过敏原的氨基酸序列在免疫学上有明显的同源性，可从 Genenbank、EMBL、Swissport、PIR 等数据库查找序列同源性，但至少要有 8 个连续的氨基酸相同；转入蛋白质属某类蛋白质的成员，而这类蛋白质家族的某些成员是过敏原，如肌动蛋白抑制蛋白是一类小相对分子质量蛋白质，在脊椎动物、无脊椎动物、植物及真菌中普遍存在，但在花粉、蔬菜、水果中的肌动蛋白抑制蛋白为交叉反应过敏原。

若此基因来源没有过敏史，就应该对其产物的氨基酸序列进行分析，并将分析结果与已建立的各种数据库中的 198 种已知过敏原进行比较。现在已有相应的分析软件可以分析序列同系物、结构相似性以及根据 8 种相连氨基酸所引起的变态反应的抗原决定簇和最小结构单位进行抗原决定簇符合性的检验；如果这样的评价不能提供潜在过敏的证据，则进一步应用物理及化学试验确定该蛋白质对消化及加工的稳定性。

（2）毒性物质

从理论上讲，任何外源基因的转入都有可能导致遗传工程体产生不可预知的或意外的变化，其中包括多向效应，这些效应需要设计复杂的多因子试验来验证。如果转基因食品的受体生物有潜在的毒性应检测其毒素成分有无变化，插入的基因是否导致毒素含量的变化或产生了新的毒素。在毒性物质的检测方法上应考虑使用 mRNA 分析和细胞毒性分析。

模型动物的建立对评价转基因食品的安全性是非常重要的。动物试验是食品安全评价最常用的方法之一，对转基因食品的毒性检测评价涉及免疫毒性、神经毒性、致癌性与毒性等多种动物模型的建立。目前，我国的转基因食品安全性评价采用的是国家标准《食品安全性毒理学评价程序与方法》。

（3）抗生素抗性标记基因

抗生素抗性标记基因在遗传转化技术中是必不可少的，主要应用于对已转入外源基因生物体的筛选。其原理是把选择剂（如卡那霉素、四环素等）加入到选择性培养基中，使其产生一种选择压力，致使未转化细胞不能生长发育，而转入外源基因的细胞因含有抗生素抗性基因，可以产生分解选择剂的酶来分解选择剂，因此，可在选择培养基上生长。因为抗生素对人类疾病的治疗关系重大，对抗生素抗性标记基因的安全性评价，是转基因食品安全评价的主要问题之一。

美国 FDA 评价抗生素抗性标记基因时，认为在采取个案分析原则的基础上，还应考虑：使用抗生素是否是人类治疗疾病的重要抗生素；是否经常使用；是否口服；在治疗中是否独一无二不可替代；在细菌菌群中所呈现的对抗生素的抗性水平状况如何；在选择压力存在时是否会发生转化。

在以上基础上，抗生素抗性基因安全性还应具体考虑以下问题：抗生素抗性基因所编码的酶在消化时对人体产生的直接效应；抗生素抗性基因水平转入肠道上皮细胞肠道微生物的潜在可能性；抗生素抗性基因水平转入环境微生物的潜在可能性；未预料的基因多效性。目前，在转基因生物中使用的标记基因主要有：卡那霉素抗性基因、潮霉素抗性基因、二氢叶酸还原酶基因、四环素抗性基因等。此外，还有报告基因，如 β-葡糖苷酸酶基因、β-半乳糖苷酶基因、氯霉素乙酰转移酶基因等。

（4）营养成分和抗营养因子

营养成分和抗营养因子是转基因食品安全性评价的重要组成部分。对转基因营养成分的评价主要针对蛋白质、碳水化合物、脂肪、纤维素、矿物元素、维生素等与人类健康营养密切相关的物质。根据转基因食品的种类，以及对人类营养的主要成分，还需要有重点地开展一些营养成分的分析，如转基因大豆的营养成分分析，还应重点地对大豆中的大豆异黄酮、大豆皂苷等进行分析。这些成分是一些对人类健康具有特殊功能的营养成分，同时也是抗营养因子。在食用这些成分较多的情况下，会对人体吸收其他营养成分产生影响，甚至造成中毒。

几乎所有的植物性食品中都含有抗营养因子，这是植物在进化过程中形成的自我防御的物质。目前，已知的抗营养因子主要有蛋白酶抑制剂、植酸、凝集素、芥酸、棉酚、单宁、硫苷等。植酸广泛存在于豆类、谷类和油料植物的种子中，可与多价阳离子，如 Ca^{2+}、Mg^{2+}、Mn^{2+}、Fe^{2+} 等形成不溶性的复合物，降低人体对无机盐和微量元素的生物利用率，继而引起人体和动物的金属元素营养缺乏症和其他疾病。同时植酸还会影响人体和动物对蛋白质的吸收。

3.3.3 转基因食品安全性评价实例

就当前研究热点，摘取了几个实例，对转基因食品做相应的安全性评价。

3.3.3.1 玉米

在过去的几年中，研究转基因玉米最多的是法国卡昂大学的 Séralini 教授所带领的团队。这些研究者们给大鼠喂养转基因玉米 MON863，进行 90 天毒性实验。2005 年，MON863 受到欧洲一些研究者的质疑，Séralini 等（Séralini et al，2009）提出动物在吸收 MON863 后，雌雄大鼠在生长发育过程中存在轻微但又明显的剂量-效应关系，雌性鼠体重有 3.7% 的上升，雄性鼠体重有 3.3% 的下降。而且，根据雌雄大鼠做的用来评价肝肾的毒性效应的实验，与 7 日膳食实验相比，雌性鼠甘油三酯增加了 24%～40%，而雄性鼠尿液中磷酸盐和钠盐的排泄量降低了 31%～35%。这表明，试验时间越长，结果越接近自然条件下的结果，根据 Monsanto 数据，可以说明转基因玉米是安全的。

一个专家小组（Doull et al，2007）评估 Monsanto 公司先前测得的数据，得出的结论是 Séralini 教授之前在大鼠上做的 90 天喂养 MON863 转基因玉米的实验结果没有足够的数据证明，因为他们所提供的数据与生物疗法和临床不相关，未能阐述剂量-效应关系、重现性、雌雄两性的发病率、变异和生物学效应。

在最近的研究中，Séralini 等认为研究中可以区分一些可能与转基因效应相关的假阳性，进一步避免一些假阴性结果，同时，这些结果更多的来自于毒性现象并不能说明它本身有毒性。此外，转基因食品引起的亚慢性和慢性生物学效应也被指出，要么来自于哺乳动物体内产生的新毒性物质，要么来自于转基因食品在体内的诱变，这些都是不能忽略不计的。

De Vendômois 等（De Vendômois et al，2009）首次提出对大鼠喂养 3 种主要的转基因玉米来获得它们的血液和器官的相对数据，研究者发现，大鼠消化这 3 种转基因玉米在效应上与性别和剂量有关，尽管这 3 种转基因玉米有所不同，但效应器官通常是肾、肝脏和排毒器官，其次是心脏、肾上腺、脾脏以及造血器官。这些数据充分证明了转基因玉米有肝肾毒性，此外也不能排除转基因玉米的代谢毒性。转基因食品的数据分析以及含有农药残留的转基因食品在一些研究中也被报道过，但并不是所有研究中都证实了这一结论的必然性。

就上述而言，根据 EFSA GMO 专家组关于动物喂养实验的报告指出，用转基因食物喂养啮齿类动物 90 天实验的目的是评估未知毒性或营养效应，是证明转基因食品是否安全或者比传统食物更有营养，而不是给食物毒性定量或者定性。90 天喂养试验可以单因素评估食物的毒性或生理效应，因此，模拟大鼠亚慢性喂养检测抗营养素、毒素或者次级代谢物试验是可行的。然而，就检测转基因食品导致可能的未知毒素效应，EFSA GMO 专家组同样也指出这些物质由于数量少、低毒，在 90 天喂养试验中不会出现未知效应，又因为它们在 NOAEL 值之下，所以在正常摄入量下，不会影响人体健康。EFSA GMO 专家组多次使用"unlikely"这一形容词是正确的，这表明 90 天喂养转基因食品试验存在的局限性导致结果可能存在缺陷。

与 Séralini 和他的同伴提出的研究观点相反，其他研究者认为转基因玉米与传统玉米一样安全，尤其 Dr. Delaney 团队，在这一方面的研究更为深入，仅 2007 年就有大量关于此方面的论文发表。结论如下：MacKenzie 等给大鼠喂养 1507 转基因玉米进行 90 天试验，研究表明，它是一种表达 cry1F 基因的植物，能够抵御欧洲玉米螟和其他害虫。在营养、临床和神经特征、眼科、病理等方面，有机体和宏观、微观病理上实验组基本相同（MacKenzie et al，2007）。反过来，与对照组比较，Malley 等还没有在大鼠身上发现体重、食物消化率、毒性特征、死亡、病理等方面的负面效应（Malley et al，2007）。59122 是转基因系，它包括表达特性抗虫蛋白的基因，根据研究结果表明这些转基因玉米与传统玉米一样营养安全。

Juberg 等（2009）没有发现给小鼠分别或同时喂养 Cry34Ab1 或者 Cry35Ab1 蛋白质会出现明显的毒性作用，同样，给小鼠喂养包括上面的蛋白质，浓度增加

1000 倍，喂养 28 天，也没有明显的负面作用（Juberg et al，2009）。根据 Juberg 等的论文，研究表明 Cry34Ab1 或者 Cry35Ab1 蛋白质对人体没有明显危害，并支持了之前的研究结果，即 59122 转基因玉米与非转基因玉米一样安全。在 PS149B1 转基因玉米中 Cry34Ab1 和 Cry35Ab1 蛋白质的表达，预防了虫害，包括西部玉米幼虫。另一方面，研究者 McNaughton 等也发现肉鸡食用转基因谷物后并没有明显的死亡率。值得注意的是，这项研究提供的结果显示没有明显的毒性或负面效应，因为它仅仅是在肉食动物身上按常规指标进行了研究（McNaughton et al，2008）。用能够抵抗玉米虫害的转基因 DAS-59122-7 玉米以及富含赖氨酸的转基因 Y642 玉米在 Sprague-Dawley 大鼠体内做了 90 天喂养试验，用喂养非转基因玉米做对照（He et al，2009）。研究者发现，第一次试验结果，喂养 59122 和 AIN93G 食物的小鼠血清成分有所不同，然而，这些差别是因为食物中包含了高浓度的玉米粉的缘故，而不是 59122 转基因玉米。此外，59122 转基因玉米与非转基因玉米安全性相同，尽管与 Malley 等使用的是不同的试验方案，但他们二者的结果相同。

采用相似的方法，根据 He 等研究指明，用 Y642 玉米喂养的大鼠和用 Nong108 大米喂养的大鼠在体重、食物消耗量、临床化学、血液学以及相关器官重量上没有明显的差异。玉米 Y642 主要含有赖氨酸，为的是改善单胃动物的饮食，而 Nongda 玉米用于对照，但是，根据结果，二者在体重和微观病理学上没有明显的差异，这说明富含赖氨酸玉米 Y642 与传统富含蛋白质的玉米一样安全和营养（He et al，2009）。其他组的研究者评估了转基因玉米的安全性，例如，Healy 等给大鼠喂养了 13 周的 MON88017 转基因玉米，另外，包括来自传统不同的 6 种玉米，按 33% 的水平喂养，没有出现负面的健康效应。与农场动物喂养试验一致，90 天大鼠喂养试验没有发现明显的毒性效应。研究者总结出 MON88017 与传统玉米一样营养和安全。另一些研究者评估了与转基因 2mEPSPS 相关的风险，这种蛋白质与草甘膦有较弱的亲和性，它高度抵抗农药草甘膦，从而使得植物在有农药除草剂的情况下有更强的酶活性。安全评估认为这种表达蛋白是没有害处的，2mEPSPS 酶没有像毒素、过敏原这种相关的性能，包括缺乏像毒素和过敏原一样的氨基酸序列，能在胃肠道中快速降解，静脉注射后没有负面效应等。同时，也得出人类食物或动物饲料中含有 2mEPSPS 蛋白不会有明显的害处。

在现有的科学论文里，俄罗斯研究者发表了相应的研究，这些作者评估了转基因玉米的医疗和生物安全性，根据形态学、病理学以及生物化学参数和生物标志物的分析，表明 MIR604 和 MON88017 没有毒性效应，而对 DNA 损伤、结构染色体改变以及过敏原蛋白和免疫性能的评估则没有表现出任何遗传毒性、过敏性和免疫毒性效应。

3.3.3.2 大米

用 90 天喂养大鼠实验，来对比转基因大米 KMDI 中 Cry1Ab 蛋白和非转基因野生型 Xiushui11 的表达。KMDI 大米含有 Bt 毒素 15mg/kg，基于平均食物消耗量，日常摄入 Bt 毒素 0.54mg/kg 体重。研究期间，动物体重和行为上没有负面效应，但少数血液和生化参数有明显的不同。然而，所有大鼠喂养和生长都处在正常的参考范围内，结果并未考虑与其有关的治疗。作为试验样品，研究者称重了一定数量的器官，通过宏观和病理研究，仅看到些微小的变化（Schrøder et al，2007）。虽然在 90 天喂养 KMDI 大米实验中没有表现出负面和毒性效应，但是作者指出，基于研究经验，如果没有额外的实验室，那么就不能够对转基因食品进行合理的安全评估。在另一个试验中，给 Wistar 大鼠喂养 90 天膳食实验发现，它们中的 60%又表达出 GNA 外源凝集素。同时对两组大鼠也检测了一系列临床、生物、免疫、微生物和病理性参数，然而呈现出大量不同的结果（Poulsen et al，2007）。虽然结果中没有明显的毒性效应，但是研究者指出结果并不能证明转基因食品的安全性。在早期的实验研究中，加标组中掺杂了转基因大米，应该可以观察到由于转基因大米而引起的 GNA 或者次级代谢的变化。此外，作为 SAFOTEST 课题的一部分，研究者也研究了在 90 天和 28 天喂养实验中 Cry1Ab 蛋白的调节效应，即分别给动物喂养空白大米、能够表达 Cry1Ab 蛋白和 PHA-E 的大米以及掺杂重组蛋白的大米，从而得出总的免疫球蛋白水平，也检测出细胞分裂素诱导的细胞增殖、T 淋巴抗体以及血清中的特异性抗体。剂量效应也随着在肠淋巴结和总的免疫球蛋白 A 中加强，在给大鼠喂养的 PHA-E 转基因大米中，它们没有表现出 Cry1Ab 蛋白负面效应，而表现出抗-PHA-E 蛋白和抗-Cry1Ab 抗体。因此，仅有 PHA-E 凝血素在喂养 90 天大鼠实验中起到免疫调节作用。

Domon 等首次报道了动物口服 26 周转基因大米风险评估实验，这一发现将用于控制花粉致敏。特别地，对猴子通过填喂法来进行实验，实验发现在体重和行为方面没有对猴子起到负面作用，同时，血液分析表明，血液和生化数据区别不大，此外，既没有病理症状，也没有组织病理症状。因此，结果说明含有花粉过敏原的转基因大米是安全的（Domon et al，2009）。

3.3.3.3 大豆

就近期研究的转基因大豆安全评估而言，结果有争议，其中有两个研究团队对此有很深入的研究。其中之一是由 Delaney 带领的，他表示转基因大豆是安全的，相反，另一个研究团队 Dr. Malatesta 对此提出明显的质疑。

Appenzeller 等用抗除草转基因大豆对 Sprague-Dawley 大鼠进行亚慢性喂养

试验，喂养时间至少 93 天，与喂养正常膳食的大鼠相比，并没有观察到明显的与体重相关的生物学和负面效应，同时也评估了食物消耗率、临床指标、死亡率、眼科和神经行为、生物体重、临床病例学等数据（Appenzeller et al. 2008）。在对肉鸡的 42 天喂养试验中，McNaughton 等得出 356043 转基因大豆和非转基因大豆是可以相互比拟的结论。Delaney 等（2008）用高度含有 gm-fad2-1 和 gm-hra 基因片段的转基因大豆对 Sprague - Dawley 大鼠进行亚慢性喂养试验，就体重、消耗率、死亡率等而言的毒性临床表象，此外，对与饮食相关的神经行为方面、体重、临床或者解剖病理学等也做了相应的评估（De Vendômois et al，2009）。基于这些研究数据，作者指出，356043 和 305423 转基因大豆与传统非转基因大豆一样安全和营养。Mathesius 等评估了作为转基因大豆选择标记物 GM-HRA 的安全性，实验发现在至少 436 mg/kg 体重的剂量下喂养 GM-HRA，动物本身并没有产生明显的负面效应，这说明 GM-HRA 蛋白用于农业生物技术中是安全的（Mathesius et al，2009）。

与上述结果相反，对雌性鼠长期喂养转基因大豆，实验数据的评估主要集中在年老动物肝脏受到的影响，为的是说明转基因食品带来的风险是否与年龄增长有关。Malatesta 等发现，摄入的转基因大豆可能随着年龄的增长而出现影响肝脏的表象，即属于干细胞代谢的蛋白质，在喂养转基因大豆的小鼠上心压应答、钙离子信号和线粒体凋亡方面表现出差异。它指出，衰老标记组比空白组更具有表达性。此外，喂养转基因大豆小鼠的干细胞线粒体和细胞核变化明显降低（Appenzeller et al. 2008），在先前对幼年和成年小鼠喂养转基因大豆的肝细胞研究中，细胞核的变化包括转录和翻译结构组成的变化，尽管上述变化的原因还没有建立，但要注意的是只有在转基因食品取代非转基因食品时，这些变化才会发生（Malatesta et al. 2008）。因为转基因大豆可以抗农药，用除草剂成分处理后观察到的效应主要是由于除草剂残留导致的。Malatesta 等用 1～10mmol/L 的药物刺激 HTC 细胞并利用流式细胞仪和电镜来分析细胞特征，发现细胞形态、死亡率和细胞质器官没有受到影响。然而，在 HTC 细胞中细胞质溶酶体密度增加，线粒体膜改变，这表明呼吸活性下降。除此之外，细胞核也表现出转录行为的降低，作者没有排除除了有除草剂残留以外的影响，然而，他们指出低浓度药物刺激下 HTC 细胞出现的效应一致性表明除草剂残留可能是影响多通道代谢效应的原因之一。

Cisterna 等对早期小鼠胚胎植入转基因或非转基因大豆用来研究超微和免疫细胞化学特征，为的是区分亲代的摄入是否会在结构成分上影响核糖核蛋白的形态功能化发展。从形态学上观察，胚胎细胞核成分总体情况基本相同，然而，免疫细胞化学和原位杂交结果表明前驱体 mRNA 转录和翻译下降，同时，其成熟化速度降低，在先前对喂养转基因大豆小鼠的超微结构分析表明，用 Sm 抗原免疫标记的 2~5 个月大的转基因大豆喂养小鼠，其 hnRNPs、SC35 和 RNA Polymerase Ⅱ 表达降低，8 个月后才恢复正常。对不同年龄段的转基因大豆喂养大鼠，其染色质数量增加，细胞核孔密度降低，而且，小鼠光滑内质网表面积增加。上述结果表明，这些微观和宏观水平在细胞上的变化都是因为转基因大豆的摄入。

Magaña-Gómez 等做了对 Wistar 大鼠喂养 30 天的实验，通过分析 PAP 蛋白的表达和胰蛋白酶反转录 PCR，提出转基因大豆（SUPRO 500E）的摄入可能诱导胰腺压或损伤的假设（Magaña‐Gómez and Calderón de la Barca，2009）。这个假设的基础是先前研究的结果，它指出对小鼠从怀孕期用转基因大豆进行慢性喂养时影响了胰腺腺泡细胞中酶原的合成，并且降低了细胞质、细胞核等在胰腺酶原腺泡细胞核上的颗粒积累。同时，研究者对大鼠喂养转基因和非转基因大豆后并没有发现其在生长行为上的差异。经 15 天喂养转基因膳食后诱导出明显的酶原-颗粒消耗现象，恢复正常水平要在 30 天以后。腺泡解体发生在喂食转基因食物 5 天后，并于 30 天后恢复。PAP mRNA 水平在喂养转基因膳食 1~3 天内增加，到 15 天的时候降到基本水平。反过来，胰蛋白酶原 mRNA 的峰值出现在两个不同的时期：第 1 天和第 15 天，30 天后降低到基本水平。而血浆淀粉酶在任何时候都保持不变。作者指出摄入转基因大豆蛋白影响胰腺功能，这在早期 PAP mRNA 水平明显增加和胰腺细胞特征 30 天后改变得到了证实。在日本，Sakamoto 等给 F344 大鼠喂养转基因和非转基因大豆 52 周和 104 周，尽管所有的研究在动物生长、食物摄入、血清生化指标和组织学行为上呈现不同的现象，但是在体重上却基本相似。大鼠尸体实验分析结果表明，血液和血清生化指标、组织重量没有体现出有意义的差别，说明长期摄入正常饮食 30% 的转基因大豆对大鼠没有负面影响（Sakamoto et al，2007）。

转基因膳食喂养动物实验见表 3-2。

表 3-2　转基因膳食喂养动物实验（Sakamoto et al，2007）

植物	实验动物	实验时间	负面影响	参考文献
转基因玉米 MON863	大鼠	90 天	雌雄大鼠轻微的剂量-体重关系,肝肾毒,雌性鼠甘油三酯增加,雄性鼠钠分泌物降低	Séralini et al,2009
转基因玉米 MON863	大鼠	90 天	无负面效应	Doull et al,2007
转基因玉米 NK603、转基因玉米 MON810 和 MON863	大鼠	14 周	与 3GMO 存在剂量和性别关系,大多数有肝毒性,另一些有心脏毒,生长、临床、神经行为、眼、病理、总体重与对照组没有明显的差异	DeVendômois et al,2009

续表

植物	实验动物	实验时间	负面影响	参考文献
转基因玉米 1507	斯普拉格-道利大鼠	90 天	体重、食物消耗量、毒性临床效应、死亡率、眼科、神经行为评估、病理没有剂量差异	MacKenzie et al, 2007
转基因玉米 59122	大鼠	90 天	体重、食物消耗量、毒性临床效应、死亡率、眼科、神经行为评估、病理没有剂量差异	Malley et al, 2007
转基因玉米 1507×59122	斯普拉格-道利大鼠	92 天	与 3GMO 存在剂量和性别关系,大多数有肝毒性,另一些有心脏毒,生长、临床、神经行为、眼、病理、总体重与对照组没有明显的差异	Appenzeller et al, 2008
转基因玉米 DP-Ø9814Ø-6	斯普拉格-道利大鼠	13 周	没有出现生长和 OECD408 毒性应答差异	McNaughton et al, 2008
转基因玉米 59122	小鼠	28 天	含有高浓度 Cry34Ab1 或 Cry35Ab1 蛋白,没有明显的毒性和剂量效应	Juberg et al, 2009
转基因玉米 DP-Ø9814Ø-6	肉鸡	42 天	死亡率、生长行为或残骸、有机体上没有明显差异,其风险性没有评估	Appenzeller et al, 2008
转基因玉米 DAS-59122-7	斯普拉格-道利大鼠	90 天	血液学和血清化学有明显差异,59122 转基因玉米和非转基因玉米一样安全	He et al, 2008
转基因玉米 Y642(富含赖氨酸)	斯普拉格-道利大鼠	90 天	体重、食物消耗、临床医学、血液学和全部及部分体重上无负面剂量-效应关系	He et al, 2008
转基因玉米 88017	大鼠	13 周	无负面影响	Healy et al, 2008
转基因玉米 2mEPSPS	小鼠		蛋白质无害,可用于食物	Herouet-Guichen-ey et al, 2009
转基因玉米 MIR604,MON88107			形态学、血液学、生物化学参数分析,敏感生物标志物没有表明有害	Tutel´ian et al, 2007
转基因玉米 MIR604,MON88107			进行 DNA 损伤、结构染色体畸变、过敏反应和免疫活性性能分析	Tutel´ian et al, 2007
转基因大米 KMD1	Wistar 大鼠	90 天	动物行为和体重上无负面效应,与对照比较生化指标几乎没有差异,体重和其他指标有微小差异	Schrøder et al, 2007
转基因大米凝集素	Wistar 大鼠	90 天	临床等生化指标与对照组有明显不同,无负面效应,但不能总结出其安全性	Poulsen et al, 2007

续表

植物	实验动物	实验时间	负面影响	参考文献
含有 Cry1Ab 杀虫蛋白和 PHA1 凝集素	Wistar 大鼠	28 天和 90 天	肠系膜淋巴结重量和免疫球蛋白 A 有剂量-效应关系	Kroghsbo et al, 2008
含反应蛋白大米	猕猴	26 周	总体重和行为等没有负面效应	Domon et al, 2009
转基因大豆 DP-356Ø43-5	斯普拉格-道利大鼠	93 天以上	动物行为和体重上无负面效应，看不到组织异常	Appenzeller et al, 2008
转基因大豆 DP-356Ø43-5	肉鸡	42 天	无负面效应，与非转基因大豆一样安全	McNaughton et al, 2008
转基因大豆 DP-3Ø5423-1	斯普拉格-道利大鼠		动物行为和体重、神经等无负面效应	McNaughton et al, 2008
HRA	小鼠	28 天	无负面效应	Mathesius et al, 2009
表达 CP4 EPSPS 基因的大豆	小鼠		与肝细胞代谢、应激反应、Ca^{2+} 通道和膜电位有关的蛋白质呈现出差异性	Malatesta et al, 2008
转基因大豆 GM	小鼠		转基因和非转基因没有明显的形态差异性，但是喂养转基因大豆的小鼠细胞有宏观和微观的区别	Cisterna et al, 2009
沙布罗 500E	Wistar 大鼠	20 天	生长上没有区别，但是 PAP mRNA 前驱体增加	Malatesta et al, 2008
抗草甘膦	F344 大鼠	52 周	血液、生化指标等没有负面效应	Sakamoto et al, 2007
抗草甘膦	F344 大鼠	104 周	血液、生化指标等没有负面效应	Sakamoto et al, 2007

参 考 文 献

曾庆祝，曾庆孝. 2003. 食品质量与安全性控制技术. 食品科学，24 (8)：155-159.

程安玮，杜方岭，徐同成，王文亮. 2009. 辐照对食品中营养成分的影响. 山东农业科学 (11)：57-60.

傅俊杰，劳华均，刘波静. 2004. 辐照冻虾仁对其营养品质的影响. 核农学报，18 (5)：381-384.

古丽，米娜，张国军，王勇. 2011. 辐照食品安全性. 中国科技博览，(26)：270.

胡小泓，梅亚莉，李丹. 2007. 微波处理油菜籽对油脂品质影响的研究. 食品科学，27 (11)：372-374.

黄校亮，刘岩，金丽，杨莹丽，于东冬，周建光，金钦汉. 2007. 微波辅助蛋白质水解研究进展. 辽宁石油化工大学学报，26 (4)：53-55.

姜梅，董明盛，芮昕，李伟，陈晓红. 2013. 高压均质和热处理对豆乳蛋白质溶解性的影响. 食品科学，34 (21)：125-130.

匡华，高毕远，Yevonne Vissers，高中山. 2013. 热处理对食物致敏性的影响及其体外细胞学评价. 食品与生物技术学报，32 (9).

李斌，黄艳，杨阳. 2011. 关于转基因安全性问题的几点思考. 科技创新导报，(25)：253-254.

李朝霞，丁成. 2000. 微波辐射对油脂稳定性影响的研究. 盐城工学院学报：社会科学版，13（2）：22-24.

李丹，李中华. 2013. 三种蔬菜热处理技术与速冻保鲜效果关系的研究. 海军医学杂志，（2）：116-119.

李艳，魏作君，陈传杰，刘迎新. 2010. 碳水化合物降解为 5-羟甲基糠醛的研究. 化学进展，22（8）：1603-1609.

梁青青. 2012. 我国转基因农产品发展现状研究. 生态经济，（12）：146-149.

刘国琴，李琳，胡松青，张喜梅，郭祀远，韩丽华. 2005. 功率超声和微波处理对花生油脂肪酸组成的影响. 中国油脂，30（7）：46-49.

刘志皋. 2011. 食品营养学. 北京：中国轻工业出版社.

马传国，王敏. 2001. 微波处理大豆对油脂品质的影响. 中国油脂，26（6）：16-19.

盛国华. 1999. 国内外微波食品的概况及发展趋势. 冷饮与速冻食品工业，5（1）：40-41.

孙王平，李慧娟. 1998. 水热处理后荞麦抗性淀粉的特殊效用. 粮油食品科技，3，38.

万本屹，董海洲. 2001. 微波加热对食品中维生素的影响. 食品与机械，（4）：11-12.

万忠民，郑刚. 2003. 微波辐射下植物油脂酸值的变化. 中国油脂，28（2）：37-39.

王锋，哈益明，周洪杰，高美须. 2006. 辐照对食品营养成分的影响. 食品与机械，21（5）：45-48.

王国英. 2001. 转基因植物的安全性评价. 农业生物技术学报，9（3）：205-207.

肖玫，朱铭亮，赵桂龙，王胜友. 2005. 国内外转基因食品的安全性评价及展望. 中国食物与营养，7：13-16.

徐丽萍，徐海滨. 2008. 食品安全性评价. 北京：中国林业出版社：243.

于彭伟. 2010. 美拉德反应对食品加工的影响及应用. 肉类研究，（10）：15-19.

张桂英，李琳. 1998. 微波对植物油中维生素 E 抗氧化性能的作用. 食品科学，19（2）：15-17.

张建红，徐信武，周定国. 2004. 水热处理对麦秸化学构成的影响. 南京林业大学学报：自然科学版，28（3）：31-33.

赵文. 2006. 食品安全性评价. 北京：化学工业出版社.

周涛，许时婴，王璋，孙大文. 2002. 热处理对微加工茭白的质构与色泽的影响. 无锡轻工大学学报，21（3）：281-284.

周则卫. 2014. 转基因的健康发展必须超越"实质等同"评价原则. 食品安全质量检测学报，（6）.

朱佳廷，金宇东，刘春泉，冯敏，余刚，刘志凌. 2007. 辐照螺旋藻粉的杀菌效果对营养活性成分的影响. 核农学报，21（2）：164-167.

Appenzeller L M, Munley, S M, Hoban D, Sykes G P, Malley L A, Delaney B, 2008. Subchronic feeding study of herbicide-tolerant soybean DP-356Ø43-5 in Sprague-Dawley rats. Food and chemical toxicology, 46 (6): 2201-2213.

Capuano E, Fogliano V. 2011. Acrylamide and 5-hydroxymethylfurfural (HMF): A review on metabolism, toxicity, occurrence in food and mitigation strategies. LWT-Food Science and Technology, 44 (4): 793-810.

Cisterna B, Flach F, Vecchio L, Barabino S, Battistelli S, Martin T, Malatesta M, Biggiogera M. 2009. Can a genetically-modified organism-containing diet influence embryo development? A preliminary study on pre-implantation mouse embryos. European Journal of Histochemistry, 52 (4): 263-267.

De Vendômois J S, Roullier F, Cellier D, Séralini G-E. 2009. A comparison of the effects of three GM corn varieties on mammalian health. International journal of biological sciences, 5 (7): 706.

Domon E, Takagi H, Hirose S, Sugita K, Kasahara S, Ebinuma H, Takaiwa F. 2009. 26-Week oral safety study in macaques for transgenic rice containing major human T-cell epitope peptides from Japanese cedar pollen allergens. Journal of agricultural and food chemistry, 57 (12): 5633-5638.

Doull J, Gaylor D, Greim H, Lovell D, Lynch B, Munro I. 2007. Report of an Expert Panel on the reanalysis by of a 90-day study conducted by Monsanto in support of the safety of a genetically modified corn variety (MON 863). Food and Chemical Toxicology, 45 (11): 2073-2085.

He X, Huang K, Li X, Qin W, Delaney B, Luo Y. 2008. Comparison of grain from corn rootworm resistant transgenic DAS-59122-7 maize with non-transgenic maize grain in a 90-day feeding study in Sprague-Dawley rats. Food and Chemical Toxicology, 46 (6): 1994-2002.

He X Y, Tang M Z, Luo Y B, Li X, Cao S S, Yu J J, Delaney B, Huang K L. 2009. A 90-day toxicology study of transgenic lysine-rich maize grain (Y642) in Sprague-Dawley rats. Food and chemical toxicology, 47 (2): 425-432.

Healy C, Hammond B, Kirkpatrick J. 2008. Results of a 13-week safety assurance study with rats fed grain from corn rootworm-protected, glyphosate-tolerant MON 88017 corn. Food and chemical toxicology, 46 (7): 2517-2524.

Herouet-Guicheney C, Rouquié D, Freyssinet M, Currier T, Martone A, Zhou J, Bates E E, Ferullo J-M, Hendrickx K, Rouan D, 2009. Safety evaluation of the double mutant 5-enol pyruvylshikimate-3-phosphate synthase (2mEPSPS) from maize that confers tolerance to glyphosate herbicide in transgenic plants. Regulatory Toxicology and Pharmacology, 54 (2): 143-153.

Janzowski C, Glaab V, Samimi E, Schlatter J, Eisenbrand G. 2000. 5-Hydroxymethylfurfural: assessment of mutagenicity, DNA-damaging potential and reactivity towards cellular glutathione. Food and chemical toxicology, 38 (9): 801-809.

Juberg D R, Herman R A, Thomas J, Brooks K J, Delaney B. 2009. Acute and repeated dose (28 day) mouse oral toxicology studies with Cry34Ab1 and Cry35Ab1 Bt proteins used in coleopteran resistant DAS-59122-7 corn. Regulatory Toxicology and Pharmacology, 54 (2): 154-163.

Kroghsbo S, Madsen C, Poulsen M, Schrøder M, Kvist P H, Taylor M, Gatehouse A, Shu Q, Knudsen I. 2008. Immunotoxicological studies of genetically modified rice expressing PHA-E lectin or Bt toxin in Wistar rats. Toxicology, 245 (1): 24-34.

MacKenzie S A, Lamb I, Schmidt J, Deege L, Morrisey M J, Harper M, Layton R J, Prochaska L M, Sanders C, Locke M. 2007. Thirteen week feeding study with transgenic maize grain containing event DAS-Ø15Ø7-1 in Sprague-Dawley rats. Food and chemical toxicology, 45 (4): 551-562.

Magaña-Gómez J A, Calderón de la Barca A M. 2009. Risk assessment of genetically modified crops for nutrition and health. Nutrition reviews, 67 (1): 1-16.

Malatesta M, Perdoni F, Santin G, Battistelli S, Muller S, Biggiogera M. 2008. Hepatoma tissue culture (HTC) cells as a model for investigating the effects of low concentrations of herbicide on cell structure and function. Toxicology in vitro, 22 (8): 1853-1860.

Malley L A, Everds N E, Reynolds J, Mann P C, Lamb I, Rood T, Schmidt J, Layton R J, Prochaska L M, Hinds M. 2007. Subchronic feeding study of DAS-59122-7 maize grain in Sprague-Dawley rats. Food and chemical toxicology, 45 (7): 1277-1292.

Mathesius C, Barnett Jr J, Cressman R, Ding J, Carpenter C, Ladics G, Schmidt J, Layton R, Zhang J, Appenzeller L. 2009. Safety assessment of a modified acetolactate synthase protein (GM-HRA) used as a selectable marker in genetically modified soybeans. Regulatory Toxicology and Pharmacology, 55 (3): 309-320.

McNaughton J, Roberts M, Smith B, Rice D, Hinds M, Sanders C, Layton R, Lamb I, Delaney B. 2008. Comparison of broiler performance when fed diets containing event DP-3Ø5423-1, nontransgenic near-isoline control, or commercial reference soybean meal, hulls, and oil. Poultry science, 87 (12): 2549-2561.

Miyakawa Y, Nishi Y, Kato K, Sato H, Takahashi M, Hayashi Y. 1991. Initiating activity of eight pyrolysates of carbohydrates in a two-stage mouse skin tumorigenesis model. Carcinogenesis, 12 (7): 1169-1173.

Monien B H, Frank H, Seidel A, Glatt H. 2009. Conversion of the common food constituent 5-hydroxymethylfurfural into a mutagenic and carcinogenic sulfuric acid ester in the mouse in vivo. Chemical research in toxicology, 22 (6): 1123-1128.

Morales F J. 2008. Hydroxymethylfurfural (HMF) and related compounds. Process-induced food toxicants: Occurrence, formation, mitigation, and health risks: 135-174.

Osimitz T G, Droege W, Boobis A R, Lake B G. 2013. Evaluation of the utility of the lifetime mouse bioassay in the identification of cancer hazards for humans. Food and Chemical Toxicology, 60: 550-562.

Poulsen M, Schrøder M, Wilcks A, Kroghsbo S, Lindecrona R H, Miller A, Frenzel T, Danier J, Rychlik M, Shu Q. 2007. Safety testing of GM-rice expressing PHA-E lectin using a new animal test design. Food and chemical toxicology, 45 (3): 364-377.

Rosatella A A, Simeonov S P, Frade R F, Afonso C A. 2011. 5-Hydroxymethylfurfural (HMF) as a building block platform: Biological properties, synthesis and synthetic applications. Green Chem. 13 (4): 754-793.

Séralini G-E, De Vendômois J S, Cellier D, Sultan C, Buiatti M, Gallagher L, Antoniou M, Dronamraju K R. 2009. How subchronic and chronic health effects can be neglected for GMOs, pesticides or chemicals. International journal of biological sciences, 5 (5): 438.

Sakamoto Y, Tada Y, Fukumori N, Tayama K, Ando H, Takahashi H, Kubo Y, Nagasawa A, Yano N, Yuzawa K. 2007. [A 52-week feeding study of genetically modified soybeans in F344 rats]. Shokuhin eiseigaku zasshi. Journal of the Food Hygienic Society of Japan, 48 (3): 41-50.

Schrøder M, Poulsen M, Wilcks A, Kroghsbo S, Miller A, Frenzel T, Danier J, Rychlik M, Emami K, Gatehouse A. 2007. A 90-day safety study of genetically modified rice expressing Cry1Ab protein (< i> Bacillus thuringiensis</i> toxin) in Wistar rats. Food and Chemical Toxicology, 45 (3): 339-349.

Song J, Zhao M, Liu X, Zhu Y, Hu X, Chen F. 2013. Protection of cyanidin-3-glucoside against oxidative stress induced by acrylamide in human MDA-MB-231 cells. Food and Chemical Toxicology, 58, 306-310.

Surh Y-J, Tannenbaum S R. 1994. Activation of the Maillard reaction product 5-(hydroxymethyl) furfural to strong mutagens via allylic sulfonation and chlorination. Chemical research in toxicology, 7 (3): 313-318.

Tutel'ian V, Gapparov M, Avren'eva L, Aksiuk I, Guseva G, L'vova L, Saprykin V, Tyshko N, Chernysheva O. 2007. [Medical and biological safety assessment of genetically modified maize event MON 88017. Report 1. Toxicologo-hygienic examinations]. Voprosy pitaniia, 77 (5): 4-12.

Ulbricht R J, Northup S J, Thomas J A. 1984. A review of 5-hydroxymethylfurfural (HMF) in parenteral solutions. Fundamental and Applied Toxicology，4（5）：843-853.

von Stedingk H，Vikström A C，Rydberg P，Pedersen M，Nielsen J K，Segerbäck D，Knudsen L E，Törnqvist M. 2011. Analysis of hemoglobin adducts from acrylamide，glycidamide，and ethylene oxide in paired mother/cord blood samples from Denmark. Chemical research in toxicology，24（11）：1957-1965.

Watzek N，Böhm N，Feld J，Scherbl D，Berger F，Merz K H，Lampen A，Reemtsma T，Tannenbaum S R，Skipper P L. 2012. N7-Glycidamide-Guanine DNA Adduct Formation by Orally Ingested Acrylamide in Rats：A Dose-Response Study Encompassing Human Diet-Related Exposure Levels. Chemical research in toxicology，25（2）：381-390.

Zhang L，Gavin T，Barber D S，LoPachin R M. 2011. Role of the Nrf2-ARE pathway in acrylamide neurotoxicity. Toxicology letters，205（1）：1-7.

Zhang X-M，Chan C C，Stamp D，Minkin S，Archer M C，Bruce W R. 1993. Initiation and promotion of colonic aberrant crypt foci in rats by 5-hydroxymethyl-2-furaldehyde in thermolyzed sucrose. Carcinogenesis，14（4）：773-775.

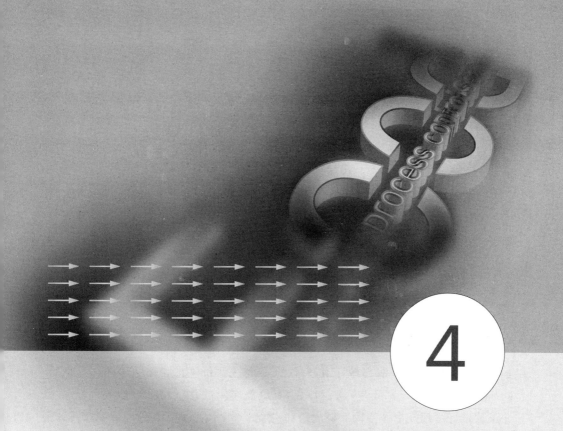

4

食品加工产生的化学危害物的
安全性评价及风险评估

食品加工过程中产生的化学危害物通常是食品产业中长期存在的重大安全隐患，与人类多种慢性疾病和癌症的发生密切相关，是全人类需要解决的共性问题。因为人们对常规加工过程具有较高的认同度，所以很多食品加工过程中产生的危害物被长期忽视。随着生活方式的转变，高蛋白质、高油脂食品消费比重越来越大，曾经被忽视的食品内源性化学污染物彰显其危害效应。根据美国疾控中心公布的数据，2011 年在美国食源性疾病中仅有 20％来自于致病菌等常规食源性危害物，而 80％则来自于加工过程或者环境变化产生的危害物，以及新原料、新工艺、新物种等导致的危害。

4.1　加工产生的化学危害物风险评估现状

4.1.1　国外化学危害物风险评估现状

国外膳食暴露评估起源于化学品的安全性评价。1960 年美国国会通过的 Delancy 修正案确定"凡是对人和动物有致癌作用的化学物不得加入食品"，按此条款进行管理提出"零阈"概念。20 世纪 70 年代后期，发现的致癌物越来越多，其中一些是难以避免或无法将其消除的化学物，还有一些是在权衡利弊后尚无法取代的化学物。于是，"零阈值"演变成一定概率条件下的"可接受风险"，由此，风险评估与预测方法应运而生，逐步发展为风险评估科学，并成为食品安全评估的科学基础之一。风险评估已成为当前世界贸易组织（WHO）和国际食品法典委员会（CAC）用于指定食品安全措施的必要技术手段。

化学物（包括污染和残留）的膳食暴露评估方法是将食品中化学物浓度监测数据与膳食消费量数据结合，通过相应的统计学处理，估计其膳食暴露量。通常，暴露评估有 3 种方法：以食品化学物水平和膳食消费量为事前估计的点评估模型、以化学物水平事前估计乘以膳食消费量分布数据的简单分布评估模型、以化学物水平和膳食消费量均为分布数据的随机评估模型。化学物监测数据来源主要包括单个食品监测、总膳食研究（total diet study，TDS）和双份饭法（duplicate diet method）。总膳食研究仅在美国、英国、澳大利亚、新西兰、法国、中国等国家开展过。国家会开展一些了解和评估居民健康及营养健康和营养状况的全国性调查，我们可以据此获得相关的膳食消费量。如美国、德国、法国、日本、加拿大、澳大利亚、新加坡等发达国家会定期开展国民健康与膳食营养调查。其中以美国疾病预防控制中心开展的美国膳食营养与健康调查（NHANES）最为全面；欧盟主要采用荷兰、法国、英国、德国、意大利、丹麦、瑞典等膳食调查数据。世界卫生组织全球环境监测系统/食品计划（GEMS/Food）根据 1997—2001 年可获得的主要食品消费数据，目前已建立起包括 183 个国家在内的 13 个区域膳食模式。

随着计算机技术快速发展，从 20 世纪 90 年代后期开始，以计算机模拟为技术平台，综合现有膳食消费量调查和食品化学物监测数据的膳食暴露定量评估技术悄然兴起，并迅速发展为目前食品安全暴露评估研究的热点。现有文献显示：美国和欧盟一直处于该领域技术前沿，其研究和应用现状代表了世界范围内研究水平，并且构建了较为完善的膳食暴露定量评估模型。

大样本代表性生物监测研究，如《全国人体环境化学物暴露报告（National Report on Human Exposure to Environmental Chemicals）》[美国疾病预防和控制中心（CDC）2012，以下简称为全国暴露报告（NER）]，以及在加拿大和德国等其他国家进行的生物监测工作，为一般人群个体生物介质如血液和尿液中化学物的检出和浓度提供了重要的数据。所测得的浓度综合反映了可能通过多种途径和通路发生暴露。基于这个及其他原因，生物监测日益成为评估环境化学物暴露最先进的工具（Aylward et al，2013）。NER 为美国一般人群代表性样本中的上百种分析物提供了完美的数据。对于致力于确定和研究一般人群化学物暴露的风险管理人员和研究人员而言，这些数据可能是一个丰富的信息源。如果有可采用的特定化学物以及基于生物监测的风险评估值，则可评估所测化学物浓度在现有毒理学资料和风险评估中的重要性。这些风险评估值理论上基于人群生物标志物浓度与不良反应的强大数据集[如，CDC 和其他组织曾使用过"血铅警戒水平（blood lead level of concern）"]。然而，建立这种基于流行病学的估值是一项耗时耗资源的工作，事实上，只有部分化学物的数据支持这类评估。作为一个过渡的方法，出现了生物监测当量（biomonitoring equivalents，BEs）这一概念，研究人员发布了这些值的推导和交流指南。

NER 生物监测数据的描述性统计来自美国 CDC 网上汇总表（CDC，2012），选择各分析物最新的数据。对于上述一些生物标志物浓度受年龄（一些持久性有机氯化合物）或吸烟状况（例如，镉、丙烯酰胺、苯、甲苯）影响的分析物，人群组的简单描述性统计[如人口加权的几何平均数（GM）和第 95 百分位数]是根据美国全国健康与营养调查（NHANES）（CDC，2012）的网上有效数据，使用 STATA IC10（StataCorp，大学城，得克萨斯州）计算得出的。这样的人群组分析是在先验信息表明有相关性的情况下进行的，但没有根据吸烟情况和年龄综合评估此分析中所有的化学物。

用于评估生物标志物浓度的基于公共卫生的特定化学物筛选值可通过几种来

源确定，包括：Bes（Angerer et al，2011）；德国人类生物监测委员会的人类生物监测-I（HBM-I）值（Schulz et al，2011）；国家研究委员会（NRC，2000）报告中等效于甲基汞的血液浓度参考剂量（RfD）；由法国国家食品、环境及职业健康安全署设定的多氯联苯化合物的"临界浓度"　［Agencenationale de securite sanitaire Alimentation Environnement Travail（ANSES），2010］。若有效的筛选值不止一个，则根据优先等级选择。

4.1.2　国内化学危害物风险评估现状

目前，我国的化学物膳食暴露评估多是单独进行膳食摄入模式研究和食品污染现状调查，而将这两方面信息有机整合获得人群膳食暴露量的研究，多采用点评估技术，这与目前的国际水平存在一定差距。

对于膳食暴露评估所需的食物消费量数据，我国目前已积累有较丰富的信息资源。我国政府为了保障人民健康，几乎每 10 年花巨资开展一次全国性的膳食与营养调查，如 1959 年、1982 年、1992 年和 2002 年的全国膳食与营养调查。与其相关的疾病调查有 1959 年、1979—1980 年、1991 年和 2002 年 4 次全国高血压调查，以及 1984 年、1995 年和 2002 年 3 次全国糖尿病调查。其中，2002年由卫生部、科技部、公安部和国家统计局联合启动的"中国居民营养与健康状况调查"，将膳食营养与血糖、血脂和高血压等健康调查首次并行进行，由中国疾病预防控制中心营养与食品安全所负责实施。这一调查包括全国 31 个省、自治区、直辖市，按经济发展水平及其类型划分为大城市、中小城市、一类农村地区、二类农村地区、三类农村地区和四类农村地区共 6 类地区；每类地区随机抽取 22 个县（区），共 132 个县/区；然后按等容量在每个县、区抽取 3 个乡镇/街道，每个乡镇、街道按等容量抽取 2 个村、居委会，每个村、居委会抽取 90 户，随机选择其中 30 户进行入户膳食调查。通过 3 天 24h 回顾调查，3 天入户称重调查和过去 1 年食品消费频数调查，共获得 22567 个家庭 66172 人连续 3 天调查共计 193814 个人次、1810703 条食物消费量数据。

在食品化学物监测方面，我国已建立了全国农产品监测网络，可定期收集到全国各监测点的污染物数据，近年来各监测点数据的质量不断提高。另外国内在 1990 年、1992 年、2000 年、2007 年和 2013 年成功进行了 5 次"中国总膳食研究"，在研究方法的科学性和研究内容的完整性上已基本接近发达国家水平。

当前我国的食品标准起草过程，是利用点评估方法结合我国膳食营养调查提出的食物消费量模式和食品污染物现状调查进行暴露评估，提出限量标准，再采用国际标准评价其适用性。点评估简便易行，易于推广，但忽略了观察个体间体重、消费量以及摄入化学物浓度等方面的变异。因此这一过程属于筛选性质的较多，而属于定量评估的较少。目前，研究适合我国国情的膳食暴露定量评估模型作为传统点评估方法的有益补充的工作正在开展中。

4.2　化学物累积暴露风险评估方法

1983 年，美国国家研究委员会（National Research Council，NRC）提出了风险评估四步法：危害鉴定、量-效评价、暴露评估和危害特征描述（NRC，1983），这是目前化学物健康风险评估的基础框架。该模式常局限于单种物质的单一途径暴露，对于建立某化学物暴露的"可接受水平"具有重要意义。但是，在实际生活中，人们每天都通过多种途径暴露于多种低水平的天然或合成的化学物下，这种暴露是否会通过多种毒理学交互作用对人类健康产生意想不到的危害，是过去 20 年科学家和管理者重点关注的问题，目前这一问题已引起人们更多的关注。

从 20 世纪 80 年代起，美国环境保护署（Environmental Protection Agency，EPA）和 NRC 开始致力于多种化学物累积毒性效应研究（NRC，1988；USEPA，1986），但没有建立一套能被大家所公认的适合进行该项风险评估的方法。1996 年，美国国会通过的《食品质量保护法》(Food Quality Protection Act，FQPA) 明确要求，EPA 在确定食品污染物可接受残留水平时，要根据可获得的信息，考虑到具有相同毒性机制的两种及以上农药或其他物质同时暴露的累积效应及风险，自此农药暴露的累积风险被正式纳入管理框架。随后 EPA 发表了一系列关于化学物累积暴露健康风险评估的报告及指南；美国有毒物质与疾病注册机构就如何将现有方法用于化学物联合效应风险评估发表了两份指导文件；英国食物、消费品与环境中的化学物毒性委员会与荷兰健康委员会也相继发表了相应的进展报告。此外，丹麦兽药与食物管理部门针对混合化学物联合毒性的研究进行了总结和评价。总之，上述研究得出以下结论：①对于多种化学物暴露风险评估，首先要确定混合物各成分之间是否存在交互作用；②现有评估方法均基于一定假设进行，存在很大的不确定性，因此比较粗糙。

随后，国际上广泛倡议开展多种化学物混合效应评价方法的研究。欧洲食品安全局（European Food Safety Authority，EFSA）和挪威的食品安全科学委员会（Norwegian Scientific Committee for Food Safety，NSCFS）开展了关于化学物联合作用和累积风险评估的研讨会，推荐将生理毒物动力学模型引入化学物累积风险评估研究中，该建议将成为未来的研究热点。跟上述方法相比，该模型减少了对假设的依赖，可直接有效预测机体内暴露水平，但其构建需要大量高质量数据，因此现阶段模型仅用于较高层次的评估。

4.2.1　联合作用类型

化学物联合作用分无交互和有交互作用两种，前者又可分为剂量可加与效应可加，后者包括协同和拮抗两种形式。剂量可加指化学物以相同的机制作用于同一生物靶位，只是毒性高低不同。通常认为剂量可加的化学物间量-效曲线平行，但也允许特例存在。效应可加是指化学物产生的效应相同，但各自作用机理不同，作用性质及作用位点也可能不同，且彼此间独立、无相互干扰。交互作用是化学物相互间由于改变了本身或其药动学及更弱的拮抗作用。需要指出，低暴露水平下很难预测化学物的交互毒性，当前化学物联合效应的研究通常基于远高于实际暴露水平的浓度，而高浓度下的交互作用并不能说明低浓度下也存在交互作用。对于作用机制不同但可引起相同健康效应（即简单不相同作用）的化学物，它们之间则会发生效应相加作用。与剂量相加作用不同的是，效应相加作用中的每种化学物都必须达到足以引起健康效应的暴露水平。也就是说，如果每种化学物的暴露量均低于其参考值，如每日允许摄入量（ADI）或每日可耐受摄入量（TDI），那么就不会产生这种联合作用。

协同作用和拮抗作用是作用方向正好相反的两种作用。发生协同作用时，化学物间的联合效应大于各化学物单独作用的效应总和，而拮抗作用时化学物间的联合效应小于各化学物单独作用的效应总和。协同作用的发生通常需要至少有一种物质的剂量达到其有效剂量水平之上，也就是说，对于浓度均低于其有效剂量水平的化学物组合通常不需考虑协同作用的发生。而拮抗作用通常需要各物质都处于有效剂量水平之上。拮抗作用会减少化学物的毒性，因此不会引起健康问题，但在进行累积暴露评估时如未考虑到拮抗作用，则会使暴露估计结果偏于保守。

4.2.2　化学物累积暴露风险评估的常用方法

4.2.2.1　剂量相加或效应相加

由于现有证据不能支持化学物在低于各自未观察到有害作用剂量（NOAEL）时会表现出明显的协同作用，因此，目前的累积暴露评估方法通常是以剂量相加或效应相加为基本假设。

（1）类别 ADI/TDI

如果几种化学物在结构或代谢上相关且显示出相似的毒性，那么就可为这组化学物建立一个 ADI/TDI 值，以限制它们的总摄入量。通常该方法的应用条件是这组化学物：①在化学上（结构、性质等）密切相关（如脂肪酸）；②至少有一种化学物的毒理学资料足够充分；③组中各化学物的毒理学特征都具有统一的规律并可很好地进行预测；④各化学物的毒性效能尽可能相近，从而无需对不同化学物的暴露量进行效能校正。该方法是以结构-活性关系为基础的，适用于毒理学资料有限但化学结构非常相近物质的评估。制定类别 ADI/TDI 时所依据的 NOAEL 值非常重要。通常可采用该化学物组的平均 NOAEL 值，也可采用更加保守的最低 NOAEL 值来制定。在某些情况下，如果化学物组中各成员都具有相同的代谢产物，那么可依据代谢资料来制定。如作为食品香料的酯类的安全性可以根据它们在肠道分解产物酸和醇的毒理学资料进行评估；WHO 为 T-2 毒素及其主要代谢产物 HT-2 毒素制定了类别 TDI。有时类别 ADI/TDI 也可以用它们的共同代谢产物的形式来表示，例如斯替维醇和相关配糖类的 ADI 是以斯替维醇当量来表示的。

类别 ADI/TDI 也适用于某些在化学结构上关系并不密切但可引起相同生理或毒性作用的化学物。例如在肠道吸收很少但具有致泻作用的甜味剂，其类别 ADI 可据组中的任何一种物质的 NOAEL 来制定（以摩尔当量调整）。

（2）替代方法

替代方法（surrogate approach）主要用于混合物的累积风险评估，是以混合物中某单一成分的浓度来衡量整个混合物的效应。该方法假设各成分引起的效应与替代成分的浓度呈比例关系，并要求各成分的化学结构和毒理学特征一致，而且至少有一种成分有翔实的毒理学资料，可以作为替代化学物使用。

JECFA 曾以苯并芘为指示物用替代方法对食品中 13 种致癌性多环芳烃（PAH）进行了评估，并认为替代方法简便易用，更适于评价通过经口途径暴露的 PAH 混合物，而且评估的精准性与毒性当量因子（TEF）法相当。

（3）相对效能因子法

相对效能因子（relative potency factor，RPF）与毒性当量因子（toxicity equivalency factor，TEF）、效能当量因子（potency equivalency factor，PEF）均属同一类方法，被用于二噁英（PCDD/F）、有机磷、N-氨基甲酸甲酯等的累积评估中。这些方法都需要在一组具有共同作用机制的化学物中确定一个"指示化学物"，然后以各化学物的效能与指示化学物的效能的比值作为校正因子，对各化学物的暴露量进行标化，计算相当于指示化学物浓度的总暴露。因此指示化学物的选择很重要，通常依赖于毒理学资料和专家的判断，一般选择剂量-反应关系资料充分并且毒性相对较高的化学物，如 PCDD/F 中的 2,3,7,8-四氯代二苯并二噁英。

与替代方法相比，RPF 法考虑了各化学物的效能和浓度，对暴露的估计更加精确，但也更加复杂，它要求各化学物都要有可用的毒性和暴露数据，因此 RPF 法评估结果依赖于指示化学物的选择和毒理学资料的质量，指示化学物数据的不确定性将会显著影响风险评估结果的不确定性。另外，当各化学物间存在着明显的协同作用时，不适合用本方法进行评估。

（4）危害指数

危害指数（hazard index，HI）是各化学物危害商（hazard quotient，HQ）之和，HQ 为有害物质暴露量（EXP）与其参考值（RV）的比值。计算公式为：

$$HI = \sum_{i=1}^{n} HQ_i = \sum_{i=1}^{n} \frac{EXP}{RV_i} \tag{4-1}$$

当 HI<1 时，有害物质所造成的累积风险被认为是可接受的。HI 的概念清晰，相对易于理解，但由于 RV 在制定过程中考虑了不确定系数（uncertainty factor，UF），除了受动物种间和种内差异因素影响外，也受政策和其他方面因素的影响，因而 HI 就不单纯是对化学物实际毒性的衡量。另外，由于在制定各化学物的 RV 时采用的毒理学终点可能不同，为了实现更精确的评估，就需要推算出各化学物基于该组共同毒性终点的 RV，从而计算出经共同毒性终点调整后的 HI。作为一种快速简单的方法，HI 多用于初级的累积风险评估，如 EFSA 对三唑类农药的评估，也可用于对单个食品中化学物的急性或慢性累积暴露风险的评价。类似 HI 的方法还有参考点指数（RPI）、联合暴露边界（MOET）和累积风险指数（CRI）法。这些方法理解和应用起来比 HI 复杂，在食品化学物的评估中应用较少。

（5）生理毒物代谢动力学模型

生理毒物代谢动力学（physiologically based toxicokinetics，PBTK）模型是建立在生理学和解剖学上的一种整体模型，它将机体的每个组织单独作为一个通过血液相联系的房室，然后通过对机体中生物学组织和生理学过程的一系列数学描述，模拟化学物在各室（机体）中的吸收、分布、代谢和排泄过程。

PBTK 模型为累积风险评估提供了一种高度精确的方法。由于 PBTK 可以估计化学物在靶组织的浓度，即内部剂量或生物学有效剂量，因此可以将各化学物的内部剂量简单加和得到总的内部剂量，以内部剂量代替外部用药剂量可以显著提高剂量-反应关系的科学性，减少传统以用药剂量为基础的累积风险评估本身固有的不确定性。PBTK 模型还可以进行各种暴露条件下的推算，如物种间剂量-反应关系的推算、不同暴露途径间的推算、不同人群间变异性的估计等，从而有利于多种化学物间累积暴露的估计。模型不仅限于剂量相加作用的累积暴露评估，还可用于协同作用的研究。

由于 PBTK 模型的建立需要大量的资源和专业的经验，并且用于风险评估的模型有一定的条件限制，因此，在一般性的评估中很少使用。EPA 曾在其报告中探讨了 PBTK 模型在 N-氨基甲酸甲酯类农药累积风险评估中的应用。虽然这些 PBTK 模型方法应用仍限于研究层面，尚未用于管理毒理学或风险管理领域，但该方法的应用前景将非常广阔。

（6）概率风险评估

概率方法也是一种更精确的高级别累积风险评估方法。由于个体间食物消费量和食物间化学物浓度均存在着差异，因此个体的化学物暴露水平也存在着很大变异。另外，个体的敏感性也存在变异。这些变异都会导致风险评估中的不确定性在统计学上，这些变异表现在各自数据的分布形式中。概率评估方法可将这些分布数据之间以一种概率的方式相结合，从而为风险评估提供一种不确定性更小的实用手段。

欧洲安全食品项目建立的整合概率风险评估（integrated probabilistic risk assesement，IPRA）模型，是整合了暴露和效应的新型评估方法，已成功应用在有机磷农药、抗雄激素类农药的累积风险评估上。该模型综合考虑了存在于暴露评估和危害特征描述中的变异和不确定性。通过从数据库或特定分布的所有可变参数中抽出随机值计算个体暴露（iEXP）、个体关键效应剂量（iCED）及其比值（即个体暴露分布 iMOE）。在 iMOE 人群分布中，低于 1 的部分提示该部分人群处于风险中。评估中的不确定性通过多次重复蒙特卡罗模拟进行单独处理，每次为所有不确定性参数抽取随机值。在本框架中，通过 RPF 方法来估计人群的化学物累积暴露。

4.2.2.2 生物当量(BE)风险评估方法

使用 BE 或其他经确定的筛选值通过两种途径对 NER 生物监测数据进行评估。由于 BE 基于非癌症终点（如 RfDs、MRLs），危害商（hazard quotient，HQ）计算公式如下：

$$HQ = \frac{生物标志物的浓度}{BE} \tag{4-2}$$

HQ 值接近或超过 1，表明暴露水平接近或高于基于 BE 值的暴露基准。

与特定风险剂量相对应的 BE 值（BERSD）也同时推导产生，并也可以运用斜率系数评估化学物。特定风险剂量（RSDs）是与某化学物具体（癌症）风险水平相关的终生每日平均暴露量的估值。BERSD 是终生稳态血液浓度的估值，这是由特定风险剂量的慢性暴露造成的［对基于慢性 RfDs 和最大残留量（MRLs）的 BE 亦是如此］。根据生物标志物浓度是高于还是低于 BERSD 值，使用线性外推法评估风险。对于高持久性的分析物，在单一时点测量生物标志物浓度也许能合理、准确地代替长期平均浓度，以及个人的潜在风险（根据现有的风险评估）。然而，对于高瞬态分析物，根据个体血液或尿液中单一时点样本得出的非癌症和终生癌症风险的结论则更不确定。

NER 分析物列表中的一些化合物很少或没有在抽样人群中检出。当 NER 数据集中分析物的 GM 或第 95 百分位数低于检出限（LOD），则将 LOD 与 BE 值进行比较，从而评估 LOD 是否足够敏感能为风险评估提供相关信息。例如，对于 LOD＜BE 值的化合物，人群中检出分析物不足，则表明一般人群的暴露低于根据风险评估推导出的暴露指导值。无论将来生物监测研究（检出限提高）能否在风险评估方面有所发展、LOD 是否足够敏感能提供相关的分析物公共卫生风险评估结论，此信息均可用于评估。

4.3　化学危害物国内外风险监测水平

暴露评估，则是对危害物通过各种途进入人体的定量计算，包括食物、饮用水等的经口摄入，土壤等的经皮接触，或者周围空气的吸入，其中外暴露可以通过测量各种介质中危害物的浓度计算而得，而内剂量则由于个体生物利用度、吸收、分布、代谢和清除的不同而很难评估。暴露数据的缺乏和对机体内暴露机制的理解不足是大部分风险评估中不确定性的主要来源之一。

较之食品、饮用水、空气等环境监测而言，生物监测可直接测量不同个体环境危害物的内剂量，通过两种方法提供贯穿环境暴露和不良健康效应的信息：一方面在环境监测的基础上提供详细的危害物进入人体的来源和途径，另一方面验证环境危害物与疾病发生关系的新的或已经存在的假设。生物监测能改进环境因素暴露的评估方法，也能对效应进行更早、更敏感的评估。另外，生物监测还能反映出暴露于环境危害物导致不良健康效应的机制和个体差异。

4.3.1　生物监测在风险评估中的应用

随着分析技术的发展，生物监测广泛应用于人体化学危害物暴露评估，提高了相关风险评估的准确性。欧洲和美国特别鼓励将人体生物监测数据整合到风险评估过程中。生物监测可分为生物学监测、生物化学效应监测以及生物学效应监测，可以测量反映暴露、效应剂量、效应以及疾病等不同状态下的生物标志物，这不仅有助于更好地理解外暴露和内暴露的关系，同时也有助于分析剂量和效应的关系。生物监测测量人体内危害物的含量，是评估人体危害物暴露的"金标准"。未整合生物监测数据的风险评估可能导致不完全的暴露测量和错误的风险估计。

对于风险评估而言，生物监测数据的主要作用在于明确人体内污染物的暴露量，有时也能提供暴露所致效应的相关数据。在应用生物监测数据时，充分考虑生物样本的采集和保存、生物标志物的选择和检测以及生物监测数据的分析和解释，有助于更全面地理解生物监测数据（吴春峰，刘弘，2011）。

4.3.1.1 生物样本的采集和保存

生物监测数据来源于对生物样本中生物标志物的测量，选择不同的生物样本可以测量人体内不同的生物标志物含量。较常选择的生物样本有全血或血清、尿液、母乳。

① 全血或血清。血液可能是最常用的生物样本。大部分的化学物及其代谢物均是通过血液在人体内转移，部分与效应相关的生物标志物也能在血液中测量得到。血液中不同生物标志物可以将暴露、剂量和效应之间的关系串联起来。不过，采集血液量有限，且具有一定的创伤性，许多人反对采集血液。另外，由于血红细胞的生命周期只有 90～120 天，所以可能会低估过去的暴露。

② 尿液。采集尿液通常是生物监测项目的首选。采集过程对人体没有伤害，采集的样本量也可以很大，某些情况下也能反映出化学物对肾脏的效应。但对于大部分化学物而言，尿液中的生物标志物含量并不是很可靠，随尿液排出的不仅是化学物本身，还经常包含了其代谢物，并且其排出的含量随时间不同而不同。因此，对化学物毒物代谢学的认识有助于确定尿液中的生物标志物和采样的时间。

③ 母乳。母乳样品相对比较容易采集，并能反映出家庭及加工食品中脂溶性化学物的历史暴露水平。母乳不仅能反映母体中污染物的总负荷，也能为婴儿在子宫内或早期生活暴露提供相关的信息。对于婴儿，母乳喂养可能是最主要的污染物暴露途径，这又便于评估脂溶性化学物对发育期儿童造成的潜在不良效应。

通常，血液、尿液等最常使用的生物样本都有样本采集与保存标准操作程序，许多国家和国际组织都建立了不同生物样本采集和贮存的合适方法。一般情况下，血液样本需在−20℃或−80℃下冷冻保存，尿液样本应加入防腐剂于4℃保存或0℃以下冷冻保存。另外，由于采样和贮存过程中存在交叉污染的风险，故选择合适的容器和清洗程序也很重要。

4.3.1.2　生物标志物的测量

生物标志物能在容易取得的人体组织内测量得到，可以作为化学物在人体内的负荷指标。生物标志物种类很多，越特异的生物标志物反映人体负荷越可靠，生物标志物的选择直接影响着反映化学物在人体内含量的准确性。

对于代谢的外源性物质，生物标志物的测量需要关注的是该物质的代谢物，比如苯的生物标志物是苯酚、环磷酰胺的生物标志物是丙烯醛。此外，一些内源性的分子也可以作为化学物的暴露标志物，乙酰胆碱酯酶的变化可以作为摄入有机磷农药的生物标志物，卟啉比率可以反映体内铅或其他金属的含量。生物标志物同样可以作为一些疾病、分子变化、细胞或组织改变的标志物，甲胎蛋白是诊断肝癌的标志物，细胞形态学或精子计数的改变也能反映一些化学物质对人体的效应。

生物标志物测量中最常用的三种分析方法：原子吸收光谱法（AAS）或电感耦合等离子质谱法（ICP-MS），常用于测量生物样本中砷、镉、铅等金属；气相色谱法（GC）、液相色谱法（LC）、质谱法（MS）、高效液相色谱法（HPLC），多用于测量不同组织中农药、多溴化合物等有机污染物；生物分析技术如酶联免疫吸附法（ELISA），用于检测人体介质中抗原或受体的含量，比如荧光素酶报告基因（CALUX）法就是通过激活芳烃受体来检测二噁英和类二噁英化合物的。

考虑到不同分析方法的特性，检测不同的化学物时也存在着一定的差异。例如检测金属，其再现性较高，且实验室间和实验室内差异较低；而对于一些新出现的化学物，其再现性就低得多，变异性也可能较大。使用一些国际公认的标准方法、标准物质、标准可以提高生物监测数据的准确性、再现性和可比性。大部分的标准方法可以在美国环境保护部（EPA）或美国政府工业卫生学家会议（ACGIH）查到。

4.3.1.3　风险评估中生物监测数据的解释

化学协会国际理事会（ICCA）和欧洲化学物质生态毒理学与毒理学中心（ECETOC）已制定了生物监测数据解释导则和化学性风险评估中整合生物监测数据的框架，这些都指出可以应用生物监测数据在风险评估中描述暴露和效应。

生物监测数据可以正确地反映各种来源和途径的人体总体暴露水平，在掌握毒物代谢动力学和化学物不同生物标志物的情况下，生物监测数据也能体现出短期暴露水平和反复暴露后人体的累积内剂量。同样，生物监测数据也可用于了解人体低剂量暴露水平下化学物质的代谢途径和最终代谢产物，这就为掌握人体内毒物代谢动力学提供了依据。

此外，PBPK 模拟有助于将生物监测数据应用于从暴露重建到风险特征描述的全过程。有 3 种方法可以关联生物监测数据和健康结局：直接和毒性值比较、向前测定法和倒推测定法（Clewell et al，2008）。当人体内生物标志物和所关心的健康效应关系明确时，生物监测数据可以直接和毒性值比较。在向前测定法中，动物实验得到的药代动力学数据可以直接和人体内暴露比较，以得到人体安全系数的估计值，也可以在生物标志物浓度和动物实验中观察到的效应建立起联系。相反，倒推测定法是通过与动物实验中制定的标准（比如说参考剂量 RfD）比较，建立与生物监测数据相一致的外暴露剂量。这里举一个倒推测定法的例子，使用生理药动学模型确定与人体生物监测数据相一致的暴露水平。首先在特定的暴露水平、不同的暴露方式和药代动力学参数下，使用 PBPK 模型和 Monte Carlo 模拟预测出生物标志物浓度的分布，然后倒置该分布得到暴露转化因子（ECF），再将测量到的生物标志物浓度乘以暴露转化因子分布得到暴露的分布（Tan et al，2006）。在风险特征描述时，向前测定法和倒推测定法是互补的。在一定的概率范围内关联 PBPK 和暴露途径模拟是定量解释生物监测数据最好的途径。

4.3.2 风险评估中生物监测应用的局限性

生物监测项目的核心是可靠的分析测量。然而，即使确定了分析方法，在已有的毒理学资料以及样本时间稳定性数据的基础上，最可靠生物标志物的选择仍需反复斟酌以确保生物监测所得数据的质量（Tan et al，2006）。另外，不能确定某种特定摄入途径所致生物标志物的浓度、费用高以及一些伦理学问题，均会影响它在风险评估中的使用。风险评估中生物监测的使用虽有诸多限制，但并非无法克服（Calafat and Needham，2008）。

4.3.2.1 生物标志物的选择

生物标志物的选择主要取决于化学物毒理学资料，不同的生物标志物数据在风险评估中扮演的角色也不同。首先，生物标志物（化学物本身、代谢产物）可以多种形式存在于人体的多种组织中，如血液和尿液。如果在不恰当的组织中测定生物标志物的浓度，那么所得的结果完全是无用的，并且可能产生误导。例如，尿液中苯酚的含量很难估算人体对苯的实际暴露量，因为苯酚仅在苯高暴露水平时才有可能从尿液排出，相比之下，检测血液中的苯酚或者尿中苯巯基尿酸则更为可靠。其次，体内其他代谢也能产生苯酚，生物监测所得苯酚水平难以解释是内源性还是外源性暴露。因此，只有在了解了人体内部各种生理活动后，才能弄清各种生物标志物在人体内的情况。

4.3.2.2 生物标志物浓度的动态变化

生物监测的数据往往只能反映个体某个时间点的状态。不同生物标志物的半衰期和时间稳定性不同，生物监测所得的浓度也不同。有些化学物，它的半衰期只有几小时到几天，因此很快就从人体中排出体外，如果暴露于这类化学物，那么在它被排出体外前就必须采集到所需的生物样本，但是，往往很难在正确的时间采集到这些样本，这就限制了对这类化学物的监测。然而，有些半衰期长的化学物，测量得到的生物标志物可能是该物质进入人体后的最大值，也可能是稳态值，这样推算得到的暴露量和内剂量也会不同。另外，生物监测数据还未能外推至全人群，不同人群中生物标志物的浓度是变化的，因此，描述人口特征并以此得到各人群中生物标志物浓度的变异程度有助于将生物监测数据应用于风险评估中。

4.3.2.3 无法关联特定暴露途径

生物监测数据显示了所有暴露途径与来源引起的内剂量，通常不能明确相对重要的一种暴露来源或途径（例如吸入、摄入、表皮吸收）。风险评估三要素之一，就是评估暴露或剂量的重要来源和途径。如果没有暴露途径的信息，生物监测的数据很难与暴露来源和途径相关联，也很难发展有效的健康风险管理战略。此外，缺乏所研究化学物的生理药动学模型，就无法关联暴露史与生活方式，亦将限制暴露途径的计算或推断。在能很好地理解药代动力学（包括化学物在体内的生物利用、吸收、分布、代谢和消除）后，才可以计算暴露量、摄入剂量和吸收剂量。

4.3.2.4 伦理问题

关于生物监测数据用于风险评估方面的伦理问题有很多。第一，就是人类样本采集的必要性。某些采集生物样本的方法是侵入性的，对人体有一定的伤害。当生物监测中增加项目的时候，也要考虑是否有心理伤害这个问题。第二，匿名是保护隐私的最大保障，如果参与者不想让他的个人信息出现在生物监测数据和环境数据中，就必须坚持匿名。如果匿名，数据能否在地理位置上识别就很重要。第三，当生物监测数据显示为高暴露时，必然会重复采样和（或）采取一定的干预措施来减少暴露，这肯定会影响到参与者的"不知情权"。最后，生物样本可能不是来自于特定的生物监测项目，在进行风险评估前需要考虑，为了一个目的采集的样本是否能用于其他的目的，以及还有谁可以利用这些生物监测数据。

4.4　转化毒理学在风险评估中的应用

2013年第六届全国毒理学大会上提出一项名为"毒理学的未来：21世纪安全科学"的特别教育计划。这种转化毒理学综合了传统毒理学与有关多个生物组织层次中分子和功能变化的定量测定知识，将毒理学、生物学、化学和其他学科的原理在分子、细胞、生物体和人口水平获取的实验数据相结合，以鉴定和评估潜在危害与生物系统之间的相互作用。

现有风险评估能力如果基于人群流行病学结果，全球每年能够完成一个化合物就十分不易；基于整体实验动物的毒理学评估每年能够完成的数量在100个，但真正能够符合条件的不足10个。但化学品成千上万，评估能力明显与新开发化合物的需求不适应，对原有化合物也没有得到很好评估。现代生物学技术的发展，一系列组学技术和毒性机制研究可以积累成千上万数据（Carrington and Bolger，2010）。因此，提出转化毒理学（translational toxicology）的需求，就是将毒理学基础研究（甚至现代生物学基础研究）的成果转化为真正的公共卫生手段，这在黄曲霉毒素上进行了50年的实践（Kensler et al，2011）。伴随着动物福利问题的提出，减少、优化、替代动物试验（3R）成为当前的急迫需求，催生出美国科学院国家研究理事会（NRC）起草的科学咨询展望报告：21世纪毒理学测试新技术（TT21C）（Krewski et al，2010）。

TT21C建议开发仅基于体外模型的新型检测方法。在北美和欧洲，Tox Cast™和SEURAT等计划如今正在积极开发新方法，以降低风险评估对于动物研究的依赖，同时针对进入商业流通的大量新化合物和积压的未测试材料加快测试速度。过去几年，人们已完成HTS（高通量筛选）的早期阶段，提出来对比体外生物活性结果与预期人类暴露的新方法，积极开展关于特定毒性作用途径的案例研究工作和各种活动（调查研究、科学会议和产品商业化），以促进当前动物测试的变革。

21世纪毒理学测试新技术TT21C特别强调基于人的生物学，通过优先使用人的细胞系并直接预测人所暴露的安全评估，开启了现代评估实践的转化与转变，一旦成功将解决基于动物高剂量测试研究外推到普通人群低剂量暴露的问题，并使重点从危害鉴定转移到以风险为基础的框架。不再因为评价人体暴露而对动物进行高剂量染毒，取而代之的是，采用基于毒性通路的方法去表征可能不产生损害的暴露剂量。这一技术的好处在于，对于人体健康风险评估提供与人更加相关的科学基础；如果这一新技术能够实现高通量，就可以覆盖更多的化合物、健康效应、生命阶段和混合物；当然获得良好结果所需的时间和代价也大大减少；体外方法、系统生物学、计算机为基础的模型转化与技术转变将极大减少对实验动物的依赖。新模型中动物使用量大大减少，也使科学界和动物福利法等更加容易接受。

4.4.1 细胞电化学传感器的构建及丙烯酰胺毒性检测

细胞传感器，以其对体外培养细胞的长时程无损测量等优点，已广泛地应用于细胞代谢微环境测量和胞外电位的测量等不同领域，成为生物传感器研究的一个重要内容。根据目前报道，主要根据监测细胞的 DNA 损伤、蛋白质含量、毒性评价等手段评价分析细胞受毒性侵害的程度。

细胞贴附是细胞生长、迁移、细胞间连接形成、代谢、分裂、分化和凋亡等组织或肿瘤形成过程的初始步骤。细胞电化学传感技术中细胞固定是传感稳定的重要步骤，目前报道的固定方法有：抗原-抗体固定方法及核酸杂交固定越来越受关注，在这方面的发展也越来越广泛；纳米材料的固定法，一方面可以增强电信号，另一方面具有生物亲和性，这类纳米材料的合成也有一定的报道；在培养方式上选择三维培养，在单细胞研究的方面应用较广，可以有利于区分开病原的与非病原的及对细胞有损伤的与没有损伤的毒素；其他细胞固定方式局限性较大，不过对于一些具有特殊性质的细胞，也有应用。

电化学监测细胞研究，根据报道主要是阻抗法和伏安法。阻抗法主要是根据细胞在电极表面的覆盖，抑制电子传递而增大阻抗值，可用于监测细胞的生长繁殖、数量监测等；伏安法是根据细胞质内的嘌呤等物质在不同的氧化电位下氧化生成氧化峰，根据氧化峰的大小评价特定细胞内容物的含量，可用于分析细胞毒性侵害、DNA 损伤等。

研究人员构建的细胞电化学传感器是在玻碳电极表面分别修饰上石墨烯和金纳米粒子后，将细胞直接滴加在修饰好的电极表面，通过培养孵育使得细胞沉积在电极表面，由于金纳米粒子的生物亲和性达到细胞固定的效果（Sun et al，2013）。通过比较受丙烯酰胺作用后的细胞与正常细胞的电化学信号分析细胞受丙烯酰胺的侵害程度。氧化石墨烯电化学还原在玻碳电极表面可以起到电化学增敏作用，同时可以扩大电极的比表面积，为电沉积金纳米粒子做基底。丙烯酰胺单体是一种强效的神经毒素，对人类和动物的中央及周围神经具有极强的侵害作用。丙烯酰胺可以降低突触前神经递质的释放，增加脂质过氧化水平，并降低神经组织的抗氧化能力与坐骨神经能力。PC-12 细胞暴露在丙烯酰胺中可以降低细胞的活力，损伤细胞磷脂的 DNA 片段，并提升了 Bax/Bcl-2 的比值。因此，通过丙烯酰胺刺激 PC-12 细胞后，细胞的电化学行为来评价丙烯酰胺的细胞毒性。

通过在裸玻碳电极表面修饰合成的碳纳米管-石墨烯复合纳米材料，构建用于分析细胞溶出物中嘌呤的电化学传感器（Ji et al，2015）。该传感器用于分析细胞溶出物中嘌呤的电化学行为，主要是鸟嘌呤、黄嘌呤、次黄嘌呤和腺嘌呤在一定电位下其 5 位的碳氧化而成形成氧化峰。可以根据氧化峰的强弱，用于分析嘌呤的含量，进而评价细胞受丙烯酰胺刺激后的损伤程度。通过电化学脉冲伏安法来分析细胞溶出物中四种嘌呤的电化学行为，鸟嘌呤和次黄嘌呤在 0.84V 左右存在氧化峰，黄嘌呤和腺嘌呤在 1.08V 处出现氧化峰。通过电化学评价细胞溶出物中四种嘌呤的电行为，可以发现在 0.85V 和 1.08V 都出现了氧化峰，该峰的大小取决于嘌呤的含量，可根据 DPV 峰值评估细胞溶出物中嘌呤的含量。通过电化学的手段分析丙烯酰胺对细胞的 DNA 损伤情况，分析评估丙烯酰胺的神经毒理，用于丙烯酰胺类小型化学有毒有害分子的毒理学评估具有一定意义。

4.4.2　利用代谢组学和人类多能干细胞预测发育毒性

预测性发育毒性筛查可提高制药和化学安全性，并通过限制与致畸剂的接触从根本上降低出生缺陷。West 等（West et al，2010）将人类干细胞与代谢组学相结合，提供了一种创新的人类早期发育体外模型系统，可预测药物的潜在致畸性。他们介绍了接触测试试剂后，干细胞代谢组学中的功能性代谢变化，以找出可鉴别已知人类致畸剂致畸性和非致畸剂的代谢特征。所得到的代谢特征经过提炼，将其范围缩小至几个关键代谢产物，并定义能够指示发育毒性的阈值。利用该代谢特征，他们发现了基于这几个关键代谢产物的快速靶向预测方法，将其与利用 9 点剂量曲线检测细胞活性的方法结合起来。该方法能够区分其导致的与细胞毒性相关的致畸性和非致畸性药物或试剂的筛选，可在化合物开发初期阶段进行发育毒性筛选。通过盲测实验，他们得出这八种代谢物就是干预发育毒性的潜在标志物，通过样品测试，发现该通路可以用于验证未知的药物或化合物是否具有潜在的发育毒性。

4.4.3   细胞转染荧光传感器的构建及用于毒性分析检测

细胞转染是指将外源分子如 DNA、RNA 等导入真核细胞的技术。随着分子生物学和细胞生物学研究的不断发展，转染已经成为研究和控制真核细胞基因功能的常规工具。在研究基因功能、调控基因表达、突变分析和蛋白质生产等生物学试验中，其应用越来越广泛。

Jiang 等通过开发了鼠嗜碱性白血病细胞（RBL-2H3）荧光传感器来探测和识别主要鱼类过敏原小清蛋白（PV）（Jiang et al，2014）。构建 CD63 加强型绿色荧光蛋白（EGFP）质粒，通过脂质体转染肥大细胞再经过筛选获得稳定转染细胞，然后通过共焦激光扫描显微镜进行细胞荧光测定。CD63 囊膜蛋白的增殖反映肥大细胞免疫反应脱颗粒的情况，因此，利用荧光分析使用这些细胞可以有效地测量检测过敏原的水平。采用被抗鱼小清蛋白 IgE 孵育的肥大细胞来与过敏原标准物 DNP-BSA 进行模型构建进一步实际检测鱼小清蛋白。结果表明，在 1～100ng/mL 浓度范围内，荧光强度随着鱼小清蛋白浓度的提高而增加，最低检测限为 0.35ng/mL（RSD 为 4.5%）。利用转染 CD63-EGFP 的肥大细胞特异性检测致敏蛋白，从而证明了细胞传感器检测过敏原的适用性和高度敏感性，为在食物过敏原检测和预测中应用奠定了基础。

4.4.4   开展 SAR 毒理学评估的结构化和机制化驱动框架

用于构效关系（SAR）毒理学评估的结构化、机制化和化学信息学驱动的框架是新提出的理念。该方法根据结构化、生物反应、新陈代谢和理化性质相似性的程度对潜在类似物进行分类，以确定毒理学数据丢失的化学品（目标化学品）。该方法提供了一种逐步决策选择，便于通过系统方法应用化学、生化和毒理学原理来识别和评估类似物的适用性，而后对基于 SAR 的评估的总体不确定性进行系统定性（Wu et al，2010）。

此外，在基于 SAR 的毒理学评估中运用化学信息学还涉及特定决策树的开发和整合，根据 700 多种化学品的文献数据开发出此类有关生殖与发育毒性（DART）的决策树。与 DART 相关的化学特征划分为 25 种类别，这些类别包含定义的受体结合和化学域，其中的许多域也可能与推定的毒性模式相关联。建议将该决策树用作筛选系统的组件，或为弥补数据缺陷而根据 SAR 执行的证据权重决策的组件。根据 DART 决策树生成的化学分组可以作为意在阐明作用方式的体外测试生成假定的起点，并最终确定优化的 SAR 原则。最终，SAR 评估的结果可辅以后续实验，来验证关于具有常见新陈代谢或相同作用方式的类似物和目标结构的假定。

4.4.5 21 世纪毒理学测试新技术 TT21C 的应用展望

无论是环境与健康研究，还是食品安全风险评估实践，目前均采用单一化合物的评估。但实际上，我们所暴露的环境与摄入食品中的化学危害，绝大多数是长期、低剂量的化学危害混合暴露。现有风险评估方法利用动物开展毒理学评价存在着如下不确定性：动物向人外推、高剂量向低剂量外推、敏感人群预测。TT21C 采用基于毒性通路的试验策略，研究关键靶组织、器官和某个生命阶段的毒性通路，以及它们与整个生物机体和暴露途径的相互联系。化学危害混合暴露风险评估是当前的难点和挑战，需要开展以人群为基础的化学物暴露组特征的研究，并将毒性通路与暴露组技术结合。在分子流行病学中已经设想将个体暴露组用于疾病与健康群体的区分。其应用目标一是在疾病与健康中寻找病因，其二是鉴定有害暴露并降低这一暴露。风险评估手段和信息的进展会为风险管理者提供更多手段，包括转化毒理学和暴露组学平台。

目前，NRC 展望的 TT21C，仍然需在以下方面开展研究：①研发合适的通路测试技术；②研究通路扰动与有害效应/反应之间的关系；③对于通路功能构建细胞模型和解释技术；④研发体外测试外推到整体结果的剂量-反应关系模型；⑤基于人体健康风险评估将各种研究数据按照风险证据权重进行整合。由此，目前的当务之急是基于人传代细胞有关毒性通路模型构建和基于生物信息学的计算毒理学技术的开发。展望 21 世纪暴露科学和 TT21C 的技术发展趋势和需求，基于中国食品安全现状和环境健康研究领域的基础，根据国际进展提出中国技术路线图，应重点在如下技术领域取得突破：①基于人源性细胞系发展替代动物试验；②发展敏感、高通量的毒性通路检测技术（qHTS）；③效应终点与标志物筛选技术；④暴露组分析技术；⑤基于剂量-反应关系的计算毒理技术（QSAR）；⑥数据挖掘、整合与分析技术。

4.5 典型化学危害物风险评估案例

4.5.1 酱油中 3-氯-1,2-丙二醇的暴露风险评估案例分析

4.5.1.1 3-氯-1,2-丙二醇危害识别

氯丙醇类化合物是目前国际上广为关注的食品污染物，其中以 3-氯-1,2-丙

二醇（3-MCPD）在食品中污染量大，因此常作为氯丙醇的代表和毒性参照物（Joint，2001）。3-MCPD 主要存在于利用酸水解植物蛋白或酸水解某些动物性原料如动物毛发经高温高压下的产物加工而成的酱油和蚝油等调味汁、复合调味料和方便食品中（Velisek et al，1980）。1999 年下半年，因 3-MCPD 在调味品中的含量超过了欧洲国家规定的限量标准，我国出口至欧洲的调味品被停止销售，从而造成巨大的经济损失。另外，3-MCPD 在饮水中也有检出，主要是因为自来水厂和某些食品厂使用含有 1,2-环氧-3-氯丙烷（ECH）成分的阴离子交换树脂进行水处理，在处理过程中，溶出 ECH 单体与水中的氯离子发生化学反应形成 3-MCPD。一些使用强化树脂生产的食品包装材料，如茶袋、咖啡滤纸和纤维肠衣等，因生产过程中使用 ECH 作交联剂，食品中 3-MCPD 含量也会升高。此外，一些高温加工的谷类食品如焙烤的面包、发酵的香肠和麦芽制品等中也发现少量的 3-MCPD（Crews et al，2001；Nyman et al，2003）。

3-MCPD 经过消化道吸收后，随血液循环广泛分布于机体各组织和脏器中，并可以通过血睾屏障和血脑屏障。3-MCPD 在体内有两条代谢途径（Jones，1982）：一是产生甘油或与谷胱甘肽结合，形成硫醇尿酸，在该代谢途径会产生一种中间产物——缩水甘油，这是一种已知的体内外具有诱变性和遗传毒性的复合物；二是通过氧化代谢生成草酸盐，并伴有一种主要的中间产物 β-氯代乳酸的产生。在 3-MCPD 对大鼠的毒性作用中，睾丸毒性和肾毒性分别与氧化代谢过程中产生的 β-氯代乳酸和草酸盐有关（Cooper and Jones，2000）。

4.5.1.2　危害特征描述

大鼠 3-MCPD 经口 LD_{50}（半数致死量）为 150mg/kg，肾脏是 3-MCPD 的毒性作用靶器官。在一项小鼠的亚慢性毒性试验中发现（Cho et al，2008），3-MCPD 在 200mg/kg 和 400mg/kg 组，肾脏的相对重量明显增加，生殖上皮恶化明显；在 400mg/kg 剂量时，平均身体重量的增加、精子的活性同对照组相比明显下降，总的发情周期长度推迟。一项大鼠 4 周喂养试验表明，在摄入剂量达到 30mg/(kg·d) 时，受试动物肾脏相对重量增加，引起多尿和糖尿，主要是因为 3-MCPD 的代谢产物草酸盐晶体沉积于肾小管内膜造成大鼠肾脏的损伤。慢性毒性试验表明，大鼠从饮水中摄入 3-MCPD（0、20mg/kg、100mg/kg、200mg/kg）后，随着 3-MCPD 摄入量的增加，试验组大鼠肾脏的绝对重量显著增加，组织学检查发现有肾小管增生。

有报道，工作中清理三氯丙醇储罐导致工人发生急性中毒性肝病，且有致死病例发生。关于三氯丙醇的致突变作用，不同的研究人员存在不同看法。有研究人员测定三氯丙醇对果蝇的遗传毒性试验，结果为阴性。在文献报道的四项三氯丙醇致癌性试验中，三项试验结果表明没有致癌性，一项大鼠的相关试验中，只是发现三氯丙醇与一些器官的良性肿瘤增加有关，而且发生这些肿瘤时的摄入剂量远远高于导致肾小管增生的作用剂量。

20 世纪 60 年代，人们曾试图把 3-MCPD 作为一种非激素类的男性抗生育药物，随着对 3-MCPD 毒性研究，发现 3-MCPD 是一种体外致突变物和可疑的致癌物，从而被舍弃。有研究表明（Kwack et al，2004），3-MCPD 在 5mg/kg 时对雄性大鼠的生殖力和怀孕结果有负面影响，可以明显地减少精子的活力、交配和生育指数，活胚胎的数量也明显下降。实验表明，3-MCPD 不会影响精子的生成，也没有导致雄性大鼠血液和睾丸中激素水平的改变。主要原因可能是 3-MCPD 影响尾叶附睾 H^+-ATPase 酶使其表达减少，导致尾叶附睾中 pH 水平的改变，从而破坏了精子的成熟和精子活力的获得。

4.5.1.3 暴露评估

第 57 次 JECFA 全面评价了 3-MCPD 的毒性，把肾小管增生作为评价 3-MCPD 最敏感的毒性终点，提出 3-MCPD 对人的每天最大耐受摄入量（PMTDI）为 $2\mu g/kg$ 体重。我国 2002 年全国营养调查显示，中国居民成人每日平均摄入酱油 10g 左右，按照成人 60kg 体重算，我国成年人 3-MCPD 摄入量平均为 $0.148g/(kg \cdot d)$，按照检测 P95 值为 $0.736g/(kg \cdot d)$，我国居民仅从酱油中摄入 3-MCPD 的平均值就达到 PMTDI 的 7.4％，P95 已达到 PMTDI 的 36.8％。虽然 3-MCPD 只是在几类产品中有残留，JECFA 认为制定 3-MCPD 的管理限量没有太大意义，但 3-MCPD 在酱油中分布的严重状况往往超过人们的想象，高的可达到 300mg/kg 以上，而且消费者往往笃信某一品牌导致其摄入量超过耐受值。因此制定酱油中 3-MCPD 的管理限量是必要的。

根据第五次全国人口普查公告，我国以消费量较高的城市平均日消费量 24.8g 和每日从酱油外的其他食品中摄入 $2.0\mu g$ 3-MCPD（JECFA 估计）计算，如果假设 3-MCPD 的限量为 1.0mg/kg，则每天 3-MCPD 摄入量为：$24.8g \times 1.0mg/kg + 2.0\mu g = 26.8\mu g$。

如果标准体重为 60kg，根据 JECFA 暂定每天最大耐受摄入量（PMTDI）为 $2.0\mu g/kg$ 体重，则每天摄入需在 $120\mu g$ 以下。因此，如果将配制酱油中 3-MCPD 标准定为 1.0mg/kg，则是安全的。

自 1999 年 10 月欧盟在中国出口的酱油中检测出含有氯丙醇，酱油的安全问题就引起了国内外的广泛重视。酱油是人们日常饮食中常用的调味品，为了解江苏市场酱油中氯丙醇污染水平，江苏省疾病预防控制中心从 2001 年就开始对江苏省在售酱油进行监测，并参与氯丙醇国家标准方法制定，2003 年加入全国食品污染物监测网，按照《食品安全行动计划》连续 9 年对江苏省市售共 220 份酱油中 3-MCPD 进行监测，为酱油中 3-MCPD 的危险性评估提供科学依据。

4.5.1.4　风险监测

2001 年、2002 年参考美国官方化学家协会 AOAC2001.01 检测，2003—2006 年使用 GB 5009.191—2003，2006—2009 年使用 GB 5009.191—2006 检测。方法采用同位素稀释技术以 d5-3-MCPD 为内标定量。试样中加入内标溶液。以硅藻土为吸附剂，采用柱色谱分离，用正己烷-乙醚（9＋1）洗脱样品中非极性的脂质成分，用乙醚洗脱样品中的 3-MCPD，用七氟丁酰基咪唑（HFBI）衍生。采用选择离子监测（SIM）的质谱扫描模式进行定量分析，内标法定量。

抽检样品中 3-MCPD 检出情况：连续九年共获得 220 个检测数据。统计结果显示江苏省酱油中 3-MCPD 存在一定污染，最低检出限（LOQ）为 0.005mg/kg，总检出率为 57.7％，总平均值为 0.75mg/kg，最大值达 11.39mg/kg（表 4-1，表 4-2）。

表 4-1　2001—2009 年江苏市场酱油中 3-MCPD 含量测定结果统计（杨润等，2010）

项目	2001 年	2002 年	2003 年	2004 年	2005 年	2006 年	2007 年	2008 年	2009 年	累计
样本数量/份	10	16	29	26	42	25	22	24	26	220
平均值/(mg/kg)	0.085	1.77	0.15	0.30	0.90	0.34	0.74	0.47	0.50	0.58
最大值/(mg/kg)	0.33	9.38	8.08	6.62	11.39	2.54	7.18	0.36	7.67	11.39
>1mg/kg 份数	0	1	1	1	4	4	4	0	2	17
>1mg/kg 率/%	0	6.2	3.4	3.8	9.5	16.0	18.2	0	7.7	7.7
>LOQ 份数	100	100	8	16	25	14	7	16	14	127
>LOQ 率/%	100	100	27.6	61.5	59.5	56.0	31.8	66.7	57.7	57.7
>0.02mg/kg 份数	9	6	3	7	21	8	6	8	3	71
>0.02mg/kg 率/%	90	37.5	10.3	26.9	50.0	32.0	27.3	33.3	11.5	32.3
P50/(mg/kg)	0.061	0.13	<0.005	0.01	0.04	0.04	<0.005	0.0095	0.0066	0.008
P95/(mg/kg)	0.23	7.25	0.57	0.84	9.77	2.05	3.15	0.65	2.25	3.39

江苏省市场上的酱油如果以欧盟 2002 年的规定，酱油中氯丙醇含量需小于 0.020mg/kg 判断，将会有 32.3％不合格。如果以 SB 10338—2000 酸水解植物蛋白调味液行业标准中 3-MCPD 限量标准 1mg/kg 判断，总超标率为 7.7％，见表 4-1。

从 2001 年至 2009 年的动态变化趋势来分析，平均值变化较大，从 0.085mg/kg 至 1.77mg/kg，分析原因主要和采样有关。检出率从 2003 年开始下降并维持在 27.6%～66.7% 之间，而大于欧盟标准 0.02mg/kg 的比例呈现下降趋势。图 4-1、图 4-2 和图 4-3 为 9 年酱油中 3-MCPD 变化情况。

表 4-2 2001—2009 年江苏市场酱油中 3-MCPD 含量分布（杨润等，2010）

项 目	≤0.005mg/kg	0.005～0.02mg/kg	0.02～0.5mg/kg	0.5～1mg/kg	1～10mg/kg	>10mg/kg
样本数/份	93	56	39	15	16	1
构成比	42.3	25.4	17.7	6.8	7.3	0.45

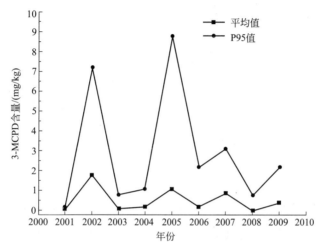

图 4-1 2001—2009 年监测酱油中 3-MCPD 含量的动态变化情况（杨润等，2010）

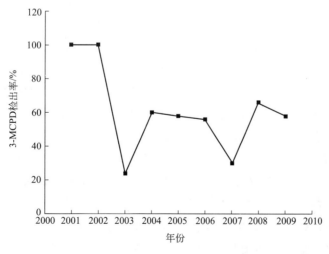

图 4-2 2001—2009 年监测酱油中 3-MCPD 检出率的动态变化情况（杨润等，2010）

知名品牌酱油中 3-MCPD 的污染情况要明显好于一般品牌情况，见表 4-3。

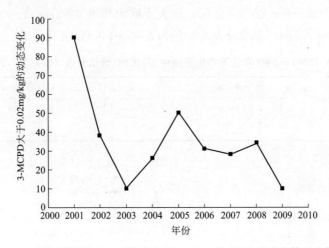

图 4-3   2001—2009 年监测酱油中 3-MCPD 大于 0.02mg/kg 的动态变化情况（杨润等，2010）

表 4-3   不同来源的样品中 3-MCPD 含量（杨润等，2010）

样品来源	样品数/份	检出数/份	检出率/%	超标数/份	超标率/%
一般品牌	126	88	69.8	16	12.7
知名品牌	94	29	41.4	1	1.2
合计	220	127	57.7	17	7.7

　　氯丙醇为丙三醇上的羟基被氯原子取代后的产物，根据取代羟基位置不同而产生一系列氯丙醇衍生物。盐酸与丙三醇的反应中，最易发生取代反应的是丙三醇的第三位醇羟基，生成产物为 3-MCPD，第二位醇羟基次之，并且它们是进一步生成二氯代丙醇的前体。3-MCPD 是最常见的氯丙醇存在形式，但在实际检测过程发现，特别当 3-MCPD 含量高的样品中往往伴有 2-MCPD 的检出。监测过程中有 45 份样品开展了 1,3-二氯-2-丙醇（1,3-DCP）检测，其中有 4 份检出，平均值为 0.024mg/kg。目前国家标准检测方法 GB 5009.191—2006 中第 2 法已经涵盖了多种形式的氯丙醇检测。国际上许多发达国家除规定了 3-MCPD 的限量，还制定了其他氯丙醇组分的控制要求。为有效控制其含量，在实施开展了近 10 年食品安全行动的基础上，建议对酱油中氯丙醇多组分进行全面检测，便于准确了解我国酱油中氯丙醇污染情况，为理论上进一步确定酱油中氯丙醇的限度指标积累可靠的数据。

　　根据 JECFA 对 3-MCPD 的评估报告可知：氯丙醇是水解植物蛋白（HVP）生产过程中产生的，酱油配料中加入 HVP 则可能造成污染。毒理学研究表明，3-MCPD 可能引起肾脏损伤（动物实验）；JECFA 推荐的暂定每日最大耐受摄入量为 2μg/kg。根据以上结论和我国膳食评估结果，将酱油中 3-MCPD 最高允许量设置为 1mg/kg 对于保证人民健康是适宜的。

4.5.1.5　风险管理

三氯丙醇的急、慢性毒性作用都存在剂量相关性。在世界卫生组织和联合国粮农组织食品添加剂联合专家委员会第 41 次会议上，将三氯丙醇评价为食品污染物，要求其在水解蛋白中的含量应降低到工艺上可以达到的最低水平。

我国于 2000 年修订了酿造酱油国家标准，同时制定了配制酱油和酸水解植物蛋白调味液两个行业标准，在酸水解植物蛋白调味液中首次明确规定三氯丙醇限量卫生标准为 1mg/kg，但是对酿造和配制酱油均未提出三氯丙醇的限量指标。

对酱油中三氯丙醇来源的理论分析，对于酿造酱油，三氯丙醇的含量不应该超过仪器的实际检出限，即≤0.02mg/kg，如果超过该标准，说明在产品中加入了酸水解植物蛋白调味液，应视为配制酱油。对于配制酱油，尽管在国家行业标准中尚未规定三氯丙醇的限量指标，但仍可以通过理论计算来判定。在配制酱油中酸水解植物蛋白调味液的最大使用量一般不应超过 50%，极限使用比例应在 67% 以下。由此，按 SB 10338—2000 酸水解植物蛋白调味液规定的三氯丙醇的最大含量 1mg/kg 计算，在配制酱油中三氯丙醇的界限指标一般可以定为不超过 0.5mg/kg，极限指标不得超过 0.67mg/kg。

4.5.1.6　风险交流

在选购酱油时需要注意，尽量购买有标注"酿造酱油"字样的酱油，配制酱油中可能含有一定量的三氯丙醇。配制酱油在生产时会添加一定量的酸水解植物蛋白，酸水解植物蛋白是由大豆经酸水解得来，而大豆等原料含有一定量的脂肪，在强酸作用下脂肪断裂水解产生丙三醇（甘油），丙三醇被盐酸取代醇羟基而生成氯丙醇。在酿造酱油的生产过程中，酵母菌虽然能将一部分糖类发酵成丙三醇，并有食盐中的氯离子存在，但在含水的偏酸性环境中，难以形成氯丙酸衍生物，同时在发酵过程中丙三醇又能与有机酸形成酯类化合物，从而减少了游离丙三醇的存在。

纯粹的酿造酱油产品如果不添加其他酸水解产品，是不应该含有氯丙醇的，或者即使有，也应该在检出限之下极微量。而配制酱油是用酿造酱油添加了一定量的酸水解植物蛋白调味液而制得，如果工艺处理不当则很有可能把氯丙醇带到成品中去。在监测过程中发现，有些标注为酿造酱油的样品被检出含有 3-MCPD，说明在市场上销售的酱油生产企业往酿造酱油中加入酸水解植物蛋白调味液，违反了酿造酱油中不得加入酸水解植物蛋白调味液的规定。而我国现行的《酿造酱油》（GB 18186—2000）、《配制酱油》（SB 10336—2000）都没有规定氯丙醇的限量要求，只有 SB 10338—2000 酸水解植物蛋白调味液规定了三氯丙醇最大含量为 1.0mg/kg，建议一方面监督部门应该加强对酱油生产企业的监督，纠正在纯发酵酱油中添加水解植物蛋白调味液行为，另一方面国家应尽快制定酿造与配制酱油的新标准，补充氯丙醇的限定指标或制定污染物的限量标准。

4.5.2　反式脂肪酸风险评估案例分析

4.5.2.1　反式脂肪酸危害识别

许多国家通过研究表明反式脂肪酸（TFA）的摄入量与以动脉粥样硬化为主的心血管疾病之间存在一定的关系。早期进行的几项研究均未得到确切的结果，主要是因为对居民膳食研究的不确定性和食品中 TFA 含量的不确定性。几天到几个月 TFA 的摄入量情况可以通过血浆中 TFA 的含量得到体现，几个月甚至是一年的 TFA 的摄入量情况可以通过脂肪组织结构中 TFA 的含量得以体现，因此研究者采用在组织或血液中反式脂肪酸的存在形式来研究和探索反式脂肪酸的摄入和心血管疾病之间的关系。

TFA 能够影响婴儿的生长发育。TFA 能够通过胎盘转运给胎儿。婴幼儿能够摄入一定量的 TFA 主要是发生在母乳喂养过程，母乳中含有 TFA 是由于母亲摄入的食物中含有 TFA。母乳中的 TFA 含量占总脂肪酸的 1%～8%。TFA 对婴幼儿生长发育的影响主要体现在患必需脂肪酸缺乏症方面，从而影响婴儿的生长发育。EURAMIC 研究组织通过对 TFA 日常摄入水平有很大差异的人体脂肪组织结构中的脂肪酸和结肠癌、前列腺癌、乳腺癌之间的关系进行了调查研究，他们从中发现 TFA 和乳腺癌、结肠癌的发病率存在正相关关系。花粉过敏、过敏性疾病和哮喘的发病率在欧洲得到广泛的传播。1998 年，国际儿童过敏和哮喘的研究组织（ISSAC）通过对儿童中过敏性疾病和哮喘以及哮喘性湿疹的发病率与 TFA 摄入量的关系的研究，结果表明它们之间存在显著正相关关系。在美国护士健康研究组织中研究表明：通过对 2 型糖尿病机理的研究显示高水平摄入 TFA 会增加妇女患 2 型糖尿病的概率。瑞典的研究表示：当摄入较低的反刍动物脂肪时，对于肥胖人群的胰岛素的合成就出现了抑制作用。

4.5.2.2　反式脂肪酸限量控制的现状

2003 年，世界卫生组织建议人们日常膳食中 TFA 的最大摄入量要低于摄入总能量的 1%。2006 年美国食品与药品管理局要求食品包装的标签上要充分列清楚反式脂肪酸含量以及组成成分。2003 年，丹麦禁止在市场上销售任何反式脂肪酸含量超过 2% 的油脂，但是天然含有反式脂肪酸不受此法规的限制。丹麦因此成为世界上第一个对反式脂肪酸设立相关法律法规的国家。2006 年 10 月 30 日美国纽约就反式脂肪酸的问题召开了听证会，该市健康委员会最终达成决议，自 2008 年 7月 1 日起，该市餐厅的每份食物中反式脂肪酸含量不得超过 0.5g。2008 年加拿大和瑞士分别提出食用油脂中 TFA 含量不得超过 2％和限制销售 TFA 含量高的食品。此后其他国家也制定了一些有关食品中 TFA 的限量规定，同时要求食品包装的标签上要充分列清楚反式脂肪酸含量以及组成成分。2011 年 10 月 12 日中国卫生部规定：中国居民每天反式脂肪酸的摄入量不应超过 2.2g。

4.5.2.3　食用油脂中反式脂肪酸的暴露评估方法

（1）数据和资料来源（严瑞东，2012）

食用油脂中反式脂肪酸的含量数据采用河南工业大学谢岩黎教授检测得到的数据，主要采用 CrystalBall 软件对反式脂肪酸含量分布的情况进行分布模拟，并运用此软件进行暴露模型的建立。

食用油脂：采自郑州市 6 个辖区中的 22 个大中型超市和 6 个大中型粮油市场。将大中型超市和粮油市场进行编号，随机抽取 30％作为采样地点。对不同生产厂家的食用油脂按品种分类后，进行随机抽样，每个样品采集 20mL，一共采集样品 45 个。

油脂含量较高的加工食品：采自郑州市 6 个辖区中的 22 个大中型超市，将大中型超市进行编号，随机抽取 30％作为采样地点。因油脂含量较高的加工食品种类繁多，按以下品种分类：方便面、油炸休闲食品、油炸快餐食品、糕点类、饼干类和糖果类，进行分类随机抽样，一共采集样品 73 个。

食用植物油和动物油以及含油脂的加工食品的每日摄入量数据依据《中国统计年鉴》和中华人民共和国原卫生部发布的中国居民营养与健康现状的数据。膳食数据来源于国家统计局颁布的 2010 年国家统计年鉴，2009 年我国居民食用油脂和加工食品摄入量分别为 0.0414kg/（标准人·日）和 0.1kg/（标准人·日）。

（2）食用油脂中反式脂肪酸的暴露模型

暴露模型的建立首先运用 Crystal Ball 软件对食用油脂中反式脂肪酸的含量数据进行分布模拟，通过此法得出含量的具体分布拟合情况，最后运用此软件对食用油脂中反式脂肪酸的暴露量进行模拟，即采用 CDI 表征公式(4-3)进行计算。

$$\mathrm{CDI} = \frac{C_f \times \mathrm{PIR} \times \mathrm{ABS} \times \mathrm{EF} \times \mathrm{ED}}{\mathrm{AT} \times \mathrm{BW}} \tag{4-3}$$

式中，CDI 为食用油脂中反式脂肪酸的暴露量；C_f 为食用油脂中反式脂肪酸的暴露浓度；PIR 为食用油脂每日摄入量；ABS 为肠胃吸收系数；EF 为暴露频率；ED 为暴露持续时间；BW 为体重；AT 为拉平时间。

运用 Crystal Ball 软件对食用油脂及加工食品中反式脂肪酸的分布进行拟合，建立食用油脂及加工食品中反式脂肪酸的暴露评估和风险描述模型，利用此模型分析中国居民通过食用油脂及加工食品中反式脂肪酸摄入途径的日均暴露量。

4.5.2.4　食用植物油和动物油中反式脂肪酸含量分布拟合

采集了 45 种居民常用食用油脂样品，如花生油、大豆油、玉米油、葵花籽油、菜籽油、小麦胚芽油、芥末油、米糠油、食用调和油、芝麻油（香油、黑芝麻油、白芝麻油等）、橄榄油、猪油。采用脂肪酸甲酯化-气相色谱法检测其反式脂肪酸的含量，如表 4-4 所示。

表 4-4　食用油脂的反式脂肪酸含量测定（严瑞东，2012）

样　品	$t18:1/\%$	$t18:2/\%$	$t18:3/\%$	TFA/%
花生油[a]1	0.00	0.08	0.00	0.08
花生油[a]2	0.00	0.05	0.00	0.05
花生油[a]3	0.00	0.24	0.00	0.24
大豆油[b]1	0.04	0.33	1.15	1.52
大豆油[b]2	0.00	0.29	0.55	0.84
大豆油[b]3	0.00	0.58	0.72	1.31
葵花籽油[a]1	0.00	0.38	0.00	0.38
葵花籽油[a]2	0.00	0.42	0.00	0.42
葵花籽油[a]3	0.03	0.15	0.03	0.22
玉米油[a]1	0.00	1.37	0.00	1.37
玉米油[a]2	0.00	0.99	0.00	0.88
玉米油[a]3	0.00	1.49	0.00	1.49
橄榄油[a]1	0.00	0.00	0.00	0.00
橄榄油[a]2	0.02	0.02	0.02	0.06
橄榄油[a]3	0.00	0.05	0.00	0.05
阿诚芝麻香油[c]	0.23	0.65	0.00	0.88
一滴香芝麻香油[c]	0.21	0.50	0.00	0.70
福利源小磨香油[c]	0.12	0.26	0.00	0.38
一滴香黑芝麻油[c]	0.37	1.07	0.00	1.45
春之小磨香油[c]	0.22	0.56	0.00	0.78
黑芝麻油[c]	0.10	0.31	0.16	0.57
油梆子香油[c]	0.12	1.14	0.00	1.26
小磨香油[c]	0.14	0.29	0.00	0.43
太太乐芝麻油[c]	0.19	0.52	0.00	0.71
芥末油[d]1	0.00	0.17	0.47	0.64
芥末油[d]2	0.00	0.24	0.52	0.76
芥末油[d]3	0.00	0.26	0.48	0.75
福临门花生调和油[e]	0.00	0.33	0.48	0.81
福临门食用调和油[e]	0.00	0.38	0.99	1.37
金龙鱼食用调和油[e]	0.06	0.50	1.63	2.19

续表

样　品	$t18:1/\%$	$t18:2/\%$	$t18:3/\%$	TFA/%
金龙鱼深海鱼油[c]	0.00	0.40	1.26	1.66
深海鱼油[c]	0.00	0.28	0.69	0.97
花生芝麻油[c]	0.00	0.72	1.05	1.77
菜籽油[a]1	0.03	0.06	0.71	0.79
菜籽油[a]2	0.03	0.07	0.51	0.61
菜籽油[a]3	0.03	0.07	0.41	0.51
小麦胚芽油[a]1	0.05	0.00	0.00	0.05
小麦胚芽油[a]2	0.05	0.00	0.00	0.05
小麦胚芽油[a]3	0.02	0.00	0.00	0.02
米糠油[a]1	0.00	0.01	0.00	0.01
米糠油[a]2	0.00	0.00	0.03	0.03
米糠油[a]3	0.00	0.00	0.00	0.00
猪油[d]1	0.84	0.35	0.06	1.25
猪油[d]2	0.18	0.13	0.11	0.42
猪油[d]3	0.25	0.26	0.08	0.59

注：a：压榨；b：浸出；c：石磨水代法；d：提炼；e：其他。

运用 Crystal Ball 软件对食用油脂和加工食品中反式脂肪酸含量分布情况进行模型分布拟合，图 4-4 和图 4-5 分别为食用油脂、加工食品中反式脂肪酸含量检测数据的分布拟合情况。

图 4-4 拟合结果表明食用油脂中反式脂肪酸的含量比较符合 Beta 分布，最小值为 -0.15，最大值为 2.53，Alpha 为 1.24。

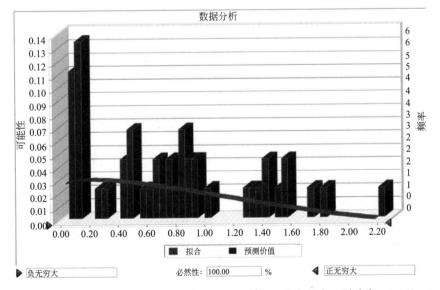

图 4-4　食用油脂中反式脂肪酸含量检测数据的分布拟合（严瑞东，2012）

图 4-5 中拟合结果表明加工食品中反式脂肪酸的含量比较符合 Lognormal 对数正态分布，主要参数：平均值为 1.06，标准差为 5.72。

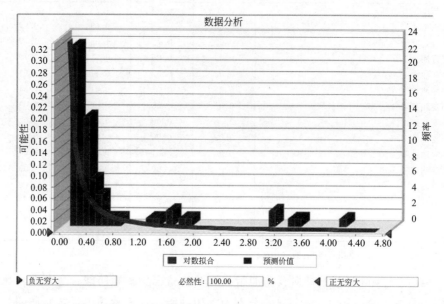

图 4-5　加工食品中反式脂肪酸含量检测数据的分布拟合（严瑞东，2012）

4.5.2.5　食用植物油和动物油中反式脂肪酸的暴露评估指数参数

① 暴露持续时间 ED：主要是根据居民的一生进行计算，2009 年我国居民平均寿命男性为 69.63 岁，女性为 73.33 岁。所以可以假定我国居民的暴露持续时间在 69.63 年和 73.33 年之间，分布情况为均匀分布。

② 拉平时间 AT：拉平时间 AT 主要采用 ED 年×365 天/年的计算方式，所以可以假定拉平时间在 25415 天和 26765 天之间，分布情况为均匀分布。

③ 暴露频率 EF：暴露频率 EF 设为常数 365 天/年。

④ 肠胃吸收系数 ABS：肠胃吸收系数 ABS 设定为常数 1。

4.5.2.6　食用植物油和动物油中反式脂肪酸日均暴露量的计算

通过食用油脂摄入反式脂肪酸的危害商是基于 Monte-Carlo 方法进行模拟，其危害商的计算数据参数如表 4-5 所示。

采用表 4-5 中计算参数及公式，在 Crystal Ball 软件中设定计算参数和公式，得出食用油脂摄入反式脂肪酸的危害商的结果，如图 4-6 所示。

从图 4-6 中可以看出，我国居民通过食用植物油和动物油摄入反式脂肪酸日均暴露量的平均值为 2.65E－4kg/d，中位数为 2.22E－4kg/d，95 百分位反式脂肪酸日均暴露量为 6.95E－4kg/d，以上可以看出通过食用植物油和动物油摄入反式脂肪酸的日均暴露量偏低，食用植物油和动物油中反式脂肪酸日均暴露量的不同百分位数概率下的日均暴露量分布结果如表 4-6 所示。

表 4-5　基于 Monte-Carlo 方法的食用油脂摄入反式
脂肪酸危害商值的计算参数（严瑞东，2012）

计算参数	基础数据区	服从概率分布
食用植物油和动物油每日摄入量 PIR/(kg/d)	0.0414	常数
肠胃吸收系数 ABS	1	常数
暴露频率 EF/(天/年)	365	常数
	模拟区	
食用植物油和动物油中反式脂肪酸含量 Cf/%	2	Beta 分布
暴露持续时间 ED/年	70	均匀分布
拉平时间 AT/天	25415	均匀分布
食用植物油和动物油中反式脂肪酸日均暴露量	0.000832398	
$CDI(kg/d) = \dfrac{Cf \times PIR \times ABS \times EF \times ED}{AT \times 100}$		

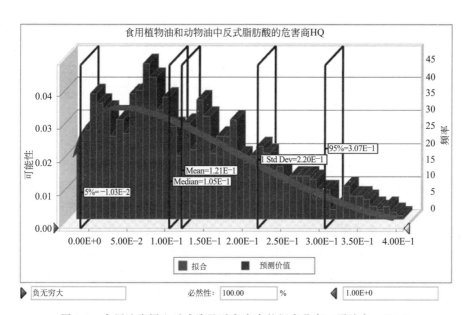

图 4-6　食用油脂摄入反式脂肪酸危害商的概率分布（严瑞东，2012）

表 4-6　食用植物油和动物油中反式脂肪酸日均暴露量百分位数（严瑞东，2012）

百分位数	模拟值	预测值
0%	6.52E－05	6.12E－05
10%	1.66E－05	3.23E－06
20%	6.96E－05	5.86E－05

百分位数	模拟值	预测值
30%	1.19E-04	1.14E-04
40%	1.69E-04	1.61E-04
50%	2.22E-04	2.22E-04
60%	2.80E-04	2.89E-04
70%	3.49E-04	3.64E-04
80%	4.37E-04	4.68E-04
90%	5.73E-04	5.92E-04
100%	正无穷大	9.26E-04

4.5.2.7 敏感度分析

敏感度分析即估计与所有输入因素相关联的变异性和不确定性对风险评估的总体变异性和不确定性的贡献程度。主要考虑的敏感因素有食用植物油和动物油中反式脂肪酸含量、暴露持续时间和拉平时间。运用 Crystal Ball 软件对食用植物油和动物油中反式脂肪酸的日均暴露量的不同影响因子进行敏感性分析，如表 4-7。

表 4-7 反式脂肪酸日均暴露量影响因子的敏感度分析（严瑞东，2012）

敏 感 因 素	敏感值
食用植物油和动物油中反式脂肪酸含量 Cf	99.30%
暴露持续时间 ED	0.50%
拉平时间 AT	-0.20%

从表 4-7 可以看出食用植物油和动物油中反式脂肪酸含量的敏感性最强，占 99.3%，可见决定通过食用油脂摄入反式脂肪酸日平均暴露量大小的主要因素是食用植物油和动物油中反式脂肪酸的含量，因此降低通过食用植物油和动物油摄入反式脂肪酸日均暴露量，应该选择反式脂肪酸含量低的食用植物油和动物油；拉平时间为负数，表明它们对反式脂肪酸日均暴露量起负面的影响，即反式脂肪酸暴露拉平时间越长，通过食用植物油和动物油摄入反式脂肪酸日均暴露量越低。

4.5.2.8 风险评估结论分析

本研究中的膳食数据来源于国家统计局颁布的 2010 年国家统计年鉴，表明 2009 年我国居民食用油脂和加工食品摄入量分别为 0.0414kg/(标准人·日) 和 0.1kg/(标准人·日)。依据此膳食数据，应用 Crystal Ball 软件对食用油脂和加工食品中反式脂肪酸的危害商值进行分析，对影响食用油脂及加工食品中反式脂肪酸暴露量的因素进行分析，结果表明反式脂肪酸含量对日暴露量的影响最大，其最强敏感度为99.3%，是决定反式脂肪酸日平均暴露量大小的最主要因素。

通过食用油脂摄入的反式脂肪酸量在各百分位概率下的危害商均小于1，故不存在风险（HQ<1）。从油脂含量高的加工食品中摄入反式脂肪酸的危害商在90百分位时小于1，此时是不存在风险的（HQ<1）；但是在高于95百分位时危害商大于1，即从油脂含量高的加工食品中摄入反式脂肪酸的高暴露水平下存在一定的风险性（HQ>1）。

类似于郑州市的中等城市，城镇居民膳食中的食用油脂主要来源于超市和农贸市场，综合分析得出食用油脂摄入途径不是造成反式脂肪酸风险的主要原因，含油脂高的加工食品摄入途径是造成反式脂肪酸风险的主要途径，因此，消费者应参考反式脂肪酸的每日推荐摄入量（每天摄入量小于2.2g），控制食用含油脂高的加工食品以及其中反式脂肪酸含量高的加工食品的摄入量。

4.5.3 即溶咖啡粉中丙烯酰胺的风险评估案例分析

4.5.3.1 丙烯酰胺危害识别

丙烯酰胺（acrylamide）是一种有毒的无色、无味透明固体结晶，沸点为125℃，熔点为84~85℃，室温下稳定，熔融或暴露在紫外线下以及氧化条件下易发生聚合反应产生聚丙烯酰胺。动物实验和体外实验证明丙烯酰胺可导致遗传物质改变和癌症。其主要来源食品为薯条、薯片，炸透的薯片中丙烯酰胺含量高达12800μg/kg。JECFA根据各国丙烯酰胺摄入量，认为人类平均摄入量大致为0.001mg/(kg·d)。

我国将食品中丙烯酰胺的检验列为"十五"国家重大科技专项"食品安全关键技术"课题，原卫生部食品安全计划也将食品中丙烯酰胺检测方法的建立和我国食品丙烯酰胺分布调查作为一个重要部分。

（1）丙烯酰胺形成机理

丙烯酰胺在食品中的出现引起国内外对其机理的研究，提出多种反应机理，简要概括为以下两种途径。

① 天冬酰胺途径（Parzefall，2008） 由天冬酰胺和还原糖在高温加热过程中通过美拉德反应生成丙烯酰胺（AA）的机理是目前的主导机理（Tsutsumiuchi et al，2011；刘婷婷等，2010）。天冬酰胺和葡萄糖反应产生席夫碱后通过两种途径产生丙烯酰胺，分别为：一是通过席夫碱脱羧和Amadori（阿姆德瑞）产物反应直接生成丙烯酰胺或通过3-氨基丙酰胺（3-APA）脱氨生成

丙烯酰胺；二是由席夫碱经过分子内环化形成唑烷酮，然后进行脱羧、重排形成 Amadori 产物，其中的 C-N 键在高温下受热断裂生成丙烯酰胺。此外，油脂氧化产生的羰基类物质也可以与天冬酰胺反应形成丙烯酰胺。

② 丙烯酸、丙烯醛、丙酮酸途径（Lignert et al，2002；刘洁等，2009）　蛋白质、碳水化合物高温分解产生小分子醛，适宜条件下合成丙烯醛，进一步转化成丙烯酰胺；甘油三酯脱水、肌肽脱水脱氨形成丙烯酸，而后生成 AA。甘油三酯等通过水解、氧化等反应生成小分子物质丙烯醛，而丙烯醛经由直接氧化反应生成丙烯酸，丙烯酸再与氨反应，最终生成 AA。丝氨酸直接脱水或在糖存在下脱水可以产生丙酮酸，丝氨酸脱硫化氢也可以产生丙酮酸。丙酮酸还原成乳酸，进一步脱水生成丙烯酸。乳酸模型实验表明在氨存在下，这种转化是可能存在的，乳酸与铵盐的混合物热解可以产生乳酰胺、丙烯酸和 AA。

（2）丙烯酰胺代谢途径

丙烯酰胺通过饮食、吸烟甚至化妆品进入体内后，有 2 条主要的代谢途径。

① 环氧丙酰胺途径　丙烯酰胺侵入生物体后，其中 10％左右在线粒体细胞色素 P450 中的 CYP2E1 酶作用下，转变成为环氧丙酰胺（Boettcher et al，2006）。环氧丙酰胺是一种具有强遗传毒性的物质，能攻击 DNA 分子，引发突变，且其基因毒性具有明显的累积效应（Doerge et al，2005）。此外，有研究表明环氧丙酰胺会造成人体细胞中氧化压力的急剧上升，增加其他疾病的发病风险（Ghanayem et al，2005）。有相关报道，摄入丙烯酰胺与乳腺癌（Pedersen et al，2010）和食管癌（Lin et al，2011）的发病率呈正相关。

在体内环氧丙酰胺可以与谷胱甘肽结合后降解生成 2 种硫醇尿酸化合物（GAMA 和异 GAMA），而异 GAMA 含量远远低于 GAMA（Huang et al，2011）。AA 和环氧丙酰胺（GA）也可以与血红蛋白的氨基末端缬氨酸结合，生成性质稳定的化合物丙烯酰胺-血红蛋白（AA-Hb）和环氧丙酰胺-血红蛋白（GA-Hb），血液中的 AA-Hb 和 GA-Hb 则性质稳定。美国食品与药品管理局（FDA）建议将 GA-Hb 作为 AA 接触性生物标志物，来作为推断人群中丙烯酰胺暴露水平的重要指标（Berger et al，2011）。也有报道 AA 和 GA，尤其是 GA 易于与小鼠 DNA 上的鸟嘌呤结合形成加合物，从而导致遗传性物质损伤，或者基因突变，但是尚未发现人体内出现 GA-DNA 加合物的报道（Hansen et al，2010）。

② 谷胱甘肽途径　丙烯酰胺在谷胱甘肽 S-转移酶的作用下，与还原型谷胱甘肽结合生成 AA-谷胱甘肽结合物，再降解生成硫醇尿酸化合物（AAMA）（Berger et al，2011）。

除谷胱甘肽外，人体对于环氧丙酰胺具有另一种解毒的途径：在环氧化物水解酶的作用下，一部分环氧丙酰胺可以被转化成无毒的1,2-二羟基丙酰胺（楼方贺，吴平谷，2010）。

4.5.3.2　丙烯酰胺毒理性质

（1）一般毒性

动物实验表明，丙烯酰胺属于中等毒性，小鼠经口 LD_{50} （半数致死量）为170mg/kg，大鼠的经口 LD_{50} 为170mg/kg，家兔经口的 MLD （最小致死量）为126mg/kg，人每天允许的最大暴露量不超过 $0.5\mu g/kg$ （宋雁，李宁，2005）。

（2）神经毒性

丙烯酰胺能与神经系统中蛋白质巯基结合，抑制轴索与轴浆运输有关的酶，使轴索肿胀变性、轴浆运输障碍和雪旺细胞死亡，从而导致髓鞘变性，大脑皮质、小脑、视丘等部位产生不同程度的损害（丁茂柏，2007）。丙烯酰胺经皮肤和呼吸道进入人体，长期接触吸收丙烯酰胺，可在体内产生蓄积作用，主要损害薄核束、脊髓前角细胞、神经细胞和周围神经，短期大量服用可出现神经症状和小脑功能障碍。亚急性中毒尚可出现锥体外系、中脑及脑脊髓损害。职业性丙烯酰胺中毒多为慢性，以中脑和周围神经损害为主，出现肌无力、感觉缺失、反射消失以及平衡失调等（邓海，1997；于素芳，谢克勤，2005）。

（3）遗传毒性

丙烯酰胺可以引起染色体的异常、姊妹染色体交换频率增高、细胞的转化等有关细胞遗传物质的变化。细胞培养液质量浓度在 $0.01\sim0.50mg/mL$ 之间的丙烯酰胺可引起染色体异常、细胞分裂方式改变、四倍体细胞出现频率增高、多倍体细胞的出现和纺锤体扰动等异常染色体行为（马红莲，杨建一，2007）。

（4）致癌性

根据瑞典宣布的研究结果，丙烯酰胺经口的致癌剂量是 $4.5mg/(kg \cdot d)$ 。当丙烯酰胺进入人体之后，可以转化为环氧丙酰胺，而此化合物能与细胞 RNA 发生反应，并破坏染色体结构，从而导致细胞死亡或病变为癌细胞，这已通过动物实验得以证实（王桂荣，何国庆，2011）。

（5）生殖毒性

丙烯酰胺的生殖毒性机制与其神经毒性的机制相似，可抑制驱动蛋白样物质的活性，引起细胞有丝分裂和减数分裂障碍，从而导致生殖损伤。也有学者认为丙烯酰胺的生殖毒性只表现在雄性动物，这与神经肌肉损伤导致雄性动物的抓爬与交配能力下降有关（宋宏绣等，2008）。这些研究将丙烯酰胺的生殖毒性和神经毒性联系起来探讨毒性机制，开辟了新的研究思路（张娟等，2011）。

（6）免疫系统影响

机体的免疫系统最易遭受体外有害因素的影响而发生改变，而且许多实验证明，人或动物接触小剂量或无明显毒作用剂量的某些化学物质之后，会引起免疫功能的损害，它通过体液免疫和细胞免疫的异常反映出来，从而导致多种疾病的发生（崔群等，2004）。

4.5.3.3　危害特征描述

危害特征描述一般是将毒理学试验获得的数据外推到人，计算人体的每日允许摄入量（ADI 值）。严格来说，对于食品添加剂、农药残留和兽药残留，制定 ADI 值。ADI 就是某种物质每天允许的最大摄入量，如果每天摄入低于或等于 ADI 的该物质，在人的一生中都不会产生任何毒副作用。基于丙烯酰胺对啮齿类动物的神经毒性的未观察到损害作用剂量（NOAEL）0.2mg/(kg·d)，在 100 倍安全因子下对神经毒性的损害研究，ADI 值为 $2\mu g/(kg \cdot d)$。

4.5.3.4　膳食暴露点评估

本案例拟采用点评估的方式对咖啡粉中丙烯酰胺进行暴露评估。简单点评估是通过单一值描述结果的方法，该方法的目的不在于评估真实的膳食暴露，而是为初步判定是否具有膳食风险，并进一步确认是否有必要纳入深入评估（复杂点评估和概率评估）。

对于一些急性毒性不明显或很少与人体接触的外来化学物，一般认为不必要建立急性毒性参考剂量（ARFD）。丙烯酰胺目前还没有制定急性毒性参考剂量，所以本研究仅对其进行慢性毒性暴露评估。

慢性毒性点评估暴露量模型为：

$$\text{EXP}_{\text{chromic}} = \sum_{i=1}^{P} \frac{X_{k,\text{average}} C_{k,\text{average}}}{\text{bw}} \times f \qquad (4\text{-}4)$$

式中，$\text{EXP}_{\text{chromic}}$ 为丙烯酰胺的人群膳食暴露量，$\mu g/kg$；$X_{k,\text{average}}$ 为第 k 类食品（咖啡粉）的平均消费量，g；$C_{k,\text{average}}$ 为第 k 类食品（咖啡粉）中丙烯酰胺的平均残留量，mg/kg；P 为某一天中消费食品种类数目；bw 为被评估人群的平均体重，g；f 为加工因子。

本研究中即溶咖啡粉作为 1 类，拟采用 $P=1$，$f=1$。

4.5.3.5　咖啡粉中丙烯酰胺的定量检测

通过对海南省海口、儋州两市随机抽取的咖啡粉中丙烯酰胺的定量检测发现，100 份不同种类咖啡粉样品中 40 个被检出，两市各 30 份未检出，丙烯酰胺检出量为 2.5~195.2μg/kg，丙烯酰胺的平均含量为 71.45μg/kg，详见表 4-8（赵亚南等，2013）。

表 4-8　海南省咖啡粉中丙烯酰胺残留量

采样地区	样本量	均值±标准差/(μg/kg)	含量范围/(μg/kg)
海口市咖啡粉中丙烯酰胺残留量	50	75.30±103.68	2.5~195.2
儋州市咖啡粉中丙烯酰胺残留量	50	67.61±74.50	2.5~158.9
总计	100	71.45±99.55	2.5~195.2

对未检出的样品，按照美国 EPA 建议的数据处理方法，不是以样品中不含有此物质计算，而是认为其残留含量在 0~LOD 之间，取 0 和 LOD 值的平均数，丙烯酰胺的检测方法 LOD 为 5μg/kg，因此未检出的丙烯酰胺以 2.5μg/kg 计算。

4.5.3.6　各组人群对咖啡粉中丙烯酰胺的膳食暴露量

我国 10 类典型人群摄入海南即溶咖啡粉，其丙烯酰胺的膳食暴露点评估结果为：其膳食暴露量与 ADI 的比值均远小于 1，风险可以接受，不必纳入深入评估；消费人群对来源于咖啡粉中丙烯酰胺的膳食暴露量不足以对身体健康产生危害，不必进入风险管理程序。对于正处于生长发育阶段的 2~7 岁少年儿童，体重较成年人轻，而该组咖啡粉消费量与其他组别差异不大，丙烯酰胺摄入平均值为 ADI 的 0.018 倍，为所有组别中最高者。此外，除了咖啡粉，少年儿童还可能会进食其他产生丙烯酰胺的食物，如油饼、薯条、巧克力饼干等，因此其每日摄入丙烯酰胺量可能比本估计值要高。由于儿童生殖系统和神经系统尚未完善，更容易受丙烯酰胺的毒性影响，所以更应该加强关注少年儿童，控制丙烯酰胺残留量较高的食物摄入，详见表 4-9。

表 4-9　各组人群对咖啡粉中丙烯酰胺的膳食暴露量 （赵亚南等，2013）

年龄/岁	性别	丙烯酰胺暴露量 EXP /[μg/(kg·d)]	为 ADI 的倍数/倍
2~3	M	0.035011	0.017505
2~3	F	0.051444	0.025722
4~6	M	0.03644	0.01822
4~6	F	0.034296	0.017148
7~10	M	0.040012	0.020006
7~10	F	0.024293	0.012147
11~13	M	0.015719	0.00786
11~13	F	0.020721	0.01036

续表

年龄/岁	性别	丙烯酰胺暴露量 EXP /[μg/(kg·d)]	为 ADI 的倍数/倍
14~17	M	0.013576	0.006788
14~17	F	0.012147	0.006073
18~29	M	0.013576	0.006788
18~29	F	0.015719	0.00786
30~44	M	0.012861	0.006431
30~44	F	0.012861	0.006431
45~59	M	0.011432	0.005716
45~59	F	0.012147	0.006073
60~69	M	0.010718	0.005359
60~69	F	0.008574	0.004287
>70	M	0.006431	0.003215
>70	F	0.006431	0.003215

注：1. ADI 值为 $2\mu g/(kg \cdot d)$。

2. F 为女性，M 为男性。

4.5.3.7　风险交流

本研究为来源于咖啡粉中丙烯酰胺的初步风险评估，在评估过程中存在很多的不确定性。例如膳食摄入量数据来自 2002 年中国居民营养与健康状况调查研究，时间较早，食物分类较粗，特别是单一食品品种的单人日均消费量缺失，抽样的代表性不够。本研究所采用的丙烯酰胺含量数据来源是我国咖啡主产区海口、儋州两市随机抽取的咖啡粉，每个区各抽取 50 份样品，抽样食物的代表性有待提高；另一方面由于 JECFA 对丙烯酰胺的评估均基于动物试验的研究资料，也增加了此风险评估的不确定性。

从暴露评估结果来看，进一步确定海南省咖啡粉中丙烯酰胺残留方面总体风险较低。但不可忽视的是要关注生长发育阶段的少年儿童膳食丙烯酰胺食用安全情况。在对膳食丙烯酰胺评估下一步研究中，应该增加对居民消费量较高的其他食物中丙烯酰胺含量的测定和暴露评估，应该将可能含丙烯酰胺较高的食物，例如油饼、薯条、巧克力饼干等包括在内，并采用较为精细的评估方法，提高评估的准确度和精确度，更好地对含丙烯酰胺食用安全风险进行评估和监测。此外，关于食物中丙烯酰胺的形成机制、丙烯酰胺在体内的代谢、丙烯酰胺及其代谢产物环氧丙烯酰胺的毒理学机制研究等资料亦不完善，均需进一步研究。

参　考　文　献

崔群, 刘志敏, 范志涛, 李锋杰. 2004. 丙烯酰胺对小鼠抗氧化能力和免疫功能的影响. 中国工业医学杂志，17（3）：188-189.

邓海. 1997. 丙烯酰胺和环氧丙酰胺的神经毒性研究. 中华预防医学杂志，31（4）：202-205.

丁茂柏. 2007. 科学评估丙烯酰胺危害. 中国职业医学，34（1）：61-64.

刘洁，袁媛，赵广华，胡小松，陈芳. 2009. 食品中丙烯酰胺形成途径的研究进展. 中国粮油学报，24（2）：160-163.

刘婷婷，谭兴和，伍雨江，王锋，李清明，秦丹，邓洁红. 2010. 油炸食品中丙烯酰胺的研究进展. 农产品加工，（003）：76-78.

楼方贺，吴平谷. 2010. 食品中丙烯酰胺危害的研究进展. 浙江预防医学，22（7）：16-23.

马红莲，杨建一. 2007. 丙烯酰胺遗传毒性研究进展. 山西医科大学学报，38（8）：754-756.

宋宏绣，王冉，曹少先，刘铁铮. 2008. 丙烯酰胺的雄性生殖毒性. 中华男科学，14（2）：159-162.

宋雁，李宁. 2005. 食品中丙烯酰胺对健康的影响. 卫生研究，34（2）：241-243.

王桂荣，何国庆. 2011. 食品中丙烯酰胺的致癌性. 食品工业科技，32（6）：467-470.

吴春峰，刘弘. 2011. 生物监测在化学危害物风险评估中的应用. 环境与职业医学，28（2）：117-122.

吴永宁. 2013. 食品中化学危害暴露组与毒理学测试新技术中国技术路线图. 科学通报，58（26）：2651-2656.

严瑞东. 2012. 食用油脂中反式脂肪酸的风险评估与限量标准的研究. 郑州：河南工业大学.

杨润，陈蓓，李放，蔡梅，马永建. 2010. 2001—2009 年江苏酱油中 3-氯-1，2-丙二醇监测与结果分析. 中国卫生检验杂志，（9）：2281-2282.

于素芳，谢克勤. 2005. 丙烯酰胺的神经毒性研究概况. 毒理学杂志，19（3）：242-244.

张娟，杨媛媛，王文娟，马红莲，李涛涛，张秀峰，杨建一. 2011. 丙烯酰胺对雄性小鼠生殖毒性的研究. 毒理学杂志，25（2）：90-92.

赵亚南，曾绍东，杨春亮，王明月. 2013. 海南产即溶咖啡粉中丙烯酰胺的膳食暴露风险评估. 食品安全质量检测学报，4（6）：1885-1890.

Angerer J，Aylward L L，Hays S M，Heinzow B，Wilhelm M. 2011. Human biomonitoring assessment values：approaches and data requirements. International Journal of Hygiene and Environmental Health，214（5）：348-360.

Aylward L L，Kirman C R，Schoeny R，Portier C J，Hays S M，汪源，张晶. 2013. 从风险评估的角度评价美国疾病预防控制中心全国暴露报告生物监测数据：化学物的全面展望. 环境与职业医学，30（6）：485-491.

Berger F I，Feld J，Bertow D，Eisenbrand G，Fricker G，Gerhardt N，Merz K H，Richling E，Baum M. 2011. Biological effects of acrylamide after daily ingestion of various foods in comparison to water：a study in rats. Molecular Nutrition & Food Research，55（3）：387-399.

Boettcher M I，Bolt H M，Drexler H，Angerer J. 2006. Excretion of mercapturic acids of acrylamide and glycidamide in human urine after single oral administration of deuterium-labelled acrylamide. Archives of Toxicology，80（2）：55-61.

Calafat A M，Needham L L，2008. Factors affecting the evaluation of biomonitoring data for human exposure assessment. International Journal of Andrology，31（2）：139-143.

Carrington C D，Bolger P M. 2010. The limits of regulatory toxicology. Toxicology and Applied Pharmacology，243（2）：191-197.

Cho W-S，Han B S，Lee H，Kim C，Nam K T，Park K，Choi M，Kim S J，Kim S H，Jeong J. 2008. Subchronic toxicity study of 3-monochloropropane-1，2-diol administered by drinking water to B6C3F1 mice. Food and Chemical Toxicology，46 (5)：1666-1673.

Clewell H J，Tan Y M，Campbell J L，Andersen M E. 2008. Quantitative interpretation of human bio-monitoring data. Toxicology and Applied Pharmacology，231 (1)：122-133.

Cooper T，Jones A. 2000. Metabolism of the putative antifertility agents chloro-1-hydroxypropanone and its dimethyl ketal in the male rat. International Journal of Andrology，23：243-247.

Crews C，Brereton P，Davies A. 2001. The effects of domestic cooking on the levels of 3-monochloropro-panediol in foods. Food Additives & Contaminants，18 (4)：271-280.

Doerge D R，Gamboa da Costa G，McDaniel L P，Churchwell M I，Twaddle N C，Beland F A. 2005. DNA adducts derived from administration of acrylamide and glycidamide to mice and rats. Mutation Re-search/Genetic Toxicology and Environmental Mutagenesis，580 (1)：131-141.

Ghanayem B I，Witt K，El-HadriL，Hoffler U，Kissling G，Shelby M，Bishop J. 2005. Comparison of germ cell mutagenicity in male CYP2E1-null and wild-type mice treated with acrylamide：evidence supporting a glycidamide-mediated effect. Biology of Reproduction，72 (1)：157-163.

Hansen S H，Olsen A K，Søderlund E J，Brunborg G. 2010. In vitro investigations of glycidamide-induced DNA lesions in mouse male germ cells and in mouse and human lymphocytes. Mutation Research/Genetic Toxicology and Environmental Mutagenesis，696 (1)：55-61.

Huang Y-F，Wu K-Y，Liou S-H，Uang S-N，Chen C-C，Shih W-C，Lee S-C，Huang C-C J，Chen M-L. 2011. Biological monitoring for occupational acrylamide exposure from acrylamide production workers. Inter-national Archives of Occupational and Environmental Health，84 (3)：303-313.

Ji J，Jiang D，Sun J，Qian H，Zhang Y，Sun X. 2015. Electrochemical behavior of a pheochromocytoma cell suspension and the effect of acrylamide on the voltammetric response. Analytical Methods.

Jiang D，Jiang H，Ji J，Sun X，Qian H，Zhang G，Tang L. 2014. Mast cell-based fluorescence biosensor for rapid detection of major fish allergen parvalbumin. Journal of Agricultural and Food Chemistry.

Joint F. 2001. Summary of the fifty-seVenth meeting of the Joint FAO/WHO Expert Committee on food ad-ditiVes (JECFA). Rome.

Jones A. 1982. Antifertility actions of alpha-chlorohydrin in the male. Australian Journal of Biological Sci-ences，36 (4)：333-350.

Kensler T W，Roebuck B D，Wogan G N，Groopman J D. 2011. Aflatoxin：a 50-year odyssey of mechanis-tic and translational toxicology. Toxicological Sciences，120 (suppl 1)：S28-S48.

Krewski D，Acosta Jr D，Andersen M，Anderson H，Bailar III J C，Boekelheide K，Brent R，Charnley G，Cheung V G，Green Jr S. 2010. Toxicity testing in the 21st century：a vision and a strategy. Journal of Toxicology and Environmental Health，Part B，13 (2-4)：51-138.

Kwack S J，Kim S S，Choi Y W，Rhee G S，Lee R D，Seok J H，Chae S Y，Won Y H，Lim K J，Choi K S. 2004. Mechanism of antifertility in male rats treated with 3-monochloro-1,2-propanediol (3-MCPD). Journal of Toxicology and Environmental Health，Part A，67 (23-24)：2001-2004.

Lignert H，Grivas S，Jägerstad M，Skog K，Törnqvist M，Åman P. 2002. Acrylamide in food：mecha-nisms of formation and influencing factors during heating of foods. Food & Nutrition Research，46 (4)：

159-172.

Lin Y，Lagergren J，Lu Y. 2011. Dietary acrylamide intake and risk of esophageal cancer in a population-based case-control study in Sweden. International Journal of Cancer，128（3）：676-681.

Nyman P，Diachenko G，Perfetti G. 2003. Survey of chloropropanols in soy sauces and related products. Food Additives and Contaminants，20（10）：909-915.

Parzefall W. 2008. Minireview on the toxicity of dietary acrylamide. Food and Chemical Toxicology，46（4）：1360-1364.

Pedersen G S，Hogervorst J G，Schouten L J，Konings E J，Goldbohm R A，van den Brandt P A. 2010. Dietary acrylamide intake and estrogen and progesterone receptor-defined postmenopausal breast cancer risk. Breast Cancer Research and Treatment，122（1）：199-210.

Schulz C，Wilhelm M，Heudorf U，Kolossa-Gehring M. 2011. Update of the reference and HBM values derived by the German Human Biomonitoring Commission. International Journal of Hygiene and Environmental Health，215（1）：26-35.

Sun X，Ji J，Jiang D，Li X，Zhang Y，Li Z，Wu Y. 2013. Development of a novel electrochemical sensor using pheochromocytoma cells and its assessment of acrylamide cytotoxicity. Biosensors and Bioelectronics，44：122-126.

Tan Y-M，Liao K H，Conolly R B，Blount B C，Mason A M，Clewell H J. 2006. Use of a physiologically based pharmacokinetic model to identify exposures consistent with human biomonitoring data for chloroform. Journal of Toxicology and Environmental Health，Part A，69（18）：1727-1756.

Tsutsumiuchi K，Watanabe Y，Watanabe M，Hibino M，Kambe M，Okajima N，Negishi H，Miwa J，Taniguchi H. 2011. Formation of acrylamide from glucans and asparagine. New Biotechnology，28（6）：566-573.

Velisek J，Davidek J，Kubelka V，Janicek G，Svobodova Z，Simicova Z. 1980. New chlorine-containing organic compounds in protein hydrolysates. Journal of Agricultural and Food Chemistry，28（6）：1142-1144.

West P R，Weir A M，Smith A M，Donley E L，Cezar G G. 2010. Predicting human developmental toxicity of pharmaceuticals using human embryonic stem cells and metabolomics. Toxicology and Applied Pharmacology，247（1）：18-27.

Wu S，Blackburn K，Amburgey J，Jaworska J，Federle T. 2010. A framework for using structural，reactivity，metabolic and physicochemical similarity to evaluate the suitability of analogs for SAR-based toxicological assessments. Regulatory Toxicology and Pharmacology，56（1）：67-81.

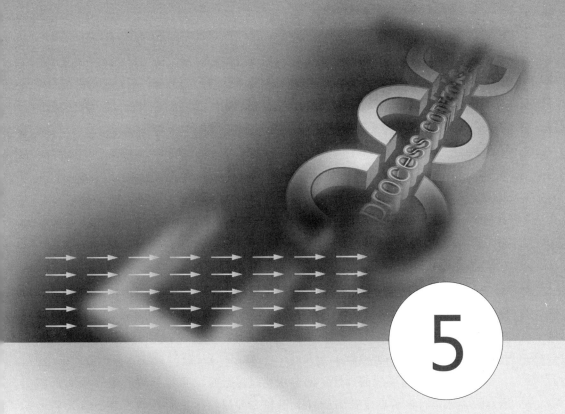

5

重金属危害及风险评估

5.1 重金属风险污染及评估现状

5.1.1 铅毒的危害及其临床表现

铅中毒分为职业性、公害性、生化性、药源性和母源性五种。由于铅中毒在初期大多无明显的和典型的临床特征表现，其发生和发展都较隐蔽，故常被忽视。然而，铅对人体，尤其是儿童的健康和智能发育危害严重，如不及时消除蓄积在脑中的铅，随发育的不断成熟，可以造成儿童大脑永久性损害和智力低下等严重问题。

① 铅对神经系统的毒性。铅对神经系统的毒性，是目前铅中毒研究历程中最早的，也是了解最为详尽的。主要表现在心理、智力、感觉和神经肌肉的功能障碍上，尤其低龄儿童对铅的敏感性明显高于成年人，环境中低浓度铅即可引起儿童中枢神经系统功能失调。

② 铅对心血管系统的毒性。动脉中铅过量经证实可以导致心血管病死亡率增高。临床资料显示心血管病患者血铅和 24h 尿铅水平明显高于非心血管病患者；铅暴露还可引起血管痉挛、高血压症状、心脏病变及其心肌炎、心电图异常、心率不正常和铅毒性肝病等；贫血和溶血也是铅对心血管系统急性和慢性中毒的重要临床表现之一。

③ 铅对消化系统的毒性。经口途径铅中毒时，局部可产生直接的刺激和腐蚀，亦可通过神经反射引起平滑肌和血管痉挛，继之产生坏死、溃疡和自我消化。临床表现有腹痛、恶心呕吐、便秘腹泻等。慢性铅中毒患者胃黏膜病理损害检出率达 96.7%，并可出现萎缩性胃炎。慢性、中度和重度铅中毒患者初诊为浅表性胃炎，3 年后 91% 转为萎缩性胃炎。恶心、腹胀、腹隐痛、腹泻或便秘是常见的临床症状。

④ 铅对生殖和泌尿系统的毒性。肾功能的衰竭，男、女生殖能力和质量的退化，都是铅对生殖和泌尿系统影响的临床表征。类似范可尼综合征的肾小管再吸收障碍、高尿酸血症的多发、肾小球旁器功能减退、接触铅的女性不孕症和流产及死胎率增多，说明铅具有明显的性腺、胚胎毒性和致畸作用。

⑤ 铅对免疫系统的毒性。长期接触低剂量铅可使血清免疫球蛋白的含量降低，白细胞数减少，白细胞吞噬能力下降，进而减弱机体的免疫能力。免疫系统受到铅的毒性影响时，常引起功能低下，小儿表现为容易发生感染、佝偻病、大脑发育迟疑、智力减退、语言障碍、注意力不集中、学习困难和动作协调性

差等。

⑥ 铅对酶系统的毒性。从接触铅的动物和工人身上发现，铅中毒会降低细胞中一些抗氧化酶活性，如超氧化物歧化酶（SOD）、谷胱甘肽过氧化物酶（GSH-Px）等的活性和细胞内抗氧化剂含量。

⑦ 铅对骨骼系统的毒性。骨骼是铅毒性的重要靶器官，尤其在儿童，表现为身材矮小、体重减轻、胸围减少等症状。据试验研究表明：血铅水平每升高 $10\mu g/dL$，儿童身高每年则少长 1.3cm。

5.1.2 镉毒的危害及其临床表现

镉是一种微带蓝色而具有银白色金属光泽的柔软重金属元素，于 1817 年由 Stromcyer 发现。镉位于周期系第ⅡB族，原子量为 112.41，密度为 8.642g/cm^3，有延性和展性，可弯曲。镉熔点为 321.03℃，沸点为 765℃，化合价为 +2，常温下镉在空气中会迅速失去光泽，表面上生成棕色氧化镉，可防止镉进一步氧化。镉不溶于水，能溶于硝酸、醋酸，在稀盐酸和稀硫酸中缓慢溶解，同时放出氢气。镉有 ^{106}Cd、^{108}Cd、$^{110\sim114}Cd$ 和 ^{116}Cd 等多种同位素。

镉是毒性很强的元素，其污染主要来源于各种工业废水、废气和废渣，镉在一般环境中含量相当低，但可通过食物链富集后达到相当高的浓度。镉中毒主要表现为疲劳、嗅觉失灵和血红蛋白降低，严重的可出现骨痛病、钙质严重缺乏和骨质软化萎缩。

镉中毒分为急性中毒和慢性中毒两大类。镉及其化学物经过食物、水和空气进入人体后，蓄积到一定量就开始产生毒性作用。工业生产中吸入大量的氧化镉烟雾就会发生急性中毒，早期表现为咽痛、咳嗽、胸闷、气短、头晕、恶心、全身酸痛、无力、发热等，严重时可出现中毒性肺水肿或化学性肺炎。中毒者高度呼吸困难，可因急性呼吸衰竭而危及生命。镉急性中毒因其潜伏期短而常被忽视，通常摄入 10～20min 后，即可发生恶心、呕吐、腹痛、腹泻等消化道症状；严重者可有眩晕、大汗、虚脱、四肢麻木、抽搐。长期接触镉及其化合物可产生慢性中毒，引起肾脏损害，主要表现为尿中含大量低分子量的蛋白质，肾小球的滤过功能虽属正常，但肾小管的再吸收功能却衰弱，尿镉排出增加。

5.1.3 汞毒的危害及其临床表现

汞毒可分为三种：金属汞、无机汞和有机汞。金属汞和无机汞损伤肝脏和肾脏，但一般不在体内长时间停留，无机汞进入体内的主要途径是呼吸、皮肤吸收和口腔摄取。有机汞远大于无机汞的毒性。有机汞可被动植物吸收，并通过食物链富集放大，最终被人体吸收，在体内储留长达 70 天之久，在脑内的储留达 180～250 天。血液中的汞最初分布于红细胞及血浆中，随后到达全身组织和器官，而以肾脏中含量较多，高达体内总汞量的 70%～80%；其次肝和脑中的汞可穿过血脑屏障进入脑组织及胎儿体内长期蓄积。有机汞破坏人体中枢神经系统。即使微量的汞，也可累积致毒且无法通过自身的代谢排出体外。随着城市化进程不断加快和工业化水平迅速发展，人类活动所致的汞及其化合物污染越积越多，已成为人类生存环境的一大公害。

汞蒸气中毒多为职业性中毒，汞蒸气无色无味、无刺激性，故最初吸入后，除仅感觉口中有金属味外，一般无不适。在连续吸入数小时后，即可出现全身症状。无机汞中毒是以消化道和肾脏损害为主，常见毒物为氯化汞，其致死量约为 1g。有机汞主要表现为神经系统损害，严重时遗留神经系统和心血管后遗症，常见毒物为甲基汞。职业性汞接触者主要是慢性中毒症状，如头痛多汗、失眠健忘、多梦焦虑、肌肉震颤（先见于手指、眼睑和舌，渐及全身）、手足麻木、肢体无力、口腔黏膜溃疡、牙齿松动、齿龈肿胀、食欲不振、口有异味、肾功能减退、性功能减退、夜尿增多、全身水肿等。急性汞中毒，多见于短期内吸入大量汞蒸气引起发热、肺炎和呼吸困难、肾衰竭、接触性皮炎等全身性症状。皮肤接触汞及其化合物可引起接触性皮炎、红斑丘疹，可融合成片或形成水疱，愈后遗有色素沉着。

5.1.4　砷毒的危害及其临床表现

砷中毒是一个以皮肤损害为主的全身性疾病，它可以危害人的皮肤、呼吸、消化、泌尿、心血管、神经、造血等系统，按其发病过程可分为急性和慢性中毒。急性砷中毒多为大量意外地与砷接触所致，主要损害胃肠道系统、呼吸系统、皮肤和神经系统。表现症状为疲乏无力、呕吐、皮肤发黄、腹痛、头痛及神经痛，甚至引起昏迷，严重者表现为神经异常、呼吸困难、心脏衰竭而死亡。慢性砷中毒主要反映在皮肤、头发、指（趾）甲和神经系统方面，表现为皮肤干燥和粗糙，头发脆而易脱落，掌及趾部分皮肤增厚、角质化；在神经系统方面表现为多发性神经炎，如感觉迟钝，四肢端麻木，乃至失知感，行动困难，运动失调等。除了人类活动引起砷中毒以外，也有不少由原生环境地球化学异常而引起砷中毒（地方性砷中毒），如我国台湾省台南县于 1961 年发生砷中毒现象，开始表现为掌趾角质化，甚至在手背、足背有明显角质化疹、疣，且密集分布，最后发育成鳞癌（乌脚病）。

砷广泛存在于环境中，植物根系具有富集砷的作用。元素形式的砷无毒，但其化合物有毒，其中三氧化二砷是最常见的化合物，俗称砒霜。微量的砷为动物营养所必需，能促进组织和细胞的生长和对造血产生刺激作用，但过量食入砷对动物有毒害作用。

5.2 重金属国内外安全限量标准

重金属作为一种持久性污染物已越来越多地被关注和重视，水产品重金属污染在世界范围来说是一个较普遍的食品安全问题。如加拿大、美国、日本因河流被污染，大量鱼、贝类的汞含量超过规定标准，诸如此类的问题给人类带来了严重危害。通常水产品中需要重点监测的重金属项目有无机砷、铅、镉和甲基汞，其中砷属于非金属，但常将其纳入重金属类加以考虑。

5.2.1 我国食品中重金属限量标准状况

5.2.1.1 铅的限量标准

铅是一种具有蓄积性、多亲和性的有毒微量元素，对人体神经、造血、消化、免疫等系统都有损害。铅对人体健康的危害已引起各国政府与消费者的广泛关注，各国政府在制定食品中铅的限量标准时都采取从严的方法，以保护消费者的健康。目前我国铅的国家标准未区分淡水鱼和海水鱼，资料研究证实，不论是鱼类还是甲壳类，总体海水产品铅含量明显高于淡水产品，国际上海水鱼中铅的限量争论激烈，如果应对不当将对我国出口行业影响巨大。《食品中污染物限量》（GB 2762—2005，以下简称《限量》）规定我国鱼类产品中铅含量不得超过0.5mg/kg；《无公害食品水产品中有毒有害物质限量》（NY5073—2006，以下简称《水产品限量》）规定我国鱼类和甲壳类中铅含量不得超过0.5mg/kg，而贝类和头足类中铅含量不得超过1.0mg/kg。

我国先后开展了5次总溶解性浓度（TDS）调研（1990年、1992年、2000年、2007年和2013年），得到的每人每日铅膳食摄入量分别为86.3μg、81.5μg、81.1μg、50.5μg、57.35μg，说明食品污染物限量国家标准GB 2762—2005实施对2007年铅膳食暴露有明显改善（达37%以上）。利用获得的全国12个省的代表性膳食样品以及膳食调查数据，得到中国居民10个性别年龄组的铅暴露量（48.7～116.7μg/d）、分布状况、膳食来源以及评价其暴露分布状况。2～7岁及8～12岁组儿童少年的铅暴露不容乐观，其平均值和中位数对于WHO

评估报告以智力影响为健康终点的 BMD_L（基准剂量下限）值计算 MOE（有效性量度）小于 1，甚至达到 $0.1 \sim 0.3$，属于急迫需要采取控制措施的污染物。2007 年的铅暴露变异范围明显大于 2000 年；各年龄组铅暴露的中位数，2007 年明显低于 2000 年，说明整体铅暴露水平有明显下降；而高端暴露人群的铅暴露明显高于 2000 年，说明经 1996 年禁止使用含铅汽油后膳食铅暴露状况在面源污染有了明显的改善，但是在铅污染整体改善的情况下在个别地区仍然存在，甚至出现新的污染（点源污染）。因此全方位地降低食品中铅的含量，对保障低年龄组儿童少年意义非同寻常且势在必行（Ng，2011）。这与国际社会全面修订更加严格的限量并从低年龄组儿童少年开始一致。

5.2.1.2　镉的限量标准

镉对人体和水生动物来讲是一种非必需无益的重金属元素，而且是积累性、毒性较大的元素，镉污染导致人体慢性中毒。研究资料证明海水产品的镉污染水平要比淡水产品高，海水产品镉污染水平较高，主要是由于头足类产品和海水贝类中的扇贝、贻贝镉含量比较高。《限量》规定我国鱼类产品中镉含量不得超过 0.1mg/kg；《水产品限量》规定鱼类产品镉含量亦不得超过 0.1mg/kg，甲壳类不得超过 0.5mg/kg，贝类、头足类不得超过 1.0mg/kg。

中国膳食镉暴露量评估提示我国镉污染在 GB 2762—2005 实施前为增长趋势，即使实施 GB 2762—2005 效果也有限，2007 年 TDS 结果仅减少不到 8%。JECFA 最新修改的镉的暂定每月可耐受摄入量（PTMI）为 $25\mu g/kg$ 体重，而 TDS 获得的我国居民 10 个性别年龄组的镉的摄入量为每月 $16.3 \sim 36.9\mu g/kg$ 体重。进一步评估膳食镉的食物来源主要是谷类，尤其是大米，贡献率接近 50%。因此有效控制大米中镉的含量对于降低中国各性别年龄组的膳食镉暴露至关重要，中国食品安全国家标准 GB 2762—2012 规定限量为 0.2mg/kg（与欧盟一致），严于国际食品法典规定的限量（0.4mg/kg）。

5.2.1.3　汞的限量标准

汞是一种有毒的重金属元素，其毒性依赖于它的化学形式，其中甲基汞的毒性最大，甲基汞暴露对于人类的风险在于它的生物致畸作用、免疫毒性，最重要的是它的神经毒性效应。鱼被认为是人类汞暴露的主要来源，在水体中各种形式的汞通过微生物作用转化为甲基汞。研究表明，鱼体内 75% ～ 95% 的汞都是以甲基汞的形式存在，处于食物链高端的鱼体内含汞的浓度可能比其生活环境中的汞浓度高 100 万倍。《限量》规定所有水产品不包括食肉鱼类中甲基汞限量值为 0.5mg/kg，食肉鱼类中甲基汞限量值为 1.0mg/kg；《农产品安全质量无公害水产品安全要求》（GB 18406.4—2001）则规定我国总汞 0.3mg/kg，其中甲基汞不得超过 0.2mg/kg。

5.2.1.4　砷的限量标准

三价无机砷剧毒，五价砷的毒性低于三价砷，而有机砷的毒性较小，因而国际上对砷的卫生学评价均以无机砷为依据，砷及其化合物已被 IARC 确认为致癌物。20 世纪 80 年代我国曾制定了海产食品中无机砷的卫生标准，研究调查证实海产食品是含砷量最高的食品，样品中的砷主要以有机砷形式存在；淡水鱼中的砷以有机砷的形式存在；对我国 108 份甲壳类和贝类鲜制品测得无机砷含量均值为 0.207mg/kg。由此《限量》标准调整了我国以鲜重计的贝类、虾蟹类及其他水产食品标准限量值为 0.5mg/kg，鱼最高限量值为 0.1mg/kg；以干重计的贝类及虾蟹类为 1.0mg/kg。

2007 年第 4 次中国 TDS 结果表明，我国居民膳食总砷摄入量为 6.9μg/d，无机砷摄入量为 3.0μg/d；其中谷类食品是无机砷的主要来源，占 70%。2010 年 JECFA 鉴于原定 PTWI 与人群流行病学研究新证据，即与以肺癌为健康终点的日剂量 $BMD_{L0.5}$ 为 3.0μg/kg 体重（范围为 2～7μg/kg 体重）接近，而撤销了健康指导值（HBGV）。中国膳食无机砷的暴露接近 $BMD_{L0.5}$（半数基准剂量下限）值。因此，控制谷类食品，尤其是大米中无机砷的含量对于控制膳食无机砷的暴露水平至关重要，纳入中国食品安全国家标准 GB 2762—2012（限量为 0.2mg/kg）。

2010 年从全国 12 个省采集的近 500 份稻米、糙米和精米，测定其中总砷以及无机砷的含量水平，总体无机砷含量最小值、最大值、平均值、中位数、90 百分位数、95 百分位数和 99 百分位数分别为＜0.04mg/kg、0.45mg/kg、0.13mg/kg、0.12mg/kg、0.21mg/kg、0.24mg/kg 和 0.32mg/kg。其中精米中无机砷的平均含量相当于糙米的 45.5%（范围 12.6%～99.3%）。说明大米的精加工可以有效去除其无机砷的含量。由于中国在全球食品中无机砷限量标准的制定处于先导地位，国际食品法典委员会授权中国牵头稻米砷限量与控制规范国际标准的电子工作组。通过整合世界各国大米中总砷和无机砷的含量水平获得全球污染频数分布，并充分使得中国数据可以有效地为食品安全限量国际/国家标准所引用和采纳，体现中国作为负责任大国在食品安全领域的贡献（Wu，2012）。

5.2.2　国外水产品中重金属限量标准情况

（1）铅限量标准情况

在 2001 年第 33 届食品添加剂和污染物法典委员会（CCFAC）上，发达国家，特别是欧盟，提出制定海鱼的铅限量标准，随后在 34 届、35 届会议上再次提出制定此标准，并根据发达国家监测的数据提出铅的限量值为 0.2mg/kg。JECFA 曾多次对其评价，2004 年 JECFA 限定铅的每周耐受摄入量（PTWI）为 0.025mg/kg 体重，按 60kg/人体重，相当于每人每日耐受摄入量 0.2143mg（PTWI/7×60），CCFAC 据此相应下调了限量标准。目前 CCFAC 制定铅限量标准中存在争议较大的是鱼类 0.2mg/kg 的限量，在制定法典标准时，有的国家认为有的品种鱼超过此限量值，有的成员国代表建议考虑定为 0.5mg/kg。欧盟 2006 年颁布的委员会条例（EC）No 1881/2006，制定食品中某些污染物的最高限量［废止了委员会条例（EC）No 466/2001］，详细规定了欧盟水产品中铅、镉、汞、锡重金属的限量。2008 年欧盟委员会条例（EC）No 629/2008 对委员会条例（EC）No 1881/2006 进行了修订，调整了铅、镉、汞、锡重金属在各类食品中的含量，尤其在水产品中的含量做了较大调整。欧盟限定鱼肉中铅限量为 0.3mg/kg，甲壳类（不包括褐色蟹肉、龙虾及类似大甲壳类的头和胸腔肉）为 0.5mg/kg，双壳软体动物为 1.5mg/kg，无内脏的头足类动物为 1.0mg/kg。国际食品法典委员会（CAC）发布的食品中污染物和毒素通用标准 CODEX STAN193—1995（2007 年修订版），规定了食品中重金属的通用限量标准，其中规定鱼中铅最高限量为 0.3mg/kg；美国规定甲壳类和双壳软体类食品中铅限量分别为 1.5mg/kg 和 1.7mg/kg；韩国鱼类食品中铅限量为 2.0mg/kg。

（2）镉限量标准情况

JECFA 曾多次对食品中的镉评价，2000 年 JECFA 评价 PTWI 仍然维持为 0.007mg/kg 体重，CCFAC 据此提出限量指导值。按人体重 60kg 计，每人每周镉允许摄入量为 420μg，每人每日镉允许摄入量为 60μg，按每天摄入 300g 水产品计算，安全限量为 0.2mg/kg。2004 年，FAO/WHO 限定镉的 PTWI 亦为 0.007mg/kg 体重。欧盟规定鱼肉（不包括鲣鱼、双带重牙鲷鱼、鳗鱼、灰鲻鱼、鲭鱼或竹荚鱼、鲭科鱼、鳀鲭鱼、沙丁鱼、拟沙丁鱼、金枪鱼、鲽鱼、圆花鲣、凤尾鱼、旗鱼）中镉限量为 0.05mg/kg；甲壳类（不包括褐色蟹肉、龙虾及类似大甲壳类的头和胸腔肉）为 0.5mg/kg；双壳软体动物和无内脏的头足类动物镉限量 1.0mg/kg。CAC 食品中污染物和毒素通用标准规定双壳类软体动物（不包括牡蛎和扇贝）和去掉内脏的头足类动物中镉限量值为 2mg/kg；美国限定甲壳类和贝类中镉限量值分别为 3mg/kg 和 4mg/kg；韩国限量值为 2.0mg/kg。

（3）甲基汞限量标准情况

世界卫生组织 1972 年建议，成人每周暂定允许摄入量不得超过 0.3mg（相

当于 5μg/kg 体重），其中甲基汞摄入量不得超过每人每周 0.2mg（相当于
3.3μg/kg 体重）。2003 年，JECFA 将甲基汞的 PTWI 值由 3.3μg/kg 体重降至
1.6μg/kg 体重。美国环境保护组织（EPA）推荐汞允许摄入量 0.1μg/(kg·d)，
即 0.7μg/(kg·周)。《鱼甲基汞指导值》（CAC/GL 7—1991）规定了甲基汞的
限量，其中食肉鱼（鳖、旗鱼、金枪鱼、梭子鱼及其他)≤1.0mg/kg，非食肉鱼
≤0.5mg/kg；FAO/WHO 规定汞的限量为 1mg/kg；欧盟规定汞的饮食限量为
0.5mg/kg，（EC）No1881/2006 规定水产品及鱼肉中汞含量为 0.5mg/kg；日本
规定了水产品中总汞为 0.4mg/kg，甲基汞为 0.3mg/kg（此规定不适用于河川
淡水鱼）；美国、加拿大规定鱼中汞的限量为 0.5mg/kg；瑞典规定水产品中汞
小于 1mg/kg，并限每周吃 1 次。

（4）有机砷限量标准情况

目前，国际上均以无机砷的形式进行卫生学评价。FAO/WHO1988 年建议
无机砷形式 PIWI 为 0.015mg/kg 体重，以人体重 60kg 计，即每人每日允许摄
入量（ADI）为 0.129mg。英国、加拿大等国近年来也分别测定了本国食品中无
机砷的人均摄入量，如英国人均每天摄入无机砷的总量为 67μg，其中来自鱼的
42μg；加拿大人均每天摄入无机砷为 38μg。欧盟限定总砷不得超过 1mg/kg；美
国限定甲壳类和贝类中总砷分别不得超过 76mg/kg 和 86mg/kg。

5.3 重金属风险评估方法

重金属风险评估的步骤与所有化学物风险评估的步骤类似，主要概括为三个
步骤：一是毒性效应评估；二是暴露评估，如膳食摄入评估，其中由于各国食品
类型及对该类食品的消费状况不一样，所以各国在采用的评估方法上会存在一定
的差异性，尽管国际尚未颁布一个明确统一的标准方法，但是目前，比较推荐的
评估方法是通过概率方法（probabilistic methods）评估重金属的暴露程度；三
是重金属的风险描述。

5.3.1 农产品中重金属的毒性效应评估

危害识别和剂量-反应评估是为了分析推导某重金属剂量水平，并判定摄入
量在多大程度不会导致显著或可观察的不良反应。毒性效应评估简单程序一般是
从毒理学研究入手，数据来源于动物实验，但更主要的是来源于人体摄入农产品

中重金属蓄积量，进行中毒的流行病学调查研究，并找出最敏感的评估终点。通过剂量-反应关系曲线确定未观察到有害作用的剂量（NOAEL）或基准剂量（BMD），最后考虑不确定因素。以 NOAEL 或 BMD 与不确定因子（UF）的比值最终获取 PMTDI（摄入量）。该方法由国际机构 JECFA 推荐，且世界各国实施重金属风险评估时均采纳该方法。

剂量是重金属作用时间与浓度的函数，半衰期是决定重金属新陈代谢和毒性效应的一个关键因子，重金属毒性也由细胞水平上的剂量和重金属毒性来决定。与农药及兽药残留风险评估不同，重金属风险评估采用的不是 ADI，而是 PTWI，有时也会采用 TDI（每日耐受摄入量），如有机锡是一种杀虫剂，所以通过动物实验研究确定的为 TDI。

在确定评估终点时，动物或人体中血液、尿液中重金属剂量及存在状态都可作为其毒理学效应终点；铅和甲基汞对人体健康的最敏感点是神经，故以神经反应作为效应终点；对某些重金属如甲基汞，头发也能作为其中很有用的指示物。一般而言，PTWI 的确定是以血液中重金属的浓度为指标物。甲基汞剂量-反应关系是确定血液中最大金属浓度，反推剂量的关系。铅剂量-反应关系则是确定某剂量，反推此时血液中铅浓度与 NOAEL 的关系。而镉是长期累积到肾脏，所以确定 PTWI 时使用肾脏累积镉模型。

5.3.2　农产品中重金属暴露评估

评估农产品中重金属风险的精确性主要决定于暴露评估的精确性，即重金属的膳食摄入量估测。但有时暴露评估的难度远远大于毒性效应评估，各国对暴露摄入量评估的方法各不相同，目前国际上急需建立一个标准方法来统一全球实施重金属暴露评估工作。大致的评估方法见式(5-1) 和式(5-2)。

$$\text{重金属摄入量}=\text{农产品中重金属浓度}\times\text{该种农产品消费量评估} \qquad (5\text{-}1)$$

$$\text{重金属总摄入量}=\text{来自所有含该重金属农产品中摄入量之和} \qquad (5\text{-}2)$$

一般暴露评估进行两次，第一次是采用大规模调查残留数据，利用该数据得出暴露量可能发生的最高水平及人群可能承受的风险。第二次是如果第一次风险评估结果证明可能有较高的风险，则再次进行精确化暴露评估，判定风险是否能被接受。

5.3.3　农产品中重金属风险描述

农产品质量安全重金属的风险描述是比较农产品中重金属暴露评估的结果和

重金属效应评估所得的 PTWI 或 TDI，用于综合评估农产品中该重金属的风险。

GEMS/Food 推导出膳食镉摄入量均值为 $2.8 \sim 4.2 \mu g/kg$。该评估值约占 PTWI 为每千克体重 $7\mu g$ 的 $40\% \sim 60\%$。对于高消费量人群，总镉摄入量估计为均值的两倍，所以类似人群摄入量可能超过 PTWI。1998 年英国对农产品中食品镉、汞及锡等都进行了风险评估。镉的高暴露人群摄入量为 $3.5\mu g/kg$，与 PTWI 取 $7\mu g/kg$ 相差甚小，对摄入量贡献最大的是土豆（24%）、面包（21%）和其他各种谷物（16%）。

GEMS/Food 系统中五大地区的膳食甲基汞摄入量为 $0.3 \sim 1.5 \mu g/kg$，低于甲基汞 PTWI（$1.6\mu g/kg$）。2004 年 EFSA 鱼和海产品中甲基汞暴露评估结论：一部分经常食用大型捕食类鱼的人群和儿童甲基汞摄入量容易超过 PTWI。欧洲食品安全局委员会报告欧盟各个国家来自鱼和海产品的汞摄入量不同，消费量和种类不同。尽管大部分国家摄入量均值低于 JECFA 设定的 PTWI $1.6\mu g/kg$，但有一些已经过了 U.S.-NRC 确定的可耐受暴露水平 $0.7\mu g/kg$。英国人膳食汞摄入平均水平为 $0.05\mu g/kg$，摄入量的 97.5% 为 $0.1\mu g/kg$，其中对甲基汞摄入量没有单独进行评估。如果按照其他国家的甲基汞评估方法，采用来自鱼类产品导致的汞摄入量，则甲基汞摄入量的第 97.5 百分位数为 $0.027\mu g/kg$，该水平的甲基汞摄入量没有健康风险。但是英国政府给出了境内鳗鱼建议的消费量小于每周 50g。2004 年，农产品中铅风险评估结论主要是 1998 年英国的风险评估结果，平均膳食暴露量为每天 0.028mg，处于 TDI＝$0.025\mu g/kg$ 左右，相当于 PTWI＝0.21mg/d。

欧洲食品安全局对鱼类、海产品类的有机锡风险评估结果是鱼类、海产品中有机锡导致的膳食暴露量为 $0.083\mu g/(kg \cdot d)$，约占 TDI 的 7%。但是在港口和一些船航线的区域里生产的海产品如果被大量食用，则可能超过 TDI。

5.4 重金属毒性风险识别

5.4.1 通过基因诊断评估重金属离子毒性风险

很多年以来，DNA 一直被认为是携带遗传信息的惰性分子，以双螺旋的形式存在，除了转录和复制，没有其他的功能。直到二十世纪九十年代，人们发现一些 DNA 分子具有催化功能，称为 DNAzyme。DNAzyme 通常以金属离子为辅助因子，是被人类广泛研究的一类酶。除了 DNAzyme，其他一些 DNA，如 T-T、C-C 和 G-四链体等也能与金属离子结合。在过去的二十年，基于碱基错配或

G-四链体 DNA 被广泛应用于金属离子的传感分析。

5.4.1.1 金属离子与 DNA 相互作用的研究

DNA 双螺旋结构中，氢键作用的 Watson-Crick 碱基互补配对被金属-配体作用代替时，便形成了金属-碱基对。某些金属离子可与 DNA 双螺旋结构中相对的一对天然存在的碱基或人造碱基配体发生配位作用。人们对金属离子和 DNA 之间的相互作用的研究早于 DNA 双螺旋结构的发现。Lee 等将金属离子和 DNA 形成的复合物称为 M-DNA，研究内容主要包括四部分（Egli，2002；Wettig et al，2003）：①金属离子和天然碱基形成的非标准碱基对；②Watson-Crick 碱基对中的 H 原子与金属离子的交换；③金属离子与 DNA 结合的可逆性；④金属离子通过与 DNA 形成动力学稳定的配合物，改变 DNA 的构型。

5.4.1.2 Hg^{2+} 与 T-T 错配配位

1952 年，Katz 教授（Katz，1952）将 $HgCl_2$ 加到 DNA 中引起 DNA 黏度的下降，他认为是 Hg^{2+} 与 DNA 分子作用，使 DNA 分子尺寸缩小的缘故。随后，Thoma 教授（Thomas，1954）用 UV 光谱证明 Hg^{2+} 与 DNA 的碱基结合。1963 年，Katz 教授（Katz，1963）提出 DNA 双链中形成 Hg^{2+}-T（1：2）配合物，经一个链滑移过程使两个链中的 T 碱基靠近形成 Hg^{2+} 连接的金属-碱基对。1-甲基汞与 Hg^{2+}（2：1）配合物晶体结构的出现进一步支持了 Katz 教授的观点（Katz，1963）。而且，随 AT 含量的增加，Hg^{2+} 相互作用的强度增大。Gruenwedel（Gruenwedel and Cruikshank，1991）利用 UV（紫外吸收光谱）和 CD（圆二色谱）研究了 Hg^{2+} 与 DNA 的作用，实验中观察到，DNA 结合 Hg^{2+} 后，其二级结构发生明显的改变，即 DNA 的 B-双螺旋结构转变为一个新的未知的结构。Buncel 和 Marzilli 等利用 UV 和 CD 光谱及 NMR 进一步研究发现 DNA 含一个或多个 TT 错配时，会在分子间或分子内形成 T-Hg^{2+}-T 碱基对。Ono 等测定了熔解曲线和 ESI 质谱，进一步证明在 DNA 中形成了 T-Hg^{2+}-T 碱基对（Ono and Togashi，2004）。Lee 等基于 NMR 和亚胺质子的滴定分析，提出 T 碱基的 N(3)-H 和 G 碱基的 N(1)-H 被 Zn^{2+}、Co^{2+} 和 Ni^{2+} 取代（Aich et al，1999；Lee et al，1993）。带正电荷的嵌插指示剂溴化乙锭不能与金属-DNA 发生作用，恰好证明金属离子取代 H 质子产生了正电荷。进一步证明金属-DNA 配合物的导电性也发生了明显的变化，如 $15\mu m$ 长的 M-DNA 的导电性远大于天然的 B-DNA，甚至与金属导电性相当（Rakitin et al，2001）。但金属-DNA 配合物的导电性和结构还存在一定的争议。

汞中毒以慢性为多见，可产生精神-神经异常、齿龈炎、震颤等症状。近年来，人们基于 T-Hg^{2+}-T 作用，发展了很多 Hg^{2+} 传感器，用于 Hg^{2+} 的分析检测。

在 Hg^{2+} 比色传感器中，多数以金纳米粒子（AuNPs）为传感基元，通过分散状态和聚集状态对应的 AuNPs 的颜色转变，实现 Hg^{2+} 的可视化分析。根据 DNA 修饰与否，可分为两类：①利用未修饰的富含 T 碱基的 DNA 探针。AuNPs 与 DNA 碱基的 N 原子具有较强的结合力，ssDNA 的碱基存在于 DNA 链的外部，可吸附于 AuNPs 表面，而 dsDNA 的刚性结构使碱基包埋在双螺旋结构内部。因此，AuNPs 对 dsDNA 的吸附能力较弱。在一定的盐浓度下，ssD-NA 能屏蔽电荷，起到保护 AuNPs 的作用。dsDNA 由于吸附能力弱，对 AuNPs 的保护能力也弱。Wang 等基于 AuNPs 对 ssDNA 和 dsDNA 吸附能力的不同，在 0.1mol/L NaCl 溶液中，富含 T 碱基保护的 AuNPs 呈现酒红色。加入 Hg^{2+} 后，Hg^{2+} 与 DNA 结合形成 T-Hg^{2+}-T 调控的发卡结构，失去对 AuNPs 的保护作用，溶液变为蓝色，实现了对 Hg^{2+} 的可视化检测（Wang et al，2008）。②利用修饰的富含 T 碱基的 DNA 探针。Xue 等利用两种巯基修饰的不同的富含 T 碱基的 DNA 探针（A、B），经自组装到 AuNPs 表面。此时，即便存在除 T 碱基外均能与 A、B 互补的 C 序列，也不会碱基互补配对，使 AuNPs 变色。加入 Hg^{2+} 后，Hg^{2+} 与 DNA 结合形成 T-Hg^{2+}-T 结构，C 与 A、B 配对，拉近了纳米粒子间的距离，溶液由红色变为蓝色（Xue et al，2008）。

构筑 Hg^{2+} 荧光传感器，可直接使用对 DNA 结构具有选择性的荧光染料，如 SYBR GreenI，还可基于荧光共振能量转移，以荧光猝灭染料、AuNPs 或石墨烯等为荧光猝灭剂，根据加入 Hg^{2+} 前后 DNA 构型的变化，达到检测 Hg^{2+} 的目的（Ono and Togashi，2004）。

二茂铁（Fc）和 MB 的电化学信号受其与电极表面的距离影响，距离较近时，电信号较强；反之，电信号较小。Han 等（Han et al，2009）将 3′端修饰巯基和 5′端标记 Fc 的富含 T 碱基的 DNA 自组装在金电极表面，此时，Fc 距电极较远，电子转移困难。加入 Hg^{2+} 后，Hg^{2+} 与 DNA 结合形成 T-Hg^{2+}-T 调控的发卡结构，Fc 靠近电极表面，产生较大的电化学信号，对 Hg^{2+} 的检测限为 0.1μmol/L。

5.4.1.3　G-四链体及在金属离子检测中的应用

G-四链体是 DNA 的二级结构，由富含鸟嘌呤（G）序列的 DNA 通过 Hoogsteen 氢键连接而成。G-四链体的基本结构单位是 G-四分体，在每个四分体的中心有一个由 4 个带负电荷的羧基氧原子通过 Hoogsteen 氢键连接围成的

"口袋"，通过 G-四分体的堆积形成分子内或分子间的 G-四链体。

与 DNA 双螺旋结构比较，G-四链体有两个显著的特点：①它的稳定性决定于口袋内所结合的阳离子种类（Hardin et al, 2000），如一价碱金属阳离子 K^+ 或 Na^+ 能稳定 G-四链体，近来发现 Pb^{2+}、Ba^{2+} 和 Sr^{2+} 对 G-四链体的稳定作用更强，这可能是二价金属离子与四分体中 8 个羰基氧原子的离子-偶极作用更强；②G-四链体的热力学和动力学性质比较稳定（Keiler et al, 1996）。

DNA 和 RNA 均可折叠形成 G-四链体结构。根据 G-四链体结构的分子特性及螺旋取向，它可分为三种类型：第一种为含有鸟嘌呤重复序列的 4 个 TTAGGG 单链所形成的分子间 G-四链体；第二种为富含 G 的单链重复亚单位自身折回，通过 G-G 碱基对形成发卡型结构，然后两个来自不同染色体的发卡型结构相互结合形成 G-四链体，称为发卡型 G-四链体；第三种是具有 4 个或更长的鸟嘌呤重复序列 $\left[(TTAGGG)_n, n \geqslant 2\right]$ 自身折叠形成分子内 G-四链体结构。

基于金属离子诱导富含 G 碱基的 DNA 序列形成金属离子稳定的 G-四链体结构产生的构型变化，人们采用荧光、电化学、比色等检测方法实现了多种金属离子的检测。

TBA 为 15 个碱基的 DNA 序列，可在适当条件下折叠形成稳定的 G-四链体结构。Takenaka 等（Bugaut and Balasubramanian, 2008）在 TBA 的两端均标记荧光指示剂芘，用于测定水样中的 K^+。无 K^+ 存在时，TBA 处于伸展状态，两分子芘的距离较远，发射强度低。加入 K^+ 后，TBA 两端的芘分子以面对面的形式靠近，产生激发态发射，该传感器操作简单，但 Na^+ 对其有一定的干扰。2002 年，Takenaka 课题组采用分子信标的形式，在其两端分别标记了羧基荧光素供体和罗丹明受体，加入 K^+ 折叠形成 G-四链体后，两个荧光团相互靠近，产生荧光共振能量转移（Chu and Porcella, 1995）。该传感器对 K^+ 的选择性远远高于 Na^+。T30695DNA 序列可与 Pb^{2+} 形成 Pb^{2+} 稳定的分子内平行 G-四链体结构（Li et al, 2010）。

基于 G-四链体电化学检测金属离子，可利用电流信号的变化或电化学交流阻抗的变化。Radi 等第一次利用 G-四链体制备了 K^+ 电化学传感器，检测限为 $15\mu mol/L$（áO'Sullivan, 2006）。标记 Fc 的富含 G 碱基的 DNA 序列经 Au-S 相互作用，在金电极表面形成自组装单层。此时，DNA 处于伸展状态，与电极表面碰撞机会多，Fc 电信号较大。加入 K^+，DNA 折叠形成 G-四链体结构后，G-四链体阻碍了 Fc 和电极表面的电子转移，电流减小。Lin 等（Lin et al, 2011）将富含 G 碱基的发卡 DNA 固定在金电极表面，加入 Pb^{2+} 诱导发卡 DNA 形成

G-四链体结构，通过检测修饰电极阻抗值的变化，达到检测 Pb^{2+} 的目的，检测限为 0.5nmol/L。

基于 G-四链体构筑比色传感器，即可利用 AuNPs 作为敏感基元，根据单链及 G-四链体对 AuNPs 结合能力不同，对加入电解质引发纳米粒子聚集的抵抗能力不同来实现，也可利用 G-四链体结合 hemin 形成 HRP 模拟酶，在过氧化氢存在的条件下，催化氧化无色的 2,2'-连氮基-双-（3-乙基苯并二氢噻唑啉-6-磺酸）（ABTS）生成蓝绿色物质来实现。PS2.M 结合 hemin 后形成 G-四链体 DNAzyme，在 K^+ 存在时，K^+ 稳定的 PS2.M 催化 ABTS 的氧化反应和鲁米诺的化学发光。加入 Pb^{2+} 后，K^+ 稳定的 PS2.M 转化为 Pb^{2+} 稳定的 PS2.W，该 G-四链体结构更加紧密，但催化活性却显著降低，颜色或化学发光信号减小（Liu and Lu，2002）。

5.4.2 通过细胞评估重金属离子毒性风险

随着现代工农业的发展，人口的剧增，江河、湖泊和海洋上频繁的活动以及养殖业的快速发展，使得水环境遭受到严重的污染。这些包括重金属在内的有毒物质共有 70 多万种，由于人造化学物质的增多，每年还会产生大约 1000 种有毒物质进入水环境。因此，建立一种灵敏的生物监测系统，对污染物可能造成的毒性进行生态评估是非常必要的。二十世纪七十年代，毒理学家发现来自于不同物种的细胞对同一种化学物的反应是不同的，这种发现表明物种差异在体外系统中仍旧存在。因此，体外系统能够代替整体动物进行毒性物质效应的研究。

传统的物理化学方法主要用于测定环境重金属的总量，微生物全细胞传感器可以对土壤及水体环境的重金属生物可利用度进行监测。此外，微生物全细胞传感器还具有操作简单、快速、经济的特点，适用于污染事件的应急监测。微生物全细胞传感器的生物学元件主要由 MerR、ArsR、RS 等家族的金属调控蛋白和 gfp、lux、luc 等报告基因组成。调控蛋白、报告基因与微生物全细胞传感器的灵敏度、特异性和监测特点有关。受 pH、金属螯合物及检测条件等因素的影响，不同的环境条件下的重金属生物可利用度是不同的。增加重金属在微生物细胞内的累积，进行调控蛋白的分子生物学改造，优化检测条件是提高传感器灵敏度、特异性和准确性的可行方案，实现污染物的原位和在线监测是微生物全细胞传感器的主要发展方向（侯启会等，2013）。

体外毒性试验，包括：中性红吸收毒性检测法、人淋巴细胞毒性检测法、膜通透性作为灌注细胞培养毒性检测法、HEL-30 毒性检测法、KenacidBlue 毒性检测法、人肝细胞原代培养的细胞毒性和遗传毒性检测法、MTT（细胞活性实验）检测法、细胞骨架的改变作为毒性检测的参数、酵母生长速度作为毒性检测标准、酵母质膜 H^+-ATPase 作为毒性检测的标准、中国仓鼠卵巢细胞（CHO）质膜的 Na^+/K^+-ATPase 活性、CHO 细胞增殖检测、LS-L929 细胞毒性检测、V79 细胞毒性检测膜损伤、BALBIC3T3 细胞毒性检测、细胞内细胞器的动态观察以及细胞超微结构的观察、细胞计数、体外预测最大耐受剂量、HEAP-1 的酶活性等。

在尖吻鲈、欧洲海鲈以及大弹涂鱼等鱼类长期暴露于镉胁迫条件下的毒性研究中发现（Tan et al，2008），细胞超微结构的病理变化都伴随有细胞水肿、细胞质颗粒化、细胞空泡化程度显著、脂滴积累、糖原颗粒增多的现象，细胞内的细胞器受到不同程度的损伤、线粒体扭曲变形、内质网膨胀、细胞核变形、核膜肿胀等现象。镉进入鱼体组织后，可通过与 Ca^{2+} 竞争结合位点抑制 Ca^{2+}-ATPase 活性，抑制 Na^+/K^+-ATPase 活性，以及通过自由基氧化 ATP 酶的氨基酸从而直接破坏 ATP 酶结构等作用影响鱼类的代谢活动。镉是较强的脂质过氧化诱导剂，一定剂量的镉可引起细胞膜的脂质过氧化反应，造成膜结构的破坏，形成氧化损伤，这在体内、体外实验中均得到证实。

铅通过影响细胞内 Ca^{2+} 正常流动，干扰神经细胞膜对 Ca^{2+} 的摄取和释放，扰乱细胞内 Ca^{2+} 稳态而发挥毒性作用。铅也可取代 Ca^{2+} 与钙调素（calmodulin，CaM）结合或直接与 CaM 结合，使之改变构型，并可结合及激活其依赖性酶与载体在内的调节蛋白，干扰神经细胞的功能。但是 Ca^{2+}/CaM 依存的信号途径介导铅神经毒性的复杂分子机制尚不完全清楚，因此进一步深入研究铅对神经系统 Ca^{2+}/CaM 依赖性信号分子表达的影响对了解铅介导神经毒性分子机制具有重要意义（Zhang et al，2012）。

大量的研究证实，砷可致氧化应激，进而引起细胞和 DNA 损伤。砷与硫氧还蛋白系统的相互作用是一个非常有意义和十分重要的探索砷作用机制的重要问题。然而，关于砷对硫氧还蛋白系统的影响及其在致癌方面的作用的研究却很少见报道。三价砷可以引起细胞 GSH 水平以及相关酶活性及其基因表达的改变，首次显示了急性与慢性砷接触对 GSH 系统的影响不尽相同，不同染砷剂量的作用也有不同。砷引起的细胞毒性作用和细胞的脱毒作用与 GSH 水平以及相关酶活性及其基因表达密切相关。慢性、低剂量砷暴露所致的 GSH 水平变化以及相关酶（GR、GST 和 GPX）活性及其基因表达的改变都可能因为砷导致细胞发生氧化应激反应进而引起细胞信号传导和基因表达调节，因此 GSH 水平在砷诱导细胞转化中可能起到十分重要的作用。有相关研究显示（Snow et al，2001），砷可以引起硫氧还蛋白和硫氧还蛋白还原酶基因高调表达，尤其在低剂量慢性染毒中这种作用更为明显，并且与慢性砷暴露引起的细胞转化相一致，即在转化的细胞中硫氧还蛋白基因的高调表达更为明显。因此，急性砷暴露导致的硫氧还蛋白与硫氧还蛋白还原酶基因表达的高调可能与细胞的保护性反应有关。而在低剂量慢性砷暴露中硫氧还蛋白与硫氧还蛋白还原酶基因表达的高调则可能在细胞转化中十分重要。

热休克蛋白（heat shock proteins，HSPs）是一组广泛存在于原核和真核细胞中的蛋白质。首先发现的热休克蛋白的产生原因是由高温引起的基因转录，但实际上能引起热激反应的不仅有高温、高压、紫外线等物理因素，还有重金属离子、砷剂、NO、激素、抗生素、PKG 激活因子、氨基酸类似物、葡萄糖类似物、病原体感染和组织损伤等。总之，能对细胞产生损伤的任何各种物理化学因素都可以引起热激反应，产生热休克蛋白。马晨曦等（马晨曦等，2013）以HeLa 细胞（子宫肿瘤细胞）为材料，采用不同浓度的 $CdCl_2$、Cu^{2+}、Zn^{2+} 三种物质诱导细胞，并利用免疫荧光染色（IFS）、SDS-PAGE、Western blotting 和RT-PCR 四种手段分别从基因和蛋白质的水平来研究金属对 HSP70 表达的影响。结果表明，三种金属对 HSP70 表达的影响程度为 $CdCl_2 > Zn^{2+} > Cu^{2+}$，且HSP70 的产生量与金属的浓度呈正相关。通过研究，建立一种对 HSPs 的表达更有效的检测手段用于以后的研究。

5.4.3　通过模式动物评估重金属离子毒性风险

现有的研究表明，线虫对重金属的作用很敏感，可以作为环境的指示生物。苏珊珊等（苏珊珊，2011）通过三种不同浓度重金属（铜、铅、铬）溶液分别暴露于松材线虫，在 40℃ 条件下不同时间内对线虫的死亡率进行了观察和分析。重金属铜暴露导致的松材线虫死亡率最高，中毒 108h 后，所有浓度导致的线虫死亡率都已超过 90%。重金属铜、铅、铬的毒性大小为铜＞铅＞铬，但铅的敏感性明显大于其他两种重金属。

近年来重金属对蚯蚓慢性毒性研究已经成为蚯蚓生态毒理学的研究重点，利用蚯蚓的生理生化、分子或遗传反应，来敏感地检测环境中低剂量的潜在污染物，并可通过多项反应指标提供有关环境毒性的综合信息（颜增光等，2007）。当前重金属对蚯蚓的慢性毒性研究主要集中在重金属对蚯蚓的生长、繁殖和呼吸等生理指标，以及细胞微观结构、酶活性、基因损伤等细胞和分子指标的影响。

斑马鱼是一种对环境污染物较为敏感的模式生物，已被广泛应用于胚胎发育毒理学、环境毒理学、病理毒理学、药物毒理学等多个领域，并展现出其特有的优势。殷健（殷健，2014）通过重金属（镉、铅、铜、铬）对斑马鱼抗氧化能力指数的影响、重金属镉（Cd）对斑马鱼成鱼和胚胎的毒性作用及机制研究、重金属铅（Pb）对斑马鱼成鱼和胚胎的毒性作用及机制研究、重金属铜（Cu）对斑马鱼成鱼的毒性作用研究、重金属铬（Cr）对斑马鱼成鱼的毒性作用研究，结果表明 Cd 对斑马鱼成鱼和胚胎均具有明显的毒性作用，能够诱导氧化应激、细胞凋亡及免疫毒性的发生，毒性作用机制与 MAPKs 信号转导通路相关；Pb 对斑马鱼成鱼和胚胎也具有明显的毒性作用，能够诱导氧化应激、细胞凋亡及免疫毒性的发生。

镉对哺乳动物的睾丸和附睾有毒害作用，降低精子数目，使精子畸形，并抑制睾丸组织中的碱性磷酸酶、乳酸脱氢酶、碳酸酐酶和 α-酮戊二酸脱氢酶的活性。镉也抑制精子特异性标志酶——乳酸脱氢酶活性。镉使胎鼠的吸收胎和迟死胎显著增加，并引起皮下水肿、卷尾等外观畸形，卵巢散在性出血；抑制家兔排卵和暂时性不育；大鼠动情周期延长，卵巢细胞生长发育过程明显障碍（谢黎虹，许梓荣，2003）。

5.5　典型重金属风险评估案例分析

5.5.1　案例背景

农作物对镉的吸收量不仅与土壤镉含量尤其是有效镉含量有关，而且也与根系分布状况及其吸收镉的能力有关。在母质镉含量不大的土壤上因施肥或工业废弃物排放导致的土壤镉积累，主要集中在表层土壤里。其中，在新西兰牧场上，因长期施磷肥而带入土壤的镉主要累积在 0～20cm 的表层土壤里，20cm 以下土壤中镉的积累量很少；在黏土上施含镉污泥 41 年后，尽管整个土体中可溶性有机碳含量都增加了，但输入土壤的镉有 92％ 积累在表层土壤。养分尤其是铵态氮、硝态氮和磷的供应可调节农作物根系生长，改变根系分布状况，进而影响其吸收土壤镉的能力。若在生产中适当深施氮肥和磷肥，可使较多的根系分布于镉积累量较小的深层土壤，减少根系对表层土壤中镉的吸收。而且近年来有研究表明（Julin et al，2012），镉的日常暴露与妇女绝经后乳腺癌的发病率呈正相关。

为了保护人类免受镉的危害，FAO/WHO 食品添加剂联合专家委员会给出 PTWI 为 $7\mu g/kg$ 体重。2010 年，第 73 届 JECFA 重新评估了镉的危害摄入量，这项研究是基于大量的相关流行病学研究以及镉的半衰期，设定 PTWI 值为 $25\mu g/kg$ 体重。

在中国某些地域，镉的污染范围和污染强度很大。根据 WHO 报道，食物是镉的非职业暴露的主要来源。近年来，根据报道（He et al，2013），中国上海市某些食物中镉的含量全国最高：水产品中 27.2%，动物内脏中 2.7%，谷物中 8.2%。

5.5.2　食品消费调查和体内暴露检测

2008 年 7 月，一份居民调查，关于食品消费调查和体内暴露检测，上海宝山区淞南镇社区卫生服务中心招募居民作为参加调查的人员。参加居民调查的人员有 267 人，其中年龄大于 40 岁的人员被选中，因为镉在人体的累积作用有一个过程，所以在中年人群中会更为明显，被诊断出患有严重的肾病、骨和遗传性疾病的参与者被排除在外。人口统计数据进行了问卷调查收集，即对食物的摄入量的信息，包括每天每种食物的摄入量频率（周/月/年）和数额。食物的种类包括：大米，面粉，小米，高粱，玉米，红薯，山药，芋头，土豆，鲜猪肉，腊肉，腌猪肉，猪内脏（肺，胃，肾，肠，肝等内脏），牛羊肉，家禽肉，水产品，牛奶，奶粉，奶酪，酸奶，鸡蛋，豆腐，豆制品，豆浆，干豆，鲜菜，盐渍蔬菜，腌渍蔬菜，酱油，泡菜，糕点，新鲜水果，干果，低于 38% 的酒，高于 38% 的酒，啤酒，果酒，果汁饮料和其他饮料。此外，对每日吸烟量进行了调查，以区别于非吸烟者和吸烟者计算镉暴露。静脉全血样品收集在肝素管中，尿样品收集在酸洗容器，以避免内部污染。这两种类型的样品贮存在 -20℃，尿镉（UCd）和血镉（BCd）的检测方法采用国家标准方法——WS/T 32—1996 中的石墨炉原子吸收光谱法（GFAAS，岛津 AA-670，日本京都）。四个水样是从当地自来水厂收集，同样的，水镉也使用石墨炉原子吸收光谱法检测，受尿检测限（LOD）的限制，血镉为 0.05 μg/L（Chen et al，2009）

如表 5-1 所示，207 人中，包括一些检测信息不全面的，如缺少尿液样品或血液样品。对于吸烟情况，男的有 57 人，女的有 4 人。

表 5-1　2008 年中国上海参加调查的人员特征（He et al，2013）

项目		人数	比例/%
年龄	<60 岁	130	62.8
	≥60 岁	77	37.2
性别	男	86	41.5
	女	121	58.5
已婚		190	91.8
教育年龄>9 年		160	77.3
吸烟情况	吸烟	61	29.5
	从不吸烟	146	70.5
糖尿病患者		17	8.2

　　食品种类中镉的含量以及参加调查的人员中镉的摄入量如表 5-2 所示，镉的每日暴露量计算结果如表 5-3 所示。根据调查结果，分析得出镉的日常暴露平均值为 12.8μg±4.2μg。蔬菜、大米、水产品是镉暴露量最高的三类食品，占总的暴露量的 86.3%，其中蔬菜占 40.2%，大米占 37.6%，水产品占 8.5%。

　　男人日常镉的暴露量（140μg）高于女人日常镉的暴露量（11.9μg），显著性差异 P 值为 0.02。对于男人而言，米饭、蔬菜和水产品是镉暴露量最高的食品，分别占男人日常摄入镉总量的 38.6%、36.4%和 10.2%。相对于女人而言，米饭、蔬菜和水产品三大类食物的镉的摄入量分别为 44.1%、36.5%和 6.7%。

　　烟草镉的暴露量为 3.9μg，暴露范围在 0~73.1μg 之间。对于吸烟的人来说，每天平均镉的摄入量为 13.8μg±2.3μg，这个量基本与每天食物中镉摄入量相当（14.0μg±4.8μg）。水样品中镉的含量低于规定要求的检出限 0.05μg/L。这里假定当地水中含有的镉的暴露量为 0.025μg/L，每人每天喝水量为 1200mL，通过计算得出每人每天摄入水中镉的量为 0.03μg，占总环境镉的暴露量的 0.2%。

表 5-2　当地食品和日常摄入当地食品的镉的含量（He et al，2013）

项目	镉检测/(mg/kg)				2000 年报告	每日摄入量/g			
	平均值	Std	中位数	P90	平均值/(mg/kg)	平均值	Std	中位数	P90
大米	0.023	0.031	0.009	0.09	0.008	208.5	102.6	200.0	300.0
小麦	0.014	0.015	0.011	0.023		33.3	48.0	14.3	100.0
杂粮	0.006	0.007	0.006	0.02		6.8	10.7	3.3	14.3
薯芋	0.002	0.001	0.001		0.015	7.4	11.4	1.7	24.3
猪肉	0.018	0.035	0.002	0.1	0.572	27.6	39.9	14.3	55.0
内脏	0.278	0.607	0.001	0.006		0.5	1.7	0.0	1.7
牛羊肉	0.003	0.003	0.001	0.006		4.7	7.2	1.7	14.3
家禽肉	0.002	0.001	0.001	0.003		11.5	15.6	7.1	28.6
水产品	0.043	0.225	0.007	0.091	0.024	25.3	31.3	14.3	50.0
蛋	0.005	0.006	0.003	0.012	0.004	28.4	30.8	21.4	50.0
牛奶	0.001	0.001	0.001	0.003	0.002	99.3	122.9	35.7	262.9
干豆	0.019	0.03	0.007	0.1	0.023	12.5	47.5	1.7	14.3
蔬菜	0.025	0.05	0.005	0.17	0.026	205.3	106.7	200.0	300.0
水果	0.001	0.002	0.001	0.003	0.002	63.9	58.3	50.0	150.0

表 5-3　2008 年中国上海参加调查的人员环境镉的暴露情况（He et al，2013）

类型	平均值		中位数		饮食摄入量		P90	
	日常暴露/(μg/d)	分布率/%	日常暴露/(μg/d)	分布率/%	日常暴露/(μg/d)	分布率/%	日常暴露/(μg/d)	分布率/%
大米	4.80	37.56	1.80	54.91	6.90	33.54	27.00	28.67
面粉	0.47	3.65	0.16	4.79	1.40	6.81	2.30	2.44

续表

类型	平均值		中位数		饮食摄入量		P90	
	日常暴露 /(μg/d)	分布率 /%	日常暴露 /(μg/d)	分布率 /%	日常暴露 /(μg/d)	分布率 /%	日常暴露 /(μg/d)	分布率 /%
杂粮	0.04	0.32	0.02	0.61	0.09	0.42	0.29	0.30
薯芋	0.01	0.12	0.00	0.05	0.05	0.24	0.10	0.10
猪肉	0.50	3.89	0.03	0.87	0.99	4.81	5.50	5.84
内脏	0.15	1.19	0.00	0.00	0.46	2.26	0.01	0.01
牛羊肉	0.01	0.11	0.00	0.05	0.04	0.21	0.09	0.09
家禽肉	0.02	0.18	0.01	0.22	0.06	0.28	0.09	0.09
水产品	1.09	8.51	0.10	3.05	2.15	10.45	4.55	4.83
蛋	0.14	1.11	0.06	1.96	0.25	1.22	0.60	0.64
奶制品	0.10	0.78	0.04	1.09	0.26	1.28	0.79	0.84
干豆	0.24	1.87	0.01	0.36	0.27	1.32	1.43	1.52
蔬菜	5.13	40.21	1.00	30.51	7.50	36.46	51.00	54.15
水果	0.06	0.50	0.05	1.53	0.15	0.73	0.45	0.48
膳食暴露	12.77	100.00	3.28	100.00	20.57	100.00	94.18	100.00
水暴露	0.03		0.03		0.05		0.05	
吸烟暴露	3.93		0.00		16.15		16.39	
日常暴露	16.73		3.31		36.78		110.63	

如图 5-1 所示，摄入镉的最主要的三类食物是蔬菜（30.6%）、大米（28.5%）和水产品（23.5%），这三大类食品占了环境总镉暴露量的 82.6%。

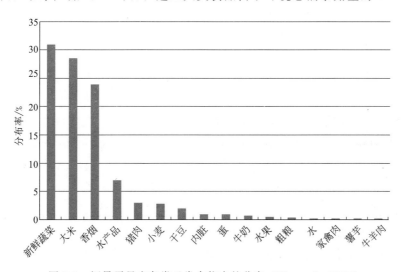

图 5-1　镉暴露量在各类日常食物中的分布（He et al，2013）

根据对参加人员的血样和尿样检测，结果表明血镉（BCd）含量为 0.52μg/L，而尿镉（UCd）的含量为 1.88μg/L。如表 5-4 所示，关于男人和女人的血镉检测结果存在明显的差异，而在尿镉检测结果中却无明显变化。考虑到吸烟是镉摄入的主要来源之一，将参加调查的人员分为吸烟组和不吸烟组，如表 5-4 所示，这两个组中血样中镉的含量存在明显的差异，尿液样品中不存在明显差异。

表 5-4 　2008 年中国上海参加调查的人员中尿镉和血镉含量（μg/L）与性别和吸烟情况（He et al，2013）

项目		人数	平均值/（μg/L）	标准误差	中位数	P95 值
BCd[①]	男人	86	0.75	0.81	0.43	2.49
	女人	121	0.36	0.34	0.28	1.04
	总和	207	0.52	0.61	0.31	1.77
UCd	男人	87	1.80	1.52	1.38	5.50
	女人	1.21	1.94	1.43	1.64	4.95
	总和	207	1.88	1.47	1.54	5.12
BCd[①]	吸烟人群	61	1.04	0.86	0.91	3.32
	不吸烟人群	146	0.30	0.25	0.27	3.32
UCd	吸烟人群	61	1.94	1.55	1.51	5.60
	不吸烟人群	146	1.86	1.44	1.57	5.60

① 曼-惠特尼 U 检验，$P < 0.01$。

如图 5-2 所示，不吸烟人群、吸烟人群血样中镉的含量存在显著性差异。

通过 Monte Carlo 方法来评估计算镉的人群暴露分布，如图 5-3 所示，模拟得到的频率直方图中，概率分布和日常镉暴露分析如表 5-5 所示，对数正态分布符合方程计算，人群镉摄入量低于 PTDI 值概率为 93.4%，范围在 0～49.5μg/d。根据概率分析平均每天镉的摄入量在 23.1μg±18.0μg 范围内。

基于不同种类食物的概率风险模型做了敏感性分析，结果表明，镉暴露水平在食物中具有较高的敏感性，为 27.5%，烟草消费为 24.9%，蔬菜为 20.2%，大米为 14.6%。

环境中镉暴露量低于 PTDI 值的概率为 88.0%（男性）和 98.0%（女性）。对于性别的镉暴露概率风险评估结果表明：对于男人，镉的高敏感在烟草（37.2%）、烟草消费（30.4%）、蔬菜（12.3%）和大米（11.2%）；对于女人，主要在蔬菜（42.8%）、大米（30.3%）、蔬菜摄入（7.8%）和大米摄入（6.7%）。

环境中镉暴露量低于 PTDI 的概率为 84.0%（吸烟者）和 98.1%（不吸烟者）。对于吸烟者而言，摄入镉含量的分布于烟草（42.6%）、烟草消费（28.9%）和蔬菜（10.2%）；然而对于不吸烟人群，分布于蔬菜（41.8%）、大米（33.1%）、大米摄入（8.5%）和蔬菜摄入（7.3%）。对不吸烟的男人和不吸烟的女人镉的摄入情况也进行了比较，高于 PTDI 的概率为 2.25% 和 1.85%。

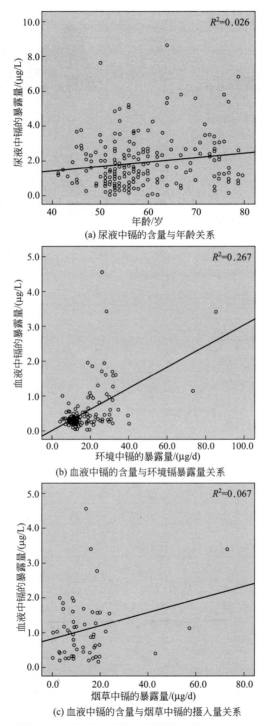

(a) 尿液中镉的含量与年龄关系

(b) 血液中镉的含量与环境镉暴露量关系

(c) 血液中镉的含量与烟草中镉的摄入量关系

图 5-2　镉的含量与年龄、环境、烟草的关系（He et al，2013）

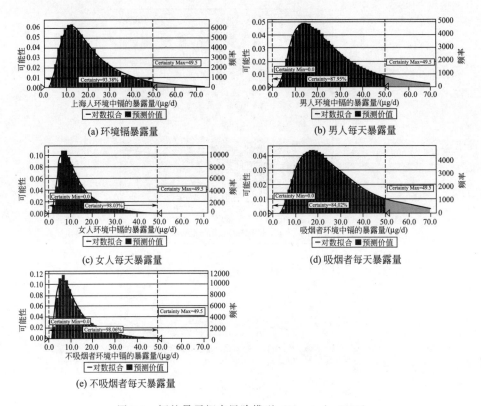

图 5-3 镉的暴露概率风险模型（He et al，2013）

表 5-5 日常镉的暴露量数据分析和概率分布分析   μg

类别	分布类型	平均值	中位数	STD	5th～95th/%	范围
全部	正态分布	23.05	18.24	18.02	6.8～55.1	1.7～376.0
男人	正态分布	28.49	22.2	23.05	7.7～69.0	1.5～457.8
女人	正态分布	14.05	10.62	12.66	4.2～34.5	1.3～314.0
吸烟	正态分布	32.74	25.78	25.83	9.6～78.3	2.8～556.1
不吸烟	正态分布	13.23	9.63	12.72	3.6～34.0	1.0～356.44

对于不吸烟的男人，镉暴露量分布为蔬菜（42.7%）、大米（36.0%）、大米消费（9.3%）和水产品（6.5%）；然而对于不吸烟的女性而言，镉暴露量分布为蔬菜（44.9%）、大米（31.3%）、蔬菜消费（7.8%）和大米消费（6.9%）。

参 考 文 献

侯启会，马安周，庄绪亮，庄国强. 2013. 微生物全细胞传感器在重金属生物可利用度监测中的研究进展. 环境科学，34（1）：347-356.

马晨曦，王磊，朱保建，刘朝良. 2013. 重金属对 HeLa 细胞中热激蛋白 70（HSP70）表达的影响. 激光生物学报，22（2）：136-141.

苏珊珊. 2011. 几种重金属暴露对松材线虫的毒性作用. 河北师范大学.

谢黎虹，许梓荣. 2003. 重金属镉对动物及人类的毒性研究进展. 浙江农业学报，15（6）：376-381.

颜增光，何巧力，李发生. 2007. 蚯蚓生态毒理试验在土壤污染风险评价中的应用. 环境科学研究，20（1）：134-142.

殷健. 2014. 重金属对斑马鱼的毒性效应及作用机制研究. 北京协和医学院.

a'O'Sullivan C K. 2006. Aptamer conformational switch as sensitive electrochemical biosensor for potassium ion recognition. Chemical communications, (32): 3432-3434.

Aich P, Labiuk S L, Tari L W, Delbaere L J, Roesler W J, Falk K J, Steer R P, Lee J S, 1999. M-DNA: a complex between divalent metal ions and DNA which behaves as a molecular wire. Journal of molecular biology, 294 (2): 477-485.

Bugaut A, Balasubramanian S. 2008. A sequence-independent study of the influence of short loop lengths on the stability and topology of intramolecular DNA G-quadruplexes. Biochemistry, 47 (2): 689-697.

Chen X, Zhu G, Jin T, Gu S. 2009. Effects of cadmium on forearm bone density after reduction of exposure for 10 years in a Chinese population. Environment international, 35 (8): 1164-1168.

Chu P, Porcella D. 1995. Mercury stack emissions from US electric utility power plants. Water, Air, and Soil Pollution, 80 (1-4): 135-144.

Egli M. 2002. DNA-cation interactions: Quo vadis?. Chemistry & biology, 9 (3): 277-286.

Gruenwedel D W, Cruikshank M K. 1991. Changes in poly [d (TG) • d (CA)] chirality due to Hg (Ⅱ)-binding: Circular dichroism (CD) studies. Journal of inorganic biochemistry, 43 (1): 29-36.

Han D, Kim Y-R, Oh J-W, Kim T H, Mahajan R K, Kim J S, Kim H. 2009. A regenerative electrochemical sensor based on oligonucleotide for the selective determination of mercury (Ⅱ). Analyst, 134 (9): 1857-1862.

Hardin C C, Perry A G, White K. 2000. Thermodynamic and kinetic characterization of the dissociation and assembly of quadruplex nucleic acids. Biopolymers, 56 (3): 147-194.

He P, Lu Y, Liang Y, Chen B, Wu M, Li S, He G, Jin T. 2013. Exposure assessment of dietary cadmium: findings from shanghainese over 40 years, China. BMC public health, 13 (1): 590.

Julin B, Wolk A, Bergkvist L, Bottai M, Åkesson A. 2012. Dietary cadmium exposure and risk of postmenopausal breast cancer: a population-based prospective cohort study. Cancer research, 72 (6): 1459-1466.

Katz S. 1952. The reversible reaction of sodium thymonucleate and mercuric chloride. Journal of the American Chemical Society, 74 (9): 2238-2245.

Katz S. 1963. The reversible reaction of Hg (Ⅱ) and double-stranded polynucleotides a step-function theory and its significance. Biochimica et Biophysica Acta (BBA) -Specialized Section on Nucleic Acids and Related Subjects, 68: 240-253.

Keiler K C, Waller P R H, Sauer R T. 1996. Role of a peptide tagging system in degradation of proteins synthesized from damaged messenger RNA. Science, 271 (5251): 990-993.

Lee J S, Latimer L J, Reid R S. 1993. A cooperative conformational change in duplex DNA induced by Zn^{2+} and other divalent metal ions. Biochemistry and cell biology, 71 (3-4): 162-168.

Li T, Dong S, Wang E. 2010. A lead (II)-driven DNA molecular device for turn-on fluorescence detection of lead (II) ion with high selectivity and sensitivity. Journal of the American Chemical Society, 132 (38): 13156-13157.

Lin Z, Chen Y, Li X, Fang W. 2011. Pb^{2+} induced DNA conformational switch from hairpin to G-quadruplex: electrochemical detection of Pb^{2+}. Analyst, 136 (11): 2367-2372.

Liu J, Lu Y. 2002. FRET study of a trifluorophore-labeled DNAzyme. Journal of the American Chemical Society, 124 (51): 15208-15216.

Ng J C. 2011. Evaluation of certain contaminants in food: Seventy-second report of the Joint FAO/WHO Expert Committe on Food Additives. World Health Organization.

Ono A, Togashi H. 2004. Highly Selective Oligonucleotide-Based Sensor for Mercury (II) in Aqueous Solutions. Angewandte Chemie International Edition, 43 (33): 4300-4302.

Rakitin A, Aich P, Papadopoulos C, Kobzar Y, Vedeneev A, Lee J, Xu J. 2001. Metallic conduction through engineered DNA: DNA nanoelectronic building blocks. Physical Review Letters, 86 (16): 3670.

Snow E, Schuliga M, Chouchane S, Hu Y. 2001. Sub-toxic arsenite induces a multi-component protective response against oxidative stress in human cells. WR Chappel, CO Abernathy, R Calderon R (eds): Arsenic Exposure and Health Effects, IV. Elsevier Science, Ltd, San Diego: 265-275.

Tan F, Wang M, Wang W, Lu Y. 2008. Comparative evaluation of the cytotoxicity sensitivity of six fish cell lines to four heavy metals in vitro. Toxicology in vitro, 22 (1): 164-170.

Thomas C. 1954. The interaction of HgCl$_2$ with sodium thymonucleate. Journal of the American Chemical Society, 76 (23): 6032-6034.

Wang H, Wang Y, Jin J, Yang R. 2008. Gold nanoparticle-based colorimetric and " turn-on" fluorescent probe for mercury (II) ions in aqueous solution. Analytical chemistry, 80 (23): 9021-9028.

Wettig S D, Wood D O, Lee J S. 2003. Thermodynamic investigation of M-DNA: a novel metal ion-DNA complex. Journal of inorganic biochemistry, 94 (1): 94-99.

Wu Y. 2012. Translational toxicology and exposomics for food safety risk management. Journal of Translational Medicine, 10 (Suppl 2): A41.

Xue X, Wang F, Liu X. 2008. One-step, room temperature, colorimetric detection of mercury (Hg^{2+}) using DNA/nanoparticle conjugates. Journal of the American Chemical Society, 130 (11): 3244-3245.

Zhang G-S, Ye W-F, Tao R-R, Lu Y-M, Shen G-F, Fukunaga K, Huang J-Y, Ji Y-L, Han F. 2012. Expression profiling of Ca^{2+}/calmodulin-dependent signaling molecules in the rat dorsal and ventral hippocampus after acute lead exposure. Experimental and Toxicologic Pathology; 64 (6): 619-624.

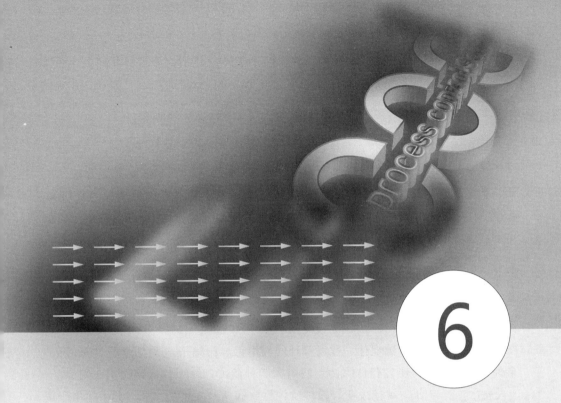

6

食品加工过程中食源性致病菌的危害及风险评估

近年来，全球食品安全恶性事件频发，食品安全已成为全世界共同关注的话题。由食品安全问题造成的食源性疾病已成为影响公众健康的重要因素，并造成严重的经济损失。到目前为止，已报道的食源性疾病有 250 多种，而暴发性食物中毒事件约有三分之二与细菌相关（史贤明等，2012）。细菌污染所引起的食源性疾病作为一个严重的公共卫生问题已引起人们的关注，无论是在发达国家或发展中国家都是影响食品安全的主要原因。在美国，每年约有 7600 万例食源性疾病，造成 5000 人死亡，其中大约有 1400 万病例是由致病性细菌引起的（Mead et al，1999）。在中国，由国家食源性疾病监测系统对全国 13 个省份的监测数据可知，自 1992 至 2001 年间，共有 5770 例食源性疾病暴发，并造成 162995 人生病（刘秀梅等，2005）。因此，致病菌已经成为造成食源性疾病暴发的罪魁祸首，也是进行食品安全风险评估必须考虑的首要对象。

表 6-1 列举了历年来由食源性致病菌引发的国际食品安全事件。1994 年，由于冰淇淋中含有沙门氏菌，导致美国约 22 万人感染。2000 年，日本雪印牛奶中发现金黄色葡萄球菌超标，数以万计的人中毒。2006 年，美国暴发"毒菠菜"事件，在菠菜中发现含有食源性致病菌大肠杆菌 O157：H7，导致 199 人感染，3 人死亡。2011 年，德国发生严重的食源性致病菌暴发事件，调查显示是由于黄瓜中含有新型大肠杆菌 O104 而导致 1400 人感染和 15 人死亡。大肠杆菌 O104 是首次暴发大面积食源性疾病的新型菌种。2013 年 4 月美国疾控中心宣布，遍布全美 15 个州的大肠杆菌 O121 疫情，造成至少 27 人感染，超过 1/3 的病患入院治疗，81％为 21 岁以下，最小的仅 2 岁。其中，两人因并发症——溶血性尿毒综合征而使病情恶化，导致肾衰竭。本次疫情疑似由"富裕农场"（Farm Rich）牌食品引起，包括冷冻比萨、玉米粉饼、马苏里拉奶酪。此次事件涉及的大肠杆菌非常罕见，且很难识别，因此可能有更多人因此致病却并不自知。2013 年 6 月俄罗斯中部城市彼尔姆近 150 名中学生因食物中毒被送往医院接受救治，其中 84 人留院治疗。病因是学校食堂的肉饼、鸡蛋饼等食物受沙门氏菌污染。以上结果显示由食源性致病菌引起的安全事件并没有随着经济发展和科技水平的提高而减少，而是不断以更新型、更广泛的形势发生。食源性致病菌引发的疫情反映食品原料、加工环境、加工过程等方面存在严重的安全控制缺陷，也是各国食品安全监管仍需高度关注的重点。

在食品加工过程中，致病菌处于不断生长、繁殖和死亡的动态进程之中，其中的各个环节都可能影响食品中致病菌的污染水平。影响致病菌数量的可能因素有：致病菌的微生物学特性、食品本身的理化性质、生产工艺流程以及加工、包装、运输、贮存条件等。基于预测微生物学和数学模型，对微生物进行定量风险评估，可以有效地量化整个食品生产加工和消费链中所存在的病原微生物危害，并与因其所导致疾病的概率直接联系起来，为产品货架期确定、产品改善、新产品开发及风险管理政策的制定提供重要参考。

表 6-1 历年来由食源性致病菌引发的国际食品安全事件

时间	国家	食源性致病菌	食物源	情况
1981 年	加拿大	李斯特氏菌	卷心菜	41 人感染
1985 年	美国	李斯特氏菌	软干酪	52 人死亡
1994 年	美国	沙门氏菌	冰淇淋	224000 人感染
1996 年	日本	大肠杆菌 O157：H7		9000 人中毒
1997 年	意大利	李斯特氏菌	凉拌菜	1566 人感染
2000 年	日本	金黄色葡萄球菌	雪印牛奶	超过万人中毒
2006 年	美国	大肠杆菌 O157：H7	菠菜	199 人感染，102 人住院，3 人死亡
2008 年	美国	沙门氏菌	西红柿	160 人感染，23 人住院
2011 年	德国	大肠杆菌 O104	毒黄瓜	1400 人感染，15 人死亡
2011 年	美国	李斯特氏菌	香瓜	146 人感染，30 人死亡
2012 年	美国	沙门氏菌	—	141 人感染，2 人死亡
2013 年	美国	大肠杆菌 O121	冷冻比萨、玉米粉饼、马苏里拉奶酪	27 人感染，超过 1/3 人住院
2013 年	俄罗斯	沙门氏菌	肉饼、鸡蛋饼	150 人中毒，84 人住院

6.1 致病菌的微生物学特性及致病机理

致病菌引起食源性疾病的形式及原因主要有：①感染，营养细胞（活细胞）被吞食后定殖在人体内而导致疾病，如肠道病原菌；②中毒，食品在食用前被微生物污染，且污染后有毒素释放，食用污染食品而引起的症状，如金黄色葡萄球菌、肉毒梭菌；③中毒性感染，微生物在肠道系统生长并产生毒素而导致疾病，如蜡样芽孢杆菌、产气荚膜梭菌。

美国疾病控制与预防中心（Centers for Disease Control and Prevention，CDC）的研究表明，引起食源性疾病的致病菌主要有以下 6 种：沙门氏菌、弯曲杆菌、李斯特氏菌、金黄色葡萄球菌、产气荚膜梭菌、大肠杆菌 O157：H7。

6.1.1 革兰氏阳性致病菌

6.1.1.1 李斯特氏菌

李斯特氏菌（*Listeria monocytogenes*）是 1926 年英国南非裔科学家 Murray 在病死的兔子体内首次发现的，为纪念近代消毒手术之父、英国生理学家约瑟夫·李斯特（1827—1912），1940 年被第三届国际微生物学大会命名为李斯特氏菌。

目前国际上公认的李斯特氏菌有7个菌种，即单核细胞增生李斯特氏菌（*L. monocytogenes*）、绵羊李斯特氏菌（*L. iuanuii*）、英诺克李斯特氏菌（*L. innocua*）、威尔斯李斯特氏菌（*L. welshimeri*）、西尔李斯特氏菌（*L. seeligeri*）、格氏李斯特氏菌（*L. grayi*）和默氏李斯特氏菌（*L. murrayi*）。其中，单核细胞增生李斯特氏菌是唯一一种可引起人类疾病的李斯特氏菌。

根据菌体（O）抗原和鞭毛（H）抗原，将单核细胞增生李斯特氏菌分成13个血清型，分别是1/2a、1/2b、1/2c、3a、3b、3c、4a、4b、4ab、4c、4d、4e和7。致病菌株的血清型一般为1/2b、1/2c、3a、3b、3c、4a、1/2a和4b，后两型尤多。

（1）微生物学特性

李斯特氏菌为革兰氏阳性短杆菌，大小为 $0.5\mu m \times (1.0 \sim 2.0\mu m)$，直或稍弯，两端钝圆，常呈V字形排列，偶有球状、双球状，兼性厌氧、无芽孢，一般不形成荚膜，但在营养丰富的环境中可形成荚膜，在陈旧培养基中的菌体可呈丝状及革兰氏阴性，该菌有4根周毛和1根端毛，但周毛易脱落。该菌对外界环境耐受性较强，可在较高的盐浓度（10％NaCl）以及宽泛的 pH（pH 4.5～9）和温度范围（0～45℃）内生长（Gandhi and Chikindas，2007；Glaser et al，2001；Liu et al，2005）。

（2）传播途径

单核细胞增生李斯特氏菌是一种兼性厌氧菌，在37℃，中性或微碱性环境中生长最佳，在自然界分布广泛，水、土壤、植物腐烂部分、动物粪便及废水中均有该菌存在，所以动物很容易食入该菌，并通过口腔-粪便的途径进行传播。据报道，健康人粪便中单核细胞增生李斯特氏菌的携带率为 0.6％～16％，有70％的人可短期带菌，4％～8％的水产品、5％～10％的奶及其产品、30％以上的肉制品及15％以上的家禽均被该菌污染。人类主要通过食入软奶酪、未充分加热的鸡肉、未再次加热的热狗、鲜牛奶、巴氏消毒奶、冰淇淋、生牛排、羊排、卷心菜色拉、芹菜、西红柿、法式馅饼、冻猪舌等而感染，占85％～90％的病例是由于食用被污染的食品引起的。由于单核细胞增生李斯特氏菌是食物中的一种常见污染物，其对人类的健康安全具有威胁。在人类历史上曾多次发生因单核细胞增生李斯特氏菌污染而造成的食物中毒事件。此外，该菌在4℃的环境中仍可生长繁殖，是冷藏食品威胁人类健康的主要病原菌之一。

（3）症状及致病机理

单核细胞增生李斯特氏菌简称单增李斯特氏菌，是一种人畜共患病的病原菌，也是唯一一种可引起人类疾病的李斯特氏菌。由于感染该细菌后常可导致单核细胞增多，因此得名。单增李斯特氏菌属于一种条件致病菌，摄入李斯特氏菌污染的食品是李斯特氏菌病发生的主要原因，因此可以认为李斯特氏菌病是食源性疾病。李斯特氏菌在美国每年约引起 2500 份病例、500 人死亡，其中李斯特氏菌症是导致死亡的主要病因，其致死率甚至高过沙门氏菌及肉毒杆菌。李斯特氏菌病的临床表现除单核细胞增多以外，还常见败血症、脑膜炎。李斯特氏菌病以发病率低、致死率高为特征，对成年人的致死率为 20%～60%，主要感染中枢神经系统，而对婴儿的致死率可达 54%～90%。患病风险最大的人群包括孕妇、新生儿、60 岁以上的老年人和细胞免疫功能低下的人群。

与其他革兰氏阳性菌不同，单增李斯特氏菌的大量蛋白质是共价结合到其胞壁质上的。由于单增李斯特氏菌存在大量表面蛋白质，所以它能够在许多环境下复制增殖，并且能够侵染多种真核细胞，为侵袭性胞内菌，可在巨噬细胞和非巨噬细胞（如上皮细胞等）中存活并增殖。此外，该菌的另一危险性在于其可穿越宿主的三个主要屏障——肠屏障、血脑屏障和胎盘屏障。李斯特氏菌感染过程中的每一步均有特定的毒力因子调控，其中单增李斯特氏菌的感染过程已研究得较为详尽。

单增李斯特氏菌的致病性由如下多个毒力因子决定。

① 环境耐受相关毒力因子　细菌被宿主摄入消化道后，需要耐受胃的酸性环境以及蛋白水解酶、胆酸盐和一些非特异性炎性因子的破坏作用。胆酸盐水解酶（BSH）可分解结合的胆酸盐，保护细菌免受胆酸盐的杀伤作用，其编码基因受转录调控因子 PrfA（血浆识别因子）和 Sigma 因子的调节，单增李斯特氏菌、绵羊李斯特氏菌和西尔李斯特氏菌均表现出 BSH 活性。其他应激应答因子如 OpuCA、Lmo1421 等亦通过各自途径保证细菌在消化道内的存活。

② 黏附侵袭相关毒力因子　内化素 A（Inl A）、内化素 B（Inl B）为单增李斯特氏菌所特有，位于菌体表面，介导细菌侵袭入细胞并内化至吞噬小体，这一过程是建立感染的前提。Inl A、Inl B 具有受体特异性，前者与钙黏蛋白（E-cadherin）结合，介导细菌进入上皮细胞；而后者可与补体分子 Clq 受体或肝细胞生长因子受体（Met）结合，介导细菌穿越肝细胞、成纤维细胞、上皮细胞等（Hamon et al，2006；Schubert et al，2002；Shen et al，2000）。同时，细胞壁水解酶（p60）、酰胺酶（Ami）、纤连蛋白结合蛋白 A（FbpA）、肌动蛋白聚集因子（ActA）、自溶素（Auto）等毒力因子均协同参与细菌的黏附与侵袭（Cabanes et al，2004；Dramsi et al，2004；Dussurget et al，2004；Milohanic et al，2001）。

③ 细胞内感染相关毒力因子　单增李斯特氏菌最具特色的是其在真核细胞内的感染周期，这与其在细胞内的存活与增殖能力以及在细胞间的扩散能力有关。通过李斯特氏菌溶血素（LLO）和磷脂酰肌醇特异性磷脂酶（PlcA）的裂解作用，细菌逃离吞噬小体进入细胞质（Dussurget et al，2004；Vázquez-Boland et al，2001），并在己糖磷酸盐转运蛋白（Hpt）的作用下摄取细胞质中的营养成分以进行增殖（Chico-Calero et al，2002）。同时，借助肌动蛋白聚集因子（ActA）聚集肌动蛋白丝以实现细菌在细胞内及细胞间的扩散。细菌在相邻细胞膜处以伪足样结构完成细胞间的扩散，细胞膜的裂解由 LLO 和磷脂酰肌醇特异性卵磷脂酶（PlcB）介导（见图 6-1）。PlcB 先以无活性前体（proPlcB）形式存在，通过细菌金属酶蛋白（Mpl）裂解其 N 端而激活（Dussurget et al，2004；Vázquez-Boland et al，2001）。细菌被临近细胞吞噬后，便开始新一轮的感染。这些作用于细菌胞内生活周期的主要毒力因子均由转录活化因子 PrfA 调控（Scortti et al，2006；Vázquez-Boland et al，2001）。PrfA 的表达具有典型的温控特点，当温度低于 30℃时，PrfA 的 mRNA（信使 RNA）形成稳定的二级结构（又称热传感器），屏蔽了核糖体结合位点 SD 序列（Johansson et al，2002），因而 PrfA 无法表达以至 LLO、PlcA、PlcB 等均表达很弱；而在高温如 37℃时该二级结构被熔解，其调控的毒力基因也相应得到表达。

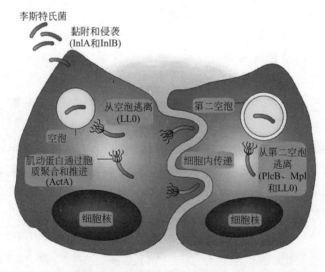

图 6-1　单增李斯特氏菌侵染细胞的过程（Pamer，2004）

④ 其他毒力因子　随着分子生物学技术的发展，一些新的毒力因子被不断发现。如应答调控因子 VirR 为仅次于 PrfA 的第二大毒力调控因子，调控包括 dltA、mprF 在内的 12 个毒力基因（Mandin et al，2005）。mprF 编码具有调节

膜功能的左旋赖氨酸磷脂酰甘油酯蛋白，该蛋白质还可抵抗人源或细菌源的抗菌肽（Thedieck et al，2006）。而分拣酶（Sortase）参与蛋白质的细胞壁锚定，其中表面蛋白 SvpA 可介导单增李斯特氏菌逃离巨噬细胞的吞噬小体（Shen et al，2000）。

6.1.1.2 金黄色葡萄球菌

金黄色葡萄球菌（*Staphylococcus aureus*）因为在显微镜下排列成葡萄串状，且平板上菌落厚、有金色光泽而得名。根据生化反应和产生色素不同，可分为金黄色葡萄球菌（*Staph.aureus*）、表皮葡萄球菌（*Staph.epidermidis*）和腐生葡萄球菌（*Staph.saparophytics*）三种。其中金黄色葡萄球菌多为致病菌，表皮葡萄球菌偶尔致病，腐生葡萄球菌一般不致病。

60%～70%的金黄色葡萄球菌可被相应噬菌体裂解，表皮葡萄球菌不敏感。用噬菌体可将金黄色葡萄球菌分为 4 群 23 个型。肠毒素型食物中毒由Ⅲ和Ⅳ群金黄色葡萄球菌引起，Ⅱ群菌对抗生素产生耐药性的速度比Ⅰ和Ⅳ群缓慢很多。造成医院感染严重流行的是Ⅰ群中的 52、52A、80 和 81 型菌株。引起疱疹性和剥脱性皮炎的菌株经常是Ⅱ群 71 型。

（1）微生物学特性

金黄色葡萄球菌属于葡萄球菌属（*Staphylococcus*），该属包含近 40 个不同的种。金黄色葡萄球菌是一种兼性厌氧的革兰氏阳性球菌，直径 $0.8\mu m$ 左右，显微镜下排列成葡萄串状，但在脓汁、乳汁、液体培养基中呈双球或短链排列。金黄色葡萄球菌无芽孢、鞭毛，大多数无荚膜。革兰氏染色阳性，衰老或死亡后可转为阴性。金黄色葡萄球菌营养要求不高，在普通培养基上生长良好，最适生长温度 37℃，最适生长 pH7.4。金黄色葡萄球菌在 6.5～50℃温度范围之间、pH4.5～9.3 范围内都能生长。比起其他无芽孢的细菌来说，金黄色葡萄球菌对环境影响因素有较高的抗性，如高度的耐盐性，可在 10%～15% NaCl 肉汤中生长；对热有较高抗性，可以抵御 70℃加热 1h，80℃加热 30min；抗干燥，在干燥环境下可存活数月；耐低温，在冷冻食品中不易死亡；耐高渗，能在 15% NaCl 和 40%胆汁中生长，只有在含有 50%～60%蔗糖或 15%以上食盐食品中才可被抑制（胡瑜，2013）。

（2）传播途径

由于金黄色葡萄球菌对环境的耐受性高，因此在食品加工过程中的各个环节都可能污染食品。食品加工人员、炊事员或销售人员带菌，经手或者通过上呼吸道造成食品污染；食品在加工前本身带菌，或在加工过程中受到了污染，产生了肠毒素，引起食物中毒；熟食制品包装不严，运输过程受到污染；奶牛患化脓性乳腺炎或禽畜局部化脓时，对肉体其他部位的污染。污染的食品如果放置不得当，金黄色葡萄球菌则可在食物中大量繁殖，并分泌肠毒素（staphylococcal enterotoxins，SEs），从而引发食物中毒。

（3）症状及致病机理

金黄色葡萄球菌是葡萄球菌属中引发葡萄球菌感染最普遍且危害最广泛的一种。无论在发达国家还是在发展中国家由金黄色葡萄球菌引起的食物中毒在细菌性食物中毒中均占较大比例。金黄色葡萄球菌是一种条件致病性的环境微生物，能分泌类胡萝卜素色素、细胞抗氧化剂，以及各种毒素等来逃避人类免疫系统的杀伤作用，以至于能够侵袭人体各个组织而导致疾病（Clauditz et al，2006）。被金黄色葡萄球菌污染的食物经过加热处理后，还会出现细菌已被杀死，但其产生的肠毒素导致食物中毒的情况。因此，在食品卫生检查中，肠毒素的检出是确定食物被污染的决定因素。金黄色葡萄球菌及其肠毒素在食品中的污染已经成为世界范围内影响公共卫生与健康的问题。金黄色葡萄球菌引起的疾病如下。

① 侵袭性疾病，主要引起化脓性炎症。葡萄球菌可通过多种途径侵入机体，导致皮肤或器官的多种感染，甚至败血症。

② 毒性疾病（由外毒素造成），主要引起食物中毒、烫伤样皮肤综合征、毒性休克综合征、假膜炎肠炎。

金黄色葡萄球菌的致病过程十分复杂，涉及近 40 多种毒力因子的协调作用（Bronner et al，2004）。这些毒力因子主要分为胞外分泌型蛋白和细胞表面结合蛋白，各种不同识别吸附宿主的表面蛋白分子在金黄色葡萄球菌生长的对数期就开始表达，在引发感染初期起着重要的作用。分泌型的毒素有溶血素、肠毒素、杀白细胞素、表皮剥脱毒素、脂肪酶、蛋白酶以及耐热核酸酶等（Liang et al，2006），它们在细菌生长对数后期和稳定期表达，这些毒素和侵袭性酶在侵染寄主细胞时会引起强烈的细胞毒性，侵入破坏宿主组织，同时侵入一些非吞噬细胞中，使其产生自溶（Sibbald et al，2006），促进病菌在体内扩散。除了肠毒素这一类超抗原毒素之外，还包括溶血素、血浆凝固酶、表皮剥脱毒素、杀白细胞素等。溶血素是一种血液毒素，可使血液中的红细胞穿孔溶解并释放血红蛋白，引起局部缺血和坏死；血浆凝固酶则与皮肤化脓性感染相关；表皮剥脱毒素则可引起烫伤样皮肤综合征；杀白细胞素破坏人免疫系统的白细胞和巨噬细胞。值得注意的是，有些毒力因子可在致病过程中具备多重作用，而同一致病作用也同时需要多种毒力因子的参与才能完成（Gordon and Lowy，2008）。

金黄色葡萄球菌在宿主组织内引发感染，成功存活并生长，还得益于其产生的菌膜结构及其小菌落变种（SCVs）。细菌菌膜结构指的是吸附于特定物体表面的细菌，通过增殖、分泌胞外基质后形成的具有一定结构的细胞群体。金黄色葡萄球菌形成菌膜后对环境压力的抵抗能力会大大增强，可以更容易逃避宿主的防御机制，对各种物理和化学消毒处理的抗性增加，十分难以清除。形成菌膜结构可以使金黄色葡萄球菌在宿主体内的上皮细胞及内皮细胞内存活下来，帮助其逃避宿主防御系统，引发心内膜炎、肺炎等（Yarwood et al，2004）。在金黄色葡萄球菌反复感染和持续性感染的研究中还发现，该菌能在宿主体内形成小菌落变种（SCVs），SCVs 可以"隐藏"在宿主细胞内生存，不对宿主细胞造成大的破坏，逃避免疫防御和抗生素的杀灭作用，当环境适合时，SCVs 又会恢复成更具毒性的菌株，再次引发感染（Atalla et al，2008；Kahl et al，2005）。

6.1.1.3　产气荚膜梭菌

产气荚膜梭菌（*Clostridium perfringens*）通常称魏氏梭菌（*Clostridium welchii*），是英国人 Welchii 和 Nuttad 首先从一个腐败人尸产生气泡的血管中分离得到，并以 Welchii 的姓命名的，相当于现在的 A 型菌。随后，Dalling 从羔羊痢疾分离到 B 型菌；Mc Ewen（1929）从羊猝狙分离到 C 型菌；Wilsdon（1931，1932）、Bennetts（1932）分别从羊肠毒血症分离到 D 型菌；Bosworth（1943）分离到 E 型菌。最早人的坏死性肠炎病原菌曾被定为 F 型，后又被归于 C 型中。

根据毒素种类的不同，可把本菌分成 5 型：①A 型，形成 α 毒素和肠毒素，可引起食物中毒、气性坏疽和小猪的溶血性肠炎；②B 型，产 α、β 和 ε 毒素，可引起腹泻；③C 型，产 α 和 β 毒素，可引起人体肠坏死、绵羊的暴死以及小猪的致命性坏死和出血性肠炎；④D 型，形成 α 和 ε 毒素，引起反刍动物的肾病；⑤E 型，形成 α 和 ι 毒素，引起反刍动物病害。

（1）微生物学特性

产气荚膜梭菌属于芽孢杆菌科、梭状芽孢杆菌属，为温和厌氧菌，在一般的厌氧条件下能生长，暴露空气 60min 仍能存活。革兰氏染色呈阳性，菌体粗杆状，边缘笔直，菌端较齐，单个、成双或成短链，无鞭毛、不运动，有荚膜，在动物体内形成荚膜是本菌区别于其他梭菌的特点之一。幼龄培养物为革兰氏阳性，陈旧培养基为阴性。产气荚膜梭菌在自然界中常以芽孢形式存在，芽孢大而卵圆，位于菌体中央或近端，使菌体膨胀，芽孢的抵抗力非常强，10%的福尔马林 10min 才能将其杀死。但是芽孢的产生依赖于一定的 pH、适宜的温度范围，以及适当比例的碳源。

（2）传播途径

当食品在加工或烹调时，由于加热不充分，以及在冷冻贮藏过程中，操作不当，产气荚膜梭菌常常可以存活于食品中，一旦人们食入污染的食品，该菌就进入体内，并在肠道内繁殖形成芽孢，产生肠毒素（CPE）。该毒素导致肠黏膜上皮细胞的损伤，从而引起人的食物中毒。

（3）症状及致病机理

产气荚膜梭菌是人、畜消化道的正常菌群，广泛分布于土壤与污水中，是引起人的创伤性气性坏疽、食物中毒、坏死性肠炎和肠毒血症的病原。α、β、ε 和 ι 是主要的致死性毒素，也是分型毒素，根据这四种毒素，产气荚膜梭菌分为 A、B、C、D 和 E 五个毒素型，每个毒素型均能感染人或畜禽引起特定疾病（见表 6-2）。

表 6-2   各型产气荚膜梭菌所致疾病

菌型	所产毒素	引发疾病
A	α	恶性水肿、人食物中毒
B	α、β、ε	羔羊痢疾、羊的肠毒血症，人、禽坏死性肠炎
C	α、β	羊猝狙、犊、羔、仔猪肠毒血症
D	α、ε	绵羊、山羊、牛肠毒血症
E	α、ι	犊牛痢疾、羔羊痢疾

此菌产生的外毒素有 α、β、γ、δ、ε、η、θ、ι、κ、λ、μ 和 ν 等 12 种，其中的 β、ε、ι 呈坏死和致死作用，δ、θ 有溶血和致死作用，γ、η 也有致死作用，但有些毒素是以酶的作用呈现致病性，如 α 是卵磷脂酶、κ 是胶原酶、λ 是蛋白酶、μ 是透明酶、ν 是 DNA 酶，其中以 α 最重要。此外，有些菌株还产生肠毒素（CPE）。

① α 毒素   α 毒素是 A 型产气荚膜梭菌最主要的毒力因子，它具有细胞毒性、致死性、皮肤坏死性、血小板聚集和增加血管渗透性等特性。它是一种依赖于锌离子的多功能性金属酶，具有磷脂酶 C（phospholipase C，PLC）和鞘磷脂酶（sphingomyelinase）2 种酶活性，能同时水解磷脂酰胆碱（phospha tidylcholine）和鞘磷脂（sphingomyelin）。α 毒素依靠这 2 种酶活性，水解组成细胞膜的主要成分——膜磷脂，从而破坏细胞膜结构的完整性，导致细胞裂解。α 毒素活性氨基酸位点对毒素起着重要的作用，通过大量的实验以及对酶结构的比较分析，可以认为 α 毒素 C 末端以一种 Ca^{2+} 依赖性的方式与细胞膜上的磷脂发生反应。

② β 毒素   β 毒素是由 B 和 C 型产气荚膜梭菌产生的主要致病因子。β 毒素虽然在结构上与其他一些细胞裂解性毒素相似，但它并不能使细胞发生裂解，不

过目前还不完全清楚其细胞毒性的作用机理。据研究，β毒素是一种可形成寡聚体、在敏感细胞膜上形成离子依赖型通道的成孔毒素。可以独立地在由胆固醇和磷脂酰胆碱组成的双分子膜上具有成孔能力，孔径为 1.2nm。这种孔可选择性地允许如 K^+ 和 Na^+ 等一价离子通过，这说明它可以使细胞表面发生去离子化，让这类离子通过。但是目前还没有找到该毒素的敏感细胞以及在细胞膜上的靶位分子，也还不清楚这种活性在菌体感染中的作用。

③ ε毒素　ε毒素由 B 型和 D 型产气荚膜梭菌产生，并且是 D 型菌的主要致病因子，D 型产气荚膜梭菌在肠道内大量繁殖后，会释放出大量的 ε 毒素。在肠道内该毒素被蛋白酶水解活化为成熟肽，然后被肠黏膜吸收并随血液循环扩散到多种组织器官中。该毒素是致死性毒素，对皮肤有坏死性作用，其毒力仅次于肉毒素和破伤风毒素。虽然目前对 ε 毒素的作用模型还不十分明确，但基本上认定其是一种成孔毒素，对 MDCK 细胞具有致死作用，可以在其细胞膜上形成一种复合物进入细胞并导致胞内 K^+ 外流；与细胞膜形成的复合物不会被 SDS 解离；晶体结构显示其主要由 β 片层构成，这些都是成孔毒素的主要结构特点。

④ ι毒素　ι毒素由两个单独的多肽组成，其中发挥毒力作用的是分子质量为 47.5kDa 的 ιa 多肽，由 *iap* 基因编码，具有肌动蛋白特异性 ADP 核糖转移酶活性；另一亚基为 ιb，具有结合活性，分子质量 81.5kDa，由 *ibp* 基因编码。ιa作为一种分子伴侣除了有一个与 ADP 核糖转移酶类毒素所共有的保守位点，还含有一个保守的肌动蛋白结合基因。ιa 和 ιb 被分别分泌出来后，首先 ιb 与细胞膜受体结合形成寡聚体，然后 ιa 通过一个结合 ιb 的结构域与 ιb 结合，形成的复合物再进入细胞中。在 ιa 分子中，可与 ιb 结合的结构域，最短的多肽是由 ιa128个氨基酸残基（129～257）组成，它可形成 8 个重复 β1-α5-β2 结构，该结构为一种紧密的空心状，是与 ιb 最有效结合的最短结构，这为介导外源蛋白进入细胞提供了一种合适的系统。

⑤ 肠毒素　只有少数产气荚膜梭菌分离株（1%～5%）携带 *cpe* 基因并产生肠毒素，而这些分离株主要为 A 型。在食用肉类较多的国家中，产气荚膜梭菌食物中毒的发病率很高，例如美国，在每年所确诊的食物中毒性病原体中，魏氏梭菌排在第二位或第三位。CPE 引起的疾病包括两类：一类是由染色体编码的 CPE 所引起，可导致人食物中毒及多种动物的腹泻，也称抗生素相关性腹泻（antibiotic-associated diarrhea，AAD）（Borriello，1984；Larson，1988）；另一类是由质粒编码的 CPE，引起胃肠道疾病。CPE 具有潜在细胞毒活性，主要包括肠黏膜通透性改变、新陈代谢紊乱、组织学损伤以及细胞内的大分子合成于肠毒素接触后的 30min 内完全受到抑制，最终导致肠黏膜的损伤而发病。CPE 与

细胞膜结合成小分子复合物，但不形成大分子复合物，毒素不能使细胞裂解；在体内，CPE 可以导致小肠内皮细胞死亡，产生组织病理学变化，这种损伤可以使小肠的正常功能受到破坏，造成组织液和电解质外流，临床上表现为腹泻。

6.1.2　革兰氏阴性致病菌

6.1.2.1　沙门氏菌（*Salmonella*）

1880 年 Eberth 首先发现伤寒杆菌。1885 年 Salmon 分离到猪霍乱杆菌，由于 Salmon 发现本属细菌的时间较早，在研究中的贡献较大，遂定名为沙门氏菌属。

已发现的沙门氏菌有近一千种（或菌株）。按其抗原成分，可分为甲、乙、丙、丁、戊等基本菌组。其中与人体疾病有关的主要有甲组的副伤寒甲杆菌，乙组的副伤寒乙杆菌和鼠伤寒杆菌，丙组的副伤寒丙杆菌和猪霍乱杆菌，丁组的伤寒杆菌和肠炎杆菌等。除伤寒杆菌、副伤寒甲杆菌和副伤寒乙杆菌引起人类的疾病外，大多数仅能引起家畜、鼠类和禽类等动物的疾病，但有时也可污染人类的食物而引起食物中毒。

（1）微生物学特性

沙门氏菌是沙门氏菌病的病原体。属肠杆菌科，革兰氏阴性肠道杆菌。需氧及兼性厌氧菌，两端钝圆的短杆菌（比大肠杆菌细），大小为 $(0.7 \sim 1.5 \mu m) \times (2 \sim 5 \mu m)$，无荚膜和芽孢，除鸡白痢沙门氏菌、鸡伤寒沙门氏菌外，其他都具有周身鞭毛，能运动，大多数具有菌毛，能吸附于宿主细胞表面或凝集豚鼠红细胞。沙门氏菌属不耐热，55℃ 1h、60℃ 15～30min 即被杀死。沙门氏菌属在外界的生活力较强，在 10～42℃ 的范围内均能生长，最适生长温度为 37℃。最适生长的 pH 值为 6.8～7.8。在普通水中虽不易繁殖，但可生存 2～3 周。在粪便中可存活 1～2 个月。在牛乳和肉类食品中，存活数月；在食盐含量为 10%～15% 的腌肉中亦可存活 2～3 个月。

（2）传播途径

沙门氏菌分布很广，广泛存在于自然界中，常可在各种动物，如猪、牛、羊、马等家畜及鸡、鸭、鹅等家禽，飞鸟、鼠类等野生动物的肠道中发现。鸡是沙门氏菌最大的宿主，鸡群暴发死亡率高达 80%，也存在于蛋类、蛋粉及其他食物中（牛肉、猪肉、鱼肉、香肠、火腿等）。烹调大块鱼、肉类食品时，如果食品内部达不到沙门氏菌的致死温度，其中的沙门氏菌仍能存活，食用后可导致食物中毒。冷冻对于沙门氏菌无杀灭作用，即使在－25℃低温环境中仍可存活10个月左右。由于沙门氏菌属不分解蛋白质，不产生靛基质，污染食物后无感官性状的变化，所以其感染易被忽视而引起食物中毒。

（3）症状及致病机理

沙门氏菌是一种兼性胞内寄生菌，根据血清型和宿主不同，而引起不同的临床表现：从肠道感染到败血症。沙门氏菌经口感染后，通过胃进入小肠，首先黏附并侵入小肠绒毛上皮细胞和固有层的肠道淋巴组织（gut-associated lymphoid tissue，GALT；亦称 Peyer's 结），引起肠炎，有的血清型则通过一种特殊的上皮细胞（M 细胞）穿越肠壁，进入局部肠系膜淋巴结，然后通过吞噬细胞到达脾脏和肝脏。体外试验表明，鼠伤寒沙门氏菌可侵入培养的上皮细胞和巨噬细胞，停留于细胞内的一种特殊的具膜空泡，称为含沙门氏菌空泡（*Salmonella containing vacuole*，SCV），并在其中增殖。

研究表明沙门氏菌的致病性是由大量的毒力因子相互作用所致。这些毒力因子如下。

① 结构性毒力因子

a. 菌毛。菌毛有助于菌体黏附到动物细胞并促进其定殖，同时带菌毛菌株的致病力和活力均强于先天无菌毛菌株或菌毛缺失的菌株。Ⅰ型菌毛广泛分布于沙门氏菌属内。Ⅱ型菌毛仅在鸡白痢、都柏林、乙型副伤寒等沙门氏菌中被发现。Ⅲ型菌毛只在肠炎、鼠伤寒等沙门氏菌中表达。Ⅳ型菌毛的报道较少。沙门氏菌还有两种体积差异较大而且缺乏凝集红细胞能力的菌毛，按其主要亚单位蛋白质大小命名为 SEF14 和 SEF17（朱春红等，2010）。

b. 外膜蛋白。沙门氏菌的外膜蛋白可分为外膜 A 蛋白（OmpA）、微孔蛋白、脂蛋白和微量蛋白。OmpA 属于跨膜蛋白，对外膜结构的维持起着重要作用。微孔蛋白也称为基质蛋白，是一类具有渗透特性的主要外膜蛋白。它以非共价键与肽聚糖紧密结合而形成相对非特异性的通道，因此具有通透特性。脂蛋白则为细胞外膜中含量最丰富的结构蛋白，但并不是细菌生长所必需的，有利于维持外膜结构的稳定性。微量蛋白在细胞内含量低，却具有相当重要的功能，许多微量蛋白（如 TonA、FepA 等）与细胞生长密不可分。

c. 脂多糖。沙门氏菌的脂多糖主要由类脂 A、核心多糖和侧链多糖组成，在防止宿主吞噬细胞的吞噬和杀伤作用中起重要作用。类脂 A 是构成内毒素的主要部分，吞噬细胞相应受体识别类脂 A 的特定结构而引起相应的炎症反应。

d. 荚膜。早期对伤寒沙门氏菌的研究表明有荚膜菌株比荚膜缺失菌株引起发病率高，荚膜是沙门氏菌重要的毒力因子。荚膜也具有一定的抗原性，又称为

Vi 抗原。荚膜能够阻断 O 抗原与其相应抗体的反应，对细菌本身具有保护作用。伤寒沙门氏菌的荚膜对其存活于宿主体内及逃避机体的防御机理具有重要作用。

② 肠毒素　沙门氏菌肠毒素与宿主腹泻等症状有关，有研究显示其作用机制与霍乱毒素、大肠杆菌肠毒素相似。早期研究中在鼠伤寒沙门氏菌中发现一种热敏的、细胞结合型的霍乱毒素（CT）样肠毒素，可引起 CHO 细胞伸长；在兔结扎肠中诱导液体分泌，与 GM1 神经节苷脂结合，可提高兔肠细胞内 cAMP 和前列腺素 E2 水平；其生物学活性可被抗 CT 抗体所中和。研究表明肠毒素基因是鼠伤寒沙门氏菌感染机制中重要的毒力因子之一，其编码产物能诱发小鼠肠腔液体分泌反应。

③ 毒力相关基因　毒力岛及Ⅲ型分泌系统。沙门氏菌几乎所有血清型都包含有 SPI-1，遗传性稳定，SPI-1 是入侵宿主非吞噬细胞所必需的，参与宿主细胞的诱变和诱导巨噬细胞的凋亡（Collazo and Galán，1997）。Yanet Valdez 等研究报道，SPI-1 突变菌株经口服感染后会使细菌的毒力降低，而经腹腔注射却依然保持完整的毒力，表明 SPI-1 有利于沙门氏菌入侵上皮细胞（Valdez et al，2009）。由 SPI-1 编码的Ⅲ型分泌系统的分泌性效应蛋白的表达受 HilD、InvF、HilA、inv/spa、prg 操纵子和 ppGpp 的调控（Pfeiffer et al，2007），这些蛋白质与沙门氏菌黏附宿主细胞相关，导致宿主肠黏膜细胞肌动蛋白发生易位重排，促进沙门氏菌的内化作用。但并非所有基因都与Ⅲ型分泌系统有关。沙门氏菌的Ⅲ型分泌系统由 InvA、SpaP、SpaQ、SpaR、SpaS、InvG、PrgH、PrgK、InvE、InvB、InvC、SpaO、IagB、PrgI、PrgJ、OrgA、SicA、IacP 基因组成。SPI-1 编码的Ⅲ型分泌系统与沙门氏菌侵袭力相关，是一个复杂而独特的调节系统，能够对若干个环境和生理信号做出应答反应，同时这些应答反应又控制着 SPI-1 所编码区内外效应蛋白的分泌（Altier，2005；Ellermeier and Slauch，2007；Jones，2005）。SPI-2 全长约 25.3kb，位于鼠伤寒沙门氏菌染色体 31′处，很稳定，不易缺失，上、下游两端分别为 pyykF 和 valVtRNA，40 个基因包含两部分，其中一部分由 4 个操纵子（ssa、ssc、ssr、sse）组成，分别被 ssrA、ssaB、sseA 和 ssaG 各自的启动子控制（Osborne and Coombes，2011）。4 个操纵子中，ssa 编码Ⅲ型分泌系统的成分，ssc 编码分子伴侣，ssr（包括 ssrA、ssrB）编码分泌系统的调节子，sse 编码分泌性效应蛋白（Coombes et al，2007）。另一部分含有 5 个 ttr 基因（即 ttrA、B、C 和 ttrR、S），与沙门氏菌系统性感染无关。J. E. Shea 通过突变实验，证实基因缺失不会降低沙门氏菌对小鼠的毒力（Shea et al，1996）。S. L. Foley 研究发现，SPI-2 上的Ⅲ型分泌系统

只有当细菌进入宿主细胞且形成沙门氏菌空泡后才能发挥作用（Foley and Lynne，2008），这与SPI-1Ⅲ型分泌系统的功能有所区别。此外，该岛还与沙门氏菌在宿主吞噬细胞内的生存和扩散相关，并使沙门氏菌逃避巨噬细胞的杀伤作用（Uchiya and Nikai，2004）。SPI-3位于染色体81′处是约17kb的DNA片段，含6个转录单位，由10个开放阅读框组成。主要介导沙门氏菌在宿主巨噬细胞和低 Mg^{2+} 环境中的存活（Amavisit et al，2003）。SPI-4编码与介导毒素分泌的Ⅰ型分泌系统类似的蛋白质，并参与调控沙门氏菌在宿主巨噬细胞内环境中的适应、存活（Gerlach et al，2007）。SPI-5编码参与肠黏膜液体分泌和炎症反应的相关蛋白质，但不参与全身性感染（Finlay，1994）。SPI-6是编码safA2D和tcsA2R的长约59kb的DNA片段，通过引导伴侣蛋白调节菌毛操纵子。SPI-7是长约134kb的DNA片段，具有血清特异性，在丙型副伤寒沙门氏菌中鉴定出，负责sopE噬菌体、Vi抗原基因和viaB操纵子的编码（Liu et al，2006）。SPI-8全长约为6.8kb，连接pheVtRNA基因，负责2种细菌素的伪基因（sty3280和sty3282）及其整合酶基因的编码。SPI-9是长约16kb的DNA片段，编码独立的Rtx-样蛋白（Sty2875）和Ⅰ型分泌系统，这一功能与SPI-4类似。SPI-10是全长约为32.8kb的DNA片段，包含sefR、sefC和sefB基因，编码sefA-R和噬菌体以及引导伴侣蛋白调控菌毛操纵子（方艳红等，2010）。

早期研究表明，在能引起严重全身性感染的沙门氏菌中普遍存在一大小50～90kb的质粒，与沙门氏菌的毒力密不可分，将其称为沙门氏菌毒力质粒（Salmonella plasmid virulence，spv）。据有关报道，主要有8种沙门氏菌携带毒力质粒，分别为鼠伤寒沙门氏菌、猪霍乱沙门氏菌、肠炎沙门氏菌、鸡沙门氏菌、都柏林沙门氏菌、S.sendai、丙型副伤寒沙门氏菌、S.abortusovis。毒力质粒含有一段高度保守的约8kb的核酸片段，即spv基因。该基因由6个ORFs构成：正性调控基因spvR，4个效应基因spvA、spvB、spvC、spvD以及位于这5个基因之后的orfE。目前已知spvR编码LysR/MetR家族转录活化因子的细菌调节性蛋白，并且使基因按照合成SpvABCD的方向进行转录。spvB编码一个65ku的单链多肽。spvA、spvC、spvD分别编码大小为28.2ku、28ku及24.8ku的蛋白质。研究表明，spv基因有利于沙门氏菌在肠外组织细胞内的生长，其产物与细菌的黏附、定殖及血清抗性等毒力表型密切相关。研究还表明，spv基因是细菌在巨噬细胞内存活和生长繁殖所必需的，毒力表现为细胞毒性，细菌增殖可致巨噬细胞凋亡（焦旸，黄瑞，2004）。

6.1.2.2 弯曲杆菌

1909年在牛肠道中发现，后又在猪、羊、犬、鸡和野生动物的腹泻和正常粪便中检出，某些种是人和动物的致病菌，多见于生殖器官、肠道和口腔。

归为弯曲杆菌属（*Campylobacter*）的细菌有 17 个菌种和 6 个亚种，如胚胎弯曲杆菌（*C. fetus*）、空肠弯曲杆菌（*C. jujuni*）、唾液弯曲杆菌（*C. sputorum*）、大肠弯曲杆菌（*C. coli*）、简洁弯曲杆菌（*C. concisus*）、猪肠炎弯曲杆菌（*C. hyointestinalis*）和海鸥弯曲杆菌（*C. laridis*）等。其中在人类疾病中最经常报告发生的为空肠弯曲杆菌（空肠亚种）和大肠弯曲杆菌。

（1）微生物学特性

弯曲杆菌属又称弯曲菌属。细菌界、朊细菌门、ε-朊细菌组、弯曲杆菌纲、弯曲杆菌目、弯曲杆菌科中的一属。革兰氏阴性，无芽孢，微好氧菌。细胞纤细、呈多形性，有弧状、逗点状或螺旋状，大小为 $(0.2 \sim 0.5 \mu m) \times [0.5 \sim 5.0(8.0) \mu m]$，有一个或多个螺旋；当两个细胞相连时，常出现 S 形或海鸥展翅形；在老龄培养物中可出现球状或类球状体；细胞一端或两端着生单根无鞘鞭毛，长度为菌体的 2～3 倍，运动方式为拔塞钻状前进。呼吸型代谢，微好氧或厌氧。微好氧种最佳氧浓度为 3%～5% O_2，而厌氧种则多数也可在 1%～5% O_2 中生长。3%～5% H_2 和 CO_2 可刺激生长。最适生长温度为 37℃，低于 15℃ 则不生长。

（2）传播途径

空肠弯曲菌在多种食品动物的肠道内都有分布，在牛、猪、羊、禽类身上的携带率很高，其中禽类被认为是空肠弯曲菌感染的最主要来源，流行病学研究表明，50%～70% 的空肠弯曲菌病都是由被污染的禽类和禽肉制品引起的（Acheson and Allos，2001）。空肠弯曲菌之所以容易在家禽体内定殖，可能是由于禽类能够提供给该菌最佳生长条件，如鸡的体温是 42°C，与该菌的最适生长温度一致（Vispo and Karasov，1997）。禽类携带空肠弯曲菌，多不表现临床症状，但会在禽群之间水平传播，长期带菌。禽类的屠宰和加工过程中的多道工序，如褪毛、热烫、取出内脏等，都会造成交叉污染。

污染的外界环境也是空肠弯曲菌的主要来源，空肠弯曲菌在乡村环境中普遍存在，家养和野生的家畜、家禽都经常向周围环境排菌，污染土地、地表水和地下水。生牛奶也被认为是空肠弯曲菌肠炎的感染来源，挤奶过程中的交叉污染和奶牛的乳房感染，都可能造成牛奶中存在空肠弯曲菌（Orr et al，1995）。被空肠弯曲菌污染的饮用水如果没有烧开直接饮用，同样会引发空肠弯曲菌病。此外，养殖场内，感染的鸡群会造成鸡舍内外环境受到严重污染，如果场里卫生条件差，环境中的空肠弯曲菌会长期存活。

（3）症状及致病机理

空肠弯曲菌肠炎是空肠弯曲菌感染最典型的临床表现，患者多出现腹痛、腹泻、发烧、头痛、恶心、呕吐等症状，多数可自愈，少数有并发症，病死率不高。空肠弯曲菌如果血行感染会引发败血症、脑炎、心内膜炎、关节炎、骨髓炎、心肌炎、心包炎和泌尿系感染等，如果发生脑血管意外，还会引起脑脊液呈化脓性改变、蛛网膜下腔出血、脑膜脑炎及脑脓肿等病变。空肠弯曲菌诱发格林-巴利综合征（GBS）的发病机制可能是空肠弯曲菌细胞壁的脂多糖上有和外围神经纤维的 GM1 神经节苷脂类属抗原，可发生交叉免疫（Yuki，1997）。

空肠弯曲杆菌致病机制可能与其侵袭力和产生的肠毒素、细胞毒素和细胞致死膨胀毒素有关。空肠弯曲杆菌致病主要包括 4 个步骤：黏附上皮细胞、定殖消化道、侵入靶细胞和产生与释放毒素。在这个过程中，一系列毒力因子和毒力相关因子发挥了重要作用。fliA 基因编码了鞭毛合成蛋白，调控了细菌的运动性、蛋白质分泌和细胞黏附与侵入，是影响细菌毒力的重要因子。cdtABC 编码了空肠弯曲杆菌唯一的毒素——细胞致死膨胀毒素，被认为是主要的致病相关因子。ciaB 编码弯曲杆菌侵入抗原，cadF 编码牵连蛋白，pebl 编码周质结合蛋白，它们均与细菌的黏附和侵入相关。cheY 编码调控鞭毛运动的调控子，flaA 也同样是重要的毒力相关因子，缺失这些基因后均导致细菌毒力显著降低。

6.1.2.3　大肠杆菌 O157：H7

E. coli O157：H7 引起出血性结肠炎，是 1982 年在美国俄勒冈州和密歇根州，因食用汉堡包引起的食物中毒的病人粪便中被分离并命名的。

（1）微生物学特性

大肠杆菌 O157：H7（*Escherichia coli* O157：H7，*E. coli* O157：H7）是目前世界范围内最重要的食源性致病菌之一，属于肠出血性大肠杆菌（*enterohemorrhagic Escherichia coli*，EHEC）。大肠杆菌 O157：H7 是革兰氏阴性菌，呈杆状，无芽孢，有鞭毛。最适生长温度为 33 ~ 42℃，37℃ 繁殖最快，44 ~ 45℃ 生长不良，45.5℃ 停止生长。具有较强的耐酸性，pH2.5 ~ 3.0，37℃ 可耐受 5h；耐低温，能在冰箱内长期生存；在自然界的水中可存活数周至数月；不耐热，75℃ 时 1min 即被灭活；对氯敏感，浓度 1mg/L 的余氯可以将其杀灭。

（2）传播途径

被粪便污染的食物是该菌传播最主要方式，包括未煎熟汉堡包、风干肠、未经高温消毒的新鲜苹果酒、酸奶、奶酪和牛奶。近年来，越来越多的大肠杆菌 O157：H7 暴发事件与食用水果和蔬菜（芽苗菜、生菜、卷心菜等）有关，污染可能是由于种植或处理期间的某一阶段接触到家畜或野生动物的粪便。此外，也有因饮用被污染的水源和游憩用水造成感染的报告。研究发现从池塘、溪水、井水和水槽中分离出的大肠杆菌 O157：H7 能够在粪便和水槽污水中存活数月。

（3）症状及致病机理

大肠杆菌 O157：H7 毒性极强，一般认为 100～200 个大肠杆菌 O157：H7 就能使人中毒，而其他致泻性大肠杆菌通过食物感染人体需要 100 万个以上的细胞。其致病机理包括黏附和产毒两方面，肠痉挛和血性腹泻是大肠杆菌 O157：H7 感染后的典型症状。易感人群多为 5 岁以下小孩和老人，且感染后往往会伴有危及生命的并发症，如溶血性尿毒综合征、急性肾衰竭、溶血性贫血及血小板减少症等。临床表现如下：①出血性肠炎，鲜血样便，腹部痉挛性疼痛，低热或不发热；②溶血性尿毒综合征，常出现在腹泻后数天或 1～2 周，发生率约占 10%，病死率一般在 3%～5%，个别可高达 50%；③血栓性血小板减少性紫癜，病人主要表现为发热、血小板减少、溶血性贫血、肾功能异常等症状，病情发展迅速，病死率高。

大肠杆菌 O157：H7 的毒力因子与毒力岛如下。

① 志贺毒素（Shiga toxin, Stx） Stx 是由 A 和 B 两个亚基组成的蛋白质毒素。A 亚基在弗林蛋白酶（furin）的作用下，可分解为 A1 和 A2 两个亚基。B 亚基能与细胞膜受体球丙糖酰基鞘氨醇 Gb3 或球丁糖酰基鞘氨醇 Gb4 特异性结合。Gb3 存在于真核细胞表面，在肠上皮细胞、肾内皮细胞和中枢神经细胞等细胞膜上含量较为丰富。Gb3 和 Gb4 是糖脂类分子，Stx 通过与 Gb3 和 Gb4 的糖基结合和细胞相连。Stx 和 LPS 作用细胞可刺激细胞表达分泌一些细胞因子如 IL-1、TNF 等。而这些细胞因子又能促进 Gb3 在细胞表面的表达合成，这有可能是 Stx 导致机体严重并发症如溶血性尿毒综合征（HUS）和中枢神经系统疾病的原因之一。红细胞表面含有大量的 Gb4，Stx 进入血液后，红细胞可能充当 Stx 载体，致使机体产生各种并发症。Stx 与受体结合后，被内涵蛋白小体内吞，进入细胞，然后被转移至高尔基体，在弗林蛋白酶（一种钙敏感的丝氨酸蛋白酶）作用下 A 亚基被裂解为 A1 和 A2 两个片段，此时 A1 和 A2 间仍由 1 个二硫键连接。当 Stx 到达内质网后，二硫键断裂，A1 片段经内质网进入细胞质作用于核糖体 60S 亚基，A1 发挥 N-糖苷酶活性，从真核生物核糖体 28S RNA 上的 4324 位腺苷酸残基上切开 N-糖苷键，从而阻止依赖延长因子 21 的氨基酰-tRNA 与 60S 核糖体亚基的结合，导致真核细胞蛋白质合成的终止。这种作用会导致肾内皮细胞、肠上皮细胞、Vero 细胞、HeLa 细胞或其他任何具有 Gb3 受体的细胞的死亡。

② 质粒 pO157 几乎所有 EHEC O157：H7 菌株都含有一个约 92kb 的大质粒（pO157），该质粒上的 hly、katP、espP、toxB、stcE 已被确认与细菌致病机

制密切相关。

hly 基因与 Hly。pO157 编码一种称为 EHEC 溶血素（E-Hly）的蛋白质，是孔道形成蛋白（pore-formingproteins）家族成员，可在靶细胞膜上形成孔道而杀死靶细胞。

katP 基因与 KatP。KatP 的 N 末端有特异的信号序列，提示 EHEC 特异的过氧化氢-过氧化物酶可经胞膜转运，其活性主要在周质。对所有典型的致病性大肠埃希氏菌的 PCR 分析表明，EHEC 的 KatP 与 EHEC-Hly 的产生密切相关。

espP 基因与 EspP。EspP 能切割胃蛋白酶 A 及人凝血因子Ⅴ，Ⅴ因子的降解可能与出血性结肠炎（HC）患者的黏膜出血有关。

toxB 基因与 ToxB。ToxB 的氨基酸序列与许多黏附因子有同源性，能促进Ⅲ型分泌系统分泌黏附因子。

stcE 基因与 StcE。StcE 不能分解其他丝氨酸蛋白酶抑制剂、细胞外基质蛋白或普通蛋白酶，能引起培养的人 T 细胞聚集，但不能引起巨噬细胞或 B 细胞聚集。StcE 对 C1 酯酶抑制剂的裂解可造成凝血反应，最终导致组织损伤、肠水肿和血栓形成。

③ 毒力岛（pathogenic island，PAI）　大肠埃希菌 O157：H7 可对实验动物的肠黏膜细胞产生黏附-抹去损伤（attaching and effacing lesion，A/E lesion）。A/Elesion 是指细菌黏附于黏膜细胞刷状缘而引发跨膜和细胞内信号的级联反应，导致细胞骨架重排而形成的特异性损害。该损害以刷状缘微绒毛的损坏及细胞对肠杯状细胞膜的紧密黏附为特征。与这一过程相关的基因位于染色体上称为肠细胞消失位点（locus of enterocyte effacement，LEE）的区域。EHEC O157：H7 LEE 岛主要部分是五个由多顺反子组成的操纵子，分别是 LEE1（ler、escRS TU）、LEE2（escCJ、sepZ、cesD）、LEE3（esc VN）、LEE4（espABD、escF）和 tir（tir、eae、cesT）。在这些基因中包括编码Ⅲ型分泌系统的 seps 和 escs 基因、编码分泌型蛋白的 espABD 基因、编码紧密连接素的 eae 基因、编码紧密连接素受体的 tir 基因、编码分泌型蛋白分子伴侣的 ces 基因以及 ler 基因。

eae 基因与紧密黏附素（intimin）。eae 基因编码一种称为紧密黏附素的外膜蛋白。紧密黏附素介导细胞与宿主上皮细胞的紧密黏附，是细菌表现全部毒性所必需。A/E lesion 的形成不仅需要紧密黏附素，也需要细菌分泌的一种叫 Tir（translocation intimin receptor）的蛋白，其由细菌Ⅲ型分泌系统分泌后借助 EspA、EspB、EspD 转位于宿主细胞，表现为紧密黏附素受体功能。紧密黏附素与 Tir 结合后可引起宿主细胞信号转导反应并导致细胞骨架重排而形成特异性损害。

esps 基因与 Esps 蛋白。espA、espB、espD 编码的蛋白质由Ⅲ型分泌系统分泌。Knutton 等发现 EspA 参与 A/E 损伤的起始过程，EspA 能形成丝状物，在细菌胞膜与宿主细胞膜之间形成一个桥梁连接，并能将 EspB 及 Tir 转移到宿主细胞内。EspB 既可被转移到宿主细胞膜上也能被转移到细胞质中，而 EspD 只能被转移到宿主细胞膜上。Fivaz 和 Vander 发现此三种蛋白质组成了一个分子注射器（molecular syringe）的结构，EspB 和 EspD 就像注射器的尖部（tip of molecular syringe），可以在宿主细胞膜上形成孔道，然后将 Tir 注入宿主细胞膜上。综上所述，EspA、EspB、EspD 共同参与了 Tir 的转移过程。

6.2　食品中致病菌风险监测及毒性识别

6.2.1　致病菌风险监测方法

当食品中致病菌达到一定量时就能使人类患病。因此，对食品安全性的评价，需要定量检测食品中的致病菌的数目，以判断其风险性。近年来，食源性致病菌的检测方法已从传统培养法发展到免疫学方法、代谢学方法、分子生物学方法、生物传感器方法等（栗建永等，2013）。当然，在这些新方法新技术发展的同时，国家检测标准方法也不容忽视。

6.2.1.1　免疫学方法

免疫学方法以抗原-抗体的反应为基本原理。特异性抗原可以激发机体产生与之对应的特异性抗体，并且抗原与相应抗体之间可发生特异性结合。以致病菌表面抗原，或其分泌的毒素作为目标靶点，利用免疫学方法检测食源性致病菌已广泛普及，主要有酶联免疫吸附技术（ELISA）、免疫磁性分离技术（IMS）、免疫胶体金技术等。ELISA 是将抗原（或抗体）吸附于固相载体上并保持其免疫活性，再加入酶标抗体在载体上进行免疫酶染色，底物显色后，分析有色产物量即可确定样品中待测物质的含量。此法虽然有较强的灵敏性和特异性，但是无法同时分析多种菌，并且会对结构类似物产生交叉反应。IMS 将磁性微珠与特定的待测菌抗体结合，以得到被待测菌抗体包被的超顺磁性粒子，再将待测样品与免疫磁珠混合，则待测菌抗原就能与包在磁珠上的抗体发生特异性结合而被吸附在磁珠上，然后通过磁场的作用吸附着待测菌的磁珠向磁极移动。此法可以取代常规的增菌过程，使待测菌得到有效的富集和分离（Fitzmaurice et al，2004），并且特异性强、分离速度快，但是成本较高，会有交叉反应。免疫胶体金技术是用还原法从氯金酸（$HAuCl_4$）水溶液中制备出胶体金，抗体通过静电吸附牢固地包被到胶体金表面，待测物质加入后发生抗原-抗体反应而吸附到胶体金表面，从而被胶体金标记，于是显微镜下可见褐色颗粒（曾庆梅等，2007）。该法是一种简单快速（几分钟即可用肉眼观察到实验结果）、特异敏感的定性或半定量的免疫检测技术。

6.2.1.2 代谢学方法

代谢学方法是一种基于微生物生长代谢，通过监控微生物生长过程中相关底物及代谢产物的变化特点，从而检测微生物的方法。代谢学方法可作为全球性食品安全检测的重要工具，极具应用潜力（Cevallos-Cevallos et al，2009）。电阻抗技术是指利用细菌在培养基内生长繁殖时，培养基中的大分子电惰性物质（如碳水化合物、蛋白质等）代谢为具有电活性的小分子物质（如乳酸盐、氨基酸等），从而使培养基的导电性发生变化的现象，通过检测培养基导电性的变化情况，即可判断细菌在培养基中的繁殖特性（陈广全，张惠媛，2001）。目前已有相关分析仪器如 BacTrac 自动微生物快速检测系统（奥地利 Sylab）和 Malthus 微生物自动快速分析仪（英国 Malthus 公司）（胡珂文等，2008）。微量量热技术是指通过测定细菌生长代谢时的热效应进行细菌检测的技术。该技术发展方向为通过微量热计测定反应过程中的热量变化和时间延迟来鉴别细菌，所以标准数据库的建立是关键。但目前此技术的发展也受到微生物热效应过程周期长、热信号小导致的测量误差大等因素的制约。放射测量技术是将放射性 ^{14}C 标记引入到碳水化合物底物中，根据细菌在生长繁殖过程中代谢碳水化合物生成 CO_2 含量的多少来判断细菌的数量（Fung，1995）。ATP 生物发光技术是基于细胞内的 ATP 在荧光素酶（fireflyluciferase）的作用下，以 D-荧光素（D-luciferin）、ATP 和 O_2 为底物，在 Mg^{2+} 的催化下反应生成对应的 Oxy-荧光素、AMP、PPi（焦磷酸）、H_2O 以及荧光素由激发态回到基态所释放的光能。ATP 生物发光法可在 10min 内检测出细菌。聚二乙炔（PDAs）是一种由交替的双键和三键组成的线性碳水化合物的聚合物，可以形成小囊泡、分子薄膜或人造细胞膜。很多细菌活细胞可代谢产生与活细胞细胞膜相关的复合物，这些复合物能够与 PDAs 发生使 PDAs 由蓝色变为红色的化学反应，从而可方便地检测到细菌活细胞的存在与否。目前关于此技术的研究还不多。

6.2.1.3 分子生物学方法

聚合酶链反应（PCR）是近十多年来应用最广的分子生物学方法，在食源性致病菌的检测中均是以其遗传物质高度保守的核酸序列设计特异引物进行扩增，进而用凝胶电泳和紫外核酸检测仪观察扩增结果。DNA 探针检测微生物的依据是两条碱基互补 DNA 链在适当条件下按碱基互补配对的原则形成杂交 DNA 分子，通过检测待测样品与标记性 DNA 探针之间能否形成杂交分子即可判断样品中是否含有目标微生物，此外还可通过测定放射性或荧光等的强度来确定样品中微生物的含量。DNA 探针技术以目标菌遗传物质高度保守的核酸序列设计特异引物进行扩增，所以其最大特点是特异性和敏感性。PCR 技术是在体外合适条件下，以 DNA（或 RNA）为模板，以一对人工合成的寡核苷酸为引物在耐热 DNA 聚合酶作用下特异性扩增目的 DNA 片段的技术。PCR 法检测食源性病原菌先要经过离心沉淀富集细菌细胞、裂解细胞以释放 DNA 等前处理，然后进行 PCR 反应数小时，即可根据所得的拷贝数来判断检样中的目标菌的含量。近年来用 PCR 技术检测食品中食源性致病菌的方法有很多种，如常规 PCR、不对称 PCR、免疫 PCR、套式 PCR、实时荧光定量 PCR、多重 PCR、逆转录 PCR 和电化学发光 PCR（Wei et al，2010）等，也可将几种方法结合使用。生物芯片技术是将生命科学中不连续的分析过程通过分子间特异性的相互作用集成于硅芯片或玻璃芯片表面的微型生物化学分析系统中，以实现对核酸、蛋白质及其他生物组分的高通量的快速检测。根据所固化材料的不同，可以将生物芯片分为基因芯片、蛋白质芯片、细胞芯片及组织芯片（李谨，2007），其中目前最为成功的是基因芯片。基因芯片（genechip）是指按照预定位置固定在固相载体上很小面积内的千万个核酸分子所组成的微点阵列。其检测致病菌原理为：选择细菌的共有基因（16S rDNA、23S rDNA、ERIC）作为靶基因，用一对通用引物进行扩增，再利用芯片上的探针检测不同细菌在该共有基因上的独特碱基，从而区分不同的细菌。此法还可以通过向寡核苷酸探针阵列中添加相应的探针来逐步扩大基因芯片的检测范围，并通过增加和调整探针来逐步提高基因芯片的准确性（吴清平等，2006）。基因芯片虽然有高通量同时检测、特异性强、自动化等优点，但是其存在检测费用高、技术不够完善等问题。

6.2.1.4 生物传感器方法

生物传感器主要由生物分子识别元件和信号转换元件两部分组成。前者是具有分子识别能力的生物活性物质（如组织、切片、细胞、细胞器、细胞膜、酶、抗体、核酸、有机物分子等），后者主要有电化学电极（如电位、电流的测量）、光学检测元件、热敏电阻、场效应晶体管、压电石英晶体及表面等离子共振器件等。其基本原理为：当待测物与分子识别元件特异性结合后，所产生的复合物

（或光、热等）通过信号转换器转变为可以输出的电信号、光信号等，从而达到分析检测的目的（见图 6-2）。生物传感器应用于致病菌检测起源于 20 世纪 70 年代，该技术与传统的检测方法相比具有选择性好、灵敏度高、分析速度快、成本低、能在线检测等优点，它作为一种检测手段已经成为食源性致病菌检测的重要发展趋势。DNA 生物传感器是一种能将目标 DNA 的存在转变为可检测的电、光、声等信号的传感装置。识别器主要由已知序列的 DNA（即探针序列）构成，转换器则将识别元件感知的信号转化为可以观察记录的信号（如电流大小、频率变化、荧光和光吸收的强度等）。因为每个生物体都有自己唯一的 DNA 序列，通过比对生物体基因的互补碱基对，可以轻易检测识别任何微生物的基因自我复制。免疫传感器是利用抗原与抗体之间存在特异性互补结构的特性而制得的新型生物传感器，由细胞识别（即传感感受器表面抗原-抗体的特异性反应）和信号转换（感受由特异性结合引起的光学的、分光镜的或电的参数变化）两个部分组成。免疫传感器主要有：酶免疫传感器、电化学免疫传感器（电位型、电流型、电导型、电容型）、光学免疫传感器（标记型、非标记型）、压电晶体免疫传感器、表面等离子共振型免疫传感器和免疫芯片等。细胞传感器是采用固定化的生物活细胞作为生物传感器的分子识别元件，结合传感器和理化换能器，能够产生间断的或连续的数字电信号，信号强度和被分析物成比例的一种装置。细胞作为生物敏感元件，能对外界刺激物质，如致病菌菌体或者其内毒素（一般为细菌细胞壁上的脂多糖成分），以及环境变化做出相应的响应，而换能器可以将各种理化信号、生物信号转化为电信号，然后通过数据分析处理，二次仪表放大并输出，便可知待测致病菌存在与否及浓度大小，得出相应的结果。与常规的食品检测分析仪器相比，细胞传感器检测具有省去大量的样品前处理过程、大大缩短检测时间、提高检测效率、节省检测成本的优点。但由于细胞传感器的研究起步较

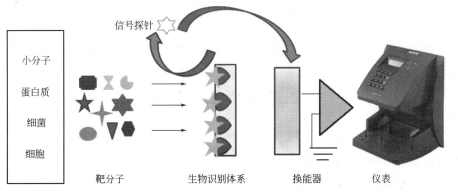

图 6-2　生物传感器工作原理图

晚，现在可商品化的检测芯片还不多。

6.2.1.5　致病菌国家检测标准

（1）单核细胞增生李斯特氏菌

参见 SN/T 2754.4—2011 出口食品中致病菌环介导恒温扩增（LAMP）检测方法第 4 部分：单核细胞增生李斯特氏菌。

（2）金黄色葡萄球菌

参见 GB 4789.10—2010 食品安全国家标准食品微生物学检验金黄色葡萄球菌检验。

参见 SN/T 2754.1—2011 出口食品中致病菌环介导恒温扩增（LAMP）检测方法第 1 部分：金黄色葡萄球菌。

（3）产气荚膜梭菌

参见 GB 4789.13—2012 食品安全国家标准食品微生物学检验产气荚膜梭菌检验。

参见 SN/T 2754.10—2011 出口食品中致病菌环介导恒温扩增（LAMP）检测方法第 10 部分：产气荚膜梭菌。

（4）沙门氏菌

参见 GB 4789.31—2013 食品安全国家标准食品微生物学检验沙门氏菌、志贺氏菌和致泻大肠埃希氏菌的肠杆菌科噬菌体诊断检验。

参见 GB 4789.4—2010 食品安全国家标准食品微生物学检验沙门氏菌检验。

参见 SN/T 1059.7—2010 进出口食品中沙门氏菌检测方法实时荧光 PCR 法。

（5）空肠弯曲菌

参见 GB 4789.9—2014 食品安全国家标准食品微生物学检验空肠弯曲菌检验。

参见 SN/T 3728—2013 进出口食品中空肠弯曲菌快速检测方法量子点免疫荧光法。

参见 SN/T 3639—2013 出口食品中空肠弯曲菌的检测方法实时荧光 PCR 法。

参见 SN/T 2754.7—2011 出口食品中致病菌环介导恒温扩增（LAMP）检测方法第 7 部分：空肠弯曲菌。

（6）大肠杆菌 O157：H7

参见 SN/T 2754.2—2011 出口食品中致病菌环介导恒温扩增（LAMP）检

测方法第 2 部分：大肠杆菌 O157。

参见 SB/T 10462—2008 肉与肉制品中肠出血性大肠杆菌 O157：H7 检验方法。

参见 SN/T 0973—2010 进出口肉、肉制品及其他食品中肠出血性大肠杆菌 O157：H7 检测方法。

6.2.2 致病菌毒性风险识别

6.2.2.1 通过靶标基因评估致病菌毒性风险

细菌表型极其复杂和多变，已发现的致病基因和已用于检测的基因不能应对食品安全和肠道疾病诊断的新要求，提高检测水平、克服方法学存在的不足已成为肠道致病菌乃至于所有细菌性疾病尚需解决的问题（Cui et al，2003）。通过生物信息学与分子生物手段，为不同诊断目的提供细菌特异性诊断靶标，实现对病原菌快速、准确、灵敏、高通量的检测目的，为传染病的预防、病人的诊治、传染源的追踪、传播途径的控制、提高我国疾病防治及肠道新病原菌的快速诊断水平具有重要的理论和实践意义。随着大规模微生物基因组计划的实施和取得的骄人成绩，使得基因组及蛋白质等生物学信息以每 14 个月翻一番的速度迅猛增长。如何更好地挖掘海量遗传数据中所隐藏和被需求的信息，揭示基因位置、结构、功能对诊断及致病性的影响不仅是必需的，而且有很大的探索空间（Oelschlaeger and Hacker，2004）。这也为理想诊断靶标的发现和病原微生物检测水平的提高提供了良好的机遇和获得重大突破的可能。

通过学科交叉通力合作，特别是利用现代计算技术与生物学实验共同解决未知问题，充分体现基于生物信息学研究快速获取已报道的靶基因和毒力基因数据综合分析的优势。这是已往生物学研究所无法实现的，也必将促进我国该领域与国际研究接轨，开创微生物学研究的新领域。

王国庆（王国庆，2010）通过 BLAST（E-value＜e-5，sequence identity＞95％）比较三个已测序的 EHEC O157：H7 菌株及已测序的其他细菌菌株，筛选只在 EHEC O157：H7 存在而其他细菌中不存在的基因，分别在 O157：H7 Sakai、O157：H7 EDL933 和 O157：H7 EC4115 中筛选出 20、16、20 个基因，作为 EHEC O157：H7 候选诊断靶标。进一步对 EHEC O157：H7 诊断靶标的稳定性进行分析，从而选取 wzy、Z0372 和 Z0344 作为 EHEC O157：H7 的候选诊断靶标。然后应用 PCR 方法对 EHEC O157：H7 诊断靶标进行验证，最终得到的 3 个诊断靶标 wzy、Z0372 和 Z0344 具有很好的敏感性及准确性，可以作为已知毒力基因的补充诊断标靶，为提高 EHEC O157：H7 快速、早期的诊断提供有效靶基因。

Shubhamoy Ghosh（Ghosh et al，2011）等用生物信息学预测伤寒沙门氏菌与致病性有关的基因。研究者搜索了伤寒沙门氏菌的毒力岛数据（http：//www.gem.re.kr/paidb），从中挑出了具有潜在致病性的 338 个基因，通过 BLAST 最终得出 114 个有功能注释的基因。采用一种被称为对应分析的多元统计分析对 16 个表达黏附素的基因进行研究。在伤寒沙门氏菌 Ty2 的背景下产生等位基因突变（删除与 CT18 中 STY0351、STY1115 及 STY2988 相等同的核苷酸序列 t2544、t1831、t2769 基因）得到几种缺少不同基因的突变体，之后对突变体菌株分别进行黏附实验、入侵实验。结果显示，T2544 是伤寒沙门氏菌中的一种重要的黏附蛋白，是细胞入侵的必要条件，它通过与宿主细胞上的层粘连蛋白高度的吸引来完成细菌细胞的吸附与入侵；T2544 特异性抗体可以杀死细菌，T2544 的特异性抗体可以参与到细胞保护中，证实它是制备伤寒沙门氏菌疫苗的良好材料。

6.2.2.2　通过细胞评估致病菌毒性风险

对食品加工过程中致病菌毒性风险进行评估是一项繁重而艰巨的任务，如果依然按照传统的食品毒理学安全性评价原则及方法来进行考察不但效率低下，不能满足实际工作的需要，而且成本较高。尽管整体动物实验在毒性评价时是必不可少的，但是鉴于动物与人之间仍存在着种属差异，使得一些研究结果无法准确地推导到人。并且，从伦理学角度来考虑，动物的使用也应该减少。因而，运用简单、快速的毒理学实验作为毒性评估手段，建立高通量、可靠的实验替代模型是大势所趋。近年来，通过细胞评估致病菌毒性风险发展迅速。

（1）利用直接观察法对致病菌毒性风险进行评估

细胞受到致病菌感染后，会发生形态改变，贴壁性变差，生长速度受到抑制，细胞退化，完整性受损，甚至死亡等细胞毒性作用，这些改变可通过光学显微镜、电镜及其他方法直接观察到。通过细胞评估致病菌急性毒性的主要方法如下。

① 光镜下比较细胞表型的改变程度。

② 致病菌对侵染细胞的吸附率检测。

③ 致病菌侵染细胞的 Giemsa 染色，计算致病菌对细胞的侵染率。

④ 应用透射电镜技术研究了迟缓爱德华氏菌对牙鲆鳃上皮细胞的侵染。

王斌（王斌，2013）成功在牙鲆鳃上皮细胞 FG-9307、鲤鱼上皮瘤细胞 EPC

和斑马鱼胚胎成纤维细胞 ZF4 三种鱼类细胞中构建了迟缓爱德华氏菌的易感细胞模型。实验表明，三种细胞对迟缓爱德华氏菌的敏感性不同，EPC 细胞对细菌侵染非常敏感，产生急性的细胞毒性；斑马鱼 ZF4 细胞居中；牙鲆鳃上皮细胞较不敏感，感染期长，但在感染后期胞内增殖后表现为集中暴发（见图 6-3），与迟缓爱德华氏菌自然感染中鱼类宿主的发病模式相符。菌株吸附率与其细胞毒力呈现一定的对应关系，细胞毒力强的菌株吸附率较低。延长培养时间后，细胞侵染率显著提高，说明胞内增殖的细菌释放后可二次感染宿主细胞。

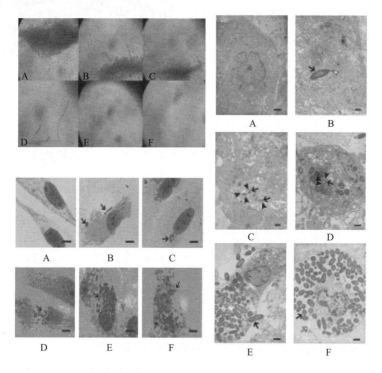

图 6-3　致肾盂肾炎大肠杆菌对牙鲆鳃上皮细胞系的侵染（王斌，2013）

Lindsey L. Kimble（Kimble et al，2014）等在用致肾盂肾炎大肠杆菌和人尿道上皮细胞（UEC）进行荧光酶标抗黏附实验中，拍摄了 *E.coli* 黏附 UEC 的扫描电镜图（见图 6-4）。图 6-4 中，A（5000×）和 B（50000×）是 *E.coli* 和 UEC 共同孵育的对照组，可见大肠杆菌菌毛以一种单独、分支的形式黏附到 UEC 上；C（5000×）和 D（5000×）是分别用杨梅酮和原花青素预孵育后，可观察到 *E.coli* 黏附到 UEC 的数量减少。

（2）利用芯片技术对致病菌毒性风险进行评估

利用传统细胞培养技术构建细胞模型是评估致病菌毒性风险的常规方法，然而传统细胞培养技术在模拟细胞体内生存环境方面做得还不够。3D 细胞培养技术的发明就是为了在细胞培养过程中，为细胞提供一个更加接近体内生存条件的微环境。尽管 3D 细胞培养技术已经为模拟真实的细胞环境推进了一大步，但是活器官是拥有发育和功能至关重要的动态机械力的，因此器官芯片技术的发展弥补了这一缺陷。

器官芯片是一种仿生微系统，通过多细胞共培养及模拟器官的动态机械力更真实反映致病菌的侵染过程（可视化和定量），这是传统细胞培养和动物实验无法实现的，其优于一种细胞实验，代替动物实验。

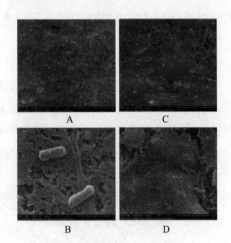

图 6-4   大肠杆菌黏附人尿道上皮细胞（UEC）的扫描电镜图
（Kimble et al，2014）

Dongeun Huh（Huh et al，2010）等构建具有肺功能的器官芯片（见图 6-5）。微加工的肺模拟设备是用分隔的 PDMS 微通道在薄的、多孔的、灵活的 ECM 包被 PDMS 膜上形成肺泡毛细管屏障。该设备通过在两侧空间应用真空模拟呼吸运动，导致 PDMS 膜的机械伸张从而形成肺泡毛细管屏障。上皮细胞和内皮细胞分别在 PDMS 膜的两侧生长。$E. coli$ 黏附在上皮细胞，中性粒细胞受到刺激黏附内皮细胞进而穿过上皮细胞吞噬 $E. coli$。该过程模拟了 $E. coli$ 感染肺部的过程。

（3）利用分子生物学方法对致病菌毒性风险进行评估

随着生命科学和化学的不断发展，人们对生物体的认知已经逐渐深入到微观水平。从单个的生物体到器官到组织到细胞，再从细胞结构到核酸和蛋白质的分子水平，人们意识到可以通过检测分子水平的线性结构（如核酸序列），来横向比较不同物种、同物种不同个体、同个体不同细胞或不同生理（病理）状态的差异。这就为生物学和医学的各个领域提供了一个强有力的技术平台。

分子生物学技术把研究技术提高到了基因分子水平，这也为人们通过细胞评估致病菌毒性风险提供了新思路。在致病菌感染细胞或致病菌产生的毒素致死细胞的过程中，细胞内某些基因也在发生变化。如果能在致病菌感染细胞早期或在低剂量毒素刺激细胞时，发现这些发生变化的基因（包括与黏附相关的基因等），

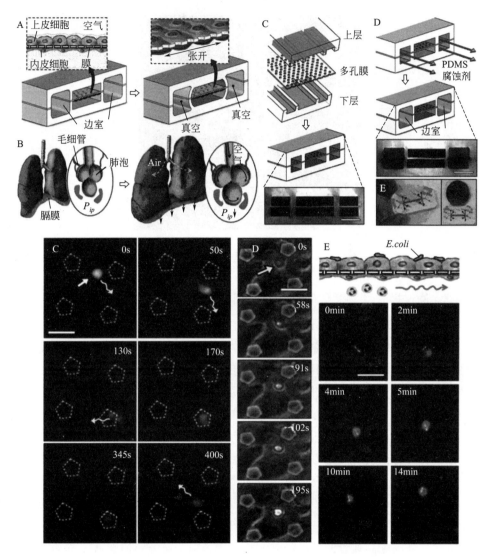

图 6-5　器官芯片的构建及其对致病菌毒性评价的应用

（Huh et al，2010）

就可以利用分子生物学方法对致病菌毒性风险进行评估。

　　Quanxin Gao（Gao et al，2012）等构建了 pEGFP-N1-TLR4 融合蛋白表达载体，并将其成功转染到 HT-29 细胞内。用 FITC 标记的 EPEC 侵染转染的 HT-29 细胞（见图 6-6，黄色箭头为 FITC，蓝色箭头为 EGFP），结果表明 EPEC 通过与细胞膜上的 TLR4 结合从而激活 TLR4 信号转导通路。本实验首次证实了 TLR4 作为黏附受体。

图 6-6   异硫氰酸荧光素（FITC）标记的致病性大肠杆菌 EPEC
黏附在肠癌细胞 HT-29 表面（Gao et al，2012）

6.2.2.3   通过模式动物评估致病菌毒性风险

近年来，毒理学发展提倡替代法，其中包括以低等动物取代高等动物，生命科学的迅猛发展使模式动物逐渐进入毒理学替代法研究领域。模式动物是毒理学研究的重要支撑条件，有着不可替代的作用。在毒理学研究中，模式动物既是研究对象，又是研究手段，在研究毒性、阐明毒性机制、预测毒性对人体和生态环境的危害、确定安全限制等方面有其重要作用。一般用来实验的模式动物主要有以下两类：脊椎动物和无脊椎动物。脊椎动物分为爪蟾、斑马鱼、鸡、小鼠/大鼠、猴子。无脊椎动物分为海胆、线虫、黑腹果蝇。模式动物可应用于癌症、糖尿病、高血压或其他疾病研究，近年也应用于致病菌或环境毒物对人类的影响。

尽管啮齿类动物实验的传统模型仍然用于毒理学研究中，但是很多机构已经发现用无脊椎动物进行体内试验带来的优势。这些优势主要体现在快速和价格低廉。虽然体外细胞高通量实验已经被广泛应用，但是研究者们能从完整动物实验中观察高表征和生物相关性的表现型。秀丽隐杆线虫既提供了完整动物实验系统，又避免了小鼠模型的高价费时，是最适合高通量试验的多细胞动物。秀丽隐杆线虫因其结构简单、通体透明、繁殖快、进化高度保守、生命周期短、发育背景了解较为清楚、易于实验室培养等优点成为了模式动物的"宠儿"。

秀丽隐杆线虫拥有复杂的化学感受系统，可以感受化学成分，有数据显示，秀丽隐杆线虫利用细菌产生的气味识别食物源。目前已经将秀丽隐杆线虫作为模式动物应用于铜绿假单胞菌、粪肠球菌、金黄色葡萄球菌、痢疾杆菌、耶尔森菌、李斯特氏菌、沙门氏菌、类鼻疽假单胞菌、化脓性链球菌、鼠伤寒沙门氏菌、苏云金芽孢杆菌、黏质沙雷菌、隐球菌、细小棒状杆菌等多种致病菌，来研究致病菌的毒力因子、致病机理、与宿主相互作用等各个方面。秀丽隐杆线虫以细菌为食，将其以病原菌为食后的生存曲线作为判断病原菌致病性的具体方法。有的细菌并不能对线虫致死，但观察到的形态学改变可以证实对线虫的致病性。

现在认为线虫体内病原菌的致病方式主要有下面两种。

① 毒素：例如，铜绿假单胞菌 PAl4 的 "fast killing" 是由外散性的毒素引起。铜绿假单胞菌 PA01 的毒性作用主要是引起线虫的麻痹，产生的氰化物也是致线虫死亡的主要毒素。

② 感染：主要是引起活的病原菌在线虫体内大量定殖和繁殖，最终导致线虫死亡。

病原菌对线虫的致病性评估如下：①判断线虫的致病性或致死性是通过哪些因素来调节的，是通过可扩散的毒素还是通过细菌的感染来实现的？②如果是通过毒素来实现的，病原菌的毒力通过线虫的生存率表示（如 EC_{50}）。③如果是通过感染来实现的，病原菌的毒力能够通过计算线虫体内的菌落形成单位（colony forming units，CFU）来判断。

尽管，有些研究还停留在对于宿主目标及其反应的研究，但是目前也有很多已经深入到细菌毒力因子的研究。许多毒力因子是由宿主诱导产生的，因此只能通过在宿主体内作用检测出来。基于细菌基因诱导或者突变体细菌在专一的宿主体内的生存情况，一些鉴别潜在毒力因子的技术已经发展起来。

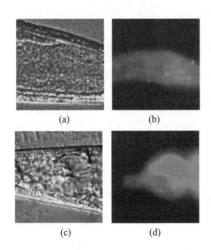

(a)　(b)

(c)　(d)

图 6-7　鼠伤寒沙门氏菌在秀丽隐杆线虫肠道和咽部的积累

（Labrousse et al，2000）

Shalina（Mahajan-Miklos et al，1999）等以秀丽隐杆线虫-铜绿假单胞菌为模型阐述了细菌毒力的分子机理。铜绿假单胞菌P14 及其突变体感染秀丽隐杆线虫及其突变体的研究表明，铜绿假单胞菌分泌的扩散性毒素吩嗪是致死秀丽隐杆线虫的介质，并且吩嗪是通过产生活性氧对秀丽隐杆线虫发挥毒性作用的。该实验构建的秀丽隐杆线虫-铜绿假单胞菌模型解决了双重挑战，即鉴定细菌的毒力因子和宿主对细菌的反应。

Arnaud（Labrousse et al，2000）等以秀丽隐杆线虫为宿主模型，研究了鼠伤沙门氏菌（见图 6-7）。报道了人类病原体鼠伤寒沙门氏菌可以感染和致死秀丽隐杆线虫。实验表明 RpoS 是强毒性沙门氏菌维持耐酸性必需的。突变的沙门氏菌菌株对哺乳动物毒性的减弱同样也在对秀丽隐杆线虫模型中得到了印证，表明秀丽隐杆线虫可以作为这种重要的人类病原体的模式动物。

Line（Thomsen et al，2006）等以秀丽隐杆线虫为宿主模型，研究了李斯特氏菌。报道了以李斯特氏菌为食的秀丽隐杆线虫因为肠道内细菌的积累而致死。实验运用已证实的对哺乳动物致病性减弱的李斯特氏菌突变体来验证秀丽隐杆线虫模型对于研究和识别李斯特氏菌毒力因子的有效性。李斯特氏菌 prfA 突变体在细胞内生存利用了很多因子，其中之一是 ActA（介导宿主细胞液内肌动蛋白的运动，是细菌传播到临近细胞所必需的）。然而，ActA 在线虫感染过程中表现为可有可无，这表明李斯特氏菌在线虫细胞外。

Costi（Sifri et al，2006）等以秀丽隐杆线虫为感染模型（见图 6-8）研究了金黄色葡萄球菌小菌群突变体的毒力。研究表明金黄色葡萄球菌的临床 SCVs 以及 hemB 突变体、menD 突变体在秀丽隐杆线虫感染模型中显示出较弱的毒性。这种毒性的减弱可能是因为氧化磷酸化缺陷而减少胞外蛋白产生的表现。细菌呼吸作用的抑制将作为一种毒力抑制机制成为未来研究方向。

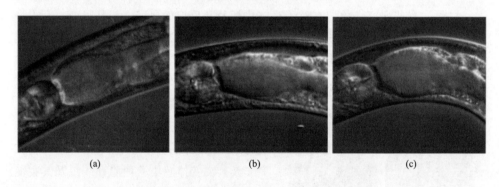

(a)   (b)   (c)

图 6-8   秀丽隐杆线虫消化道内细菌的分布（Sifri et al，2006）

6.3   食品中致病菌限量标准

以下内容均参考《食品中致病菌限量》GB 29921—2013。

6.3.1   沙门氏菌

按照二级采样方案对所有 11 类食品设置沙门氏菌限量规定，具体为 $n=5$，$c=0$，$m=0$（即在被检的 5 份样品中，不允许任一样检出沙门氏菌）。

6.3.2 单核细胞增生李斯特氏菌

按照二级采样方案设置了高风险的即食肉制品中单核细胞增生李斯特氏菌限量规定，具体为 $n=5$，$c=0$，$m=0$（即在被检的 5 份样品中，不允许任一样检出单增李斯特氏菌）。

6.3.3 大肠埃希氏菌 O157：H7

按照二级采样方案设置熟牛肉和生食牛肉制品、生食果蔬制品中大肠埃希氏菌 O157：H7 限量规定，具体为 $n=5$，$c=0$，$m=0$（即在被检的 5 份样品中，不允许任一样检出大肠埃希氏菌 O157：H7）。

6.3.4 金黄色葡萄球菌

按照三级采样方案设置肉制品、水产制品、粮食制品、即食豆类制品、即食果蔬制品、饮料、冷冻饮品 7 类食品中金黄色葡萄球菌限量，具体为 $n=5$，$c=1$，$m=100\text{CFU/g}$（mL），$M=1000\text{CFU/g}$（mL）；即食调味品中金黄色葡萄球菌限量为 $n=5$，$c=2$，$m=100\text{CFU/g}$（mL），$M=10000\text{CFU/g}$（mL）。

6.3.5 副溶血性弧菌

按照三级采样方案设置水产制品、水产调味品中副溶血性弧菌的限量，具体为 $n=5$，$c=1$，$m=100\text{MPN/g}$（mL），$M=1000\text{MPN/g}$（mL）。

6.4 国内外致病菌危害风险评估方法及研究现状

为了从根本上控制食源性致病菌导致的食源性疾病的发生，需要开展相关研究，对食品中食源性致病菌污染情况与食源性疾病的发生关系进行风险评估。

微生物风险评估（microbiological risk assessment，MRA），是指对食品中微生物因素的暴露导致的人体健康不良影响的识别、确认、定性、定量，并最终做出风险特征描述的过程，其作用在于评价食品中病原微生物的风险及其影响因素。它不仅为评价和组织相关信息和资料提供了便利，更为准确预测暴露于危害后产生损害的可能性和损害的严重程度提供了一整套结构严谨、行之有效的方法（王峥，邓小玲，2009）。

对于食源性致病菌危险因素，在评估前通常就已经确定该因素可以引起人类疾病。对于食源性致病菌危害因素的危害识别包括识别致病菌本身对人体的危害和其产生毒素对人体的危害两部分。与化学性污染物风险评估相比，微生物的安全风险评估具有其特殊的困难。例如，食品中化学残留物、毒素等的剂量不会发生变化，而致病菌会在检测过程中增殖，有时由于食品中携带的致病菌一般较少，检测前还需要对致病菌进行人工增菌，而致病菌在增菌过程中的变化幅度目前一般难以确定，因而很难得到样品准确定量的结果（史贤明，索标，2010）。因此，对于致病菌的暴露评估较化学物质复杂得多，不但要考虑食品中致病菌的污染情况，还应结合食品加工、贮藏、运输的条件、温度、时间等因素。在描述一种致病菌的危险性特征时，既要考虑致病菌本身繁殖传播的特性，还应考虑宿主在感染致病菌时所起的作用。建立致病菌污染与健康影响的剂量-反应关系是一种较为理想的评估方式，但由于致病菌感染及产毒的复杂特性，很难建立一种相对稳定的线性反应关系模型。在这种情况下，建立危险性评估的数学模型对于致病菌评估很有帮助。

建立模型是进行危险性评估的重要内容，预测微生物模型属于暴露模型中的亚模型，这些模型以数学形式来描述细菌数量与时间变化的关系，受环境因素的影响，从而准确描述微生物行为。预测微生物模型可预测不同环境条件下微生物生长、存活及灭活等反应。

6.4.1　国内外致病菌危害风险评估方法

微生物风险评估的评估方法大致可以分为定性风险评估和定量风险评估两大类。定性风险评估是根据风险的大小，人为地将风险分为低风险、中风险、高风险等类别，以衡量危害对人类影响的大小。而定量风险评估，是对风险的性质和严重程度的评估，根据危害的毒理学特征或感染性、中毒性作用特征，结合其他相关资料，确定污染物（或危害物）的摄入量及其对人体产生不良作用的概率，并对它们之间的关系进行数学描述。定量风险评估是风险评估的最优模式，其创新性就在于，基于预测微生物学和数学模型的定量风险评估量化了整个食品生产、加工、消费链中所存在的病原微生物危害，并把这一危害与因其所导致疾病的概率直接联系起来，其结果为风险管理政策的制定提供了极大便利。

食品中来自微生物性危害的危险性与人类健康密切相关，而危险性评估是一个系统程序，评估人体暴露于受污染的食品而产生的危害人体健康的可能性。1995年国际食品法典委员会（CAC）对危险性评估的定义：对人体暴露于食源性危害而产生的危害人体健康的已知或潜在的作用的发生可能性及其严重程度的科学评估。其框架包括4个主要步骤：危害识别、危害特征描述、暴露评估和危险性特征描述。这些步骤构成了评估食用可能污染致病菌或/和微生物毒素的食品而对人产生不良健康后果及其发生概率的系统过程。1998年CAC拟定的微生物危险性评估总则和指引草案都对此做出定义。微生物危险性评估在危险性评估中是一个较新的领域，至今还没有一个国内外公认的标准。

危险性评估是危险性分析的核心内容，是食品安全管理的重要技术手段。

（1）危害识别

危害识别是一个相对直接的、提供所收集的病原性微生物信息的过程，为的是对该种病原性微生物做出评价，这种评价通常是与食品相关的。风险评估者在进行危害识别时，需要收集审查微生物的临床监控数据以及流行病学研究信息，包括微生物的特性（生长环境、易污染食品、生长模式、致病性、毒力、易感人群、疾病症状等）、食源性疾病作为危害暴露的结果、传播模式、发生（频率）和暴发数据、微生物危害在食品中的含量等，识别该微生物是否会通过食物的摄入对人体产生健康影响，以及健康影响的危害程度。

（2）危害特征描述

危害特征描述是具体地阐述致病性微生物进入人体后所导致的负面健康作用，以及严重性和耐受性，并且尽量能够找到它的剂量-反应关系。危害特征描述的目的是对食品中病原菌的存在所产生的不良作用的严重性和持续时间进行定性或定量评价。人群暴露于某种食源性致病菌反应的高度变异性依赖于许多因素，如致病菌的毒力特征、摄入的菌数、宿主的一般健康和免疫状态等。不同的食源性致病菌的致病模式不同，即使是同一种菌，在不同条件下的致病模式也不同，病原菌的摄入浓度（菌量）在很大程度上影响着产生健康危害的概率和程度。一般情况下，食品中含菌量越多，人群患病的概率越大，发病的潜伏期越短，但通常不是呈线性关系。儿童、老人和机体免疫力低下者对食源性感染因子有高危险性，可能直接影响食源性疾病的发病率和疾病的严重程度。作为食源性致病菌的载体，食品基质的特性也可以明显影响病原菌与机体的剂量-反应关系。

应用危险性评估软件@RISK4.5（PALISADE Corporation）分别建立食品中沙门氏菌、副溶血性弧菌、单增李斯特氏菌污染导致食源性疾病的评估模型。模型采用Monte Carlo模拟技术，将不确定性引入估计值，从而产生的结果可以显示所有的可能性。模型以概率分布函数表示变量的不确定值，模型的一次模拟包括5000次运算，每一次运算时计算机从模型的每一个概率分布中抽取一个值，以这些随机抽取的数字进行运算。模型模拟时采用Latin Hypercube抽样方法，该抽样方法可以以较少的抽样次数再现输入变量的分布。与Monte Carlo抽样方法的完全随机抽样不同，该方法的关键是以分层方式对输入概率分布进行抽样，即抽样前先将概率分布的累积曲线分成若干等份的区间，区间的个数就是抽样的次数。然后随机从每一层的区间内抽取样本，抽取的样本具有每一区间的代表性，因此就能更精确地反映原来的概率分布。

① 沙门氏菌评估模型　参考国际食品法典委员会和美国农业部建立的即食肉制品中沙门氏菌致病的剂量-反应关系 Beta-Poisson 模型，其中 $\alpha = 0.1324$，$\beta = 51.45$。在通常剂量下，该模型能够较好地反映出致病菌摄入量与疾病的关系，模型以出现胃肠道症状即表示发病，假设所有摄入的沙门氏菌均有致病的可能性，致病剂量没有阈值。

$$P_{ill} = 1 - \left(1 + \frac{D_{ose}}{\beta}\right)^{-\alpha} \tag{6-1}$$

式中，P_{ill} 指疾病发生概率；D_{ose} 指细菌摄入量。

② 副溶血性弧菌评估模型　参考美国 FDA 副溶血性弧菌危险性评估剂量-反应关系 Beta-Poisson 模型，其中 $\alpha = 18912765.6$，$\beta = 536058368.4$。模型以出现胃肠道症状即表示发病，副溶血性弧菌致病性菌株的比例根据国内调查资料估计。

$$P_r(ill|d) = 1 - \left(1 + \frac{d}{\beta}\right)^{-\alpha} \tag{6-2}$$

式中，$P_r(ill \mid d)$ 指疾病发生概率；d 指细菌摄入量。

③ 单增李斯特氏菌评估模型　参考国际食品法典委员会单增李斯特氏菌的剂量-反应关系指数模型及新西兰对模型所做的修正。其中 r 值用于描述模型的特征，取值范围依据摄入剂量的不同而不同。模型以发生李斯特氏菌病为判断终点，假设所有摄入的李斯特氏菌均有致病的可能性，致病剂量没有阈值。

$$P = 1 - \exp^{-rN} \tag{6-3}$$

式中，P 指疾病发生概率；N 指细菌摄入量。

对于易感人群，选择 r 值为 1.06×10^{-12}；对于非易感人群，选择 r 值为 2.37×10^{-14}。

（3）暴露评估

暴露评估是对一个个体将暴露于微生物危害的可能性以及可能摄入量的估计，风险评估者收集消费食品的数据，并将这些数据与食品发生危害的可能性和病原菌的数量相结合。评估暴露是一个非常复杂的过程，因为病原菌是在不断地生长和死亡的。风险评估者因此就不可能准确地预测食品消费前的病原菌的数量。风险评估者为了定量估计个体摄入病原菌的数量，就必须使用模型并且做出预测（高永超等，2012）。病原菌生态学特征、食品中微生物生态分布、生食食品的最初污染情况、食品的加工、流通、贮存方法、交叉污染途径等是暴露评估的重要影响因素。社会经济和文化背景、民族习俗、季节和地区的差异、消费者的膳食习惯和行为都可能影响消费模式。

暴露评估要考虑的因素包括：致病性微生物在某类食品中的检出率；致病性微生物在某类食品中的污染水平，或致病菌的污染浓度；了解每餐或每份食品的消费量，如果可能，了解不同类型人群的食品消费量。根据食品从原料到成品的供应环节，参照各类致病性微生物的生长模型，预测不同食品中最终消费产品的微生物污染水平。

（4）危险性特征描述

在危害识别、危害特征描述、暴露评估的基础上，考虑各种不确定性因素，确定特定人群发生已知或潜在不良健康作用发生率的概率的定性和/或定量估计。评估的整个流程见图 6-9。

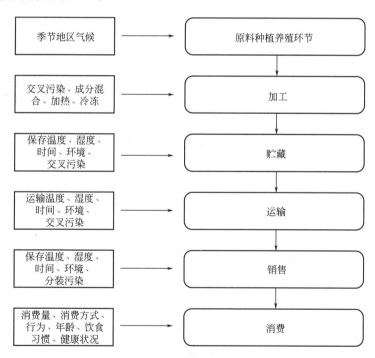

图 6-9　食品中微生物危险性评估流程图

6.4.2　国内外致病菌危害评估研究现状

自 20 世纪 80 年代以来，已建立了许多用于微生物食品安全的预测数学模型，许多国家对预测微生物学的研究十分重视，但对致病菌的剂量-反应模型却认识不足。所谓剂量-反应关系评估，是指确定暴露于各种有害因子的剂量，与所产生的危害健康的反应之间的关系（包括该反应的严重程度），但有关数学模型的方法尚未完全建立。有关危险性评估已发表的文献，能够完全符合 CAC 要求的正式研究还不多。据统计，1999 年 6 月之前已发表的关于微生物性危险性评估的 66 篇文献，其中大部分属于综述（占 53%），而属于论文的只有 7 篇，针对某种特定病原菌或食品进行微生物性危险性评估，可作为这个新领域的主要参考文献，如 Cassin 等对牛肉馅汉堡包中大肠杆菌 O157：H7 进行了危险性评估，该论文运用场景分析和预测微生物学技术对加工全过程的卫生学特征提供了一个客观的评估，是一篇非常接近 CAC 所定义的微生物性危险性评估的论文。

微生物定量风险评估是利用现有的科学资料和适当的试验方式，根据危害的毒理学特征、感染性和中毒作用特征，对因食品中某些微生物危害的暴露对人体健康产生的不良后果进行识别、确认以及定量，并最终做出摄入量与人体产生不良作用概率之间关系的风险特征数学描述的过程。早在 1988 年，国际食品微生物标准委员会（ICMSF）就特别指出，如果想让危害分析有意义就必须定量。定量是风险评估最理想的方式，因为它的结果大大方便了风险管理政策的制定。近年来，随着预测微生物学及其数学模型研究的深入发展，为微生物定量风险评估提供了途径和手段。

（1）微生物定量风险评估预测模型

微生物生长预测模型通常被认为有 3 个水平：一级模型以及 Gompertz 和 Baranyi 方程，可以用每毫升菌落形成单位或吸光率来计算微生物数量；二级模型（包括二次响应面方程、平方根模型 Belehardek 和 Arrhenius 方程），用于表示初级模型参数随环境条件改变而变化，可以描述环境因素对微生物生长的影响（如温度、pH 值、水分活度等变化的反应）；三级模型，是结合一级模型和二级模型建立起来的，引入用户友好界面的软件或者计算机在不同环境下微生物行为的专门系统，计算微生物对环境改变的反应及不同条件对比的模型，病原菌模型程序（pathogen modeling pogram）和食品微模型程序（food micromodel program）是两个简单的三级模型。

（2）微生物定量风险评估实践与应用

二级模型中的平方根模型（Belehardek）被应用于大肠杆菌、梭状芽孢杆菌、结肠炎耶尔森氏菌和单增李斯特氏菌的生长描述。三级模型中的病原菌模型程序被用来预测弗氏志贺氏菌在给定条件下（pH 值、盐度、温度）的生长率以及感染的可能性。

来自美国的一项关于带壳鸡蛋及蛋制品中肠炎沙门氏菌的研究建立了一个从

资料收集、分析，到定量危险性模型与危险性控制战略的概念性框架。荷兰的一项关于巴氏消毒牛奶中蜡样芽孢杆菌对消毒的危险性研究，就包含了对贮藏时间与温度的研究。2000 年，为了满足对微生物危险性评估工作的需要，FAO 和 WHO 联合组织了微生物危险性评估专家委员会（The Joint FAO/WHO Expert Meetings on Microbiologic Risk Assessment，JEMRA），负责对微生物危险性评估的资料进行评价，向国际食品法典委员会及其成员国提出危险性管理的建议。目前该委员会提出的危险性评估报告包括沙门氏菌、单增李斯特氏菌、副溶血性弧菌等。

1999 年起，国际食品法典委员会将食品中致病菌的风险评估列为食品卫生委员会讨论的重要议程，并提出了许多特定食品/致病菌的特定评估组合。为了探究这些特定食品/致病菌组合带来的风险，CCFH 先后委托 JEMRA 对特定食品/致病菌组合进行风险评估，目前，JEMRA 已完成了对肉鸡中的沙门氏菌、海产品中的副溶血性弧菌、禽肉中的空肠弯曲菌、即食食品中的单增李斯特氏菌等一系列的评估报告。CCFH 根据 JEMRA 提出的评估建议，制定了一系列指导性文件。这些评估报告为各国根据本国的情况开展相应的评估工作提供了重要的依据。美国、欧盟、澳大利亚等是开展风险评估工作较早的国家，而在我国微生物风险的定量评估工作才刚刚起步。目前，国内已经初步建立了禽肉中的沙门氏菌、牡蛎中的副溶血性弧菌，以及熟肉中的单增李斯特氏菌的评估模型。

2002 年，联合国粮农组织（FAO）和世界卫生组织（WHO）两大国际性组织及其下属的国际食品法典委员会（CAC）发表了《鸡蛋和肉鸡沙门氏菌风险分析》的报告，该报告系统地介绍了对鸡蛋和肉鸡中沙门氏菌污染的风险分析全过程，根据从美国和日本获得的大量流行病学数据并且考虑到各种不确定性，最终拟合出了鸡蛋和肉鸡中沙门氏菌危害的剂量-反应关系，对各种不确定因素进行了详细说明。

欧洲食品安全局（EFSA）于 2012 年 4 月 19 日发布《某些含动物源成分加工食品健康风险科学建议》研究报告，对加工食品和普通食品中微生物生长主要影响因素进行了全面分析，这些因素包括：水分活度、酸碱度（pH 值）、储藏温度和储藏时间、加工过程以及所涉及非热加工条件。报告中提出：食品中致病菌存在情况对确定食品产生健康风险具有重要意义。另外，评价致病菌风险使用了两种模型，分别是建立在数据记录和历史事件基础上的"经验数据模型"和考虑食品组分及加工条件对致病菌影响基础上的"决策模型"。经过风险评估后，将加工食品中致病菌风险划分为高、中、低 3 类。低风险食品包括：面包、低水分含量饼干、糕点、糖果及巧克力制品、干面条、食品膳食补充成分以及明胶胶囊壳，致病菌无法在这些食品中生长。经热加工处理不会被再次污染的食品，如汤类罐头、商业灭菌产品，都属于低风险产品。高风险产品或潜在的高风险产品，指食品中可能含致病菌的产品，例如水分含量高、适于致病菌生长的食品。

6.5   零售熟食店中单增李斯特氏菌的风险评估案例分析

6.5.1   研究背景

过去 10 年，食品安全署（FSIS）和 FDA 进行了很多风险评估来指导美国联邦政府，意图控制美国的李斯特氏菌病。2003 年，FDA 和 FSIS 研发了定量风险评估（QRA）来确定全美人群和 3 个基于年龄亚种的人群对 23 种即食食品单增李斯特氏菌的相对风险。影响单增李斯特氏菌暴露风险评估识别和定量的因素包括：①食物消费的数量和频率；②单增李斯特氏菌在食物中的频率和水平；③食物维持单增李斯特氏菌生长的潜在性；④冷藏温度；⑤消费前的持续冷藏时间。2003 年的风险评估认为很多即食食品处于高风险，包括熟食店肉制品、软干酪、肉酱及烟熏海鲜。其中，熟食店的肉制品被预计为每年引起美国李斯特氏菌病最多的即食食品（约占 67%）。

作为对 2003 年 FDA/FSIS 风险评估结果的回应，FSIS 指导了补充的风险评估来评价哪种食品安全干预在即食肉制品和禽肉产品加工过程中起到预防李斯特氏菌病的最有效作用。此次 FSIS 的定量风险评估揭示在即食食品中同时使用生长抑制剂和后灭活处理，比单独使用其中一种方法或检测和消毒食品接触表面，在预防食源性疾病中更加有效。这些研究结果直接形成了 FSIS 对单增李斯特氏菌的暂行最终条例的科学基础。为协助履行暂行最终条例，FSIS 对他的检察员工提供专业培训。该政策和计划的实施成功降低了单增李斯特氏菌阳性样品的数量（图 6-10）。尽管过去 10 年中即食肉制品和禽肉产品中单增李斯特氏菌数量有所下降，但是 CDC 的流行病学数据表明美国每年仍有稳定数量的李斯特氏菌病发病率（图 6-10）。预计李斯特氏菌病的发病率在 2020 年将不会达到每 100000 人中 0.2 例。

在定量风险评估之前，几乎没有人知道单增李斯特氏菌在零售熟食店里是如何污染即食食品的。考虑到很多研究发现在美国零售熟食店中的即食食品有造成李斯特氏菌病的风险，白宫食品安全工作组被认定优先实施食品安全风险评估，指导预防单增李斯特氏菌在零售店中的交叉污染，为公众健康提供保护。

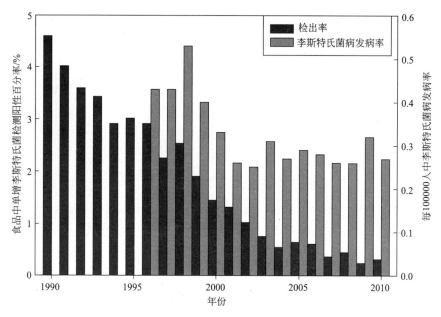

图 6-10　单增李斯特氏菌在零售熟食肉制品和家禽产品中检测

阳性百分率与实际发病率比较

注：检测阳性率数据由食品安全署（FSIS）检测获得；发病率数据为美国疾病预防控制中心（CDC）

食源监测网得到的每100000人发生李斯特氏菌中毒疾病数

6.5.2　指导风险评估的步骤

6.5.2.1　合作关系

FDA 和 FSIS 组成跨部门合作工作组，共享资源，并在风险评估中相互合作。

6.5.2.2　整个过程确保公众参与

2009 年 6 月，政府讨论此次风险评估的范围和目的，并邀请公众评论和提交科学的数据和信息。

6.5.2.3　与学术界合作

此次风险评估的数据收集工作由马里兰大学、弗吉尼亚理工大学及康奈尔大学合作完成。FMI 和 AMIF 负责计划和实施其中的一些研究。具体研究如下。

① 零售员工的行为研究。

② 单增李斯特氏菌的迁移研究。

③ 零售环境中单增李斯特氏菌污染。

6.5.2.4　科学的投入和同行评议

同行评议是一个确保出版的科学信息的质量与科学技术团体标准相符合的重要流程。与 OMB 同行评议指南相一致，模型草稿在 2010 年单独进行了同行评议。风险评估模型和相关分析也在技术科学会议（包括 2009 年和 2012 年的风险分析学会年会）上呈现。

6.5.3　范围与目的/风险管理问题

6.5.3.1　跨部门风险评估和风险管理问题

风险管理者最重要的工作之一就是决定哪些风险或者操作比社会能接受范围呈现出更大的风险，以及考虑哪些控制选项是有效的。这些选项在减轻风险中必须是有效的。风险管理者经常向风险评估者提出很多选项来决定并比较它们可能在多大程度上减少公众健康风险。

在风险评估开始阶段，有 3 个问题是风险管理者需要重点考虑的。

① 消费零售店设备加工的即食食品与单增李斯特氏菌接触的是什么？

② 在零售中增加即食食品污染的重要过程是什么？

③ 执行具体的风险管理后，每份食物可以减少多少相关的风险？

这些宽泛的风险管理问题在风险评估中可以进一步扩展为一系列更具体的问题来评价（例如：通过情景分析）。其中一些问题由 FDA 和 FSIS 的风险管理者提出，而另外一些则由利益相关者提出。这些包括风险管理的问题与环境卫生、零售行为、在进入零售熟食店进一步加工的即食食品中单增李斯特氏菌的水平相关。

① 更频繁和大量的零售熟食店清洁程序与 2009 年 FDA 食品法典规定流程相比，可以给公众健康带来哪些影响？

② 零售环境中一次性手套的使用给公众健康带来哪些潜在影响？

③ 假如范围接触护具、冰箱、熟食箱把手及其他频繁接触的非食品接触表面被认为是食品接触表面，并因此需要以低频率清洁和消毒将会怎样？

④ 假如操作适当以致在熟食店没有发生交叉污染将会怎样（例如：没有更多的单增李斯特氏菌进入即食食品）？

⑤ 假如陈列的食品没有接触手套或者裸手将会怎样（例如：使用面纸或者自动门打开/关闭）？

⑥ 如果进入零售熟食店的即食食品中单增李斯特氏菌污染水平很高，其对公众健康的潜在影响是什么？

⑦ 即食食品"预先切片"与"按订单切片"比较，其对公众健康的潜在影

响是什么（假设：在其他交叉污染发生之前，早晨几乎没有交叉污染）？

⑧ 即食食品使用允许单增李斯特氏菌生长及不允许单增李斯特氏菌生长的单独切片机或单独计数器，其对公众健康的潜在影响是什么？

⑨ 降低食品从一个环境转移到另外一个环境的频率，其对公众健康的潜在影响是什么？

⑩ 假如食品工作人员不将切片即食食品直接接触到他们的手套上将会怎样？

⑪ 零售熟食店中单增李斯特氏菌生长对公众健康的潜在影响是什么？

⑫ 在熟食店案例中，即食食品完全符合冷藏保存条件的情况〔例如，2009 年 FDA 食品法典指导：储存在 41°F（5℃）或更低温度〕，其对公众健康的影响是什么？

⑬ 缩短即食食品在熟食店部门的使用时间对公众健康的潜在影响是什么？

⑭ 如果进入熟食店的所有的即食食品（例如：熟食肉和熟食沙拉）都用生长抑制剂处理，其对公众健康的潜在影响是什么？

6.5.3.2　风险评估的范围与目的

此次风险评估的目的是：结合当前实践评价食源性疾病，调查风险是如何通过减少或预防零售熟食店中设备生产的即食食品中单增李斯特氏菌生长或污染而减轻的。

此次风险评估包括的即食食品如下：①同时被 FSIS 和 FDA 控制的；②在零售熟食店环境中切片、精制和包装并在家中消费的，例如，熟食肉制品、奶酪、熟食沙拉；③在一些零售类型的（例如，主要的熟食部门和大型食品杂货连锁店、超市及其他）零售熟食店出售的产品。限制食品风险评估的范围目的在于不将"在家消费"（指的是餐馆或者其他即食食品现场消费的机构）包括在内。

风险评估模型模拟零售环境，并评价各类零售卫生环境和食品手工操作的变化是如何通过消费即食食品过程（包括切片、触摸、在零售熟食店中制作）影响美国单增李斯特氏菌病发病风险。该模型同样预测了哪些减轻策略可以在减少单增李斯特氏菌病发病风险上给予最大的帮助。这可以提供风险评估管理者零售食品安全关于零售条件政策变更决策的信息，并促进产业"最优方法"。

这个风险评估的目的是用于完善零售食品安全实践和缓解策略，从而进一步控制即食食品中的单增李斯特氏菌。

6.5.4　概念模型和框架

6.5.4.1　离散事件模拟追踪零售环境中的单增李斯特氏菌

交叉污染是食品安全风险评估模型中的一个重要过程。零售业中的交叉污染有潜在的可能性改变消费的最终剂量，并导致大量受到污染的食物残留在熟食店中。因为单增李斯特氏菌可以在冷藏温度下生长，来源于交叉污染的初始阶段少量的细菌可以在零售储藏、消费者购买及储藏过程中生长到很大数量。交叉污染还能增加已经污染细菌的食物中单增李斯特氏菌的数量，再次增加疾病的风险。鉴于这些不同的因素，包含交叉污染模型的风险评估有更多的数据需求，并需要比典型的定量微生物风险评估更大数量变量的模拟。

在这里交叉污染定义为：细菌从一个食品隔间或地点转移到另一个。通常用来描述在食品加工过程中致病菌在不同的食物间和环境表面的转移。交叉污染模型直接影响到风险评估中的暴露分析。除了大多数风险评估中常用的时间-温度增长模型之外，食品中的交叉污染模型通常区分需要模拟的变量或隔间和允许细菌从一个隔间转移到另外一个隔间的事件或处理程序。对于每一个隔间，细菌的浓度通过时间建模。零售环境中的隔间案例如下。

① 不同食物表面浓度和内部浓度的区别。

② 工作人员的手和衣服。

③ 切片机和其他设备。

④ 与食品接触表面，比如工作台面等。

⑤ 其他环境，比如，冷藏区域和地面。

在零售熟食店建模时，对于一个食品加工车间，隔间的建立可能与其他的建立不同。

随时间推移导致的致病菌从一个隔间转移到另外一个隔间同样需要模拟。零售环境中的例子如下。

① 处理大块食品时从储存到台面的转移，从台面到切片机的转移。

② 大块食品切片。

③ 洗手。

④ 清洗设备。

⑤ 清洗与食物接触的表面。

受到影响的隔间和每个事件发生的频率都是交叉污染模型输入部分。

典型的离散事件模型是此次风险评估最合适的框架。在离散事件模拟过程中，系统的操作是以事件的时间顺序呈现的。每个事件发生在瞬间并标志着系统中状态的一个改变。在联系中特定的点引入则发生交叉污染（如大块食品放在切片机上）。细菌的转移仅发生在这些特定事件中。此框架的主要优点是灵活性和此方法提供的间隔尺寸。在不改变整个模型的情况下，可以插入额外事件或者一些事件可以合并成一个。此过程在图 6-11 中展示。主要事件是随机选择的（例

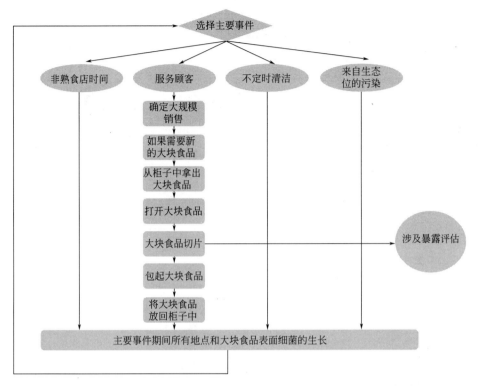

图 6-11　跨部门风险评估的离散事件交叉污染模型组成图解：
零售熟食店中的单增李斯特氏菌

如：供应一个顾客或者打扫熟食店区域）。如果合适，这个主要的事件可以被分解成一系列小事件（例如：将大块食品从柜子里拿出或者切片大块食品）。这一系列事件可以随机展开，如图 6-12 所示。

每个"YES/NO"的分支是基于概率的。

6.5.4.2　"模拟熟食店"的概述，其操作和对单增李斯特氏菌的影响

图 6-13 是包含可能的单增李斯特菌转移途径的"模拟熟食店"模型，零售熟食店工作人员在左下角。

图 6-13 的图解包括很多交叉污染路径，是相当复杂的。然而长期以来在任何时候离散事件模型框架只考虑有限的点交互。模拟"供应一名顾客"事件的情境，在事件的开始，每个点和大块食品的单增李斯特菌的浓度是已知的。第一个步骤是擦拭切片机，这个步骤可以减少那个点单增李斯特菌的浓度（注意向下的箭头）。第二个步骤是员工洗手和戴手套。这一步可以减少员工手上的单增李斯特菌浓度并增加一个新的位置（手套）来追踪。第三个步骤是从柜子中拿

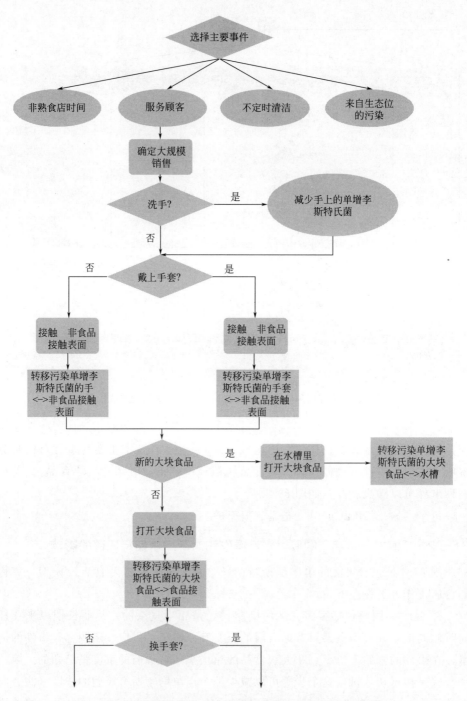

图 6-12 跨部门风险评估的离散事件模型中的随机决策树图解：
零售熟食店中的单增李斯特氏菌

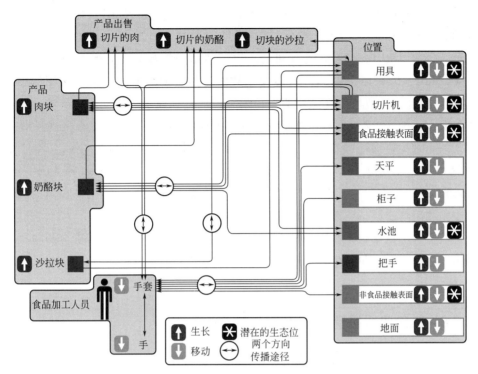

图 6-13　跨部门风险评估模型中模拟熟食店和交叉污染路径图解：

零售熟食店中的单增李斯特氏菌

出大块食品。这一步接触到员工手套和柜子的把手，随后在员工手套和柜子把手存在潜在的交叉污染。第四个步骤是大块食品切片。这一步交叉污染会出现在员工手套、切片机、大块食品和后期供应中。第五个步骤是权衡供应和接触天平。交叉污染可能发生在员工手套和天平。第六个步骤是将大块食品放回柜子，这一步将与手套和柜子接触。在每一步，包括位置的和污染水平仅小规模更新，但是在零售环境中，随着时间的推移，累积效果是一个交叉污染的机械模型。

6.5.5　数据采集

跨部门零售单增李斯特氏菌风险评估工作组委任一些研究来满足此次风险评估相对具体数据的需求。这些研究在 6.5.2.3 中已有说明。

此外，跨部门零售李斯特氏菌风险评估工作组对关于各个领域（包括考虑的模型）进行了系统的文献回顾。这个系统的回顾包括细菌转移（包括在切片过程中）、细菌生长、通过清洗和杀菌的细菌灭活、零售数据以及顾客处理食品的科学文献。该小组综合了有效的科学证据获得概率分布和数学模型。

为了数据收集的目的，相关同行评审的科学文献通过 NCBI 文献服务检索系统的数据库、相关文章中的交叉引用、辅助数据源（例如 Google 搜索引擎）来认可。传递系数（包括特定切片机的）以及清洁和消毒的文献搜索分别在 2009 年 6 月和 2010 年 12 月执行。对传递系数的初始查询是通过搜索"交叉污染"、"转移"、"细菌"在 NCBI 文献服务检索系统的数据库中进行的。对于清洁和消毒的研究，NCBI 文献服务检索系统的数据库和 Google 中通过 23 个相关关键词搜索的，每个查询筛选 NCBI 文献服务检索系统中的所有结果和 Google 数据库的前 15 页。对有效数据的综合分析出版在"International Journal of Food Microbiology"杂志上。该研究推断出的概率分布和数学模型被应用于在当前的模型中预测单增李斯特氏菌交叉污染和灭活。

其他内部数据收集和综合分析在此研究的框架中开发。这些综合分析包括对细菌生长的研究（包括生长抑制剂的存在）、消费数据、温度数据、剂量-反应模型等。

6.5.6 风险评估模型的全面描述

6.5.6.1 单增李斯特氏菌建模的基本流程

在暴露评估中，Nauta 建议描述和建模即食食品的途径作为一个连续的"基本流程"影响即食食品中细菌的流行和数量水平。该基本流程是由 6 个影响食品加工过程中任何微生物危害流行或者数量水平的基础事件组成。在当前模型中使用的基本流程如下。

（1）交叉污染

在本报告中，交叉污染的定义是扩大到包括细菌从一个位置、食物或者生态位到另外一个的转移。

① 两个物体间的交叉污染   概率分布模型如下：N_1 代表 1 号物体的初始细菌数，N_2 代表 2 号物体的初始细菌数，T_{12} 代表从 1 号物体到 2 号物体的转移系数（$0 < T_{12} < 1$），T_{21} 代表从 2 号物体到 1 号物体的转移系数（$0 < T_{21} < 1$），F_1 代表 1 号物体的最终细菌数，F_2 代表 2 号物体的最终细菌数，F_1 和 F_2 用以下算法随机推导：

$$F_1 = x_{11} + x_{21} \tag{6-4}$$

$$F_2 = N_1 + N_2 - (x_{11} + x_{21}) \tag{6-5}$$

式中，x_{11} 是（N_1，$1 - T_{12}$）的二项式；x_{21} 是（N_2，T_{21}）的二项式。

该模型的基本假设如下：

a. N_1 和 N_2 是独立的；

b. 在 N_1 和 N_2 中，每个菌是独立的，使用二项式可以推断出 N_1 重伯努利实验的和；

c. 在转移过程中没有细菌丢失；

d. 转移系数 T_{12} 和 T_{21} 在初始细菌数中是独立的。

转移系数被视为独立于细菌数量的。基于已发表数据和我们的实验能力最终选择 lg33 正态分布来反映一个给定的来源-容器组合的转移系数变化。$M_{T_{ij}}$ 和 $S_{T_{ij}}$ 是已知的，转移系数 T_{ij} 是在每个新的转移中采用如下公式得出的。

$$\lg(T_{ij}) \sim \text{Normal}(M_{T_{ij}}, S_{T_{ij}}) \tag{6-6}$$

假设样品值造成 $T_{ij} > 1$，那么设置 T_{ij} 为 1（表示所有细菌均发生转移）。

② 切片过程中的交叉污染　图 6-14 阐明了切片机模型。该过程依照实验数据：a. 显示了细菌数量呈 log 线性减少，这些细菌污染即食食品的连续切片；b. 表明切片机、大块食品与卖出的即食食品间的交叉污染。

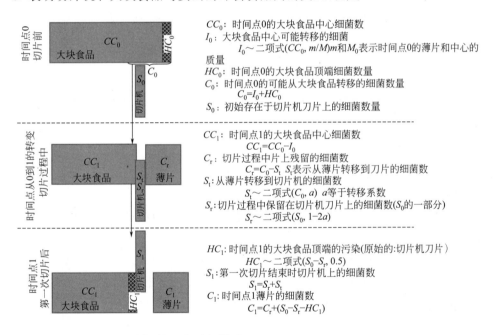

图 6-14　切片机模型（Hoelzer et al，2012b）

③ 挖取过程中的交叉污染　类似的，从散装货柜中挖取熟食沙拉的具体过程也被推导成模型（见图 6-15）。

④ 生态位的交叉污染/环境污染

a. 每个生态位与模型中存在的位置有关联。

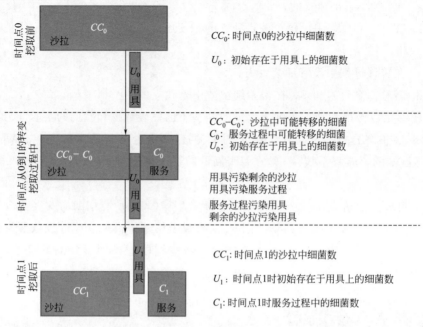

图 6-15   挖取模型

b. 一个位置有生态位的概率由用户指定。

c. 有时，生态位释放固定数量的细菌到位置。这个数量由用户指定。

d. 释放的发生遵循泊松过程。

（2）细菌生长

细菌生长是导致单增李斯特氏菌暴露和风险的重要基本过程之一。食品中的生长模型如下。

① 初级生长模型   初级生长模型预测随时间推移的细胞数量。通用的模型是指数三线性"tri-linear"模型。

$$\begin{cases} y(t) = y(0) & t < \lambda \\ y(t) = \min[y(0) + EGR \times (t-\lambda), y_{\max}] & t \geq \lambda \end{cases} \tag{6-7}$$

式中，$y(t)$ 是时间 t 的细菌浓度，lgCFU/g；λ 是滞后时间，天；EGR 是指数增长率，lgCFU/天；$y_{\max}$ 是介质中的最大可达浓度，lgCFU/g（见图 6-16）。

该模型被描述为用在预测微生物学和风险评估中简单而有效复杂的模型。

② 基于 EGR 和 μ 的二级生长模型   二级模型通过生长环境的改变预测初级模型参数的改变。表 6-3 说明了该风险评估模拟的各种即食食品中细菌生长模型的使用和结果。细菌生长率（h^{-1}）和产生时间受到食品固有特性的影响，也包括生长抑制剂的影响。

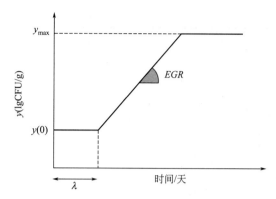

图 6-16　三线性（"tri-linear"）初级生长模型及其参数

注：EGR 是指数增长率，lgCFU/天；y_{max} 是介质中的最大可达浓度，lgCFU/g

表 6-3　风险评估中各种即食食品中细菌的生长率（μ，h^{-1}）和产生时间（GT）建模

即食产品的种类（例子①）	pH	a_w	亚硝酸盐/(mg/kg)	乳酸钠/%	乳酸钾/%	二乙酸钠/%	$T=4℃$（39.2℉）		$T=10℃$（50℉）	
							μ/h^{-1}	GT/h	μ/h^{-1}	GT/h
熟食店肉类（未熏制火腿）	6.4	0.97	0	0	0	0	0.015	47	0.052	13
熟食店肉类低生长（熏制火腿）	6.4	0.97	150	0	0	0	0.003	210	0.017	41
熟食店肉类不生长［使用生长抑制剂（GI）的熏制火腿］	6.4	0.97	150	0	1.65	0.12	0.000	Inf②	0.009	78
熟食店肉类（未熏制火鸡）	6.3	0.96	0	0	0	0	0.012	60	0.041	17
熟食店肉类低生长（熏制火鸡）	6.3	0.96	150	0	0	0	0.002	376	0.013	52
熟食店肉类不生长（使用 GI 的熏制火鸡）	6.3	0.96	150	0	1.65	0.12	0.000	Inf	0.004	183
熟食店肉类（未熏制腊肠）	6.3	0.93	0	0	0	0	0.000	Inf	0.006	121
熟食店肉类低生长（熏制腊肠）	6.3	0.93	150	0	0	0	0.000	Inf	0.000	Inf
熟食店肉类不生长（使用 GI 的熏制腊肠）	6.3	0.93	150	0	0	1.65	0.12	Inf	0.000	Inf
熟食店肉类不生长（意大利辣香肠）	4.7	0.83	0	0	0	0	0.000	Inf	0.000	Inf
熟食店肉类不生长（意大利蒜味腊肠）	5.0	0.91	0	0	0	0	0.000	Inf	0.000	Inf
熟食店奶酪低生长（科尔比氏干酪）	5.2	0.95	0	0	0	0	0.002	460	0.013	54
熟食店奶酪不生长（蒙特里杰克干酪）	5.3	0.93	0	0	0	0	0.000	Inf	0.001	522

续表

即食产品的种类（例子①）	pH	a_w	亚硝酸盐/(mg/kg)	乳酸钠/%	乳酸钾/%	二乙酸钠/%	$T=4℃$（39.2℉）		$T=10℃$（50℉）	
							μ/h^{-1}	GT/h	μ/h^{-1}	GT/h
熟食店奶酪不生长（美国）	5.6	0.92	0	0	0	0	0.000	Inf	0.000	Inf
熟食店奶酪不生长（波萝伏洛干酪）	5.2	0.91	0	0	0	0	0.000	Inf	0.000	Inf
熟食店奶酪低生长（瑞士）	5.2	0.92	0	0	0	0	0.000	Inf	0.000	Inf
熟食店沙拉（土豆）	4.6	0.998	0	0	0	0	0.000	Inf	0.000	Inf
熟食店沙拉低生长（使用 GI 的土豆）	4.6	0.998	0	0	1.65	0.12	0.000	Inf	0.000	Inf
熟食店沙拉（蛋白质）	5.0	0.998	0	0	0	0	0.000	Inf	0.003	252
熟食店沙拉低生长（使用 GI 的蛋白质）	5.0	0.998	0	0	1.65	0.12	0.000	Inf	0.000	Inf

① 表示样品仅用作说明目的。

② 表示无穷大。从生长率为 0 开始产生，时间到无穷大。

表 6-4 说明了在 10℃（50℉）下储藏 7 天的预计生长（lg 增长）分布。

表 6-4　10℃（50℉）下储藏 7 天的预计生长（lg 增长）分布

例子①		1st分位数	中位数	平均值	3rd分位数
熟食店肉类	（未熏制火腿）	2.66	3.82	3.82	4.97
熟食店肉类低生长	（熏制火腿）	0.87	1.25	1.25	1.63
熟食店肉类不生长	（使用 GI 的熏制火腿）	0.69	0.98	0.98	1.28
熟食店肉类	（未熏制火鸡）	2.08	2.98	2.98	3.87
熟食店肉类低生长	（熏制火鸡）	0.68	0.97	0.97	1.27
熟食店肉类不生长	（使用 GI 的熏制火鸡）	0.32	0.45	0.46	0.59
熟食店肉类	（未熏制腊肠）	0.29	0.42	0.42	0.55
熟食店肉类低生长	（熏制腊肠）	0.00	0.00	0.00	0.00
熟食店肉类不生长	（使用 GI 的熏制腊肠）	0.00	0.00	0.00	0.00
熟食店肉类不生长	（意大利辣香肠）	0.00	0.00	0.00	0.00
熟食店肉类不生长	（意大利蒜味腊肠）	0.00	0.00	0.00	0.00
熟食店奶酪低生长	（科尔比氏干酪）	0.65	0.93	0.94	1.22
熟食店奶酪不生长	（蒙特里杰克干酪）	0.07	0.10	0.10	0.13
熟食店奶酪不生长	（美国）	0.00	0.00	0.00	0.00
熟食店奶酪不生长	（波萝伏洛干酪）	0.00	0.00	0.00	0.00
熟食店奶酪低生长	（瑞士）	0.00	0.00	0.00	0.00
熟食店沙拉	（土豆）	0.00	0.00	0.00	0.00
熟食店沙拉低生长	（使用 GI 的土豆）	0.00	0.00	0.00	0.00
熟食店沙拉	（即食肉类熟食店沙拉）	0.00	0.00	0.00	0.00
熟食店沙拉低生长	（使用 GI 的即食肉类熟食店沙拉）	0.00	0.00	0.00	0.00

① 表示样品仅用作说明目的。

（3）灭活

在当前的风险评估模型中，灭活仅限于通过清洁操作使表面单增李斯特氏菌的消除和减少。

（4）分割

模型中唯一的分割过程：①分割大块食品成片状；②从散装容器中分割沙拉。

6.5.6.2 模型中的对象

（1）食物

该模型中有 3 类食品：熟食肉制品、熟食奶酪、熟食沙拉。熟食肉制品和熟食奶酪通过切片过程供应。熟食沙拉通过从散装容器中挖取供应。

（2）位置

位置是熟食店中潜在的污染物。目前，这些位置包括：地面、水槽、把手、柜子、一类非食品接触表面（NFCS）、器皿（及其把手）、切片机、一类与食品接触表面、天平。两个其他的位置与食品加工人员有关：手和手套。

6.5.6.3 模型中的事件

模型中模拟的主要事件有打开熟食店、关闭熟食店、操作熟食店。

（1）位置

在基线和所有选择中，位置上被认为没有细菌生长。默认在模拟开始时位置没有污染。

（2）基本流程

主要事件是一个过程或者一个连续的基本过程。表 6-5 提供了当前模型和基本过程中主要事件的对应。

表 6-5　依据基本流程转化的基本事件

基本事件	基本过程	涉及对象
脱掉手套	移除所有细菌	手套
换手套	交叉污染①	手套-手
戴手套	改变手/手套位置与其他位置的交叉污染	手套
关闭柜子	交叉污染	柜子-手或手套②
打开柜子	交叉污染	柜子-手或手套
打开大块食品接触食品接触表面	交叉污染	大块食品-食品接触表面
打开大块食品接触水槽	交叉污染	大块食品-水槽
打开大块食品接触水槽切片机	交叉污染	大块食品-切片机
拿起用具	交叉污染	用具把手-手或手套

基本事件	基本过程	涉及对象
把大块食品放在食品接触表面	交叉污染	大块食品-食品接触表面
供应沙拉	交叉污染分割	即食产品-用具即食产品-即食产品的出售
切片	切片	大块食品-即食产品的出售-切片机
切片到手套上	交叉污染	第一次切片-手或手套
接触把手	交叉污染	切片机-手或手套
接触非食品接触表面	交叉污染	非食品接触表面-手或手套
接触冰箱把手	交叉污染	把手-手或手套
接触天平	交叉污染	天平-手或手套
接触天平	交叉污染	天平-手或手套
洗手	灭活/移除（清洗）	手
清洗用具	灭活/移除（清洗）	用具和用具把手
清洗和消毒用具	灭活/移除（清洗和消毒）	用具和用具把手
擦切片机	灭活/移除（擦拭）	切片机

① "交叉污染"，如果一个物体携带细菌造成交叉污染的可能性。

② "手或手套"，手或手套取决于通过食品加工者当前手的状态。

（3）展示柜的温度

即食食品的温度假定等于食品展示柜的温度。展示柜中即食食品温度的原始数据见表6-6。

表 6-6　"切片肉"的原始储藏温度数据

$T/\mathrm{°F}$	26	30	32	32	33	34	35	36	37	38	39
$T/\mathrm{°C}$	−3.33	−1.11	−0.56	0.00	0.56	1.11	1.67	2.22	2.78	3.33	3.89
n	1	2	1	9	8	11	11	23	23	68	45
$T/\mathrm{°F}$	40	41	42	43	44	45	46	47	48	49	50
$T/\mathrm{°C}$	4.44	5.00	5.56	6.11	6.67	7.22	7.78	8.33	8.89	9.44	10.00
n	120	51	61	25	64	54	47	30	73	22	63
$T/\mathrm{°F}$	51	52	53	54	55	56	57	58	60	62	65
$T/\mathrm{°C}$	10.56	11.11	11.67	12.22	12.78	13.33	13.89	14.44	15.56	16.67	18.33
n	10	20	7	9	6	7	1	5	10	2	2

注：n 指的是对应的温度所出现的频率。

6.5.6.4　从零售熟食店到食源性疾病

风险评估模型的输出是每份即食食品中单增李斯特氏菌的数量分布。单增李斯特氏菌的生长可能发生在从零售熟食店到家，以及在家里冰箱中储藏的运输过程中。这种生长是即食食品特征及储藏的时间和温度的函数。不考虑家中的交叉污染。

最终的输出结果是每份即食食品的风险。这个输出结果是根据消费数据最终的剂量-反应模型评价的。

运输和冰箱中生长后的售出食品中的细菌数量通过售出食品的数量转化为浓

度。然后，这个浓度与食品大小（g/份）相乘从而获得摄取的剂量。要注意到，在这个水平上，剂量并不是一个具体的数值，而是一个连续的、代表指数剂量-反应中摄取 CFU 数量的泊松分布。

剂量-反应模型是一个将摄取剂量与给出的一个特定终点的概率相联系的函数。危害描述过程的整体回顾可以从 FAO/WHO 获得。单增李斯特氏菌描述的专题回顾可以从 FAO/WHO 的即食食品中单增李斯特氏菌的风险评估中获得。

FAO/WHO 的风险评估将侵略性的李斯特氏菌病作为终点。考虑 2 个亚种群："增加易感性"的人群（包括新生儿、老人、免疫低下人群）和"减少易感性"的人群（其他人群）。该模型是指数剂量-反应模型：

$$Pr(\text{inf}|D)=1-\exp(-rD) \tag{6-8}$$

式中，r 指的是单一细菌导致侵染性李斯特氏菌病的概率；D 表示摄入单增李斯特氏菌的数量。

$Pr(\text{inf}|D)$ 代表当污染的数量的变化遵循 D 的泊松分布时摄取食物人群中侵略性李斯特氏菌病的边际概率。指数剂量-反应模型是一个 single-hit 模型，默认致病菌是独立发挥作用的，并且宿主体内数量大于 1 的致病菌足以引起终点反应。r 是模型中的唯一参数，代表一个细胞引起参考群体中的一个顾客发生终点反应的概率。指数剂量-反应模型中的 r 在模型使用的指定人群中是一个常数。注意，FAO/WHO 和 2003 年的 FDA/FSIS 风险评估模型的边际剂量-反应关系仔细比较，它们大部分依赖同样的数据。这些模型在低、中剂量下几乎是线性的。

FAO/WHO 模型中的每个亚种群的唯一参数 r 是从起草中的 FDA/FSIS 报告及美国估算的每年发生李斯特氏菌病中获得的暴露数据中估算出来的。模型中使用的 r 值是 $1.06×10^{-12}$（易感人群）和 $2.37×10^{-14}$（其他人群）。

根据 FAO/WHO 的推断，建立蒙特卡罗模拟来得到每 2 个 r 参数的不确定性的经验分布。中位数 r 的估计是 $7.76×10^{-13}$（易感人群）和 $1.76×10^{-14}$（其他人群的 95%CI）。注意，范围是不确定的。两个亚种群中人群的分布是不确定的。因为终点在于比较不同熟食店操作规程的输出，所以对于风险评估中任何剂量-反应参数都包括没有不确定的。因为混杂的不确定性并不是本研究的目的，所以 r 选择使用终点估计。

6.5.7 风险评估结果与讨论

6.5.7.1 风险管理问题和模型方法

零售熟食店操作的改变。风险评估模型情景分析旨在报告具体的风险管理问题，详见 6.5.3.1。

6.5.7.2 基线分析

（1）敏感性分析

图 6-17 显示的是当这些选择改变时对于敏感人群每份即食食品导致李斯特氏菌病的平均预测风险的敏感性分析。基于敏感性分析，选择以下基线：

① 有多个生态位的零售熟食店/从环境转移：多个生态位/转移，100CFU，每周一次平均频率的转移。

② 高度污染的即食食品：表示－5lgCFU/g 的单增李斯特氏菌 lg 污染水平。

（2）基线条件

① 基线条件：多个生态位/从环境中转移。

② 基线条件：没有生态位。

图 6-17 和图 6-18 表示的是生长场景。在有生态位的零售熟食店，生长抑制

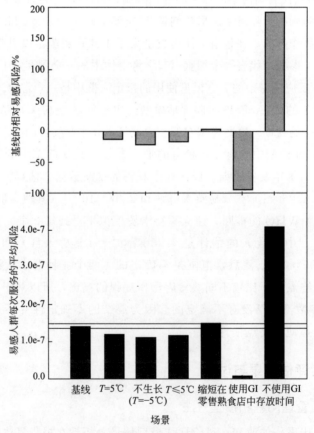

图 6-17　在没有生态位的零售熟食店中各种生长场景对
每次供应的平均风险和易感人群的相对风险的影响

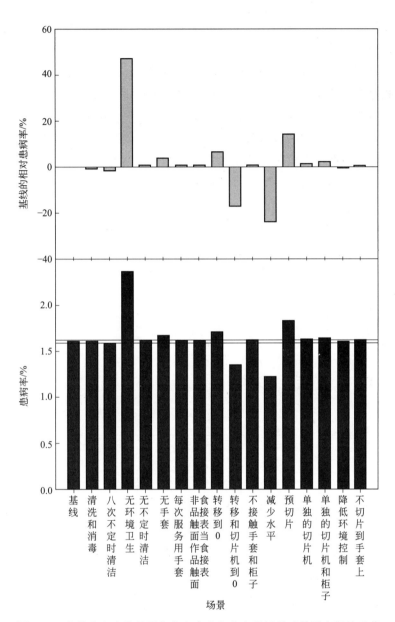

图 6-18　在没有生态位的零售熟食店中各种生长场景对单增李斯特氏菌
污染即食食品患病率和相对患病率的影响

剂使用的影响是势不可挡的。温度控制对于没有生态位的零售熟食店比有生态位的零售熟食店甚至更加有效。仅仅维持柜子的温度低于5℃（41℉）导致预测的风险减少16％。对于没有生态位的零售熟食店，外部细菌进入零售熟食店的唯一办法是通过即食食品中低浓度的细菌进入。阻止单增李斯特氏菌生长变得更加重要。在生态位零售熟食店，甚至当生长完全被控制，新的单增李斯特氏菌会由于生态位而经常进入。

图 6-19 表示在没有生态位的零售熟食店和有多个生态位的零售熟食店操作改变的相对有效性比较。例如：预先切片的落在回归线上方很远。预切片在没有生态位的零售熟食店中与在有生态位的零售熟食店中相比是一个相对更糟糕的操作。相反，三个温度控制选项落在回归线下方很远。温度控制在没有生态位的零售熟食店中比在有生态位污染的零售熟食店中相对更加缓和。卫生设备的缺乏对生态位污染零售熟食店的影响比对没有生态位的零售熟食店大。

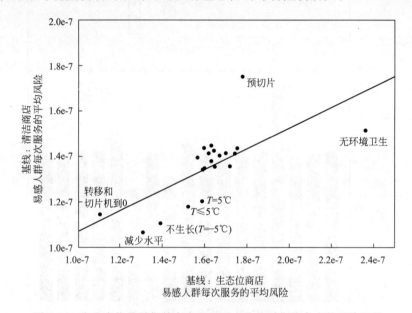

图 6-19   有生态位的零售熟食店和无生态位的零售熟食店的风险比较

③ 基线条件：高度污染进入即食食品支持细菌生长。

研究方法同上，结果显示，预先切片可显著增加预测风险（增加 50％）。清除所有的交叉污染有轻微的效果（减少 10％）。其他结果与基线相比没有显著变化。生长抑制剂对降低风险有效。控制陈列柜温度≤5℃（41℉）可使风险减少 12％。

④ 基线条件：高度污染进入即食食品不支持细菌生长。

研究方法同上，结果显示，生长抑制剂仍然至关重要。对于不支持细菌生长的受污染即食食品，温度控制尽管是轻微的，但也是显著地与基线不同。控制陈列柜的温度≤5℃（41℉）造成风险减少 8％。相对于有生态位的零售熟食店，没有交叉污染、预切片、没有卫生设施导致低风险。单独的切片机导致相对的高风险。特别是当即食食品被重度污染时，细菌生长的主要来源是零售环境中的新细菌。当污染的即食食品支持细菌生长时，温度控制减少和阻止细菌生长从而减少了预测风险。另一方面，当食品支持单增李斯特氏菌生长时，即食食品的预切片更显著地增加了预测风险。

⑤ 基线条件：没有生态位，但满足需要的温度控制。

研究方法同上，结果显示，防止零售中交叉污染和减少进入的单增李斯特氏菌水平分别可以减少19％和22％的预测风险。生长抑制剂仍然非常有效。

⑥ 有生态位和温度控制的基线零售熟食店。

研究方法同上，结果显示，消除交叉污染和减少进入的单增李斯特氏菌水平分别可以减少30％和16％的预测风险。生长抑制剂仍然非常有效。

6.5.7.3　验证

（1）物料衡算，转移矩阵

图 6-20 描述了零售熟食系统中单增李斯特氏菌进出的来源。单增李斯特氏菌通过以下途径进入零售熟食店：①受污染的原始即食食品；②生态位；③即食产品中单增李斯特氏菌的生长。单增李斯特氏菌的输出主要通过：即食食品出售给顾客，通过对零售熟食店表面擦拭、清洗和消毒消除，在垃圾桶里处理。

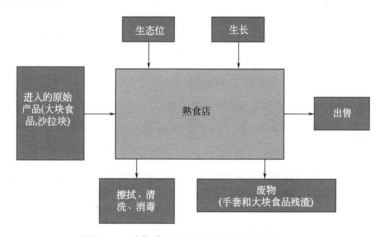

图 6-20　零售模型中单增李斯特氏菌的进出

在任何时候，单增李斯特氏菌进入系统的数量等于当前系统中单增李斯特氏菌的数量与离开系统的单增李斯特氏菌的数量之和。

（2）即食食品中单增李斯特氏菌的调查

调查数据用来协助建立模型中的参数。描述即食食品中单增李斯特氏菌的分布有两个大的数据集是有效的：一个是国家食品处理协会的研究；另一个是从美国食品安全联盟（简称 NAFSS）研究中推导出来的。预测的模型分布与观察到的零售熟食店观察值的比较见图 6-21。结果表明，模型结果与观察数据不完全一致。

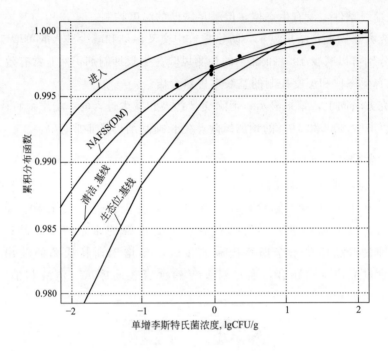

图 6-21   预测的模型分布与观察到的零售熟食店观察值的比较

（3）弗吉尼亚理工大学模拟熟食店

用非生物代替品（GloGerm™）建立一个已知位置污染的模拟熟食店研究；模拟零售熟食店在固定时间营业；记录污染位置。图 6-22 圆圈颜色强度和大小表示熟食店中 GloGerm™ 的数量从一个初始污染位置到另一个的转移。总之，初始的手套和切片机刀片污染通过最可能的位置传播代替品。该研究作为一个有效概念模型见图 6-13，大量的转移见图 6-22。

（4）康奈尔大学专家启发

Hoelzer（Hoelzer et al，2012a）等发表了零售熟食店中单增李斯特氏菌转移的专家启发性研究。表 6-7 代表主要的结论并将这些结果与概念上的交叉污染模型比较。前四列由作者论文改编。"中位数结果"代表那些认为所给转移能够发生的专家的比例。"'非常自信'专家的百分比"表明他们问题中自我报告程度。该报告最后一列的添加代表给出的转移在此模型中是否存在。

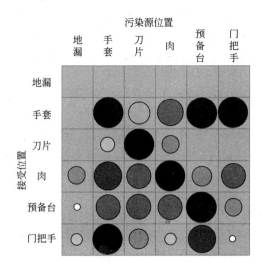

图 6-22 弗吉尼亚理工大学模拟熟食店实验结果（Maitland et al，2013）

大小和颜色强度表明代替品从来源向接受位置转移的数量

表 6-7 对于交叉污染模型结构专家启发的比较

单增李斯特氏菌转移		中位数结果 /%	"非常自信" 专家的百分比	模型中是否包含？
来源	容纳者			
切片机刀片	即食食品①	86	89	是
切片机刀片	即食食品②	48	22	是
切片机刀片	手	23	39	是
切片机刀片保护	手	22	35	是,但是切片机作为一个位置
切肉板	即食食品	75	56	是,如果切肉板作为食品接触表面
切肉板	手	47	39	否
天平触摸板	手	55	59	是,但是天平作为一个位置
天平称量台	即食食品	15	43	是,但是天平作为一个位置
熟食店柜子把手	手	53	90	是
熟食店柜子	即食食品	86	58	否
熟食店准备水槽③	即食食品	48	41	是
熟食店准备水槽④	即食食品	5	47	否
小型冷库门把	手	63	47	否,小型冷库不作为一个位置
小型冷库地面	食品接触表面	4	47	否,小型冷库不作为一个位置
刀架	食品接触表面	41	22	是,间接地(用具,如:刀, 可以接触即食品和手)
中央地漏	食品接触表面	5	15	否

① 在污染的切片机上切片转移到第一个薄片上。

② 在污染的切片机上切片转移到第十个薄片上。

③ 在打开过程中大块食品置于水槽中。

④ 在打开过程中大块食品不置于水槽中。

因此模型包括所有能感知到的主要转移途径。主要的例外是模型中缺少进入冷却器的位置和缺少从柜子到即食食品的转移过程。该风险评估包括假定即食大块食品在到达零售熟食店中都是包裹起来的，从而限制了接触。

6.5.8　风险评估结果的总结

该定量风险评估（QRA）提供的关于预测与零售食品店中即食食品制作和出售消费有关的李斯特氏菌病风险的信息，并调查预测风险是如何受到零售熟食店不同操作（例如：环境卫生、温度控制和员工行为）影响的。

6.5.8.1　绝对风险的预测

每份即食食品造成李斯特氏菌病的预测风险（以下简称为"绝对风险"）是通过美国的两个人群评价的：①易感人群（例如：老年人、胎儿、新生儿以及免疫缺陷人群）；②普通人群（例如：在此定量风险评估中被称为"大众"的人群）。表 6-8 表示的是两类人群和 6 个可以代表零售熟食店不同的基线条件，以及零售即食食品在操作过程中不同时间供应的预测绝对风险。

表 6-8　零售熟食店中每份即食食品切片（或制作）和出售造成

侵略性李斯特氏菌病的绝对风险预测

美国人群评价	零售熟食条件基线					
	多个生态位 100W	无生态位	进入生长大块食品	进入不生长大块食品	温度控制	生态位和温度控制
易感人群	1.7×10^{-7}	1.4×10^{-7}	16.6×10^{-7}	2.8×10^{-7}	1.2×10^{-7}	1.5×10^{-7}
普通人群	3.8×10^{-9}	3.1×10^{-9}	37.3×10^{-9}	6.3×10^{-9}	2.7×10^{-9}	3.3×10^{-9}

6.5.8.2　在基线条件下评价差异的影响

（1）温度控制

没有生态位或没有单增李斯特氏菌环境转移与那些确保储存温度维持在≤41℉的比较结果是预测绝对风险的减少（易感人群从 1.4×10^{-7} 到 1.2×10^{-7}）。类似的，当有生态位的零售熟食店（"多个生态位 100W"列）与有生态位同时维持严格的温度控制（"生态位和温度控制"列）比较时，预测的风险减少了（易感人群从 1.7×10^{-7} 到 1.5×10^{-7}）。一个基线条件中温度控制的重要性在下面的场景分析部分将进一步阐明。

（2）进入即食食品的单增李斯特氏菌

没有生态位或没有单增李斯特氏菌环境转移的零售熟食店与那些有更高度污染进入即食食品的零售熟食店比较之后，从以下两方面为增加的预测风险提供了信息。这两方面为：①高度污染进入食品；②熟食店中的即食食品随后发生交叉污染。

当进入的高浓度污染的即食食品是不支持单增李斯特氏菌生长时，对易感人群而言，预测的绝对风险从 1.4×10^{-7} 增加到 2.8×10^{-7}（见表6-8）。当进入的高浓度污染的即食食品是支持单增李斯特氏菌生长时，对易感人群而言，预测的绝对风险增加到 16.6×10^{-7}。支持单增李斯特氏菌生长的高度污染即食食品的商店的产品预测的绝对风险是不支持单增李斯特氏菌生长的高度污染即食食品的商店的产品的6倍（16.6×10^{-7} 与 2.8×10^{-7}）。

然而，当与进入高度污染的即食食品直接相关的供应从风险计算中移除时，预测的绝对风险的增加仅仅是与零售店交叉污染相关的风险。当进入高度污染的即食食品不支持单增李斯特氏菌生长时，预测的绝对风险从 1.4×10^{-7} 增加到 2.3×10^{-7}。在预测的绝对风险中和当所有即食供应被包括在风险计算中，增长几乎是相同的（例如：2.8×10^{-7}）。这些商店中食品的预测的绝对风险的最大增长是由交叉污染引起的。

对于支持单增李斯特氏菌生长的高度污染的即食食品，当与高度污染的即食食品直接相关的供应从风险计算中移除时，预测的绝对风险从 1.4×10^{-7} 增加到 2.9×10^{-7}。对于支持单增李斯特氏菌生长的高度污染的即食食品，略高的预测绝对风险是由于在零售熟食店中让增加的单增李斯特氏菌交叉污染其他即食食品时的生长造成的。然而，最值得注意的是多数的预测绝对风险是由加工过程中食品的污染以及在零售和家庭储藏过程中这些食品中单增李斯特氏菌生长直接得到的。除了评价增长抑制剂影响，这一结果表明了对于支持细菌生长的即食食品在零售和家庭储藏过程中单增李斯特氏菌的生长的重要性。

总的来说，基线条件表明：①没有生态位的零售熟食店和控制温度的零售熟食店造成李斯特氏菌病的预测风险降低；②零售熟食店中有高浓度单增李斯特氏菌高浓度污染的即食食品，尤其是食品支持细菌生长，以及有生态位的零售熟食店会造成发生李斯特氏菌病的更高预测风险。

6.5.8.3 场景分析

对于上述列出的6个基线零售条件的每一个而言，该定量风险评估被用来评价22个不同"假设"场景对公共卫生的影响。总之，该定量风险评估提供了126个与零售操作相关的简要的公共卫生调查结果（见表6-9）。

（1）环境卫生相关场景

卫生操作是减少李斯特氏菌病预测风险的关键因素。当卫生操作没有建模，风险预测的增加可高达 50.2%。与忽略卫生相比，风险中最少的预测增加 2.9%；在此场景中，当食品在零售熟食店中，进入食品的额外细菌和潜在的单增李斯特氏菌生长对卫生的影响是压倒性的。虽然对所有基线而言，在卫生操作中没有个体改变造成实质性地减少零售熟食店中每份即食食品切片和制作造成的相关李斯特氏菌病的风险，但是，当作为零售店卫生环境重要指标的卫生环节被略去之后，风险会持续增加。

（2）员工行为相关场景

根据预测相对风险的变化，定量风险评估模拟改变对员工行为的影响是依赖于零售熟食店的条件。例如，如果零售熟食店有多个生态位，用单独的切片机可以使预测相对风险减少 6.3%。在别的案例中，一些干预给公共健康带来的好处与其他作用相比，其作用是压倒性的。例如，早上清洁后的预切片食品的效益被支持单增李斯特氏菌生长的高污染进入即食食品所抵消。

（3）生长抑制剂相关场景

所有检测的场景中，生长抑制剂的使用对预测的相对风险有最大的影响。所有食品中生长抑制剂的使用几乎完全消除了预测的相对风险（减少范围从 94.9%到 97.5%）。这个水平的预测的相对风险的减少（接近 95%）是一个重要的发现，假定 100%的减少表明没有风险。然而，在实际中并不是所有的食品适合混合生长抑制剂，因此这些结果在潜在的有效性中代表上边界。

基线场景认为零售熟食店中的食品是包含生长抑制剂和不包含生长抑制剂的混合食品。在一个比较场景中，零售熟食店中的没有产品包含生长抑制剂，此时预测的风险与基线比较几乎翻一番，在 184.1%和 191.5%之间。唯一明显的异常是在"进入生长大块食品"基线，此处估计的风险相对增加只有 35.1%。这个相对低的数值从某种程度来说是一种误导，因为该基线预测的绝对风险已经高于其他基线接近 10 倍（见表 6-8）。

这些结果说明对于支持细菌生长的即食食品在零售和家庭储藏中单增李斯特氏菌的生长很重要。

（4）交叉污染相关场景

表 6-9 显示了在减少李斯特氏菌病的风险中，零售熟食店控制交叉污染是很重要的。在零售熟食店中没有出现先交叉污染的定量风险评估场景中（例如：所有位置和切片机的转移效率设置为 0；见"转移和切片机到 0"列），预测的相对风险的减少是很显著的（从 6.5%到 60.8%）。然而，当单增李斯特氏菌从切片机的转移没有被消除（"转移到 0"场景）时，预测的相对风险没有显著性减少。这突出了零售熟食店中切片机作为交叉污染主要来源的重要性。

除了调查表 6-9 中相对风险值，调查本研究 6.5.7.2 节中绝对风险评价报告提供了关于交叉污染在来自零售熟食店即食食品的风险中扮演的角色的进一步洞察。交叉污染消除时，没有生态位基线的绝对风险是 1.1×10^{-7}（见图 6-17）。当有交叉污染时，绝对风险增加到 1.4×10^{-7}（见表 6-8，"无生态位"）。当"进入不生长大块食品"被引入没有交叉污染的无生态位零售熟食店，风险与"无生态位，转移和切片机到 0"场景实质上是一样的，表明如果零售店没有交叉污染，那么不支持单增李斯特氏菌生长的高污染即食食品的引入不会导致风险实质性的增加。然而，当交叉污染发生在这些条件下时，预测的绝对风险显著性地增加（达到 2.8×10^{-7}，见表 6-8）。该定量风险评估表明作为交叉污染的结果，即食食品中单增李斯特氏菌的任何增长（包括不支持细菌生长的）都会导致每份基础供应造成的单增李斯特氏菌预测风险的增加。

表 6-9 同时显示了在所有即食食品中单增李斯特氏菌的平均水平减少到了原来的 1/2，显著地减少了预测的相对风险。这一发现表明在加工过程中为阻止低水平单增李斯特氏菌的污染做出了持续努力，这一努力阻止了疾病从一些食品中传染到其他即食食品中。

（5）与储藏温度和时间控制相关场景

控制零售店柜子温度显著性减少了预测的风险。当即食食品储藏在参考温度（$T \leq 5℃$）的场景下时，风险预测的减少大致与将即食食品储存在完全阻止单增李斯特氏菌生长的温度（不生长，$T = -5℃$）下的减少相同。这是一个重要的发现，因为在 FDA 食品法典推荐的温度下在熟食店陈列柜中储存食品可以阻止几乎所有的与零售店中细菌生长相关的额外的风险。这些发现突出了零售店中温度控制的重要性。

表 6-9　不同场景"零售熟食店中单增李斯特氏菌"风险评估模型

场　　景	基线条件					
	多个生态位 100W	无生态位	进入生长大块食品	进入不生长大块食品	温度控制	生态位和温度控制
环境卫生相关场景						
清洗和消毒:增加从简单清洗到消毒的清洁效果	-1.6	1.7	-0.6	2.0	-1.3	**-7.6***
8 次不定时清洁:从 4 到 8 双倍位置清洁的数量	-4.2	**-4.1***	-0.7	-1.9	-0.5	1.3
无环境卫生:不擦拭、不清洗、不消毒	**41.3***	**7.9***	**2.9***	**23.5***	**11.9***	**50.2***
无不定时清洁:按照 2009FDA 食品法典要求清洁,但没有额外的不定时清洁	3.0	-3.0	-0.4	1.7	1.7	3.5

续表

场　　景	基线条件					
	多个生态位100W	无生态位	进入生长大块食品	进入不生长大块食品	温度控制	生态位和温度控制
非食品接触表面当作食品接触表面:工作人员以和食品接触表面相同的方法清洁熟食店非食品接触表面	−3.0	0.7	−0.6	0.3	**−5.4***	0.9
工作人员行为相关场景						
无手套:服务消费者时工作人员不用手套	**5.1***	2.5	1.2	**8.5***	**6.0***	**7.0***
每次服务用手套:工作人员每次服务换手套	4.1	0.7	0.7	0.6	−0.2	0.6
不接触柜子:工作人员不用手打开熟食店柜子(例如:如果使用地面开关)	−1.4	−3.4	−1.3	1.3	1.3	−0.3
预切片:工作人员在早晨清洁后预切片即食食品	**6.0***	**24.9***	**49.5***	**−34.3***	**19.2***	1.0
单独的切片机:工作人员用单独的切片机切片即食食品	**−6.3***	−0.6	**−1.7***	**22.7***	−0.8	4.6
不切片到手套上:工作人员在薄纸上收集即食食品的薄片,而不是在他/她戴手套的手上	1.9	1.0	0.2	3.8	−1.9	**8.0***
生长抑制剂相关场景						
使用 GI	**−96.0***	**−95.2***	**−97.5***	**−94.5***	**−94.4***	**−94.8***
不使用 GI	**184.1***	**191.5***	**35.1***	**190.5***	**187.7***	**188.9***
交叉污染相关场景						
转移到 0:交叉污染结果只源于熟食店切片机	−4.3	2.5	1.0	3.7	0.2	−0.3
转移和切片机到 0:在零售熟食店无交叉污染	**−33.8***	**−18.6***	**−9.5***	**−60**	**−19.2***	**−30.4***
减少水平:表示所有即食食品中进入单增李斯特氏菌 lg 浓度从 −9.21lg CFU/g 降低到 −9.5lg CFU/g	**−21.6***	**−24.2***	−1.1	**−9.8***	**−22.5***	**−15.6***
单独的切片机和柜子:工作人员用单独的切片机和单独的熟食店柜子	−2.5	−1.6	−1.2	**21.0***	−0.9	**7.5***
降低环境控制:减少即食食品、食品接触表面和非食品接触表面中单增李斯特氏菌的转移(例如:减少50%的转移系数)	−4.5	**−4.4***	−1.4	0.4	1.6	0.9
储存温度和时间控制相关场景						
T＝5℃:设置零售熟食店柜子温度为5℃(41℉)(例如:按照2009FDA食品法典,代替 Ecosure 报道的熟食店温度	−4.8	**−14.3***	**−8.1***	−2.8	NA	NA
不生长(T＝−5℃):在此温度下,没有单增李斯特氏菌生长	**−16.5***	**−21.3***	**−18.2***	**−5.7***	NA	NA

续表

场　　景	基线条件					
	多个生态位100W	无生态位	进入生长大块食品	进入不生长大块食品	温度控制	生态位和温度控制
$T \leqslant 5℃$:仅用 Ecosure 的零售熟食店数据小于或等于 5℃(41℉)	**−9.0***	**−16.3***	**−12.3***	**−8.2***	NA	NA
缩短零售熟食店中的时间:即食食品在其销售或处理前的储藏时间从7天减少到4天	−2.5	3.3	−1.2	2.0	−0.2	1.7

注：* 中位数超出 95% 置信区间。NA 表示不适用于该场景。

6.5.9 结论

该定量风险评估（QRA）代表了对零售业中单增李斯特氏菌的交叉污染进行建模的一次大规模的成就。该风险评估模型有利于我们理解单增李斯特氏菌在零售环境中的迁移、存活及生长，并被用来评估怎样的零售做法可能会影响李斯特氏菌病的预测风险。所用的方法用来评价实际操作中可能代表零售熟食店和它供应的即食食物的 6 种不同基线条件下的各种变化对公共卫生的影响。

在零售熟食店经营中与即食物的制作及供应相关的李斯特氏菌病的风险评估的关键调查结果包括：

① 控制生长；

② 控制交叉污染；

③ 控制来源污染；

④ 保证卫生；

⑤ 确定污染的关键途径。

总之，该风险评估增强了我们对零售熟食店中单增李斯特氏菌的认识，旨在鼓励改善零售食品安全操作和缓解策略，从而进一步控制即食食品中的单增李斯特氏菌。风险评估中的"假设"场景的模拟为交叉污染、卫生操作和温度控制的对预测李斯特氏菌病风险的影响提供了洞察力。该风险评估是基于学术界合作伙伴的大范围信息收集和利益相关者的投入。附加数据对于完善和改进这个"虚拟熟食品"模型的预测和进一步探索特定的零售操作和条件（如设备设计）是如何影响李斯特氏菌病的风险是很有用的。

参 考 文 献

陈广全，张惠媛. 2001. 电阻抗法检测食品中沙门氏菌. 食品科学，22（9）：66-70.

方艳红，孙裴，魏建忠，王桂军，李郁. 2010. 沙门菌毒力基因研究进展. 动物医学进展，31：190-193.

高永超，刘丽梅，杨作明，王玎. 2012. 食品中微生物危害定量风险评估综述. 标准科学，ISTIC (3).

胡珂文，王剑平，盖铃，应义斌，李延斌. 2008. 电化学方法在微生物快速检测中的应用. 食品科学，28 (12)：526-530.

胡瑜. 2013. 金黄色葡萄球菌耐热核酸酶的功能鉴定及表达调控. 上海交通大学.

焦旸，黄瑞. 2004. 沙门菌属质粒毒力基因 spv 的研究. 国外医学：流行病学，传染病学分册，31 (2)：119-120.

李谨. 2007. 基因芯片技术的发展与应用. 中国兽医杂志，8 (43)：87-89.

栗建永，赵琢，贾晓川，李晶，张园，赵黎华. 2013. 食源性致病菌检测分析技术的研究进展. 食品研究与开发，34 (18)：110-115.

刘秀梅，陈艳，王晓英，计融. 2005. 1992— 2001 年食源性疾病暴发资料分析——国家食源性疾病监测网. 卫生研究，33 (6)：725-727.

史贤明，施春雷，索标，吴正云. 2012. 食品加工过程中致病菌控制的关键科学问题. 中国食品学报，11 (9)：194-208.

史贤明，索标. 2010. 食源性致病菌分子检测技术研究进展. 农产品质量与安全，(3)：36-41.

王斌. 2013. 迟缓爱德华氏菌易感细胞模型的建立及病原菌-宿主细胞互作研究. 中国海洋大学.

王国庆. 2010. 基于生物信息学的肠出血性大肠埃希菌 O157：H7 的致病机制及诊断靶标的研究. 吉林大学.

王峥，邓小玲. 2009. 食源性致病菌微生物风险评估的概况及进展. 国外医学：卫生学分册，36 (5)：276-279.

吴清平，范宏英，张菊梅. 2006. 食源性致病菌免疫及分子检测新技术研究进展. 食品科学，26 (11)：269-273.

曾庆梅，张冬冬，杨毅，胡斌，徐迪，韩抒，潘宗琴. 2007. 食品微生物安全检测技术. 食品科学，28 (10)，632-637.

朱春红，吴娟，张伟娟，陆光富，朱国强. 2010. 肠炎沙门氏菌 SEFA 基因表达和间接 ELISA 检测方法的初步建立. 中国预防兽医学报，(1)：44-48.

Acheson D，Allos B M. 2001. Campylobacter jejuni infections: update on emerging issues and trends. Clinical Infectious Diseases，32 (8)：1201-1206.

Altier C. 2005. Genetic and environmental control of Salmonella invasion. J Microbiol，43 (Spec No)：85-92.

Amavisit P，Lightfoot D，Browning G，Markham P. 2003. Variation between pathogenic serovars within Salmonella pathogenicity islands. Journal of bacteriology，185 (12)：3624-3635.

Atalla H，Gyles C，Jacob C L，Moisan H，Malouin F，Mallard B. 2008. Characterization of a Staphylococcus aureus small colony variant (SCV) associated with persistent bovine mastitis. Foodborne pathogens and disease，5 (6)：785-799.

Bronner S，Monteil H，Prévost G. 2004. Regulation of virulence determinants in Staphylococcus aureus: complexity and applications. FEMS microbiology reviews，28 (2)：183-200.

Cabanes D，Dussurget O，Dehoux P，Cossart P. 2004. Auto, a surface associated autolysin of Listeria monocytogenes required for entry into eukaryotic cells and virulence. Molecular microbiology，51 (6)：

1601-1614.

Cevallos-Cevallos J M, Reyes-De-Corcuera J I, Etxeberria E, Danyluk M D, Rodrick G E. 2009. Metabo-lomic analysis in food science: a review. Trends in Food Science & Technology, 20 (11): 557-566.

Chico-Calero I, Suárez M, González-Zorn B, Scortti M, Slaghuis J, Goebel W, Vázquez-Boland J A. 2002. Hpt, a bacterial homolog of the microsomal glucose-6-phosphate translocase, mediates rapid intracel-lular proliferation in Listeria. Proceedings of the National Academy of Sciences, 99 (1): 431-436.

Clauditz A, Resch A, Wieland K-P, Peschel A, Götz F. 2006. Staphyloxanthin plays a role in the fitness of Staphylococcus aureus and its ability to cope with oxidative stress. Infection and immunity, 74 (8): 4950-4953.

Collazo C M, Galán J E. 1997. The invasion-associated type-Ⅲ protein secretion system in Salmonella-a re-view. Gene, 192 (1): 51-59.

Coombes B K, Lowden MJ, Bishop J L, Wickham M E, Brown N F, Duong N, Osborne S, Gal-Mor O, Finlay B B. 2007. SseL is a salmonella-specific translocated effector integrated into the SsrB-controlled sal-monella pathogenicity island 2 type Ⅲ secretion system. Infection and immunity, 75 (2): 574-580.

Cui S, Schroeder C, Zhang D, Meng J. 2003. Rapid sample preparation method for PCR - based detection of Escherichia coli O157: H7 in ground beef. Journal of applied microbiology, 95 (1): 129-134.

Dramsi S, Bourdichon F, Cabanes D, Lecuit M, Fsihi H, Cossart P. 2004. FbpA, a novel multifunctional Listeria monocytogenes virulence factor. Molecular microbiology, 53 (2): 639-649.

Dussurget O, Pizarro-Cerda J, Cossart P. 2004. Molecular determinants of Listeria monocytogenes viru-lence. Annu Rev Microbiol, 58: 587-610.

Ellermeier J R, Slauch J M. 2007. Adaptation to the host environment: regulation of the SPI1 type Ⅲ se-cretion system in Salmonella enterica serovar Typhimurium. Current opinion in microbiology, 10 (1): 24-29.

Finlay B. 1994. Molecular and cellular mechanisms of Salmonella pathogenesis. Bacterial Pathogenesis of Plants and Animals. Springer: 163-185.

Fitzmaurice J, Duffy G, Kilbride B, Sheridan J, Carroll C, Maher M. 2004. Comparison of a membrane surface adhesion recovery method with an IMS method for use in a polymerase chain reaction method to de-tect Escherichia coli O157 : H7 in minced beef. Journal of microbiological methods, 59 (2): 243-252.

Foley S, Lynne A. 2008. Food animal-associated Salmonella challenges: pathogenicity and antimicrobial re-sistance. Journal of animal science, 86 (14 suppl): E173-E187.

Fung Y. 1995. What's needed in rapid detection of foodborne pathogens. Food technology (USA).

Gandhi M, Chikindas M L. 2007. Listeria: A foodborne pathogen that knows how to survive. International journal of food microbiology, 113 (1): 1-15.

Gao Q X, Qi L L, Wang J B, Zhuang Q C, Chen S J, Xu X, Zheng Z. 2012. Cloning and Expression of TLR4-EGFP Fusion Protein in HT-29 Cells and the Visualized Interaction between TLR4 and Enteropatho-genic E. coli. Applied Mechanics and Materials, 138: 1168-1173.

Gerlach R G, Jäckel D, Geymeier N, Hensel M. 2007. Salmonella pathogenicity island 4-mediated adhesion is coregulated with invasion genes in Salmonella enterica. Infection and immunity, 75 (10): 4697-4709.

Ghosh S，Chakraborty K，Nagaraja T，Basak S，Koley H，Dutta S，Mitra U，Das S．2011．An adhesion protein of Salmonella enterica serovar Typhi is required for pathogenesis and potential target for vaccine development．Proceedings of the National Academy of Sciences．108（8）：3348-3353．

Glaser P，Frangeul L，Buchrieser C，Rusniok C，Amend A，Baquero F，Berche P，Bloecker H，Brandt P，Chakraborty T．2001．Comparative genomics of Listeria species．Science，294（5543）：849-852．

Gordon R J，Lowy F D．2008．Pathogenesis of methicillin-resistant Staphylococcus aureus infection．Clinical Infectious Diseases，46（Supplement 5）：S350-S359．

Hamon M，Bierne H，Cossart P．2006．Listeria monocytogenes：a multifaceted model．Nature Reviews Microbiology，4（6）：423-434．

Hoelzer K，Oliver H F，Kohl L R，Hollingsworth J，Wells M T，Wiedmann M．2012a．Structured Expert Elicitation About Listeria monocytogenes Cross-Contamination in the Environment of Retail Deli Operations in the United States．Risk analysis，32（7）：1139-1156．

Hoelzer K，Pouillot R，Gallagher D，Silverman M B，Kause J，Dennis S．2012b．Estimation of *Listeria monocytogenes* transfer coefficients and efficacy of bacterial removal through cleaning and sanitation．International journal of food microbiology，157（2）：267-277．

Huh D，Matthews B D，Mammoto A，Montoya-Zavala M，Hsin H Y，Ingber D E．2010．Reconstituting organ-level lung functions on a chip．Science，328（5986）：1662-1668．

Johansson J，Mandin P，Renzoni A，Chiaruttini C，Springer M，Cossart P．2002．An RNA Thermosensor Controls Expression of Virulence Genes in *Listeria monocytogenes*．Cell，110（5）：551-561．

Jones B D．2005．Salmonella invasion gene regulation：a story of environmental awareness．J Microbiol，43：110-117．

Kahl B C，Belling G，Becker P，Chatterjee I，Wardecki K，Hilgert K，Cheung A L，Peters G，Herrmann M．2005．Thymidine-dependent Staphylococcus aureus small-colony variants are associated with extensive alterations in regulator and virulence gene expression profiles．Infection and immunity，73（7）：4119-4126．

Kimble L L，Mathison B D，Kaspar K L，Khoo C，Chew B P．2014．Development of a Fluorometric Microplate Antiadhesion Assay Using Uropathogenic Escherichia coli and Human Uroepithelial Cells．Journal of natural products．

Labrousse A，Chauvet S，Couillault C，Léopold Kurz C，Ewbank J J．2000．Caenorhabditis elegans is a model host for Salmonella typhimurium．Current Biology，10（23）：1543-1545．

Liang X，Yu C，Sun J，Liu H，Landwehr C，Holmes D，Ji Y．2006．Inactivation of a two-component signal transduction system，SaeRS，eliminates adherence and attenuates virulence of Staphylococcus aureus．Infection and immunity，74（8）：4655-4665．

Liu D，Lawrence M L，Ainsworth A J，Austin F W．2005．Comparative assessment of acid，alkali and salt tolerance in Listeria monocytogenes virulent and avirulent strains．FEMS microbiology letters，243（2）：373-378．

Liu G-R，Liu W-Q，Johnston R N，Sanderson K E，Li S-X，Liu S-L．2006．Genome plasticity and ori-ter rebalancing in Salmonella typhi．Molecular Biology and Evolution，23（2）：365-371．

Mahajan-Miklos S，Tan M-W，Rahme L G，Ausubel F M．1999．Molecular Mechanisms of Bacterial Virulence Elucidated Using a Pseudomonas aeruginosa-Caenorhabditis elegans Pathogenesis Model. Cell，96 (1)：47-56.

Maitland J，Boyer R，Gallagher D，Duncan S，Bauer N，Kause J，Eifert J. 2013. Tracking Cross-Contamination Transfer Dynamics at a Mock Retail Deli Market Using GloGerm. Journal of Food Protection，76 (2)：272-282.

Mandin P，Fsihi H，Dussurget O，Vergassola M，Milohanic E，Toledo-Arana A，Lasa I，Johansson J，Cossart P. 2005. VirR，a response regulator critical for Listeria monocytogenes virulence. Molecular microbiology，57 (5)：1367-1380.

Mead P S，Slutsker L，Dietz V，McCaig L F，Bresee JS，Shapiro C，Griffin P M，Tauxe R V. 1999. Food-related illness and death in the United States. Emerging infectious diseases，5 (5)：607.

Milohanic E，Jonquieres R，Cossart P，Berche P，Gaillard J L. 2001. The autolysin Ami contributes to the adhesion of Listeria monocytogenes to eukaryotic cells via its cell wall anchor. Molecular microbiology，39 (5)：1212-1224.

Oelschlaeger T A，Hacker J. 2004. Impact of pathogenicity islands in bacterial diagnostics. Apmis，112 (11-12)：930-936.

Orr K，Lightfoot N，Sisson P，Harkis B，Tweddle J，Boyd P，Carroll A，Jackson C，Wareing D，Freeman R. 1995. Direct milk excretion of Campylobacter jejuni in a dairy cow causing cases of human enteritis. Epidemiology and infection，114 (01)：15-24.

Osborne S E，Coombes B K. 2011. Transcriptional priming of Salmonella Pathogenicity Island-2 precedes cellular invasion. PloS one，6 (6)：e21648.

Pamer E G. 2004. Immune responses to Listeria monocytogenes. Nature Reviews Immunology，4 (10)：812-823.

Pfeiffer V，Sittka A，Tomer R，Tedin K，Brinkmann V，Vogel J. 2007. A small non - coding RNA of the invasion gene island (SPI - 1) represses outer membrane protein synthesis from the Salmonella core genome. Molecular microbiology，66 (5)：1174-1191.

Schubert W-D，Urbanke C，Ziehm T，Beier V，Machner M P，Domann E，Wehland J，Chakraborty T，Heinz D W. 2002. Structure of Internalin，a Major Invasion Protein of *Listeria monocytogenes*，in Complex with Its Human Receptor E-Cadherin. Cell，111 (6)：825-836.

Scortti M，Lacharme-Lora L，Wagner M，Chico-Calero I，Losito P，Vázquez-Boland J A. 2006. Coexpression of virulence and fosfomycin susceptibility in Listeria：molecular basis of an antimicrobial in vitro - in vivo paradox. Nature medicine，12 (5)：515-517.

Shea J E，Hensel M，Gleeson C，Holden D W. 1996. Identification of a virulence locus encoding a second type Ⅲ secretion system in Salmonella typhimurium. Proceedings of the National Academy of Sciences，93 (6)：2593-2597.

Shen Y，Naujokas M，Park M，Ireton K. 2000. InlB-Dependent Internalization of *Listeria* Is Mediated by the Met Receptor Tyrosine Kinase. Cell，103 (3)：501-510.

Sibbald M，Ziebandt A，Engelmann S，Hecker M，De Jong A，Harmsen H，Raangs G，Stokroos I，Arends J，Dubois J. 2006. Mapping the pathways to staphylococcal pathogenesis by comparative secretomics. Microbiology and Molecular Biology Reviews，70 (3)：755-788.

Sifri C D, Baresch-Bernal A, Calderwood S B, von Eiff C. 2006. Virulence of Staphylococcus aureus small colony variants in the Caenorhabditis elegans infection model. Infection and immunity, 74 (2): 1091-1096.

Thedieck K, Hain T, Mohamed W, Tindall B J, Nimtz M, Chakraborty T, Wehland J, Jänsch L. 2006. The MprF protein is required for lysinylation of phospholipids in listerial membranes and confers resistance to cationic antimicrobial peptides (CAMPs) on Listeria monocytogenes. Molecular microbiology, 62 (5): 1325-1339.

Thomsen L E, Slutz S S, Tan M-W, Ingmer H. 2006. Caenorhabditis elegans is a model host for Listeria monocytogenes. Applied and environmental microbiology, 72 (2): 1700-1701.

Uchiya K-I, Nikai T. 2004. Salmonella enterica serovar Typhimurium infection induces cyclooxygenase 2 expression in macrophages: involvement of Salmonella pathogenicity island 2. Infection and immunity, 72 (12): 6860-6869.

Vázquez-Boland J A, Kuhn M, Berche P, Chakraborty T, Domínguez-Bernal G, Goebel W, González-Zorn B, Wehland J, Kreft J. 2001. Listeria pathogenesis and molecular virulence determinants. Clinical microbiology reviews, 14 (3): 584-640.

Valdez Y, Ferreira R B, Finlay B B. 2009. Molecular mechanisms of Salmonella virulence and host resistance. Molecular Mechanisms of Bacterial Infection via the Gut. Springer: 93-127.

Vispo C, Karasov W H. 1997. The interaction of avian gut microbes and their host: an elusive symbiosis. Gastrointestinal microbiology. Springer: 116-155.

Wei J, Zhou X, Xing D, Wu B. 2010. Rapid and sensitive detection of Vibrio parahaemolyticus in sea foods by electrochemiluminescence polymerase chain reaction method. Food chemistry, 123 (3): 852-858.

Yarwood J M, Bartels D J, Volper E M, Greenberg E P. 2004. Quorum sensing in Staphylococcus aureus biofilms. Journal of bacteriology, 186 (6): 1838-1850.

Yuki N. 1997. Molecular mimicry between gangliosides and lipopolysaccharides of Campylobacter jejuni isolated from patients with Guillain-Barré syndrome and Miller Fisher syndrome. Journal of Infectious Diseases, 176 (Supplement 2): S150-S153.

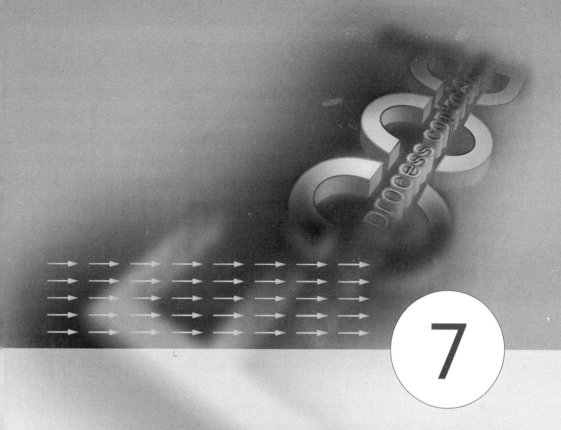

7

食品加工过程真菌毒素的危害及风险评估

7.1   真菌毒素在食品加工链中污染及其危害

7.1.1   食品中常见真菌毒素

真菌毒素是由产毒真菌在适宜的环境条件下产生的有毒代谢产物，是一类天然产生的生物毒素，从古至今一直对人类、动物和植物具有巨大的潜在威胁。据联合国粮农组织（FAO）统计，全球每年有 25% 的农产品受到真菌毒素污染，这一情况，在我国还更为严重。特别是近年来受气候变化影响，污染面正从南向北扩大。它一方面直接导致农产品霉败变质、营养物质损失以及产品的品质降低等。全国饲料工业办公室调查表明，全国饲料真菌毒素轻度污染率高达 90% 以上。另一方面真菌毒素通过对人和动物机体内 DNA、RNA、蛋白质和各种酶类的合成抑制以及对细胞结构的破坏而引起真菌毒素中毒，其主要毒性表现在免疫抑制、组织坏死、肝肾损伤、繁殖障碍、致癌、致畸等，目前真菌毒素对农产品的污染在 2002 年已经被世界卫生组织列为食源性疾病的重要根源（黄天培等，2011）。

7.1.1.1   黄曲霉毒素(aflatoxin, AF)

黄曲霉毒素是一组化学结构类似的二呋喃香豆素的衍生化合物，主要由黄曲霉和寄生曲霉产生。已证实有 17 种衍生物，主要包括黄曲霉毒素 B_1（AFB_1）、黄曲霉毒素 B_2（AFB_2）、黄曲霉毒素 G_1（AFG_1）、黄曲霉毒素 G_2（AFG_2）、黄曲霉毒素 M_1（AFM_1）和黄曲霉毒素 M_2（AFM_2）。黄曲霉毒素常污染花生、大豆、稻谷、玉米、牛奶、奶制品、食用油等，具有强致癌性、肝毒性和强免疫抑制性，能降低动物的抵抗力，导致肝癌甚至死亡。1993 年黄曲霉毒素被 IARC 划定为 I 类致癌物，其中以 AFB_1 最为多见，毒性和致癌性也最强。哺乳动物 AFB_1 中毒表现为食欲不振、共济失调、肝细胞坏死和胆管上皮细胞增生、脂肪肝等。

7.1.1.2   赭曲霉毒素 A(ochratoxin A, OTA)

赭曲霉毒素是继黄曲霉毒素后又一个引起世界广泛关注的生物毒素。它是由曲霉属和青霉属的霉菌产生的一组毒性代谢产物。包括 A、B、C 等 7 种结构类似的化合物，其中以 OTA 毒性最大。一般容易受到 OTA 污染的食品包括：大豆、绿豆、咖啡豆、酒、葡萄汁、调味品、草本植物、猪肾等。IARC 将其定为2B 类致癌物。OTA 具有很强的肾毒性，对动物的肾脏和肝脏危害最大。除特异性肾毒性作用以外，OTA 还具有致畸、致突变、致癌作用和免疫毒性，也可造成肠炎、淋巴坏疽、肝肿大等疾病。

7.1.1.3 伏马毒素(fumonisin)

伏马毒素是一类由不同的多氢醇和丙三羧酸组成的结构类似的双酯化合物，主要由串珠镰孢菌和轮状镰孢菌等产生。伏马毒素分为 A、B、C 和 P 组，B 组产量最丰富，其中伏马毒素 B_1（FB_1）是主要成分。伏马毒素大多污染玉米及其制品、大米、面条、调味品、高粱、啤酒及芦笋等。伏马毒素具有致癌、神经毒性、细胞毒性、肝脏和肾脏毒性等，研究证实，伏马毒素可导致马产生脑白质软化症和神经性中毒，猪产生肺水肿综合征，危害灵长类动物的肝脏和肾脏，并被怀疑可诱发人类患食管癌等疾病。

7.1.1.4 杂色曲霉毒素(sterigrnatocystin，ST)

杂色曲霉毒素是第一个被发现含有双氢呋喃苯并呋喃体系的天然产物，主要由杂色曲霉和构巢曲霉等产生，其结构与 AFB_1 十分相似，已被证实可以转变为 AFB_1。可污染大麦、小麦、玉米、花生、大豆、咖啡豆、火腿、奶酪、饲料和饲草等。杂色曲霉毒素具有较强致癌性、肝毒性和肾毒性，因其可以转化为 AFB_1，因此其毒性和致癌性受到世界各国的高度重视。研究显示，杂色曲霉毒素可引起大白鼠肝、肾损伤，肝细胞和肾小管上皮变性坏死。马属动物多引起肝硬化，羔羊则为急性或亚急性中毒性肝炎。

7.1.1.5 展青霉素(patulin，Pat)

展青霉素是一种有毒内酯，是展青霉和扩张青霉等霉菌产生的有毒代谢产物，主要污染苹果、山楂等水果以及浆果、蔬菜、面包和肉类制品。展青霉素也是一种广谱抗生素，具有强烈的抗菌活性，但是其对动物的细胞和组织具有很强的毒性，并具有潜在的致癌性和诱变性，其污染食品和饲料后产生的毒性作用大于其药用价值。

7.1.1.6 玉米赤霉烯酮(zearalenone，ZEN)

玉米赤霉烯酮又称为 F-2 毒素，是一种类雌激素，主要由禾谷镰刀菌和黄色镰刀菌等产生，广泛存在于霉变的玉米、高粱、小麦、燕麦、大麦等谷类作物以及奶类制品中，具有较强的生殖毒性和致畸作用，可引起动物发生雌激素亢进症，导致动物不孕或流产，对畜禽特别是对猪危害巨大。猪摄入 ZEN 后首先影响生殖系统，成年母猪表现为假妊娠，乏情或连续发情，产死胎、弱胎以及流产等。公猪睾丸萎缩，精液品质下降。

7.1.1.7 脱氧雪腐镰刀菌烯醇(deoxynivalenol，DON)

脱氧雪腐镰刀菌烯醇又称呕吐毒素，主要由禾谷镰刀菌产生，广泛污染小麦、大麦、玉米、燕麦等谷物。DON 毒性较低，对谷物等的污染率和污染水平居于镰刀菌毒素之首，对人畜健康构成很大危害。其最明显的毒性作用是引起呕吐、腹泻、腹痛等症状，并延缓生长、降低免疫机能，此外，还会引起心肌受损、胃肠上皮黏膜出血、神经机能紊乱等症状，严重者导致死亡。脱氧雪腐镰刀菌烯醇通常引起猪的拒食综合征，严重影响其生产性能，临床上还会出现腹泻、呕吐等症状。

7.1.1.8 T-2 毒素

T-2 毒素是单端孢霉烯族化合物之一，在自然界中广泛存在，是单端孢霉烯族毒素中毒性最强的一种，毒性分级为剧毒。T-2 毒素在小麦、玉米、大麦、燕麦、黑麦、啤酒和面包中广泛存在，是常见的污染田间作物和库存谷物的主要毒素，对人畜危害较大。T-2 毒素对人及动物具有广泛而强烈的毒性作用，可引起呕吐，导致外周血白细胞缺乏，具有明显的细胞毒和对蛋白质、DNA 合成的抑制作用，并有肯定的致畸性和致突变性。

7.1.1.9 橘青霉素(citrinin)

橘青霉素是青霉属和曲霉属的某些菌株产生的真菌毒素，在自然界中分布广泛，玉米、大米、面包、奶酪、苹果、梨和果汁等食品常受到橘青霉素污染。橘青霉素主要是一种肾毒性毒素，它能引起狗、猪、鼠、鸡、鸭和鸟类等多种动物肾脏病变，主要表现为：管状上皮细胞的退化和坏死、肾肿大、尿量增加、血氮和尿氮升高等，并可引起一系列的生理失常。

7.1.2 加工对食品原料及食品中真菌毒素的影响

7.1.2.1 分类和清理

分类和清理可以降低毒素含量。然而，这些处理不能破坏毒素。清理是除去内部发霉的颗粒和坏掉的颗粒，好的原料有助于减少毒素的浓度（白小芳，2010）。

Sydenham 等人（Sydenham et al，1994）研究发现，清理后玉米种子的伏马毒素的含量下降了 26%～69%。清理也可以用于清除生虫的小麦和大麦，在制粉时可以使脱氧雪腐镰刀菌烯醇下降 5.5%～19%。另外，对大麦进行清理后，发现大麦中的赭曲霉毒素含量只下降了 2%～3%。物理学的清理是从完好的种子里除去被霉菌感染的谷粒、种子和坚果，这可以使黄曲霉毒素减少40%～80%。然而，虽然分类、粉碎和清理可以减少产品中的毒素，但这些都不能将污染物完全清理。原料的状况、污染物和污染的程度对清理的效果均有影响。

7.1.2.2　磨粉

在磨粉工艺中，毒素可以被重新分配，也可以集中在某一小部分，但这一过程并没有破坏毒素。在干法磨粉中，毒素可能集中于胚芽和糠层。

Katta 等（Katta et al，1997）指出，在干法磨玉米粉中，糠中的伏马毒素 B_1 含量最高，通常是用来做动物饲料。其次是胚芽部分，可以用于饲养动物或者提油。用于加工食品的部分是剥落的粗粉和面粉，它们含有的毒素最少。有人研究发现，在干法磨玉米粉的工业生产过程中，FB_1 可以重新分配。同样，干的小麦粉、大麦粉和其他谷物粉中，含 DON、玉米赤霉烯酮、黄曲霉毒素和赭曲霉毒素较高的部分很少用来加工食品。在湿法磨玉米粉时，毒素可以溶解于浸泡的水中或者转移到副产物中，但不能使毒素遭到破坏。在湿法磨粉中，淀粉中的毒素含量趋向于减少，但在湿法磨粉的浸泡水、麸皮和胚芽中，却都能发现毒素，包括黄曲霉毒素、赭曲霉毒素和伏马毒素。

Bennett 等（Bennett et al，1996）发现，在湿法磨粉中，伏马毒素也被转移到浸泡水中或者被分配到麸皮、糠层和胚芽中，面粉中几乎没有毒素。

7.1.2.3　酿造

在酿造过程中，黄曲霉毒素 B_1、赭曲霉毒素 A、玉米赤霉烯酮、DON、伏马毒素 B_1 和 B_2 能从谷物中转移到啤酒中。这些毒素可能来源于发芽的谷粒和辅料。在酿造过程中，玉米粉或者玉米糖浆、米粉、未发芽的大麦粒、小麦淀粉或者高粱粉都可以作为辅料，作为酵母生长的碳源。当研究酿造过程中的黄曲霉毒素 B_1 和赭曲霉毒素 A 的稳定性时，发现它们的规律和毒素损失规律相似。沸点温度时的毒素性质依然很稳定，但毒素对谷粒发芽、麦芽汁沸腾和最终酿造很敏感，这 3 个阶段的毒素分别减少了 12%～27%、20%～30%、20%～30%。

Scott 等（Scott et al，1995）研究发现，在添加了赭曲霉毒素、伏马毒素 B_1 和 B_2 的麦芽汁酿造过程中，赭曲霉毒素 A、FB_1 和 FB_2 分别下降了 2%～13%、3%～28%、9%～17%。

7.1.2.4　加热处理

所有加热处理的基本作用是为了煮熟和保存产品。这个过程包括一般的蒸煮、油炸、烘烤、烧烤和罐装。挤压也是一种加热处理过程，将会被单独考虑。

下面报道几种毒素在各种加热处理过程中的稳定性。

在用黄曲霉毒素污染玉米粉做成的玉米饼的研究中，发现其中有 $87\%\pm4\%$ 的黄曲霉毒素 B_1。然而在煮污染了黄曲霉毒素 B_1 的米时，发现一般毒素都会平均减少 34%；加压煮米时毒素会降低得更多（$78\%\sim88\%$）。

另一项研究发现，玉米粉在蒸煮时黄曲霉毒素可以减少 28%；油炸玉米粉可以使黄曲霉毒素减少 $34\%\sim53\%$。分别在 $90℃$、$120℃$、$150℃$ 烘烤开心果 30min、60min、120min，结果发现坚果中的黄曲霉毒素随着烘烤时间和温度的不同而降低了 $17\%\sim63\%$。在咖啡豆烘烤的过程中，黄曲霉毒素的减少也与其种类和烘烤时间有关，下降了 $42\%\sim56\%$。玉米粉圆饼、墨西哥玉米片和玉米煎饼在制作过程中可以使黄曲霉毒素分别减少 52%、84% 和 79%。

赭曲霉毒素在面包焙烤中很稳定，几乎没有损失或者减少。然而，焙烤饼干中的大约 2/3 的毒素遭到破坏或者被固定。在水中加压蒸煮蚕豆，可减少 84% 的赭曲霉毒素 A。加热处理添加 50% 水的燕麦片，可以减少 74% 的赭曲霉毒素，而且加热处理干的燕麦片或者大米，可以减少更多的赭曲霉毒素（可以减少 $86.0\%\sim87.5\%$）。烘烤咖啡豆可以减少 $13\%\sim93\%$ 的赭曲霉毒素，用含有较多（或较少）赭曲霉毒素的原料，采用制作经典浓咖啡的工艺条件，均可以使赭曲霉毒素减少 90% 以上。

一般的面包和饼干经过烘烤，脱氧雪腐镰刀菌烯醇可以分别减少 $24\%\sim71\%$、35%，但是烘烤的埃及面包中的脱氧雪腐镰刀菌烯醇却没有减少；罐装玉米膏可以轻微减少 12% 的脱氧雪腐镰刀菌烯醇，但它在婴儿食品和狗粮中却没有减少。

FB_1 是一种热稳定性很好的毒素，煮沸温度下也可以保持其稳定性。对串珠镰刀菌的培养基煮沸 30min，在 $60℃$ 烘干 24h，结果发现，其含有的 FB_1 没有任何损失。然而，高温处理有时候可以使其降低一些。研究发现，罐装整玉米粒，就像罐装玉米膏和焙烤的玉米面包一样，可以使伏马毒素减少很多。但对人工添加 $5\mu g/g$ FB_1 的玉米松饼和自然污染了 FB_1 的玉米松饼进行焙烤，结果发现焙烤也不会使其造成明显的损失。然而，人工添加和自然污染了伏马毒素的玉米粉在 $215℃$ 下烘烤 15min，几乎可以使伏马毒素全部损失。另一项研究表明，在 $175℃$ 和 $200℃$ 时焙烤玉米松饼，结果分别使伏马毒素减少了 16% 和 28%。在这两个焙烤温度中，FB_1 的损失都是表面的要比中间的损失得多。在 $140\sim170℃$ 油炸玉米糊（$0\sim6$min），伏马毒素没有损失，而油炸玉米饼（$190℃$，15min）可以减少 67% 的伏马毒素。干热处理对伏马毒素的破坏性要比湿热处理的破坏性大。

在 pH 值为 4、7、10 的缓冲液中，考察时间和温度对 FB_1 和 FB_2 稳定性的影响，结果发现它们的降解程度与温度有关。毒素在 pH 值 4 的缓冲液中最不稳定，其次是在 pH 值 10 和 pH 值 7 的缓冲液中，只要在高于 175℃，蒸煮时间为 60min 的条件下，FB_1 和 FB_2 的损失都会超过 90%。

玉米淀粉、玉米蛋白和葡萄糖作为 FB_1 的基质，加热至 100～150℃，结果发现与玉米淀粉和玉米蛋白基质相比，在葡萄糖基质中的 FB_1 损失最多。

Howard（Howard et al，1998）报道了在还原性糖存在的条件下，加热 FB_1 可以产生 N-羧甲基-FB_1（NCM-FB_1）。这个反应可能是通过 FB_1 和还原性糖直接发生的美拉德反应来实现的，这与氨基酸和还原性糖的反应相似。FB_1 和 D-葡萄糖的产物首先被分离出来，鉴别确定是 N-(1-脱氧-D-果糖-1-ly)-FB_1，接下来是美拉德反应，产物进一步转化为 NCM-FB_1。有人报道，由于果糖能在美拉德反应中钝化 FB_1 的氨基，所以在美拉德反应中添加果糖可以减少 FB_1 的毒性。

7.1.2.5　挤压处理

挤压通常用于生产早餐麦片、点心和有纹理的食品。挤压处理可以升高温度。糊状的原料由螺旋杆送进一个稳定的金属壳电子管或者金属桶中，在挤压机中完成挤压过程。随着这一瞬间的发生，以蒸汽的形式加热或者是螺丝钉与桶摩擦产生的机械热量来加热，结果桶里壳的最高温度高达 150℃。另外，在短时间内高压和剪切有助于发生化学反应和化合物分子量减小。挤压机有单杆螺旋和双杆螺旋。

挤压过程或者挤压工艺可以使挤压产品中毒素的稳定性降低或含量减少，这一现象已有人研究。挤压产品中的毒素减少与挤压温度、旋转速度、原料的湿度和挤压时间等有关。其中，挤压温度和停留时间这两个因素的影响作用最大。毒素减少最多的产品是在温度 160℃、挤压时间较长的情况下生产的。

存在的添加剂、水分含量和温度影响着挤压产品的黄曲霉毒素含量。有人指出，单纯的挤压可以减少 50%～80% 的黄曲霉毒素，若是添加氨水或者是氢氧化物（0.7% 或者 1.0%）或者重碳酸盐（0.4%），黄曲霉毒素可以减少 95%。有人报道，花生饼粉在挤压时也存在类似的结果，在未添加氨水或者氢氧化物时，毒素减少 23%～66%；在添加氨水或者氢氧化物（2.0%～2.5%）时，毒素可减少 87%。

Scudamore（Scudamore et al，2004）研究了温度、水分含量、旋转速度和挤压时间因素对全麦粉中赭曲霉毒素 A 稳定性的影响。旋转速度对减少赭曲霉毒素 A 的作用较小，但温度、水分含量和挤压时间这 3 个因素对它的影响很大。研究发现，温度和水分含量越高，赭曲霉毒素被破坏得越多。在水分含量为 30％，温度 116～120℃ 和 133～136℃ 时，赭曲霉毒素 A 分别减少了 12％ 和 23.5％；在水分含量为 17.5％，温度为 157～164℃ 时，赭曲霉毒素 A 损失 13.4％，当温度为 191～196℃ 时其损失了 31％。随着挤压时间的延长，毒素会减少更多，当流速比较慢时，挤压时间就会延长，但是，赭曲霉毒素 A 的损失不会超过 40％。

无论是否用螺旋混合器，在挤压、蒸煮过程中，水分含量不会对玉米赤霉烯酮的下降有影响。当考虑到混合这个因素时，用螺旋混合器（66％～83％）的要比未用螺旋混合器（65％～77％）的玉米赤霉烯酮含量下降的幅度大。在 120℃ 和 140℃ 时，玉米赤霉烯酮减少量为 73％～83％；而在 160℃ 时，只减少了 66％～77％。

Cazzaniga（Cazzaniga et al，2001）研究了在是否添加亚硫酸钠的情况下，挤压蒸煮对脱氧雪腐镰刀菌烯醇稳定性的影响。试验条件为：水分含量为 15％ 和 30％，温度 150°C 和 180℃，亚硫酸钠添加量为 0％ 和 1％，在这些条件下，毒素去除率达 95％ 以上。

在一系列不同的试验中，已经研究了伏马毒素在挤压蒸煮过程中的稳定性。用螺旋混合器挤压处理后，FB_1 的减少量要比不用螺旋混合器处理后减少的要多。

Katta（Katta et al，1997）评估了在不同温度下（140℃、160℃、180℃、200℃）和不同转速（40r/min、80r/min、120r/min、160r/min）下，含有 5μg/g FB_1 的玉米粉用双螺杆挤压机挤压处理的效果。FB_1 的损失量随着温度的升高而增加，随着转速减小而增加。在不同挤压条件下得到的玉米粉产品的 FB_1 损失量为 34％～95％。

Castelo（Castelo et al，2001）研究了挤压过程中糖对伏马毒素性质的稳定作用。挤压添加了 2.5％～5.0％葡萄糖、果糖和蔗糖的带有 FB_1（5μg/g）的甜玉米粉。与没有进行挤压蒸煮处理的玉米粉相比，挤压蒸煮过的玉米粉中的 FB_1 减少很多，但是添加葡萄糖原料中的伏马毒素减少量（44.8％～66.6％）比添加果糖（32.4％～52.4％）和蔗糖（26％～42.7％）的都要多。接下来的实验，在 160℃ 添加不同质量分数的葡萄糖（2.5％、5.0％、7.0％ 和 10％）和不同转速（40r/min、60r/min、80r/min）下进行挤压膨化。转速和葡萄糖质量分数对挤压玉米粉中的 FB_1 含量减少有着显著的作用。实验结果显示，在较低转速和高浓度的葡萄糖时，FB_1 的最大减少量可达到 92.7％。

FB_1 的减少和葡萄糖的添加是根据 HPLC（高效液相色谱）和 ELISA（酶

联免疫）法来分析的。这些方法的依据是毒素的化学结构。如果在挤压后结构被改变或者 FB_1 与玉米粉结合，那么将不能单独使用 HPLC 或者 ELISA 法来定量毒素了。因此，在 FB_1 的毒性或者活性被挤压膨化破坏时，则不能使用这些方法测量。采用 LC-MS 检测产品的降解物，用大鼠的肾脏作为生物传感器来检测残留的毒素。在这项研究中，原料是人工添加 FB_1 和天然生长的玉米粉。人工添加的 FB_1 含量为 $30\mu g/g$，明串珠菌产生 FB_1 的量为 $40\sim50\mu g/g$。将玉米粉在 160℃、60r/min 的条件下进行挤压膨化，在挤压混合物中添加 10% 葡萄糖，FB_1 可以转化成 N-（1-脱氧-D-果糖-1-ly）-FB_1。用未挤压膨化的玉米粉、发酵过的玉米粉、挤压成型的产品和发酵不含糖挤压处理的玉米粉喂养小鼠，结果发现小鼠的肾脏质量和伏马毒素的病理学特征的严重性都要比用挤压膨化的玉米粉和发酵含葡萄糖挤压处理的玉米粉的小鼠的轻。对小鼠肾脏进行的病理学研究发现，N-（1-脱氧-D-果糖-1-ly）-FB_1 的毒性要低于未发生改变的 FB_1。

7.2　食品中真菌毒素的国内外限量标准

粮食中的真菌毒素常见的有黄曲霉毒素（AF）、赭曲霉毒素 A（OTA）、玉米赤霉烯酮（ZEN）、呕吐毒素（DON）、伏马毒素 B（FB）和 T-2 毒素，它们的结构、化学、生物和毒理性是多种多样的，而且适宜生长的粮食基质也不同，所以需要针对不同粮食品种建立各项限量标准才能全面保障粮食安全。我国真菌毒素限量标准还不完善，伏马毒素和 T-2 毒素还没有限量，其他的限量标准针对性不大，在经济贸易全球化的今天，建立完善标准机制，是解决贸易障碍的最好办法。迄今为止，世界上有 100 多个国家、地区和区域组织制定了食品及农产品中真菌毒素的限量法规或标准。

中国于 2011 年 4 月 20 日颁布了新修订的真菌毒素限量标准，即 GB 2761—2011《食品安全国家标准　食品中真菌毒素限量》，该标准代替了 GB 2761—2005《食品中真菌毒素限量》和 GB 2715—2005《粮食卫生标准》中真菌毒素的限量指标，该标准作为强制性食品安全标准已于 2011 年 10 月 20 日正式实施，成为中国各级政府、质检机构监管食品真菌毒素，保证食品安全法和农产品质量安全法顺利实施的标准依据。

国际食品法典委员会（Codex Alimentarius Commission，CAC）是由联合国粮农组织和世界卫生组织共同建立的旨在制定国际食品标准的政府间国际组织。CAC 制定的标准成为国际公认的贸易和解决争端的仲裁依据，也成为 WTO 成员国保护自身利益的有力武器。CAC 于 1995 年颁布了 CODEX STAN 193—

1995 "Codex General Standard for Contaminants and Toxins in Food and Feed"（2010 版）（食品中污染物和毒素通用标准），该标准先后于 1997 年、2006 年、2008 年和 2009 年进行了 4 次修正，又先后于 2009 年、2010 年进行了 2 次修订。

7.2.1 黄曲霉毒素限量指标

世界上 60 多个国家制定了 AF 限量标准。中国及 CAC 制定的 AF 限量指标见表 7-1。新发布的 GB 2761—2011 国家标准延续了 GB 2761—2005 和 GB 2761—2005 中按照 AFB_1 制定限量的规则，食品种类细分为 14 种。CAC 标准 CODEX STAN 193—1995（2010 版）与中国的不同，其按照 AF 总量（$B_1 + B_2 + G_1 + G_2$）指标制定限量指标。CAC 标准 AF 总量（$B_1 + B_2 + G_1 + G_2$）限量值在 10.0～20.0μg/kg，食品种类细分为 9 种，并且对加工原料和直接食用的食品分别进行了规定。中国对婴儿配方食品制定 0.5μg/kg 的限量指标，而 CODEX STAN 193—1995（2010 版）、CODEX STAN 72—1981《婴儿配方及特殊医用婴儿配方食品标准》（2007 版）及 CODEX STAN 74—1981《谷类婴幼儿加工食品法典标准》（2006 版）并未对 AFB_1 或黄曲霉毒素总量作出明确的规定。

7.2.2 黄曲霉毒素 M_1 限量指标

从表 7-2 可以看出，国家标准 GB 2761—2011 对 4 类食品规定了 AFM_1 的限量指标均为 0.5μg/kg；CAC 仅对乳品制定了 0.5μg/kg 的限量指标。中国与 CAC 对乳品的限量指标相同，中国对婴儿配方食品制定了 0.5μg/kg 的限量指标，然而 CAC 标准 CODEX STAN 193—1995（2010 版）、CODEX STAN 72—1981（2007 版）及 CODEX STAN 74—1981（2006 版）没有明确规定。

表 7-1 中国和 CAC 食品标准中黄曲霉毒素的限量指标（云振宇等，2009）

标准制定者	食品种类	限量标准/(μg/kg)
中国	玉米、玉米面(糁、片子)及玉米制品	20.0
	花生及其制品	20.0
	花生油、玉米油	20.0
	稻谷、糙米、稻米	10.0
	植物油脂(花生油、玉米油除外)	10.0
	小麦、大麦及其他谷物	5.0
	小麦粉、麦片及其他去壳谷物	5.0
	发酵豆制品	5.0
	熟制坚果及籽类(花生除外)	5.0
	酱油、醋、酿造酱(以及粮食为主的原料)	5.0
	婴儿配方食品	0.5

续表

标准制定者	食品种类	限量标准/(μg/kg)
	较大婴儿和幼儿配方食品	0.5
	特殊医学用途婴儿配方食品	0.5
	婴幼儿谷物辅助食品	0.5
CAC	花生(作为加工原料)	15.0
	杏仁(作为加工原料)	15.0
	巴西坚果(去壳、作为加工原料)	15.0
	榛子(作为加工原料)	15.0
	开心果(作为加工原料)	15.0
	杏仁(直接食用)	10.0
	巴西坚果(去壳、直接食用)	10.0
	榛子	10.0
	开心果(直接食用)	10.0

表 7-2　中国和 CAC 食品标准中黄曲霉毒素 M_1 限量指标（云振宇等，2009）

标准制定者	食品种类	限量标准/(μg/kg)
中国	乳及乳制品	0.5
	婴幼儿配方食品	0.5
	较大婴儿和幼儿配方食品	0.5
	特殊医学用途婴儿配方食品	0.5
CAC	乳品	0.5

7.2.3　赭曲霉毒素 A 限量指标

中国国家标准 GB 2761—2011 及 CAC 标准 CODEX STAN 193—1995（2010 版）均规定了 3 类食品，OTA 限量指标相同，均为 5.0μg/kg（表 7-3）。但是从食品名称可以发现，GB 2761—2011 中第 1 类"谷物（包括稻谷、玉米、小麦、大麦及其他谷物）"实际上涵盖了 CAC 规定的全部食品种类。此外，GB 2761—2011 对谷物碾磨制品和豆类食品中 OTA 进行了限量规定，显然中国国家标准比 CAC 标准范围更宽、更严格。

表 7-3　中国和 CAC 食品标准中赭曲霉毒素 A 限量指标（云振宇等，2009）

标准制定者	食品种类	限量标准/(μg/kg)
中国	谷物(包括稻谷、玉米、小麦、大麦及其他谷物)	5.0
	谷物碾磨加工品	5.0
	豆类	5.0
CAC	未加工小麦	5.0
	大麦	5.0
	黑麦	5.0

7.2.4 展青霉素限量指标

国家标准 GB 2761—2011 规定了 3 类食品，Pat 限量指标均为 $50\mu g/kg$（表 7-4）；CAC 标准 CODEX STAN 193—1995（2010 版）仅对 1 类食品（苹果汁）的限量进行了规定，与中国限量值相同。中国标准的食品种类中"果蔬汁类"涵盖了 CAC 的"苹果汁"，而中国对水果制品和酒类分别规定了 $50\mu g/kg$ 限量指标，显然中国对 Pat 限定指标比 CAC 标准范围更宽、更严格。

表 7-4　中国和 CAC 食品标准中展青霉素限量指标（云振宇等，2009）

标准制定者	食品种类	限量标准/($\mu g/kg$)
中国	水果制品(果丹皮除外)	50
	果蔬汁类	50
	酒类	50
CAC	苹果汁	50

7.2.5 脱氧雪腐镰刀菌烯醇和玉米赤霉烯酮限量指标

国家标准 GB 2761—2011 规定了谷物及谷物制品中 DON 和 ZEN 的限量（表 7-5），限量值分别为 $1000\mu g/kg$ 和 $60\mu g/kg$。目前 CAC 尚未制定食品中 DON 和 ZEN 的限量标准。2010 年 4 月 CAC 第四届会议同意通过执委会向国际食品法典委员会提出制定谷物及谷物产品中呕吐毒素及其乙酰化物的最大限量，制定 DON 及衍生物的限量标准已经提上 CAC 日程表。

表 7-5　中国食品安全标准中脱氧雪腐镰刀菌烯醇和玉米赤霉烯酮限量（云振宇等，2009）

真菌毒素	食品种类	限量标准/($\mu g/kg$)
脱氧雪腐镰刀菌烯醇	玉米、玉米面(糌、片)	1000
	小麦、大麦、麦片、小麦粉	1000
玉米赤霉烯酮	玉米、玉米面(糌、片)	60
	小麦、小麦粉	60

7.3　真菌毒素危害风险评估内容与方法

7.3.1 风险评估内容

风险评估的原则就是风险是毒性和暴露的函数，即：风险＝ f（毒性，暴露）[risk＝ f（toxicity，exposure）]。毒性高不等于高风险，高暴露量也并不等于高风险，只有综合考虑毒性和暴露量两个因素才能对真菌毒素的风险有一个正确的评价。对食品中真菌毒素的风险而言，其基本原则就是：真菌毒素的风险＝f（真菌毒素毒性，真菌毒素摄入量）。也就是说在食品中真菌毒素风险评估过程中，应综合考虑真菌毒素本身的毒性、食品中真菌毒素的含量和食品消费量等多项风险因子。

（1）危害识别

危害鉴定是确定该真菌毒素的暴露能否引起不良健康效应发生率升高的过程，即对真菌毒素引起不良健康效应的潜力进行定性评价的过程。

危害鉴定阶段首先应收集该真菌毒素的有关资料，其中包括该物质的理化性质、人群暴露途径与方式、构效关系、毒物代谢动力学特性、毒理学作用、短期生物学实验、长期动物致癌实验及人群流行病学调查等方面的资料。对收集资料应进行分析、整理和综合。这其中主要工作是对数据的质量、适用性及可靠程度进行评价，即对毒性证据的权重进行评价。

真菌毒素对人类健康潜在的危害性主要是通过大鼠、兔、豚鼠、狗等实验动物对一定剂量真菌毒素作出何等反应来评价的。这些毒性研究包括对不同动物从急性毒性试验到慢性毒性试验的一系列试验。在急性试验中动物接受相对高剂量的真菌毒素，在慢性试验中每天接受相对较低剂量的真菌毒素。急性毒性是通过使动物暴露一定量真菌毒素后测定其死亡率和其他方面的影响。亚慢性毒性研究是在几周或几个月内，让动物每天暴露一定量真菌毒素，然后测定对该动物器官（肝脏、肾脏、脾脏等）和组织的影响。慢性毒性研究主要用于评价化合物潜在的毒害影响或长期暴露是否有致癌作用。其他毒性研究包括测试对成年动物的繁殖、生长、发育、后代生育能力和细胞内的基因改变等潜在影响。

对资料进行分析、审核、评价之后应就真菌毒素对人的毒性作出判别，判别的过程实质上是按毒性证据的有无及确凿程度给化学物质划分等级的过程。

（2）剂量-反应评定

剂量-反应评定是对真菌毒素暴露水平与暴露人群中不良健康效应发生率间关系进行定量估算的过程，是进行风险评定的定量依据。

大多数情况下，当给药剂量达到某一特定剂量时才可能出现某种毒理学效应，这种效应被称为"阈效应"（threshold effect）。与其相反，某些毒理学效应在最低的给药剂量下就可能出现，这种毒理学效应称为"非阈效应"（non-threshold effect）。癌症就是一种非阈效应。理解致癌作用的机理也非常重要，对癌症的剂量-反应关系研究表明，能产生基因毒性的致癌物的致癌效应为非阈效应，而非基因毒性的致癌物可以有阈剂量。

一般来说，剂量-反应评估最终应提供特定真菌毒素引起人不良健康效应的最低剂量和暴露于此剂量水平的有害因子引起的超额风险。前者含义为能引起以一定期间暴露于某真菌毒素的人不良健康效应的最低暴露总量，后者含义为暴露于某真菌毒素的群体中不良健康效应发生率与非暴露群体相应发生率间的差。

毒理学效应是从采用离体细胞、组织培养研究和用小的哺乳动物如大鼠、兔子和狗的研究中观察出来的。现象学研究根据暴露时间长短（天、月、年）、暴露途径（经皮、经口、吸入）、毒性测试种类（生殖毒性、致癌性、器官毒性、发育毒性、神经毒性、免疫毒性）的不同而设计的。

对阈效应而言，剂量-反应评定需要确定每日允许最大摄入量（ADI），ADI的计算一般国际上公认的方法是将所测定的无毒副作用剂量（NOAEL）除以两个安全系数，即代表从试验动物推导到人群的种间安全系数 10 和代表人群之间敏感程度差异的种内安全系数 10，因此一般情况下，ADI 或 RfD＝NOAEL/100。特殊情况下，也可根据实际需要降低或提高安全系数。在美国，目前还需要再增加一个食品质量保护法系数（FQPA factor），这是根据美国食品质量保护法的规定，为了更好地保护婴儿和儿童，EPA 可以根据各真菌毒素的特性及所获得毒理学数据的完整性和可靠性，增加 10 倍或 10 倍以下的 FQPA 系数。EPA 把这种更加安全的剂量称为人群调整剂量（population-adjusted dose，PAD）。即 PAD＝ADI 或 RfD/FQPA 系数。

（3）暴露量评定

真菌毒素在食物中的残留是公众对真菌毒素暴露的主要来源。膳食暴露量与摄取食物的种类和数量及真菌毒素在该食物上或食物内的残留量相关。任何人对某一真菌毒素总的膳食摄入量等于各种所摄入食物中所含该真菌毒素量的总和，即：摄取的真菌毒素＝∑（残留浓度×摄取食物量）。

目前有很多膳食暴露评估模型，这些模型从单一暴露残留到用概率论去估计复杂暴露的模拟分析。但是不管有多复杂，所有模型都是基于最基本的关系，即真菌毒素在食物中残留浓度和消耗食物总量决定真菌毒素暴露量。通常认为有两类膳食暴露，即慢性暴露和急性暴露。

慢性暴露需持续一个很长的时间，因此它用平均摄入食物量和平均残留值来计算。相反，急性暴露考虑大量的短期或一次性暴露，急性饮食暴露用个人最大摄入资料来计算，所用残留值一般用最大残留限量或用统计学方法计算所获得的可能出现的最大残留量。

食谱调查在膳食暴露评估中是非常重要的，因为人们的食物消耗模式随时间的变化而变化。例如，水果消耗总量可能保持不变，但是儿童现饮用更多果汁；

人们比十年前吃更多的鸡肉和鱼、更少的牛肉等。因此为了提高膳食暴露评估的准确性，定期进行食谱调查是必不可少的。

（4）风险描述

该阶段是综合上述 3 个阶段的信息，形成对暴露人群健康风险的定性或定量评定。一般应该明确在该风险描述过程中其结果的不确定水平。

风险描述是将危险鉴定、剂量-反应评定和暴露评定的结果进行综合分析，来描述真菌毒素对公众健康总的影响。一般需要设定一个可以接受的风险水平。当进行风险描述时，目标之一就是确定一个代表可接受风险水平的暴露量。对于阈效应而言，当暴露量低于或等于 ADI 或参考剂量（RfD）时，就认为是可以接受的暴露水平。一般以暴露量占 ADI 或 RfD 的百分数来表示风险的大小。对于非阈效应，风险值表示人群中产生该毒效应的可能性。例如，1×10^{-6} 致癌风险，就表示 100 万人中有 1 人可能因暴露该真菌毒素而产生癌症。

风险描述的另外一个目标是对风险评估的整个过程进行评价，对评价过程中的各种不确定因素进行分析，对评价结果的不确定水平进行客观评价。这些信息可以使风险评估结果的使用者对该程序有一个更为全面的了解，从而作出正确的决定。健康风险评价的一般程序和方法，在处理具体问题时它的许多方面并非是一成不变的，可以有一定的灵活性。尽管目前健康风险评价的使用已相当普遍，但其技术方法的建立才仅仅几十年，在许多方面还不够成熟。在我国，健康风险评价才刚刚起步，这方面技术还未普及，评估中尚缺乏相应的准则。

7.3.2　DNA 毒性试验

不少真菌毒素可以影响生物体中 DNA、RNA 和其他遗传物质，能给生物体的基因信息造成损害。它们通过影响基因信息对生物造成三方面主要影响。基因毒素可以是致癌物质、诱变剂或突变因子，以及致畸或造成出生缺陷的因子。被视为致癌物的基因毒素能引起癌症。有遗传毒性的物质可以造成细胞变异，使分裂或生长失去控制。它们还会给不同蛋白质和其他控制细胞异变生长的物质带来不同的损坏。当这些物质不像以往一样活动时，一些细胞就会失去控制地异变和分裂。

AFB$_1$ 对人和动物的毒性作用是通过肝细胞的细胞色素 P450 介导的，AFB$_1$ 经细胞色素 P450 激活后，一部分生成羟基化的代谢物随粪便和尿液排出，如 AFP$_1$、AFQ$_1$、AFM$_1$ 等；另一部分代谢成 AFB$_1$-8,9-环氧化物（AFB$_1$-8,9-epoxide），AFB$_1$-8,9-环氧化物能与 DNA、蛋白质结合，改变细胞遗传特性，引起机体基因突变，导致 $p53$ 抑癌基因失活，引发癌症。AFB_1-8,9-环氧化物还会攻击 DNA 碱基鸟嘌呤的 N7 位点，生成 AFB_1-N7-Gua，引起多种 DNA 损伤模式，如：生成无嘌呤或无嘧啶位点、引起 DNA 单链或双链的断裂、DNA 的氧化损伤、DNA 碱基的错配损伤。DNA 链的断裂与 AFB_1 的摄入量有关，低水平 AFB_1 的摄入主要引起 DNA 单链断裂，而高水平 AFB_1 的摄入则引起 DNA 双链断裂。AFB_1 能引起抑癌基因 $p53$ 的突变，使其第 249 号密码子的鸟嘌呤突变成胸腺嘧啶，且抑癌基因 $p53$ 的突变频率也与 AFB_1 的摄入量呈正相关。

体外实验中用 DON 对各种细胞进行处理，通过彗星实验发现 DNA 受到损伤，结果证明 DON 具有遗传毒性。0.1～1mg/mL 的 DON 能使 V79 细胞中国仓鼠肺细胞（CHL）和大鼠原代肝细胞发生不同程度的染色体畸变，并且存在剂量-反应关系，去除 DON 重新孵育若干时间后，受损细胞能够进行自我修复（Knasmuller et al，1997）。Zhang 等（Zhang et al，2009）。在 DON 诱导的人肝癌 HepG2 细胞系 DNA 损伤的细胞中发现 ROS 水平和脂质过氧化作用均明显升高，而加入了抗氧化剂羟基酪醇（HT）后，这种损伤作用明显减弱。但也有科学家推测是 DON 直接通过对 $p53$ 和 $caspase$-3 的激活诱导了 DNA 的损伤（Bensassi et al，2009）。近年来有关 DON 在肿瘤发生发展中的作用，日益受到肿瘤工作者重视，目前的实验研究表明 DON 可能是一种潜在的弱的致突致癌剂。

当 ZEN 在非雌激素浓度范围内即导致不到 10％细胞凋亡的浓度范围内，发现能影响靶细胞主要的代谢和合成，能影响细胞完整性，使细胞生活机能改变，细胞发生变性坏死。Kim 等（Kim et al，2003）为了研究 ZEN 是否诱导小鼠精细胞凋亡，利用 TUNEL 法检测，结果发现在感染过 ZEN 后精细胞受到严重损害，出现不同程度的凋亡小体，ZEN 的这种引起精细胞凋亡的作用随着时间和浓度的增加而加重，尤其是精原细胞和精母细胞。测定 ZEN 对体外培养大鼠肝细胞培养液中乳酸脱氢酶（LDH）、清蛋白和细胞内 DNA 含量的影响，结果对肝细胞 LDH 的分泌没有影响，但可以使清蛋白和 DNA 合成下降。2004 年 Sun 等经过实验得出结论，ZEN 在 1～15μg/mL 细胞悬液浓度范围内能够引起细胞 DNA 损伤并存在明显的剂量-反应关系。不同剂量的 ZEN 可引起体外培养细胞拖尾，说明 ZEN 可致 DNA 损伤（Sun et al，2004）。此外，棒曲霉毒素能够抑制外周淋巴细胞 DNA 的合成，而半胱氨酸可减轻其对 DNA 合成的抑制作用。

7.3.3 细胞毒性试验

由于真菌毒素对健康存在风险，需要对食物和饲料进行定期检测。在过去的几十年里，利用细胞对真菌毒素进行毒性试验引起了研究者广泛的兴趣，因为廉价、快速，同时避免了体内试验固有的伦理道德问题。大样本数的化学分析既昂贵又耗时耗力，而且化学试验测定所有已知的真菌毒素几乎是不可能的。细胞毒性试验能够进行体外单独试验，但同时也需要进一步的研究。细胞毒性试验作为鉴别生物和毒理学活性以及确定对样品定量具有自己的优势。大量使用化学方法测定已知镰刀菌属毒素已经被开发，但是多种真菌毒素组合以及最终产生的未知代谢产物，无法单独使用化学方法分析评估（Krska and Josephs，2001）。研究真菌毒素的毒性和作用模式是一个挑战，科学合理的体外试验在生物医学研究中取代和减少使用动物试验（Krska et al，2001）。

利用哺乳动物细胞系来进行毒性试验的方法已经被建立（Robbana-Barnat et al，1989）。这些年来，许多不同的细胞系和原代细胞已经被用于镰刀菌毒素的相关研究，如：Vero、3T3、BHK-21、CHO、PBM、K562、H4TG、MDCK、GM498a、GM3349、SW742a、Primary 等（Gutleb et al，2002）。对于鉴别毒性，推荐使用多种细胞系，因为不同的细胞系具有不同的敏感性。例如 CHO 细胞对于 T-2 毒素的敏感性只有 MDBK 细胞的十分之一（Holt and DeLoach，1988）。原代人的肾细胞对 T-2 毒素的敏感性不到 SK-Mel/27 细胞的二十五分之一（Babich and Borenfreund，1991）。另外 MCF-7 乳腺癌细胞对玉米赤霉烯酮（ZEN）毒素尤为敏感。王会艳（王会艳，张祥宏，2000）曾以流式细胞术、DNA 琼脂糖凝胶电泳的方法研究了 DON 对人细胞的影响，发现 DON 在 $50\sim2000ng/mL$ 的浓度范围内，可以诱导和促进体外培养的人外周血淋巴细胞产生凋亡，DON 浓度与细胞凋亡率呈显著正相关关系。王会艳等（王会艳，孙旭明，1999）报道 DON 能够影响细胞周期的分布，抑制细胞进入 S 期，使细胞停滞在 G_0/G_1 期，具有明显的抗增殖作用。李月红等（李月红等，2012），通过超微结构观察，DON 处理组小鼠胸腺部分细胞出现核染色质固缩凝聚胞芽等细胞凋亡的超微结构特征表现，凋亡信号常发生在生长较快的细胞如淋巴细胞、胸腺细胞、脾细胞、骨髓造血细胞以及癌细胞中。Kouadio 等（Kouadio et al，2007a）以 $10\mu mol$ 的 DON 成功诱导了 Caco-2 细胞膜的脂质过氧化反应。Diesing 等（Diesing et al，2011）以浓度为 $4000ng/mL$ 的 DON 培养猪肠道上皮细胞（IPEC）时发现，肠道上皮细胞跨膜电阻（TEER）显著下降，肠道上皮细胞层极化，细胞通透性增强。TEER 的下降可能是 DON 导致了跨细胞离子的渗透性细胞膜等离子通道或等离子泵的改变或是单层上皮细胞的死亡等。Pinton 等（Pinton and Oswald，2014）用浓度为 $2000ng/mL$ 的 DON 培养猪肠上皮细胞时发现，肠道紧密连接蛋白 ZO-1 的表达受到显著抑制，且抑制效果能持续 21 天。Maresca 等（Maresca et al，2002）在研究 DON 对人肠上皮细胞株 HT-29-D4 吸收功能的影响时发现，10mmol/L 的 DON 可选择性地调节肠上皮细胞转运载体的活性，其中 Na⁺-葡萄糖共转运载体（SGLT1）被抑制 50%，D-果糖转运载体（GLUT5）被抑制 42%，主动和被动吸收的 L-丝氨酸转运载体分别被抑制 30% 和 38%；而软脂酸盐转运载体活性却增加了 35%，对胆固醇的吸收无影响，这种作用效果可被放线菌酮（蛋白质合成抑制剂）和脱氧胆酸（细胞凋亡诱导剂）复制，表明 DON 可能是通过抑制转运蛋白合成和诱导细胞凋亡影响肠上皮细胞的养分吸收的。马勇江等（马勇江等，2009）研究表明，ZEN 对离体培养 LPS 活化小鼠脾淋巴细胞增殖具有显著抑制作用，ZEN 对离体培养 LPS 活化小鼠脾淋巴细胞具有显著促进凋亡的作用（$P<0.05$）。周迎芳（周迎芳，2007）研究证实，ZEN 能使小鼠卵巢颗粒细胞中的丙二醛（MDA）含量增加，超氧化物歧化酶（SOD）活性降低，且对其细胞凋亡有促进作用，这与自由基及相关的调控基因等因素共同作用有关。刘宁等（刘宁，郭炳红，2011）报道，ZEN 对 HeLa 细胞有显著的细胞毒性作用并可导致细胞超微结构损伤。Bandera 等（Bandera et al，2011）报道，ZEN 和 α-玉米赤霉烯醇对小鼠骨髓细胞、HeLa 细胞有细胞毒性，并都超过 β-玉米赤霉烯醇细胞毒性。Abid-Essefi 等（Abid-Essefi et al，2012）研究表明，ZEN 可降低细胞活性，干扰细胞周期，抑制蛋白质及 DNA 合成，使 MDA 的浓度增加，并认为细胞毒性和氧化损伤是 ZEN 发挥毒性的作用机制。Marin 等（Marin et al，2011）报道，ZEN 能与 17β-雌二醇结合，同时 ZEN 在体内还具有氧化性，导致脂质过氧化，抑制细胞内蛋白质和 DNA 的合成，导致细胞死亡。Tolleson 等（Tolleson et al，1996）以电镜观察和 DNA 琼脂糖凝胶电泳方法研究发现，FB_1 可诱导体外培养的多种细胞发生凋亡，如人角化上皮细胞、HET-1A 细胞、CV-1 细胞和 HT-29 细胞等。Li 等（Li et al，1997）研究了 T-2 毒素诱发小肠隐窝上皮细胞凋亡与细胞增殖活性的关系，发现 T-2 毒素作用 6h 后，小肠隐窝上皮细胞增殖指数明显下降，6h 后随作用时间延长细胞增殖指数逐渐升高，最后可恢复到原来的水平。细胞增殖水平的变化在不同品系和性别的小鼠间没有差别，亦未见明显量效依赖关系，提示 T-2 毒素诱导细胞的凋亡与细胞有丝分裂的抑制没有直接关系，细胞凋亡不是由于增殖抑制所引起的。Kouadio 等人（Kouadio et al，2005）比较了 DON、ZEN、FB_1 的细胞毒性作用、导致细胞死亡的途径、氧化作用以及细胞中大分子合成情况，用来根据它们的潜在毒性进行试验性分类。比较结果显示这三种真菌毒素都具有不同程度的引起细胞产生脂质过氧化物的能力，作用能力大小为 FB_1>DON>ZEN，通过 MTT 试验表明这种作用效应可能与它们都有共同的作用目标物线粒体相关。相比于 FB_1 来说，DON 和 ZEN 对溶酶体具有副作用。

DON、FB_1、ZEN 这三种真菌毒素抑制细胞蛋白质合成的 IC_{50} 分别为 $5\mu mol/L$、$8.8\mu mol/L$、$19\mu mol/L$，抑制细胞 DNA 合成的 IC_{50} 分别为 $1.7\mu mol/L$、$20\mu mol/L$、$10\mu mol/L$，但是在高浓度 FB_1 和 DON 存在的条件下 DNA 的合成又可以恢复。Lei 等人（Lei et al，2013）利用猪肾脏细胞 PK-15 作为模型，分别评价了 AFB_1、ZEN、DON、FB_1 多种真菌毒素单独以及混合后的中毒性肾损害作用。通过 MTT 试验和乳酸脱氢酶试验生化方法测定了真菌毒素对细胞生长发育能力和细胞膜破坏作用，结果表明单独对细胞毒性的大小顺序依次为 $FB_1 <$ ZEN $< AFB_1 <$ DON。$AFB_1 +$ ZEN（DON）可以表现出协同细胞毒性作用，低剂量的 AFB_1 对 ZEN 的细胞毒性有阻抗作用，但是高剂量的 AFB_1 对 ZEN（DON）的细胞氧化损伤具有协同作用，ZEN 可以促进 AFB_1 诱导细胞凋亡。

7.3.4 动物试验

不同品种对于霉菌毒素的敏感性具有显著差异。家禽对黄曲霉毒素的敏感性最高，其次是仔猪和母猪，牛和羊等反刍动物有一定的抵抗力。禽类中雏鸭对黄曲霉毒素最敏感，火鸡其次，鸡对黄曲霉毒素有一定的抗性。FDA 规定人类、奶牛、未成年动物黄曲霉毒素的耐受剂量是 $200mg/kg$，种牛、母猪、种禽是 $100mg/kg$，乳猪是 $20mg/kg$，生长猪是 $50\sim100mg/kg$，肥育猪是 $200mg/kg$，公猪是 $100mg/kg$，肥育肉牛是 $300mg/kg$。单端孢霉烯族毒素对反刍动物健康和生产性能一般无影响，但高剂量的玉米赤霉烯酮（ZEN）（$12mg/kg$）会导致羊的生殖障碍，减少排卵，不育等。鸡对单端孢霉烯族 T-2 毒素有很强的敏感性，但对 DON、ZEN 有较强的抗性，火鸡对这两种霉菌毒素也有较强的抗性。

低剂量 DON，主要引起动物的食欲下降、体重减轻、代谢紊乱等症状，大剂量可导致呕吐。动物对 DON 的反应有种属和性别差异，雄性动物对 DON 比较敏感，猪比小鼠、家禽和反刍动物更敏感。DON 常与猪的抗拒综合征有关。猪饲料中的 DON 含量超过 $1\mu g/kg$ 时，进食量显著降低，甚至拒食，体增重低于正常猪水平，同时还伴有呕吐。在猪饲料中添加纯 DON 则会降低饲料进食量。DON 中毒的猪，一个症状是拒食，出现"僵猪"，玉米里如有 $10mg/kg$ 的毒素含量就会引起猪的拒食，这种拒食到底是因毒素对消化道的局部刺激作用，还是由于适口性不良造成的，尚未有定论。DON 对牛、羊和成年鸡鸭则不出现拒食现象。乳牛似乎对 DON 不敏感，但低产牛群饲喂含 DON 的饲料也会发生疾病。鸡采食含 DON 高达 $18mg/kg$ 的饲料无明显有害影响。当鸡进食含 $9.18mg/kg$ DON 的饲料后，蛋和肉中检测不出 DON。火鸡饲喂含 $5mg/kg$ DON 的饲料也无明显有害影响。Iverson 等用 DON 浓度为 0、$1mg/kg$、$5mg/kg$、

10mg/kg 的饲料饲喂雄、雌性大鼠 2 年，发现动物体重增加与 DON 剂量呈负相关。雌性大鼠的血浆中 IgA、IgG 浓度较对照组增高，生化指标、血液学指标也可见明显异常。病理学检查还发现有肝脏肿瘤、肝脏损害。Banotai 等（Banotai et al，1999）用含 20mg/kg DON 的饲料饲喂雌性 B6C3F1 小鼠 13 周，发现体重明显减轻，血清升高，而 IgM 和 IgG 降低，肾小球系膜 IgA 沉积，出现血尿。Koenigs 等（Koenigs et al，2007）研究发现，Wistar 大鼠皮下注射 1mg/kgDON，3 天后血中胰岛素、葡萄糖和自由脂肪酸的含量明显增高，还可引起肌肉合成糖原增加和三酰甘油降低。李群伟等（李群伟，王绍萍，2001）研究表明，DON 能使家兔的心、肝、肾和脾的组织细胞出现肿胀、空泡变性、炎性细胞浸润及细胞坏死的病理变化。Alm 等（Alm et al，2002）给妊娠母猪饲喂 DON 后发现卵母细胞染色质形态成熟能力和质量均显著下降。Collins 等（Collins et al，2006）给妊娠期第 6～19 天的 SD 大鼠连续灌胃 2.5mg/kg（以体质量计）的 DON，并剖腹评价生殖和发育效应。发现妊娠母鼠在整个妊娠期均表现出剂量依赖性流涎增加，体重、食欲和子宫重量显著下降；胎儿死亡数增加，胎儿顶臀长以及骨化显著降低。Vesely 等（Veselý and Vesela，1995）研究了 DON 对三日龄鸡胚的毒性作用，发现 3mg/kg（以体重计）剂量的 DON 可造成实验组鸡胚头部畸形和身体发育畸形，畸形率明显高于对照组。Sprando 等（Sprando et al，2005）对雄性 SD 大鼠连续 28 天经口给予不同浓度的 DON 后，发现当 DON 剂量为 2.5mg/kg（以体重计）时，大鼠附睾精囊和脑的重量出现了显著降低，同时也出现了生殖细胞的变性、精子保留以及细胞核形态的异常现象；当 DON 剂量为 5mg/kg（以体重计）时，所有大鼠均出现了过度流涎症状，同时精子尾部出现了明显的畸形，血清中卵泡刺激素（FSH）和促黄体生成激素（LH）水平增加，睾酮的含量有所下降，这说明 DON 可能对垂体-睾丸轴有一定的影响。

单次给予未成熟大、小鼠 1～10mg/kg 体重 ZEN 引起子宫重量增加，连续 7 天反复给予使累积剂量达 3.5～14mg/kg 体重时也有这种作用。此效应是子宫特异性的，且经口给予比其他途径更有效。组织病理学检查发现 ZEN 可促进子宫肌细胞的增殖和有丝分裂。给新生雌性大鼠单次皮下注射 1.0mg ZEN，成年后出现持续无卵性发情期（这些大鼠卵巢中保留有许多卵泡，但没有新的黄体形成。这与新生期给予雌激素或雄激素产生无卵性不育是相似的）。雌性大鼠妊娠期每日给予 ZEN，1～10mg/kg 体重的剂量不对母体产生明显毒性，但胚胎发生骨骼畸形，且有剂量-效应关系。Oliver 等（Oliver et al，2012）报道，日粮添加 ZEN1.5mg/kg 对母猪生长性能和骨骼肌的信号没有产生影响，但 ZEN 可增加母猪生殖道的体积以及促进腺体的发育。Boeira 等（Boeira et al，2012）通过研究 ZEN 对瑞士白化小鼠的急性毒性作用表明，给小鼠单次经口 ZEN48mg/kg，48h 后，精子的活力和数量急剧下降。

Dither Tardieu（Tardieu et al，2009）研究了伏马毒素 B_1（FB_1）的毒物动力学实验。该研究通过静脉注射和口服的方式，用高效液相色谱法对火鸡组织样本进行检测，还实验了用欧盟允许 FB_1 最大限量水平的禽类饲料喂养火鸡幼禽，考察 FB_1 在组织内的残留情况。研究发现，静脉注射（单剂量：10mg FB_1/kg 体重），血清浓度-时间曲线通过一个三室开放模型来描述，FB_1 的消除半衰期和平均停留时间分别为 85min 和 52min。口服（单剂量：100mg FB_1/kg 体重），生物利用率 3.2，消除半衰期和平均停留时间分别为 214min 和 408min。FB_1 静脉注射和口服的清除率分别为 7.6mL/(min·kg) 和 7.5mL/(min·kg)。静脉注射 24h 后，肝脏和肾脏中的 FB_1 含量水平最高，肌肉中较低或未检测。还研究了 9 周喂养实验组织内残留情况 [5mg(FB_1＋FB_2)/kg、10mg(FB_1＋FB_2)/kg、20mg(FB_1＋FB_2)/kg]；实验了摄入欧盟允许最大量 [20mg(FB_1＋FB_2)/kg] 8h 后的组织残留情况，肝脏和肾脏中 FB_1 浓度分别为 119mg/kg 和 22mg/kg，肌肉中则未检出。DitherTardieu 还研究了 FB_1 对鸭子的毒物动力学实验，结果同样肝脏和肾脏有残留，但是肌肉中残留较低。小鼠染毒 FB_1 后引起肝脏和肾脏的重量降低并且导致肝细胞和肾小管上皮细胞凋亡与变性。FB_1 染毒 Sprague-Dawley 小鼠的试验中发现肾小管上皮细胞凋亡和变性，雄鼠比雌鼠要敏感，且小鼠长时间毒染 FB_1，2 年后能引起肝脏肿瘤、肾小管腺瘤（Voss et al，2007）。另有研究表明随着 FB_1 染毒时间的延长和剂量的增加，FB_1 对小鼠肺部产生损伤就越大。当 FB_1 的浓度为 30mg/kg，染毒 8 周后，肺组织细胞出现异型性向恶性方向转化（Bin-Umer et al，2011）。连续 4 个月给小鼠饲喂 FB_1 150mg/kg，发现小鼠的胃腺萎缩（Tavasoly et al，2013）。伏马毒素可引起兔肝脏、肾脏和脾脏的损伤。将不同浓度的伏马毒素连续饲喂小兔 196 天，随着浓度的增大，肾脏、肝脏等脏器的损伤就越严重。当 FB_1 的浓度达到 10mg/kg 时，该组小兔的肝脏和脾脏的重量显著低于对照组和其他的试验组，并且有部分小兔的肝脏出现不同程度的坏死（Ewuola，2009）。饲喂含 FB_1 为 31.5mg/kg 的饲料会引起兔的急性中毒，血液中碱性磷酸酶、谷草转氨酶、谷丙转氨酶、谷酰转肽酶的活性与对照组相比显著增高，导致肝脏和肾脏的损伤（Orsi et al，2009）。伏马毒素对禽类的毒性主要是肾脏毒性、肝脏毒性，以及影响免疫功能。Javed 等（Javed et al，2005）用不同浓度的伏马毒素连续饲喂肉鸡 14 天，可以引起鸡腹腔积液、心包积液、肾脏苍白及肿胀出血、肝脏肿大及严重出血、喉头溃疡等病理变化，并且随着伏马毒素剂量的增加，各脏器的损伤越严重。Grenier 等（Grenier and Oswald，2011）研究表明，含量在 15.2mg/kg 以下的 FB_1 不影响蛋鸡生长、产蛋能力及鸡蛋的营养价值。给 7 日龄雏鸡饲喂 10mg/kg 的 FB_1，连续 38 天，可观察到小鸡胸腺和脾脏的淋巴结呈病灶性坏死，淋巴细胞凋亡数量增加，说明 FB_1 抑制淋巴细胞和上皮网状细胞的发育、分化和功能，并促使免疫器官的细胞凋亡（Todorova et al，2011）。美国国家毒理学规划（USNTP）的实验表明，用含 234mg/kg FB_1 和 484mg/kg FB_1 的饲料饲喂雄性 Fischer-344/Nctr BR 大鼠，28 天后动物体重分别降低了 10％和 17％，而雌性大鼠仅在较高剂量组出现体重下降。每天经口给雄性 BDIX 大鼠 240mg/kg FB_1 的饲料，大鼠 3 天后死亡。与雄性大鼠相比，雌鼠在较低剂量下即可显示毒性作用。大鼠的肾脏也是重要的靶器官，与肝脏相比，雄性大鼠在较低剂量的 FB_1 作用下即显示毒性。在 USNTP 的肿瘤研究中，用含 FB_1 的饲料进行雌雄性 Fischer-344/Nctr BR 大鼠和雌雄性 B6C3F1/Nctr BR 小鼠两年喂养试验，伏马毒素纯度＞96％。结果表明长期摄入高水平的伏马毒素（50mg/kg 以上）可诱发雌性小鼠的肝癌并使其寿命缩短，诱发 Fischer-344/Nctr BR 大鼠肾癌但不影响其寿命。用 BDIX 雄性大鼠进行的类似实验中，暴露于 50mg/kg 时，可诱发肝癌（吴永宁，2003）。

以不同浓度 T-2 毒素（2.5mg/kg 体重、5mg/kg 体重、10mg/kg 体重）饲喂不同品系（ICR：CD-1，BALB/C，C57BL/6，DBA-2）小鼠，24h 后处死检查发现，实验组小鼠胸腺和脾脏重量下降，淋巴细胞数目明显减少，用 TUNEL法、电镜和 DNA 琼脂糖凝胶电泳证实小鼠胸腺和脾脏发生了细胞凋亡。实验小鼠对 T-2 毒素的反应具有明显的品系和性别差异，BALB/C 和 C57BL/6 小鼠比其他品系更敏感，雌性较雄性损伤更严重（Shinozuka et al，1997）

7.3.5 霉菌毒素的联合毒性

（1）霉菌毒素的联合毒性效应

霉菌毒素间的联合毒性非常复杂，与毒素种类和剂量、染毒宿主、作用时间等因素有关。霉菌毒素的联合毒性效应主要有协同效应、加性效应、拮抗效应等。当一种以上的霉菌毒素作用于动物，对动物的毒性与各单一毒素毒性作用的累加相等时即为加性效应，若对动物的毒性超过各单一毒素毒性作用的累加即为协同效应，若对动物的毒性低于各单一毒素毒性作用的累加即为拮抗效应（柳永振等，2013）。霉菌毒素对动物的毒性互作的协同效应和加性效应见表 7-6。

表 7-6　霉菌毒素对动物的毒性互作的协同效应和加性效应

(Pedrosa and Borutova，2011)

霉菌毒素	动物	互作类型	霉菌毒素	动物	互作类型
AFB_1+OTA	肉鸡	协同效应	AFB_1+T-2	猪	协同效应
AFB_1+T-2	肉鸡	协同效应	$MON+FB_1$	猪	协同效应
AFB_1+DAS	肉鸡	协同效应	$MON+DON$	猪	加性效应
橘霉素+OTA	肉鸡	协同效应	$OTA+DON$	断奶猪仔	协同效应
$PCA+OTA$	肉鸡	协同效应	$OTA+FB_1$	断奶猪仔	协同效应
$MON+FB_1$	肉鸡	加性效应	$OTA+T-2$	断奶猪仔	加性效应
$T-2+DON$	肉鸡	协同效应	$DON+ZEN$	猪	协同效应
$T-2+FB_1$	火鸡	加性效应	FB_1+DAS	猪	加性效应
$T-2+OTA$	肉鸡	加性效应	FB_1+DON	猪	协同效应
AFB_1+OTA	猪	协同效应	FB_1+T-2	猪	加性效应
AFB_1+FB_1	生长期阉公猪	协同效应	$DAS+$黄曲霉毒素	羔羊	协同效应
AFB_1+FB_1	猪	协同效应	$ZEN+T-2$	奶牛	协同效应

注：DAS 为蛇形菌素，MON 为串珠镰刀菌素，PCA 为青霉酸。

（2）两种毒素的联合毒性

通过对猪、肉鸡、大鼠、小鼠等动物进行 AFB_1 和 FB_1 联合染毒的毒性试验，发现 AFB_1 和 FB_1 联合时毒性增强，呈协同效应或加性效应。Harvey 等（Harvey et al，1995）将 $100mg/kg$ FB_1 和 $2.5mg/kg$ AFB_1 单独和同时饲喂给生长期公猪，试验至 35 天时发现，AFB_1 组和 FB_1+AFB_1 组动物日增重、饲料消耗显著降低，而 FB_1 组则无显著变化，证明 AFB_1 和 FB_1 的联合作用显著降低了采食量和动物日增重，并且两者存在协同效应。孙桂菊等（孙桂菊等，2006）以灌胃的方式，单独或联合饲喂大鼠 AFB_1（$50\mu g/kg$ 或 $100\mu g/kg$）和 FB_1（$100\mu g/kg$）30 天，结果表明，AFB_1 和 FB_1 存在联合毒性作用，在动物体内存在加性效应或协同效应。Tessari 等（Tessari et al，2006）在肉鸡饲料中分别添加 0、$50mg/kg$、$200mg/kg$ AFB_1 和 0、$50mg/kg$、$200mg/kg$ FB_1 单独和联合染毒，试验周期为 $8\sim41$ 日龄，研究 AFB_1 和 FB_1 联合染毒对肉仔鸡的影响，结果表明，试验开始至肉鸡 41 日龄时，与对照组相比，各霉菌毒素染毒组肉鸡日增重降低，心脏相对重量增加，在单独染毒 $200mg/kg$ FB_1，或与 AFB_1 联合染毒时，肝脏的相对重量才增加。试验开始至肉鸡 35 日龄时，各霉菌毒素染毒组肉鸡抗体滴度均降低，FB_1 与 AFB_1 联合染毒时肉鸡抗体滴度更低。$200mg/kg$ AFB_1 和 $200mg/kg$ FB_1 联合染毒，肝脏胆管出现空泡变性及细胞增殖，肾小管出现水样变性。结果证明，AFB_1 和 FB_1 联合染毒，对肉鸡日增重、肝脏、免疫应答的毒性呈加性效应。Ribeiro 等（Ribeiro et al，2010）研究报道，与单一毒素染毒相比，不同浓度的 FB_1 和 AFB_1 同时染毒未显著改变大鼠肝细胞存活率，但诱导细胞凋亡存在时间和毒素的浓度呈依赖性。

Golli-Bennour 等（Golli-Bennour et al，2010）在猴肾 Vero 细胞培养基质中添加单一或组合的 AFB_1 和 OTA，检测其对该细胞的毒性，结果表明，AFB_1 和 OTA 引起的细胞存活率的显著减少呈剂量依赖性，AFB_1 和 OTA 联合引起 DNA 片段化水平的增加，AFB_1 和 OTA 似乎参与细胞凋亡过程，AFB_1 和 OTA 联合时具有加性效应。而 Wangikar（Wangikar et al，2005；Wangikar et al，2007）研究 AFB_1 和 OTA 联合对新西兰兔和小鼠胚胎毒性影响，结果表明，AFB_1 和 OTA 存在拮抗效应，二者联合可减轻对胚胎的毒害。

（3）单端孢霉烯族霉菌毒素和其他霉菌毒素的联合毒性

单端孢霉烯族霉菌毒素包括 DON、T-2、ZEN 等毒素，这类霉菌毒素同时存在时毒性作用往往增强。Chen 等（Chen et al，2008）研究报道，1mg/kg DON 和 250μg/kg ZEN 分别单独作用于猪时是安全的剂量，但当两者在该剂量下同时染毒时导致猪发生严重的病变。Ficheux 等（Ficheux et al，2012）通过对体外培养的造血前体细胞培养基质添加 DON、T-2 和 ZEN 等霉菌毒素两两组合，观察联合毒素对骨髓的影响，结果表明，DON 和 T-2 同时染毒时，对骨髓毒性具有协同效应；DON 和 ZEN、T-2 和 ZEN 染毒时，对骨髓毒性具有加性效应。与单一毒素相比，DON 和 FB_1 同时染毒对动物造成的危害更大。Grenier 等（Grenier et al，2011）在仔猪日粮中添加 3mg/kg DON 和 6mg/kg FB_1 单一或两种毒素，结果发现，单一或两种毒素对仔猪的生产性能无影响，对血液生化指标影响很小；DON 和 FB_1 同时染毒时，引起仔猪肝脏、肺脏和肾脏发生病变，并且肝脏病变最严重；染毒组接种疫苗后血浆中 IgG 水平降低，抗原刺激后淋巴细胞增殖减少，特异性免疫发生改变；染毒仔猪脾脏中细胞因子 IL-8、IL-1b、IL-6 和巨噬细胞炎性蛋白-1b 的表达量显著降低，结果表明，与单一毒素相比，DON 和 FB_1 同时染毒，会引起仔猪更大的病理组织学变化和更强的免疫抑制。Klaas 等（Klaas，2000）对体重为 50～69kg 仔猪饲喂含 OTA、ZEN 和 DON 单独或组合的饲料，90 天后观察单一毒素及联合毒素对仔猪健康状况的影响并检测组织器官中毒素的残留量，结果发现，由于 OTA、ZEN 和 DON 代谢速度快，1000μg/kgDON 和 250μg/kgZEN 单独或与其他毒素组合不能导致器官与组织中毒素的残留。OTA、ZEN 和 DON 同时染毒时并未观察到有明确的加性或协同效应。

（4）OTA 和其他霉菌毒素的联合毒性

在细胞培养基质中添加 OTA 和 FB_1，检测毒素对 C6 神经胶质瘤细胞、

Caco-2 细胞、Vero 细胞的毒性，结果表明，OTA 和 FB₁ 组合的毒性具有协同效应（Creppy et al，2004）。Domijan 等（Domijan et al，2007）研究报道，大鼠经口 OTA（5ng/kg 体重和 50ng/kg 体重）和 FB₁（200ng/kg 体重和 50ng/kg 体重）或其组合，结果表明，与对照组及相应剂量的霉菌毒素组相比，低剂量 OTA＋FB₁ 组增加了肝脏和肾脏的丙二醛浓度和蛋白羰基含量，而未改变肾脏中过氧化氢酶和超氧化物歧化酶的活性；低剂量 OTA＋FB₁ 组几乎影响到所有的参数，这表明其可能产生氧化损伤。通过 OTA 和橘霉素联合作用于鸡胚的毒性试验，证实，OTA 和橘霉素联合呈加性效应（Vesela et al，1983）。

（5）三种毒素的联合毒性

目前，对三种或更多种霉菌毒素间的联合毒性的研究较少。通过对肉鸡饲喂含 OTA、FB₁ 和 T-2 毒素单一或组合的饲料，试验至 21 天，OTA、FB₁ 和 T-2 毒素中任意两种毒素组合对肉鸡日增重、采食量和血清中谷氨酰转肽酶（GGT）含量的作用呈协同效应；而与任意两种毒素组合相比，三种毒素同时饲喂时其毒性并未增强。Kouadio 等（Kouadio et al，2007b）通过研究 FB₁、ZEN、DON 两两或三元组合对 Caco-2 细胞系的影响，结果发现，这些霉菌毒素之间相互组合导致细胞活力降低的递增顺序为：FB₁＋ZEN＜FB₁＋DON＜ZEN＋DON＜FB₁＋DON＋ZEN。与单一毒素相比，FB₁ 和雌二醇和/或 ZEN 提高了 Caco-2 细胞活性。ZEN 或 FB₁ 和 DON 组合发挥脂质过氧化作用时呈协同效应。10μmol 的 ZEN、DON、FB₁ 抑制 DNA 合成的能力分别为 45％、70％ 和 43％，而 ZEN、DON、FB₁ 三种毒素每种浓度为 10μmol 两两组合抑制 DNA 合成的能力分别为 35％、62％ 和 65％，远低于加性效应。浓度分别为 10μmol 的 ZEN、DON、FB₁ 三种毒素组合抑制 DNA 合成的能力仅为 25％。ZEN、DON、FB₁ 单一毒素可诱导 DNA 断裂，而这些霉菌毒素联合时对 DNA 的破坏程度更大。结果证明，ZEN、DON、FB₁ 联合时，能引起脂质过氧化、DNA 损伤、DNA 片段化、DNA 甲基化，并对 Caco-2 细胞产生细胞毒性。在细胞培养基质中添加单一或组合的 DON、T-2 和白僵菌素（beauvericin，BEA），检测其对 CHO 细胞的毒性，结果表明，DON、T-2 和 BEA 联合时其细胞毒性呈协同效应。而通过对 Vero 细胞的毒性试验表明，Vero 细胞染毒后 24h、48h 和 72h 时，BEA＋DON、BEA＋T-2、DON＋T-2 和 BEA＋DON＋T-2 呈拮抗效应，其中拮抗最显著的是 DON＋T-2 组（Ruiz et al，2011a；Ruiz et al，2011b）。

7.3.6　主要真菌毒素的生物防治研究

尽管在古代，劳动人民在生产生活中了解到真菌毒素的知识，如麦角中毒是由于霉菌（麦角菌）引起的，但是对真菌毒素的广泛重视和科学研究却始于 20 世纪 60 年代，即由从霉变花生饼粉中分离获得黄曲霉毒素，该毒素引起英国 10 多万只火鸡死亡事件开始，人们对毒素产生菌的种类、产生条件、生理代谢途径、毒素的结构、毒性、检测方法以及毒素合成的途径与基因控制等领域进行了广泛研究，同时，对毒素的防治也进行了许多探索。目前，真菌毒素的防治主要包括 2 个方面，即除毒和抑毒。除毒主要是用物理、化学和生物学方法清除食品中已污染的毒素或使其失去毒性，不仅成本大，而且效果也不理想。抑毒主要通过作物抗病育种、化学药物防治和生物防治方法抑制毒素的产生。尽管育种学家进行了多年的努力，但目前尚未培育出理想的抗真菌毒素产生的作物品种。利用化学农药防治在一定程度上可以抑制真菌生长从而抑制或减少毒素的产生，但化学农药若使用不当，在一定程度上不仅不能减少真菌毒素的污染，还会增加毒素的产生。近年来，由于化学农药导致的环境污染问题及其在粮食中的残留问题越来越被各国科学家和政府所重视，因此，利用对环境友好的生物防治成为研究热点，并取得了可喜的进展，成为减少或完全清除真菌毒素污染的最有前途和最有效的方法。目前真菌毒素的生物防治主要采用生物竞争抑毒技术、生防微生物及其活性物质、植物源活性物质等。以下探讨生物竞争抑毒技术、生防微生物及其活性物质在黄曲霉毒素、镰刀菌毒素、赭曲霉毒素 A 的生物防治中的研究进展（闫培生等，2008）。

（1）黄曲霉毒素的生物防治

生物竞争抑毒技术是指通过在土壤中接种具有强竞争能力的不产毒真菌菌株，与土壤中已存在的产毒菌株竞争侵染作物，由于不产毒菌株侵染作物后将在一定程度上抑制产毒菌株进一步侵染作物，从而达到减少或完全抑制毒素产生的作用，而且，作物中已经存在的不产毒菌株也为作物提供了产后保护作用。美国和澳大利亚在这方面的研究已经有十几年的历史，并开始应用到花生、玉米和棉籽等大田作物中。美国的研究表明，在种植季节，每公顷土地使用 11.2～22.4kg 不产毒黄曲霉孢子制剂，可使黄曲霉毒素的抑制率达到 90%，甚至更高，这种抑制作用也可持续到后续种植的作物中。在花生中，接种不产毒的寄生曲霉菌株可使食品级花生中的黄曲霉毒素减少 83%～90%；在玉米中，可使收获的玉米中的黄曲霉毒素减少 66%～87%。研究还表明，田间接种黄曲霉和寄生曲霉不产毒菌株可使花生收获后在贮藏期间显著减少黄曲霉毒素污染的概率。在 1999 年的实验中，田间未做接种处理的花生黄曲霉毒素污染量为 516.8ng/g，而田间接种处理的花生黄曲霉毒素污染量为 54.1ng/g；在适宜黄曲霉毒素产生的条件下储藏 3～5 个月后，田间未做接种处理的花生黄曲霉毒素污染量为

9145.1ng/g，而田间接种处理的花生黄曲霉毒素污染量为 374.2ng/g，减少量达 95.9%。澳大利亚的研究也表明，接种不产毒黄曲霉和寄生曲霉菌株可降低 95%以上花生黄曲霉毒素的产生量。

生防微生物及其活性物质的研究表明，很多种类的微生物可抑制黄曲霉毒素的产生，包括毛霉、根霉、木霉、茎点霉、隐球酵母、毕赤酵母、枯草芽孢杆菌、短小芽孢杆菌、阴沟肠杆菌、乳杆菌等。Down 等的研究表明枯草杆菌可显著抑制黄曲霉对玉米穗的侵染和毒素的产生。Celestin 等报道 B. pumilus 的发酵液可抑制黄曲霉毒素产生，但未见从中分离到活性物质。Muninbazi 等从一种鱼中分离到一株 B. pumilus 并从发酵液中初步分离到一种环多肽或非肽类化合物，每毫升培养基中添加 0.3mg 这种化合物几乎可以完全抑制黄曲霉的菌丝生长和毒素的产生。Ono 等从链霉菌中提取到一种能抑制黄曲霉毒素产生的物质（称为 aflastatin），该物质与杀稻瘟素结构类似，在 0.5μg/mL 浓度下能完全抑制寄生曲霉产生黄曲霉毒素。Magnusson 等研究表明 L. coryniformis 产生的蛋白质性质的活性物质对多种真菌毒素产生菌具有抑制作用。

（2）镰刀菌毒素的生物防治

Desjardins 等研究表明利用生物竞争抑毒技术可降低小麦赤霉病和 DON 的产生，但该技术的有效利用寄希望于不产 DON 和其他单端孢霉烯族类毒素的禾谷镰刀菌优良菌株的获得，遗憾的是目前获得的不产毒菌株侵染寄主的能力较低。

利用与禾谷镰刀菌同属的其他种类的镰刀菌竞争防治禾谷镰刀菌的研究也取得了可喜的进展。Cooney 等的研究表明亚黏团镰刀菌（F. subglutinans）的 4 个菌株与禾谷镰刀菌共培养时均能降低禾谷镰刀菌产生 DON，减少量平均为 62%（13%～76%）。Dawson 等研究了大田条件下 37 种真菌对禾谷镰刀菌和黄色镰刀菌产毒的影响，结果表明木贼镰刀菌（F. equiseti）和尖孢镰刀菌（F. oxysporum）的防治效果较好，对黄色镰刀菌引起的小麦中的 DON 量减少 70%以上。其中，木贼镰刀菌的防治效果最好，与杀真菌剂的效果相似。同样，木贼镰刀菌也可显著降低由禾谷镰刀菌引起的小麦中的 DON 量，其减少量高达 94%，并能使雪腐镰刀菌烯醇的产生量降低 33.8%。

细菌是目前研究最多的生防微生物资源，Khan 等的研究表明芽孢杆菌可降低 67%～95%的小麦赤霉病，减少籽粒中 DON 含量达 89%～97%。Schisler 等的研究表明芽孢杆菌和隐球菌属可降低 48%～95%的小麦赤霉病，减少籽粒中 DON 含量达 83%～98%；但在大田条件下，芽孢杆菌没有表现出生防效果，而隐球菌属则可降低 DON 含量达 50%。Bacon 等的研究表明小麦内生细菌

B. mojavensis 可显著提高小麦的萌发，降低禾谷镰刀菌引起的苗期疫病。另外一些真菌如甜菜茎点霉（*Phoma betae*）、终极腐霉（*Pythiumultin um*）也可降低多种产毒镰刀菌引起的小麦病害的发生。

（3）赭曲霉毒素 A 的生物防治

利用微生物防治赭曲霉毒素 A 的研究非常少。据 Petersscn 等的报道，异常毕赤酵母可抑制小麦中产生 OTA，在 25℃培养 21 天后，OTA 含量从 100000ng/g 降为 10ng/g。研究还表明酿酒酵母（*Saccharcmyces cerevisiae*）也可抑制疣孢青霉产生的 OTA 至检测不到的水平。

（4）真菌毒素污染的生物防治新策略

近年来，随着分子生物学和生物技术的快速发展，真菌毒素的生物合成途径及其控制基因已经得到或部分得到阐明，这为人们从分子水平上设计真菌毒素的生物防治研究新策略提供了前所未有的机遇，防治黄曲霉毒素和镰刀菌毒素的筛选新模型随之应运而生，这将极大地促进真菌毒素生物防治的研究和应用进程。

① 可视化平板培养筛选新模型。目前，筛选防治黄曲霉毒素污染的生防微生物及其活性物质绝大多数是以黄曲霉毒素生物合成途径中的最终产物黄曲霉毒素 B 为检测目标来研究抑毒效果。直接检测终产物进行筛选研究存在一些问题：第一，由于黄曲霉毒素产生后，不能直接目测观察到，必须借助相关仪器和分析手段才能检测到毒素的产生情况，手续繁琐；第二，黄曲霉毒素毒性极强，容易造成环境污染，危害研究人员及其他人员的健康；第三，黄曲霉毒素生物合成途径是一个极为复杂的过程，由 24 个结构基因和一个调控基因控制，至少经过 18 步化学反应，许多中间产物，如柄曲霉毒素等，都是具有一定毒性的中间产物，能抑制黄曲霉毒素 B 族的合成。因此，以黄曲霉毒素 B 为检测目标来研究抑毒效果无疑是片面的，因此，选择适宜的作用新靶点是有效地防止黄曲霉毒素及其他毒性中间产物污染食物，保证粮食安全的关键所在。

由于降散盘衣酸（NA）为黄曲霉毒素合成途径中第一个稳定中间产物，能抑制 NA 产生即意味着也能抑制黄曲霉毒素合成途径中所有中间产物和黄曲霉毒素的产生。目前，已经分别获得了黄曲霉的 nor 突变株和寄生曲霉的 NA 突变株，它们均可在菌丝体中积累橘红色 NA，这为人们设计可视化平板培养筛选新模型提供了可能。

可视化平板培养筛选新模型是以寄生曲霉橘红色 NA 突变菌株或黄曲霉橘红色 nor 突变株为指示菌，在平板中央接种突变菌株的孢子悬液，在其外侧适当位置分别接种 4（或 6）个待测微生物菌株，于 28℃恒温培养 3～5 天，肉眼观察培养结果，凡是能抑制橘红色 NA 积累的待测微生物，即为能抑制黄曲霉毒素污染的生防微生物。这样，通过肉眼直接观测橘红色物质产生与否，即可筛选判定能抑制黄曲霉毒素产生的生防微生物资源。该技术具有简单、直观、省时省力、安全无毒、高通量的特点，可以非常容易地对大量微生物菌株进行筛选，筛选获得的生防微生物及其活性物质可从黄曲霉毒素合成途径的源头上抑制毒素的产生，因而，应用后也更为安全可靠。

利用可视化平板培养筛选技术，从花生荚果际土壤中筛选获得了大量的生防细菌资源，这些菌株的抑制效果表现出多样性，有的菌株只抑制寄生曲霉突变菌株橘红色物质 NA 的产生而不抑制菌丝的生长，有的菌株只抑制寄生曲霉突变菌株菌丝的生长而不抑制橘红色物质的产生，有的菌株既能抑制橘红色物质的产生，也能抑制菌丝的生长，这些丰富多样的花生荚果际生防细菌菌株的获得为进一步深入研究和产前防治黄曲霉毒素污染打下了坚实的基础。

② Tri4 转基因酿酒酵母体系。镰刀菌毒素生物合成的起始物质为法尼焦磷酸（FPP），第一步反应是在 Tri5 基因产物作用下形成单端孢霉烯。第二步反应是在 Tri4 基因产物作用下发生羟基化，形成下一步产物，最终形成 DON、NIV、T-2 等毒素。以 Tri4 基因为作用新靶点，Naoko 等构建了 Tri4 转基因酿酒酵母，可通过检测 Tri4 酶活来筛选能抑制镰刀菌毒素产生的药物，该筛选体系的建立为筛选高效抑制镰刀菌毒素合成的微生物源活性物质提供了方便、迅速、切实可行的途径，并且筛选获得的生物活性物质同样具备从镰刀菌毒素生物合成途径的源头抑制毒素产生的能力。

7.4 典型真菌毒素风险评估案例分析

7.4.1 酿制酱油中黄曲霉毒素 B_1 风险评估案例分析（徐丹，2012）

酿造酱油是以大豆、小麦、麸皮等为原料，经米曲霉等菌株发酵制成的调味品，由于我国大多数中小型酱油生产企业仍沿用传统的酿造工艺，而且卫生条件较差，所以不论在原料上还是在制作过程中，酿造酱油都有受到产毒霉菌和 AFB_1 污染的可能。国外研究人员从发酵食品，如酱油、豆酱中发现了产 AFB_1 的菌株和 AFB_1。我国早期也有一些关于酱油中 AFB_1 污染的报道，但近十年来少见相关报道，而且早期的调查范围较窄、样本量较少，也未对其给人类健康带来的危害进行分析。研究表明，AFB_1 与乙肝病毒具有协同作用，当二者同时存在时能提高肝癌的发病率。目前，中国是全世界感染乙肝病毒人数最多的国家，每年有 50 多万人死于乙型肝炎导致的肝脏损伤和肝癌。因而有必要对我国食品中 AFB_1 污染进行调查和风险评估，以降低肝癌的发病率，保障我国居民的身体健康。

Monte Carlo 模拟是最常用的概率风险评估方法，并使用数学或统计模型来评估事件发生的概率。近 10 年，一些重要的风险评估已经开始采用 Monte Carlo 技术，如药品和牛奶中重金属、二噁英和多环芳烃的风险评估。

应用直接竞争 ELISA 检测方法测定我国 8 省市酿造酱油中 AFB_1 的含量，对部分地区酱油中 AFB_1 的污染现状进行了分析。并在此基础上，结合我国居民酱油摄入量和乙肝表面抗原阳性率的数据，运用 Monte Carlo 技术评估了酿造酱油所污染的 AFB_1 在我国居民日常生活中的暴露量及其可能引起的风险，为全面分析我国食品中 AFB_1 的风险提供详细而可靠的数据，为制定食品安全的标准、政策、法律、法规提供重要依据。

（1）采样

采样的对象主要是酿造酱油，由无锡市疾病预防控制中心完成。从我国北方地区和南方地区共选取 8 省市为取样点，抽样调查了 2008 年 9 月至 2010 年 5 月的 209 份样品。北方地区的样品采自陕西（24 份）、山西（22 份）、辽宁（22 份）、山东（23 份），南方地区的样品采自江苏（42 份）、浙江（23 份）、广东（26 份）和上海（27 份）。209 份样品主要有袋装、瓶装和散装，调查范围包括大、中、小型酱油生产企业，如海天、淘大、太太乐、厨帮、李锦记、鼎丰、紫燕、豪威、六月鲜、棒槌岛、太湖、恒顺等品牌。

采样结束后需要对每份样品进行编号，填写样品登记表，包含采样地点、样品等级、采样量、品牌、外观状态等，尽可能保证采样信息的完整性和准确性。登记完成后，将样品置于 4℃ 冰箱中，尽快进行 AFB_1 的测定。

（2）酿造酱油中 AFB_1 的提取

按照 GB/T 5009.22—2003 提取酿造酱油中的 AFB_1，准确吸取 10g 酱油于小烧杯中，为防止乳化，向试样中加入 0.4g NaCl，并将其一并转移到 125mL 分液漏斗中，用 15mL 三氯甲烷分次洗涤小烧杯，再将洗液移入分液漏斗中，振摇 2min，待其静置分层，放出三氯甲烷层，将三氯甲烷用盛有约 10g 无水 Na_2SO_4（预先用三氯甲烷润湿）的定量慢性滤纸过滤，滤液收集于 50mL 蒸发皿中。再向分液漏斗中加入 5mL 三氯甲烷，重新萃取剩余水层中的 AFB_1，将两次的三氯甲烷层都收集于蒸发皿中，于 65℃ 水浴挥干。最后用 2mL 20% 的甲醇-PBS 溶液分次溶解蒸发皿中的凝结物，移至棕色小瓶中，充分振荡，置于 4℃ 冰箱待测。

（3）酿造酱油中 AFB_1 暴露量的计算

人群 AFB_1 的膳食暴露量通过食品中 AFB_1 浓度与该食品摄入量的乘积来表

示。AFB_1 在人群中暴露量从 20 岁开始计算，2009 年美国中央情报局公布我国居民的平均寿命为 74.51 年，因此我国居民总的暴露时间为 74.51－20＝54.51年。每日酱油摄入量参考卫生部《2009 年中国卫生统计年鉴》及各地疾病预防控制中心的调查数据。

$$DI = \frac{C \times IR \times ED \times EF}{BW \times LT} \tag{7-1}$$

式中，DI 为 AFB_1 的日摄入量，ng/(kg·d)；C 为酿造酱油中 AFB_1 含量，ng/mL；IR 为酿造酱油的日摄入量，mL/d；ED 为暴露持续时间，即 54.51 年；EF 为暴露频率，365 天/年；BW 为平均体重，暴露评估中常以 60kg为标准；LT 为寿命，即 74.51 年×365 天/年。

（4）人群风险的计算

食品中 AFB_1 污染已受到世界各国和联合机构的广泛关注，JECFA 分别在第31 次、第 46 次、第 49 次会议上对 AFB_1 进行了评估。由于 AFB_1 是遗传性致癌物，所以常规非致癌物的安全系数就不适用于 AFB_1。乙肝病毒与 AFB_1 对肝癌的发生具有协同作用，AFB_1 对感染乙肝病毒和未感染乙肝病毒人群的致癌强度系数不同。根据动物实验和流行病学资料，JECFA 设定当 AFB_1 的暴露量为 1ng/(kg·d) 时，AFB_1 对 $HBsAg^+$ 人群的致癌强度系数为 0.3 例癌症/(年·100000 人)（不确定范围为 0.05～0.5），而 AFB_1 对 $HBsAg^-$ 人群的致癌强度系数为 0.01 例癌症/(年·100000 人)（不确定范围为 0.002～0.03）。我国是感染乙肝病毒人数最多的国家，2008 年卫生部发布的中国乙肝调查结果显示全国 19～59 岁人群乙肝表面抗原携带率为 8.57％。所以，可以计算出在我国当 AFB_1 的暴露量为 1ng/(kg·d) 时，AFB_1 的致癌强度系数为(91.43％×0.01)＋(8.57％×0.3)＝0.035 例癌症/(年·100000 人)，则我国酿造酱油中 AFB_1 对人群造成的癌症风险可由公式(7-2)计算。

$$PR = DI \times 0.035 \tag{7-2}$$

式中，PR 为人群风险，例癌症/(年·100000 人)；DI 为 AFB_1 的日摄入量，ng/(kg·d)。

（5）数据分析

每个酿造酱油样品中的 AFB_1 检测重复三次，采用 SPSS 11.5 对实验测得的数据进行统计分析，运用@risk4.5 软件进行酿造酱油中 AFB_1 在人群中的暴露评估和风险评估研究。

（6）酿造酱油中 AFB_1 的污染

酿造酱油样品中 AFB_1 含量测定结果如表 7-7，为了计算检出率，将低于检测限的样品视为阴性样品，抽检的 209 份样品中，有 188 份样品检出了 AFB$_1$，检出率为 89.95%，阳性样品中 AFB$_1$ 含量为 0.10~2.60ng/mL，中位值为 0.30ng/mL，平均值为 0.40ng/mL。59.8% 的样品 AFB$_1$ 含量集中在 0.1~ 0.4ng/mL，所有样品均未超出我国酱油中 AFB$_1$ 的限量标准（5ng/mL），但有 1% 的样品超出了欧盟的限量标准（2ng/mL）。通过分布拟合，发现所收集的 209 份样品中 AFB$_1$ 含量的分布符合正态分布（图 7-1）。

表 7-7   酿造酱油中 AFB$_1$ 的污染

省市	样本数	阳性样本数	酿造酱油中 AFB$_1$ 含量/(ng/mL)					
			中位值	平均值±标准偏差	阳性样品范围	25 百分位	75 百分位	95 百分位
陕西	24	22(91.67%)	0.15	0.32±0.41	0.10~1.60	0.10	0.37	1.52
山西	22	18(81.82%)	0.20	0.22±0.25	0.10~1.0	0.10	0.30	0.97
山东	23	20(86.96%)	0.20	0.28±0.31	0.10~1.20	0.10	0.40	1.16
辽宁	22	18(81.82%)	0.15	0.23±0.27	0.10~1.10	0.10	0.22	1.05
上海	27	26(96.30%)	0.40	0.57±0.54	0.10~2.40	0.30	0.60	2.16
浙江	23	21(91.30%)	0.50	0.52±0.36	0.10~1.50	0.20	0.70	1.42
广东	26	24(92.31%)	0.40	0.48±0.39	0.10~1.80	0.20	0.62	1.55
江苏	42	39(92.86%)	0.30	0.45±0.50	0.10~2.60	0.20	0.50	1.77
合计	209	188(89.95%)	0.30	0.40±0.42	0.10~2.60	0.10	0.50	1.25

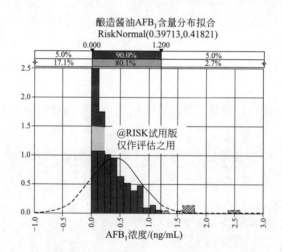

图 7-1   所有样品中黄曲霉毒素 B$_1$（AFB$_1$）含量的分布模拟

20 世纪 70~90 年代我国南方部分地区开展了酱油 AFB$_1$ 污染的调查，泉州市食品卫生监督检验所监测了 1977 年至 1988 年泉州地区酱油中 AFB$_1$ 的污染情况，发现合格率仅为 64.8%。1981 年福建惠安县卫生防疫站对全县 15 家酱油企业产品中 AFB$_1$ 的污染进行了调查，发现合格率仅为 23.1%。1998 年，陈福生等分析了湖北省市售 21 份酱油样品中 AFB$_1$ 含量，发现酱油中 AFB$_1$ 的检出率

为 100%，超标率为 19%。莫雪梅等于 2000 年对广州地区 12 所高校所使用的 80
份酱油中 AFB_1 污染进行了抽样调查，发现超标率为 24%～33%，超标样品中
AFB_1 含量为 5～25$\mu g/kg$。2001 年，韩国报道了 60 份发酵大豆饼中 AFB_1 的污
染情况，35 份样品中有 58.3% 的样品检出 AFB_1，AFB_1 平均含量为 7.3$\mu g/kg$。
Chun 调查了 2004 年到 2005 年韩国 123 份豆及发酵豆类制品中 AFB_1 的污染情
况，发现 17 份样品检出 AFB_1，其中酱油中 AFB_1 平均含量为 2.210$\mu g/kg$，豆
酱中 AFB_1 平均含量为 2.302$\mu g/kg$。与国内外的早期数据相比，发现现阶段我
国部分地区酿造酱油中 AFB_1 污染现象仍较广泛，但污染程度有所下降，这一结
果与刘冬英的报道一致。

① 不同地区酿造酱油中 AFB_1 污染的比较　AFB_1 的产生与霉菌生长的环境
有很大关系，我国的北方与南方处于不同的地理位置，气候也有很大的区别。因
此，不同地方所产的酿造酱油受到 AFB_1 污染的程度也会有很大差异。

表 7-8　南方和北方酿造酱油中黄曲霉毒素 B_1（AFB_1）污染水平的差异

地区	样本数	阳性样本数	酿造酱油中 AFB_1 含量/(ng/mL)					
			中位值	平均值±标准偏差	阳性样品范围	25 百分位	75 百分位	95 百分位
北方	91	78(85.71%)	0.20	0.27±0.02[a]	0.10～1.60	0.10	0.30	1.04
南方	118	110(93.22%)	0.40	0.50±0.06[b]	0.10～2.60	0.20	0.60	1.61

注：同一列的平均值±标准偏差所带的不同字母表示显著性差异（$p<0.05$）。

由表 7-8 可知，在 0.05 水平下，南方和北方样品 AFB_1 污染有显著性差异。91 份
北方样品，有 78 份检出 AFB_1，检出率为 85.71%，70.4% 的样品 AFB_1 含量集中在
0.10～0.40ng/mL，所有样品均未超出中国和欧盟的限量标准。118 份南方样品，有 110
份检出 AFB_1，检出率为 93.22%，只有 45.08% 的样品 AFB_1 含量集中在 0.10～
0.40ng/mL，所有样品也未超出我国限量标准，但有 1.6% 的样品超出欧盟标准。

各省市样品中 AFB_1 含量的箱图如图 7-2 所示，由图上可以清楚地看到广东、
浙江、上海、江苏的污染程度比辽宁、山东、山西、陕西严重，这一现象与其他食
品中 AFB_1 的污染结果一致。张宸对我国粮食类产品 AFB_1 污染进行了调查，也发
现南方城市样品中 AFB_1 含量高于北方的。我国南方的气候以湿热为主，适合霉菌
的生长，尤其长三角一带，经常出现梅雨季节，AFB_1 污染严重，也是肝癌的高发
地区；而我国北方气候较为干燥，霉菌不易生长，AFB_1 污染较轻。

调查的 8 省市样品中 AFB_1 含量分布也有一定差异，通过对 AFB_1 含量分布
的拟合，发现各省市样品 AFB_1 含量均不符合正态分布，其分布拟合曲线如图
7-3 所示。陕西、山西、山东、辽宁、上海、浙江、广东、江苏样品中 AFB_1

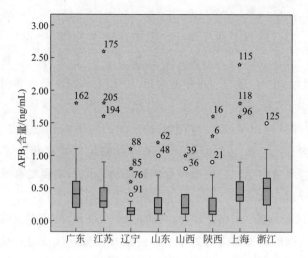

图 7-2　各省市酿造酱油黄曲霉毒素 B_1（AFB_1）含量的箱图

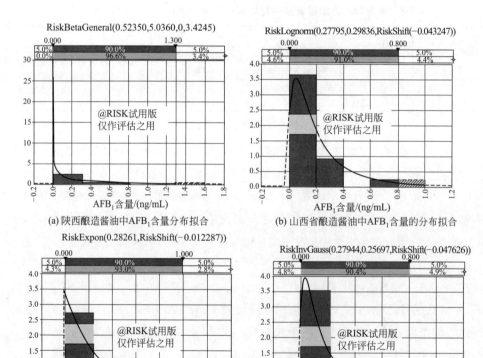

(a) 陕西酿造酱油中AFB_1含量分布拟合

(b) 山西省酿造酱油中AFB_1含量的分布拟合

(c) 山东省酿造酱油中AFB_1含量分布拟合

(d) 辽宁省酿造酱油中AFB_1含量分布拟合

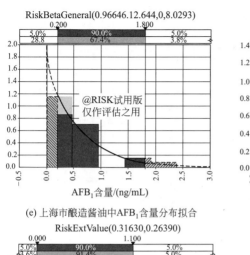

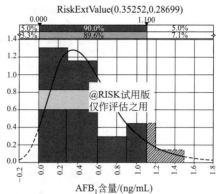

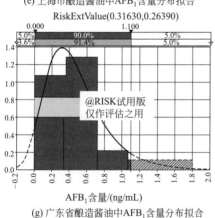

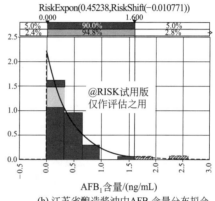

图 7-3　各省市酿造酱油黄曲霉毒素 B₁（AFB₁）含量的分布模拟

含量分别符合 BetaGeneral 分布、Lognorm 分布、Expon 分布、InvGauss 分布、BetaGeneral 分布、ExtValue 分布、ExtValue 分布、Expon 分布。

② AFB₁ 的暴露量　由于不同地区污染物含量和食品摄入量具有不确定性，为了真实反映食品污染物的暴露量，现在暴露评估采用概率模型法进行模拟，最常用的就是 MonteCarlo 模型。评估前需要对污染物含量分布和食品摄入量分布进行模拟。每日酱油摄入量则参考卫生部《2009 年中国卫生统计年鉴》及各地疾病预防控制中心的调查数据，其模拟结果如图 7-4 所示，我国酱油的摄入量符合 Triang 分布。

我国酿造酱油中 AFB₁ 的暴露量如表 7-9 和图 7-5 所示，通过计算得到酿造酱油中 AFB₁ 的暴露量范围为 0～0.385ng/(kg·d)，平均值为 (0.0417±0.0457)ng/(kg·d)，整个暴露分布符合 Logistic 分布。由于各省市 AFB₁ 污染程度不同，因而 AFB₁ 暴露量也有差异，总体来说，南方各省的暴露量比北方的高。

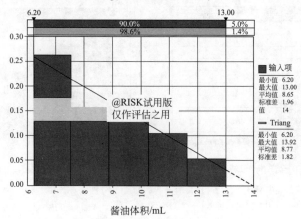

图 7-4　中国酱油每日摄入量

表 7-9　酿造酱油黄曲霉毒素 B_1（AFB_1）的暴露量

省市	酿造酱油 AFB_1 暴露量/[ng/(kg·d)]					
	范围	中位值	平均值	标准偏差	25 百分位	75 百分位	95 百分位
陕西	0~0.171	0.0179	0.0352	0.0513	0.0041	0.0470	0.1053
山西	0~0.187	0.0147	0.0242	0.0278	0.0055	0.0311	0.0891
山东	0~0.181	0.0183	0.0292	0.0310	0.0066	0.0402	0.1013
辽宁	0~0.154	0.0150	0.0242	0.0295	0.00509	0.0295	0.0935
上海	0~0.196	0.0516	0.0557	0.0404	0.0270	0.0750	0.1320
浙江	0~0.176	0.0468	0.0540	0.0394	0.0244	0.0751	0.1206
广东	0~0.282	0.0390	0.0489	0.0377	0.0241	0.0661	0.1169
江苏	0~0.385	0.0302	0.0457	0.0486	0.0121	0.0645	0.1302
合计	0~0.385	0.0399	0.0417	0.0457	0.0118	0.0683	0.1076

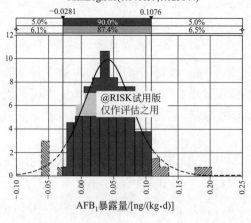

图 7-5　酿造酱油中黄曲霉毒素 B_1（AFB_1）的暴露量拟合模拟

2005 年高秀芬报道了玉米、花生、植物油中 AFB$_1$ 在北京城市居民中的平均暴露量分别为 0.58ng/(kg·d)、0.21ng/(kg·d)、0.74ng/(kg·d)。2001 年 Kim 报道了韩国酱油中 AFB$_1$ 暴露量为 0.25ng/(kg·d)，2005 年的暴露量为 0.185ng/(kg·d)。与其他食品及韩国的同类产品相比，目前，我国酿造酱油中 AFB$_1$ 的暴露水平较低。但是，Kuiper-GoodmanT 建议 AFB$_1$ 的相对安全剂量值为 0.016ng/(kg·d)，所以酿造酱油中 AFB$_1$ 的污染仍对我国居民的健康有一定威胁。

③ 人群风险评估 AFB$_1$ 是遗传性致癌物质，食品中若含有 AFB$_1$，长期食用就有致癌的危险，结合我国的乙肝表面抗原阳性率数据，通过 Monte Carlo 技术可模拟出因长期摄入污染了 AFB$_1$ 的酿造酱油可引起的癌症风险模型，结果如表 7-10 和图 7-6 所示。AFB$_1$ 引起人群风险的范围为 3.87E-6～6.87E-3 例癌症/(年·100000 人)，平均值为 (1.42E-3±1.57E-3) 例癌症/(年·100000 人)。与暴露量结果一致，整个分布符合 Logistic 模型，且南方人群的风险高于北方。

表 7-10　酿造酱油中黄曲霉毒素 B$_1$（AFB$_1$）的风险

省市	人群风险/[例癌症/(年·100000 人)]						
	范围	中位值	平均值	标准偏差	25 百分位	75 百分位	95 百分位
陕西	5.61E-6～5.73E-3	6.40E-4	1.16E-3	1.33E-3	1.48E-4	1.69E-3	3.92E-3
山西	6.0E-6～6.24E-3	5.30E-4	8.43E-4	1.00E-3	2.09E-4	1.08E-3	2.67E-3
山东	3.60E-6～5.97E-3	6.92E-4	1.02E-3	1.05E-3	2.17E-4	1.46E-3	3.18E-3
辽宁	2.39E-6～6.08E-3	4.83E-4	8.44E-4	1.07E-3	1.89E-4	1.04E-3	2.84E-3
上海	4.12E-5～7.53E-3	1.78E-3	1.96E-3	1.38E-3	9.35E-4	2.74E-3	4.31E-3
浙江	2.43E-5～7.13E-3	1.65E-3	1.90E-3	1.41E-3	8.60E-4	2.62E-3	4.38E-3
广东	3.79E-5～1.32E-2	1.43E-3	1.86E-3	2.42E-3	8.07E-4	2.21E-3	4.33E-3
江苏	5.26E-5～7.67E-3	1.09E-3	1.60E-3	1.71E-3	3.99E-4	2.20E-3	4.78E-3
合计	3.87E-6～6.87E-3	1.42E-3	1.42E-3	1.57E-3	4.28E-4	2.39E-3	3.94E-3

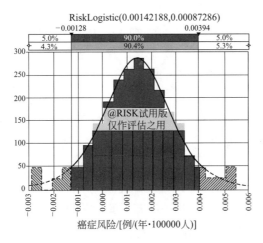

图 7-6　酿造酱油中黄曲霉毒素 B$_1$（AFB$_1$）对人群造成的癌症风险模拟

Sugita-Konishi 报道了日本食品中 AFB$_1$ 引起的风险，通过评估可知风险为 4.0E-5～5.0E-5 例癌症/(年·100000 人)。与日本相比，我国仅因酿造酱油中 AFB$_1$ 引起的风险就比日本高，而且我国其他主要食品引起的风险明显高于酱油等发酵调味品，所以我国十分有必要对每一种食品中 AFB$_1$ 的污染进行控制，以降低我国居民的健康风险。

风险评估结论：8 省市 209 份酿造酱油样品中有 188 份样品检出了 AFB$_1$，污染率为 89.95％，AFB$_1$ 平均值为（0.40±0.42）ng/mL，阳性样品含量为 0.10～2.60ng/mL，符合正态分布模型。所有样品的 AFB$_1$ 含量均未超出我国限量标准，但有 2 份样品超出了欧盟的限量标准。

酿造酱油中 AFB$_1$ 在我国的暴露量为 0～0.385ng/(kg·d)，平均值为（0.0417±0.0457）ng/(kg·d)。酿造酱油中 AFB$_1$ 在我国人群中引起的风险为 3.87E-6～6.87E-3 例癌症/(年·100000 人)，平均值为（1.42E-3±1.57E-3）例癌症/(年·100000 人)。

南北方样品中 AFB$_1$ 的含量有显著性差异（$p < 0.05$），91 份北方样品，有 78 份检出 AFB$_1$，污染率为 85.71％，AFB$_1$ 含量平均值为（0.27±0.02）ng/mL，所有样品均未超出中国和欧盟的限量标准；118 份南方样品，有 110 份检出 AFB$_1$，污染率为 93.22％，AFB$_1$ 含量平均值为（0.50±0.06）ng/mL，有 2 份样品超出欧盟标准。南方样品 AFB$_1$ 的含量、暴露量、人群风险均比北方高。

7.4.2 中国产后花生黄曲霉毒素污染与风险评估方法研究（丁小霞，2011）

（1）代表性产后花生样品抽样

山东、河南、河北、广东、广西、四川、安徽、江苏、湖南、福建、辽宁、湖北、江西 13 个省（区）是中国花生主产省，13 个省（区）的花生产量占全国花生总产量的 95％，其质量状况可以代表中国产后花生质量安全状况，将 13 个省（区）这个总体或批按省（区）划分为 13 个子总体或子批，即 13 个层，在每一层根据该层花生产量和面积等采用比例抽样，每一层抽取的样本量与该层生产面积和产量成正比。根据各省（区）花生面积和产量确定的抽样数量分布如下：生产面积过 1000 万亩的主产地区包括 2 个省：河南、山东，各选取 11～13 个生产大县；生产面积过 300 万亩的主产地区包括 3 个省：河北、广东、安徽，各选取 4～6 个生产大县；生产面积过 100 万亩的主产地区包括 8 个省：湖北、湖南、四川、江苏、广西、江西、福建、辽宁，各选取 3～5 个生产大县。每个主产县设置 10 个抽样点，每个抽样点随机抽取代表性样品 2 个。每个样品的抽样根据实际情况，可在选定农田、晾晒场、粮仓或花生收购点抽样。选用对角线抽样法，或棋盘式抽样法，或蛇形抽样法抽取产后花生样品 30kg，采用四分法分样至 3kg，作为检测样。抽样后立即晾晒，一周内晾晒至水分含量小于 11%，防水密封包装，运至实验室备测。

2009 年和 2010 年从辽宁、山东、河南、河北、江苏、安徽、湖北、湖南、四川、江西、广东、广西、福建 13 个省（区）抽取代表性花生样品 2571 份，具体抽样点和抽样数量见图 7-7 所示。

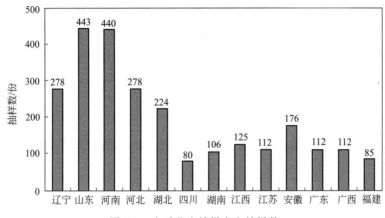

图 7-7　产后花生抽样点和抽样数

（2）主产省产后花生黄曲霉毒素总量污染分布

13 个花生主产省（区）产后花生黄曲霉毒素总量检出率范围为 2.5%～61.2%，检出率最高的是福建省，达到 61.2%；其次是江西省，为 56.8%；检出率最低的是四川省，为 2.5%。各主产省（区）产后花生黄曲霉毒素总量污染平均值在 0.07～108.94μg/kg 之间，黄曲霉毒素总量污染平均值最高的是安徽省，达到 108.94μg/kg；其次是江西省，为 11.85μg/kg；黄曲霉毒素总量污染平均值最低的是辽宁省，为 0.07μg/kg。

2009 年各花生主产省（区）产后花生黄曲霉毒素总量检出率范围为 3.2%～56.5%，检出率最高的是福建省，黄曲霉毒素总量检出率达 56.5%；其次是江西省，为 48.5%；检出率最低的是河北省，为 3.2%。各主产省（区）产后花生黄曲霉毒素总量污染平均值在 0.08～20.5μg/kg 之间，黄曲霉毒素总量污染平均值最高的是安徽省，达到 20.05μg/kg；其次是江西省，为 4.67μg/kg；黄曲霉毒素总量平均值最低的是辽宁省，为 0.08μg/kg。

2010 年各花生主产省（区）产后花生黄曲霉毒素总量检出率范围为 0～81.7%，检出率最高的是湖北省，黄曲霉毒素总量检出率达 81.7%；其次是福建省，为 62.9%；黄曲霉毒素总量检出率最低的是江苏省，为未检出。各主产省（区）产后花生黄曲霉毒素总量污染平均值在 0～199.87μg/kg 之间，黄曲霉毒素总量污染平均值最高的是安徽省，达到 199.87μg/kg；其次是江西，为 14.43μg/kg；黄曲霉毒素总量污染平均值最低的是江苏省，为未检出。

（3）全国产后花生 AFB_1 和黄曲霉毒素总量相关性

对产后花生黄曲霉毒素检测数据综合分析发现，污染花生的黄曲霉毒素主要有 AFB_1、AFB_2、AFG_1、AFG_2 4 种。采用 SAS 主成分分析结果显示，AFB_1、AFB_2、AFG_1、AFG_2 4 种黄曲霉毒素对黄曲霉毒素总量的贡献率分别为 64.8%、26.4%、3.3%、5.5%，说明中国产后花生中 AFB_1 污染最为严重，是黄曲霉毒素污染的主要贡献者，其次是 AFB_2。AFB_1 占黄曲霉毒素总量的百分比平均值为 86.2%。将高于检出限的 AFB_1 数据和黄曲霉毒素总量数据进行相关性分析，结果见表 7-11。AFB_1 和黄曲霉毒素总量具有很好的相关性，相关系数达到 0.99。

表 7-11　AFB_1 和黄曲霉毒素总量相关性分析

年　份	样品数	>LOD	线性回归系数	相关系数
2009 年	1040	259(24.9%)	1.06	0.97
2010 年	1531	303(19.8%)	1.15	0.99
2009—2010 年	2571	562(21.8%)	1.15	0.99

（4）中国花生黄曲霉毒素污染数据库构建

① 数据库构建方法　数据库的操作平台基于微软 .net framework 2.0 框架开发，开发工具为 Microsoft Visual Studio2010，开发语言为 C#，数据库选用的是轻量级数据库 SQLite。C# 是一门简单、现代、面向对象和类型安全的编程语言，由 C 和 C++ 发展而来。它使得程序员可以快速地编写各种基于 Microsoft. NET 平台的应用程序，Microsoft. NET 提供了一系列的工具和服务来最大限度地开发利用计算与通信领域。

SQLite 是一款轻型的数据库，是遵守 ACID 的关联式数据库管理系统，它的设计目标是嵌入式的，而且目前已经在很多嵌入式产品中使用了它，它占用资源非常的低，在嵌入式设备中，只需要几百 K 的内存就足够。它能够支持 Windows/Linux/Unix 等主流操作系统，同时能够跟 Tcl、C#、PHP、Java 等多种程序语言相结合，还有 ODBC 接口，与 Mysql、PostgreSQL 这两款世界著名的数据库管理系统比较而言，它的处理速度比它们都快。

② 数据库的建立　建立的中国花生质量安全数据库包括信息录入、信息修

改、浏览、查询、密码安全、数据导入导出、系统参数设置以及打印等9大功能（见图7-8）。

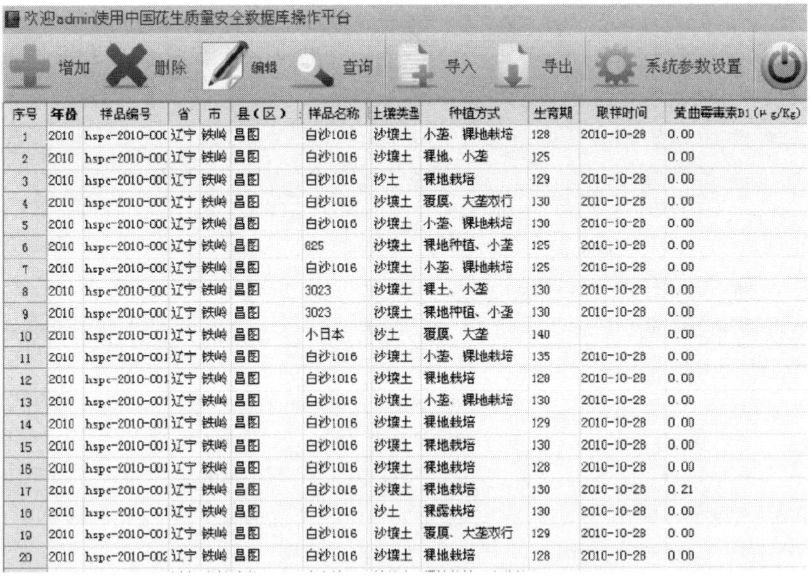

序号	年份	样品编号	省	市	县（区）	样品名称	土壤类型	种植方式	生育期	取样时间	黄曲霉毒素B1（μg/Kg）
1	2010	hspc-2010-00(	辽宁	铁岭	昌图	白沙1016	沙壤土	小垄、裸地栽培	128	2010-10-28	0.00
2	2010	hspc-2010-00(	辽宁	铁岭	昌图	白沙1016	沙壤土	裸地、小垄	125		0.00
3	2010	hspc-2010-00(	辽宁	铁岭	昌图	白沙1016	沙土	裸地栽培	129	2010-10-28	0.00
4	2010	hspc-2010-00(	辽宁	铁岭	昌图	白沙1016	沙壤土	覆膜、大垄双行	130	2010-10-28	0.00
5	2010	hspc-2010-00(	辽宁	铁岭	昌图	白沙1016	沙壤土	小垄、裸地栽培	130	2010-10-28	0.00
6	2010	hspc-2010-00(	辽宁	铁岭	昌图	825	沙壤土	裸地种植、小垄	125	2010-10-28	0.00
7	2010	hspc-2010-00(	辽宁	铁岭	昌图	白沙1016	沙壤土	小垄、裸地栽培	125	2010-10-28	0.00
8	2010	hspc-2010-00(	辽宁	铁岭	昌图	3023	沙壤土	裸土、小垄	130	2010-10-28	0.00
9	2010	hspc-2010-00(	辽宁	铁岭	昌图	3023	沙壤土	裸地种植、小垄	130	2010-10-28	0.00
10	2010	hspc-2010-001	辽宁	铁岭	昌图	小日本	沙土	覆膜、大垄	140		0.00
11	2010	hspc-2010-001	辽宁	铁岭	昌图	白沙1016	沙壤土	小垄、裸地栽培	135	2010-10-28	0.00
12	2010	hspc-2010-001	辽宁	铁岭	昌图	白沙1016	沙壤土	裸地栽培	128	2010-10-28	0.00
13	2010	hspc-2010-001	辽宁	铁岭	昌图	白沙1016	沙壤土	小垄、裸地栽培	130	2010-10-28	0.00
14	2010	hspc-2010-001	辽宁	铁岭	昌图	白沙1016	沙壤土	裸地栽培	129	2010-10-28	0.00
15	2010	hspc-2010-001	辽宁	铁岭	昌图	白沙1016	沙壤土	裸地栽培	130	2010-10-28	0.00
16	2010	hspc-2010-001	辽宁	铁岭	昌图	白沙1016	沙壤土	裸地栽培	128	2010-10-28	0.00
17	2010	hspc-2010-001	辽宁	铁岭	昌图	白沙1016	沙壤土	裸地栽培	130	2010-10-28	0.21
18	2010	hspc-2010-001	辽宁	铁岭	昌图	白沙1016	沙土	裸露栽培	130	2010-10-28	0.00
19	2010	hspc-2010-001	辽宁	铁岭	昌图	白沙1016	沙壤土	覆膜、大垄双行	129	2010-10-28	0.00
20	2010	hspc-2010-002	辽宁	铁岭	昌图	白沙1016	沙壤土	裸地栽培	128	2010-10-28	0.00

图 7-8　中国花生质量安全数据库功能

参考文献

白小芳. 2010. 真菌毒素在食品加工过程中的变化规律. 农产品加工：创新版，(8)：68-71.

丁小霞. 2011. 中国产后花生黄曲霉毒素污染与风险评估方法研究. 北京：中国农业科学院油料作物研究所.

黄天培，何佩茹，潘洁茹，关雄. 2011. 食品常见真菌毒素的危害及其防止措施. 生物安全学报，20 (2)：108-112.

李群伟，王绍萍. 2001. 真菌毒素与人类疾病的研究进展与展望. 中国地方病防治杂志，16 (1)：24-25.

李月红，孙巍，严霞，王娟，王俊灵，姚志刚，张祥宏. 2012. 脱氧雪腐镰刀菌烯醇对人食管上皮细胞TAP-1和LMP-2表达的影响. 中国免疫学杂志，27 (12)：1075-1079.

刘宁，郭炳红. 2011. 玉米赤霉烯酮对HeLa细胞生长抑制作用和细胞超微结构损伤观察. 中国地方病防治杂志，26 (2)：96-98.

柳永振，朱凤华，宁雪娇，朱连勤. 2013. 霉菌毒素联合毒性研究进展. 中国饲料，(3)：33-36.

马勇江，许利娜，李玉谷，范小龙，梁梓森，邓衔柏. 2009. 玉米赤霉烯酮对小鼠脾淋巴细胞凋亡的影响. 家畜生态学报，30 (1)：52-56.

孙桂菊，王少康，王加生. 2006. 伏马菌素与黄曲霉毒素对SD大鼠联合毒性的研究. 中华预防医学杂志，40 (5)：319-323.

王会艳，孙旭明. 1999. 脱氧雪腐镰刀菌烯醇、黄曲霉毒素 G_1 对体外培养人外周血淋巴细胞凋亡影响的研究. 卫生研究，28 (2)：102-104.

王会艳，张祥宏. 2000. 常见镰刀菌素与细胞凋亡的研究进展. 卫生研究，29（3）：181-183.

吴永宁. 2003. 现代食品安全学. 北京：化学工业出版社.

徐丹. 2012. 酿造酱油中黄曲霉毒素 B_1 的产生及其控制研究. 无锡：江南大学.

闫培生，曹立新，王凯，王琢. 2008. 真菌毒素生物防治研究进展. 中国农业科技导报，10（6）：89-89.

云振宇，刘文，蔡晓湛，王乃铝，栾晏. 2009. 我国与国际食品法典委员会（CAC）食品中真菌毒素限量标准的对比分析研究. 中国食品工业，（2）：37-38.

周迎芳. 2007. F-2 毒素对小鼠卵巢颗粒细胞凋亡及其相关因素的影响研究. 长沙：湖南农业大学.

Abid-Essefi S，Zaied C，Bouaziz C，Ben Salem I，Kaderi R，Bacha H. 2012. Protective effect of aqueous extract of Allium sativum against zearalenone toxicity mediated by oxidative stress. Experimental and Toxicologic Pathology，64（7-8）：689-695.

Alm H，Greising T，Brüssow K-P，Torner H，Tiemann U. 2002. The influence of the mycotoxins deoxynivalenol and zearalenol on in vitro maturation of pig oocytes and in vitro culture of pig zygotes. Toxicology in vitro，16（6）：643-648.

Babich H，Borenfreund E. 1991. Cytotoxicity of T-2 toxin and its metabolites determined with the neutral red-cell viability assay. Applied and Environmental Microbiology，57（7）：2101-2103.

Bandera E V，Chandran U，Buckley B，Lin Y，Isukapalli S，Marshall I，King M，Zarbl H. 2011. Urinary mycoestrogens，body size and breast development in New Jersey girls. Science of the Total Environment，409（24）：5221-5227.

Banotai C，Greene-McDowelle D M，Azcona-Olivera J I，Pestka J J. 1999. Effects of intermittent vomitoxin exposure on body weight，immunoglobulin levels and haematuria in the B6C3F（1）mouse. Food and Chemical Toxicology，37（4）：343-350.

Bennett G A，Richard J L，Eckhoff S R. 1996. Distribution of fumonisins in food and feed products prepared from contaminated corn ［M］// Fumonisins in food. Springer US：317-322.

Bensassi F，El Golli-Bennour E，Abid-Essefi S，Bouaziz C，Hajlaoui M R，Bacha H. 2009. Pathway of deoxynivalenol-induced apoptosis in human colon carcinoma cells. Toxicology，264（1-2）：104-109.

Bin-Umer M A，McLaughlin J E，Basu D，McCormick S，Tumer N E. 2011. Trichothecene mycotoxins inhibit mitochondrial translation—Implication for the mechanism of toxicity. Toxins，3（12）：1484-1501.

Boeira S P，Del'Fabbro L，Freire Royes L F，Jessé C R，Oliveira M S，Furian A F. 2012. Possible role for glutathione-S-transferase in the oligozoospermia elicited by acute zearalenone administration in Swiss albino mice. Toxicon，60（3）：358-366.

Castelo M，Jackson L，Hanna M，Reynolds B，Bullerman L. 2001. Loss of Fuminosin Bl in Extruded and Baked Corn-Based Foods with Sugars. Journal of Food Science，66（3）：416-421.

Cazzaniga D，Basilico J，Gonzalez R，Torres R. De Greef D. 2001. Mycotoxins inactivation by extrusion cooking of corn flour. Letters in applied microbiology，33（2）：144-147.

Chen F，Ma Y，Xue C，Ma J，Xie Q，Wang G，Bi Y，Cao Y. 2008. The combination of deoxynivalenol and zearalenone at permitted feed concentrations causes serious physiological effects in young pigs. Journal of veterinary Science，9（1）：39-44.

Collins T F，Sprando R L，Black T N，Olejnik N，Eppley R M，Hines F A，Rorie J，Ruggles D I. 2006. Effects of deoxynivalenol（DON，vomitoxin）on in utero development in rats. Food and chemical toxicology，

44 (6): 747-757.

Creppy E E, Chiarappa P, Baudrimont I, Borracci P, Moukha S, Carratù M R. 2004. Synergistic effects of fumonisin B$_1$ and ochratoxin A: are in vitro cytotoxicity data predictive of in vivo acute toxicity?. Toxicology, 201 (1): 115-123.

Diesing A-K, Nossol C, Panther P, Walk N, Post A, Kluess J, Kreutzmann P, Daenicke S, Rothkoetter H-J, Kahlert S. 2011. Mycotoxin deoxynivalenol (DON) mediates biphasic cellular response in intestinal porcine epithelial cell lines IPEC-1 and IPEC-J2. Toxicology Letters, 200 (1-2): 8-18.

Domijan A M, Peraica M, Vrdoljak A L, Radič B, Žlender V, Fuchs R. 2007. The involvement of oxidative stress in ochratoxin A and fumonisin B1 toxicity in rats. Molecular nutrition & food research, 51 (9): 1147-1151.

Ewuola E. 2009. Organ traits and histopathology of rabbits fed varied levels of dietary fumonisin B1. Journal of animal physiology and animal nutrition, 93 (6): 726-731.

Ficheux A-S, Sibiril Y, Parent-Massin D. 2012. Co-exposure of Fusarium mycotoxins: In vitro myelotoxicity assessment on human. Toxicology Letters, 211: S35.

Golli-Bennour E E, Kouidhi B, Bouslimi A, Abid-Essefi S, Hassen W, Bacha H. 2010. Cytotoxicity and genotoxicity induced by aflatoxin B1, ochratoxin A, and their combination in cultured Vero cells. Journal of biochemical and molecular toxicology, 24 (1): 42-50.

Grenier B, Loureiro-Bracarense A P, Lucioli J, Pacheco G D, Cossalter A M, Moll W D, Schatzmayr G, Oswald I P. 2011. Individual and combined effects of subclinical doses of deoxynivalenol and fumonisins in piglets. Molecular nutrition & food research, 55 (5): 761-771.

Grenier B, Oswald I. 2011. Mycotoxin co-contamination of food and feed: meta-analysis of publications describing toxicological interactions. World Mycotoxin Journal, 4 (3): 285-313.

Gutleb A C, Morrison E, Murk A J. 2002. Cytotoxicity assays for mycotoxins produced by Fusarium strains: a review. Environmental Toxicology and Pharmacology, 11 (3-4): 309-320.

Harvey R, Edrington T, Kubena L, Elissalde M, Rottinghaus G. 1995. Influence of aflatoxin and fumonisin B1-containing culture material on growing barrows. American journal of veterinary research, 56 (12): 1668-1672.

Holt P S, DeLoach J R. 1988. Cellular effects of T-2 mycotoxin on two different cell lines. Biochimica et biophysica acta, 971 (1): 1-8.

Howard P C, Churchwell M I, Couch L H, Marques M M, Doerge D R. 1998. Formation of N-(carboxymethyl) fumonisin B1, following the reaction of fumonisin B1 with reducing sugars. Journal of Agricultural and Food Chemistry, 46 (9): 3546-3557.

Javed T, Bunte R, Dombrink-Kurtzman M A, Richard J, Bennett G, Cote L, Buck W. 2005. Comparative pathologic changes in broiler chicks on feed amendedwith Fusarium proliferatum culture material or purified fumonisinB1 and moniliformin. Mycopathologia, 159 (4): 553-564.

Katta S, Cagampang A, Jackson L, Bullerman L. 1997. Distribution of Fusarium Molds and Fumonisins in Dry-Milled Corn Fractions 1. Cereal Chemistry, 74 (6): 858-863.

Kim J, Choi S P, La S J, Se J S, Kim K K, Nam S H, Kwon B. 2003. Constitutive expression of 4-1BB on T cells enhances CD4 (+) T cell responses. Experimental and Molecular Medicine, 35 (6): 509-517.

Klaas I C. 2000. Untersuchungen zum Auftreten von Mastitiden und zur Tiergesundheit in 15 Milchviehbe trieben Schleswig-Holsteins. Selbstverlag des Instituts für Tierzucht und Tierhaltung der Christian-Albrechts-Universität zu Kiel.

Knasmuller S, Bresgen N, Kassie F, MerschSundermann V, Gelderblom W, Zohrer E, Eckl P M. 1997. Genotoxic effects of three Fusarium mycotoxins, fumonisin B-1, moniliformin and vomitoxin in bacteria and in primary cultures of rat hepatocytes. Mutation Research-Genetic Toxicology and Environmental Mutagenesis, 391 (1-2): 39-48.

Koenigs M, Lenczyk M, Schwerdt G, Holzinger H, Gekle M, Humpf H-U. 2007. Cytotoxicity, metabolism and cellular uptake of the mycotoxin deoxynivalenol in human proximal tubule cells and lung fibroblasts in primary culture. Toxicology, 240 (1-2): 48-59.

Kouadio J H, Dano S D, Moukha S, Mobio T A, Creppy E E. 2007a. Effects of combinations of Fusarium mycotoxins on the inhibition of macromolecular synthesis, malondialdehyde levels, DNA methylation and fragmentation, and viability in Caco-2 cells. Toxicon, 49 (3): 306-317.

Kouadio J H, Dano S D, Moukha S, Mobio T A, Creppy E E. 2007b. Effects of combinations of Fusarium mycotoxins on the inhibition of macromolecular synthesis, malondialdehyde levels, DNA methylation and fragmentation, and viability in Caco-2 cells. Toxicon, 49 (3): 306-317.

Kouadio J H, Mobio T A, Baudrimont I, Moukha S, Dano S D, Creppy E E. 2005. Comparative study of cytotoxicity and oxidative stress induced by deoxynivalenol, zearalenone or fumonisin B1 in human intestinal cell line Caco-2. Toxicology, 213 (1-2): 56-65.

Krska R, Baumgartner S, Josephs R. 2001. The state-of-the-art in the analysis of type-A and -B trichothecene mycotoxins in cereals. Fresenius Journal of Analytical Chemistry, 371 (3): 285-299.

Krska R, Josephs R. 2001. The state-of-the-art in the analysis of estrogenic mycotoxins in cereals. Fresenius Journal of Analytical Chemistry, 369 (6): 469-476.

Lei M, Zhang N, Qi D. 2013. In vitro investigation of individual and combined cytotoxic effects of aflatoxin B1 and other selected mycotoxins on the cell line porcine kidney 15. Experimental and Toxicologic Pathology, 65 (7-8): 1149-1157.

Li G, Shinozuka J, Uetsuka K, Nakayama H, Doi K. 1997. T-2 toxin-induced apoptosis in intestinal crypt epithelial cells of mice. Experimental and toxicologic pathology, 49 (6): 447-450.

Maresca M, Mahfoud R, Garmy N, Fantini J. 2002. The mycotoxin deoxynivalenol affects nutrient absorption in human intestinal epithelial cells. The Journal of nutrition, 132 (9): 2723-2731.

Marin D E, Taranu I, Burlacu R, Manda G, Motiu M, Neagoe I, Dragomir C, Stancu M, Calin L. 2011. Effects of zearalenone and its derivatives on porcine immune response. Toxicology in Vitro, 25 (8): 1981-1988.

Oliver W, Miles J, Diaz D, Dibner J, Rottinghaus G, Harrell R. 2012. Zearalenone enhances reproductive tract development, but does not alter skeletal muscle signaling in prepubertal gilts. Animal Feed Science and Technology, 174 (1): 79-85.

Orsi R, Dilkin P, Xavier J, Aquino S, Rocha L, Corrêa B. 2009. Acute toxicity of a single gavage dose of fumonisin B$_1$ in rabbits. Chemico-biological interactions, 179 (2): 351-355.

Pedrosa K, Borutova R. 2011. Synergistic effects of mycotoxins discussed. Feedstuffs, 83 (19): 1-3.

Pinton P, Oswald I P. 2014. Effect of Deoxynivalenol and Other Type B Trichothecenes on the Intestine: A Review. Toxins, 6 (5): 1615-1643.

Ribeiro D H, Ferreira F L, Da Silva V N, Aquino S, Corrêa B. 2010. Effects of aflatoxin B1 and fumonisin B1 on the viability and induction of apoptosis in rat primary hepatocytes. International journal of molecular sciences, 11 (4): 1944-1955.

Robbana-Barnat S, Lafarge-Frayssinet C, Frayssinet C. 1989. Use of cell cultures for predicting the biological effects of mycotoxins. Cell biology and toxicology, 5 (2): 217-226.

Ruiz M-J, Macáková P, Juan-García A, Font G. 2011a. Cytotoxic effects of mycotoxin combinations in mammalian kidney cells. Food and Chemical Toxicology, 49 (10): 2718-2724.

Ruiz M, Franzova P, Juan-García A, Font G. 2011b. Toxicological interactions between the mycotoxins beauvericin, deoxynivalenol and T-2 toxin in CHO-K1 cells in vitro. Toxicon, 58 (4): 315-326.

Scott P, Kanhere S, Lawrence G, Daley E, Farber J. 1995. Fermentation of wort containing added ochratoxin A and fumonisins B1 and B2. Food Additives & Contaminants, 12 (1): 31-40.

Scudamore K, Banks J, Guy R. 2004. Fate of ochratoxin A in the processing of whole wheat grain during extrusion. Food additives and contaminants, 21 (5): 488-497.

Shinozuka J, Li G, Kiatipattanasakul W, Uetsuka K, Nakayama H, Doi K. 1997. T-2 toxin-induced apoptosis in lymphoid organs of mice. Experimental and toxicologic pathology, 49 (5): 387-392.

Sprando R L, Collins T F, Black T N, Olejnik N, Rorie J I, Eppley R M, Ruggles D I. 2005. Characterization of the effect of deoxynivalenol on selected male reproductive endpoints. Food and chemical toxicology, 43 (4): 623-635.

Sun J-H, Zhu H -J, Zheng Y-F, Zhu X-Q. 2004. Study on the transcriptional modulation of cytochrome P450 3A4 expression by zearalenone. Zhonghua yu fang yi xue za zhi [Chinese journal of preventive medicine], 38 (6): 411-414.

Sydenham E W, van der Westhuizen L, Stockenström S, Shephard G S, Thiel P G. 1994. Fumonisin-contaminated maise: Physical treatment for the partial decontamination of bulk shipments. Food Additives & Contaminants, 11 (1): 25-32.

Tardieu D, Bailly J -D, Benlashehr I, Auby A, Jouglar J-Y, Guerre P. 2009. Tissue persistence of fumonisin B1 in ducks and after exposure to a diet containing the maximum European tolerance for fumonisins in avian feeds. Chemico-biological interactions, 182 (2): 239-244.

Tavasoly A, Kamyabi-moghaddam Z, Alizade A, Mohaghghi M, Amininajafi F, Khosravi A, Rezaeian M, Solati A. 2013. Histopathological changes of gastric mucosa following oral administration of fumonisin B1 in mice. Comparative Clinical Pathology, 22 (3): 457-460.

Tessari E, Oliveira C, Cardoso A, Ledoux D, Rottinghaus G. 2006. Effects of aflatoxin B1 and fumonisin B1 on body weight, antibody titres and histology of broiler chicks. British poultry science, 47 (3): 357-364.

Todorova K S, Kril A I, Dimitrov P S, Gardeva E G, Toshkova R A, Tasheva Y R, Petrichev M H, Russev R V. 2011. Effect of fumonisin B1 on lymphatic organs in broiler chickens-pathomorpholgy. Bull Vet Inst Pulawy, 55: 801-805.

Tolleson W H, Melchior W B, Morris S M, McGarrity L J, Domon O E, Muskhelishvili L, James S J,

Howard P C. 1996. Apoptotic and anti-proliferative effects of fumonisin B1 in human keratinocytes, fibroblasts, esophageal epithelial cells and hepatoma cells. Carcinogenesis, 17 (2): 239-249.

Veselý D, Vesela D. 1995. Embryotoxic effects of a combination of zearalenone and vomitoxin (4-dioxynivalenole) on the chick embryo. Veterinarni medicina, 40 (9): 279-281.

Vesela D, Veselý D, Jelinek R. 1983. Toxic effects of ochratoxin A and citrinin, alone and in combination, on chicken embryos. Applied and environmental microbiology, 45 (1): 91-93.

Voss K, Smith G, Haschek W. 2007. Fumonisins: toxicokinetics, mechanism of action and toxicity. Animal feed science and technology, 137 (3): 299-325.

Wangikar P, Dwivedi P, Sinha N, Sharma A, Telang A. 2005. Teratogenic effects in rabbits of simultaneous exposure to ochratoxin A and aflatoxin B_1 with special reference to microscopic effects. Toxicology, 215 (1): 37-47.

Wangikar P B, Sinha N, Dwivedi P, Sharma A. 2007. Teratogenic Effects of Ochratoxin A and Aflatoxin B 1 Alone and in Combination on Post-Implantation Rat Embryos in Culture. Journal of the Turkish-German Gynecological Association, 8 (4).

Zhang X, Jiang L, Geng C, Cao J, Zhong L. 2009. The role of oxidative stress in deoxynivalenol-induced DNA damage in HepG2 cells. Toxicon, 54 (4): 513-518.

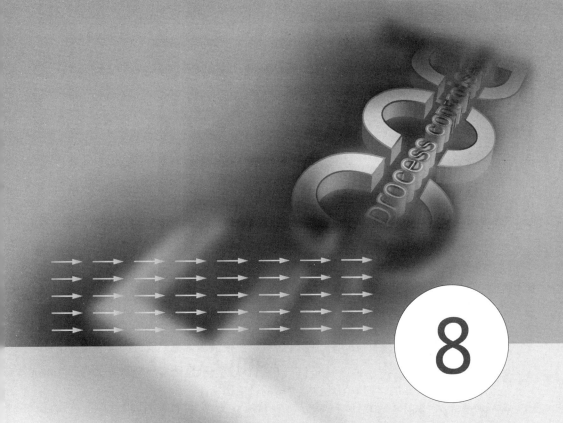

食品过敏原安全性评价及风险评估

8.1　过敏原的危害性及安全性评价

近年来由于饮食结构的改变，动物、植物蛋白质摄入增加和婴儿期添加动物、植物蛋白质辅食提前，食物过敏性疾病呈上升趋势。直到 20 世纪 80 年代末，人类还一直将食物过敏当做是安全领域的一个次要问题，因而对其认识不深。直到近 10～15 年由于过敏性疾病发病率增加的事实和转基因技术的发展、转基因农作物的商品化，食物过敏对大众健康的影响才开始受到重视，人们才开始重新评价食物过敏的问题（胥传来，2007）。目前，世界卫生组织也已经把食物过敏列为第四大世界健康问题。美国、欧盟等都立法要求标示出含有过敏性物质的产品，并立法保护过敏性群体，我国也在 2012 年 4 月实施的《预包装食品标签通则》中增加了食品中可能含有致敏物质时的推荐标示要求。因此，食物过敏问题已经成为全球关注的严重的公共卫生问题之一。食物过敏症的表现多种多样，其中皮疹最为常见，而最严重的属过敏性休克，会危及生命。但目前尚无有效的治疗食物过敏症的方法，而唯一的预防方法就是避免食入含致敏原的食物，因此建立灵敏的过敏原检测分析方法尤为重要。

食物过敏（或称为食物的超敏反应）其实就是食物引起机体免疫系统异常的反应，是由于食物中的某些成分或食品添加剂等引起的免疫球蛋白（IgE）介导和非 IgE 介导的导致消化系统或全身性的变态反应。超敏反应在临床上分为 4 型，Ⅰ型是 IgE 介导的超敏反应，即速发型超敏反应；Ⅱ型是细胞毒型或细胞溶解型超敏反应；Ⅲ型即免疫复合型或血管炎型超敏反应；Ⅳ型即迟发型超敏反应（宁炜，2009）。

由免疫介导的食物过敏反应一般为 IgE 介导的Ⅰ型超敏反应，包括致敏和发敏 2 个阶段。一定剂量的过敏原进入人体后，诱导易感人体产生特异的 IgE 抗体，IgE 通过血液循环分布全身，并与肥大细胞、嗜碱性粒细胞膜表面特定的受体结合，从而使机体处于致敏状态。当机体再次接触含相同或相似过敏原成分的食物时，过敏原分子就会特异性识别致敏细胞膜表面的 IgE，并与之相结合，生成过敏原-IgE 复合物，该复合物能激活肥大细胞核和嗜碱性粒细胞，并使其脱颗粒和释放出一系列的炎症化学介质，如白三烯、组胺、缓激肽等，进而使毛细管扩张、血管通透性增强、平滑肌收缩和腺体分泌增加，在临床上表现为荨麻疹、休克、哮喘、腹痛和腹泻等多种病症（Kumar S，2012；孙秀兰，单晓红，张银志等，2012）。

8.1.1　过敏原的种类及危害

（1）食物过敏原的定义及种类

食物过敏原是指能引起机体免疫反应的食物抗原分子。几乎所有的食物致敏原都是蛋白质，大多数为水溶性糖蛋白，分子量为 10 万～70 万，它们的等电点通常为酸性（聂凌鸿，周如金，宁正祥，2002；吴海强，刘志刚，2006）。

过敏食物分为常见和不常见两大类，联合国粮食与农业组织（FAO）1995年公布了 8 种常见的过敏食物，分别为牛奶、鸡蛋、鱼、甲壳类（虾、蟹）、花生、大豆、核果类（杏、板栗、腰果等）及小麦，约占所有致敏食物的 90% 以上（FAO，1995）。另外，联合国粮食与农业组织（FAO）还于 1999 年的国际食品法典委员会第 23 次会议上公布了 160 种较不常见的过敏食物。

（2）花生过敏原

花生作为日常生活中常见的一种食物，被广泛应用于食品工业，但由于花生过敏反应的长期性、普遍性、严重性，以及低剂量（约 $200\mu g$）诱发（O'Hehir，2007）等原因，花生成为了常见的过敏食物之一。花生既是小孩也是成人中常见的过敏原，与牛奶、鸡蛋等高致敏性食物相比，花生过敏通常是终身的，只有约 10% 的过敏儿童会随着年龄的增长产生耐受性。花生过敏在我国研究得还比较少，而在国外一直是研究的热点。据报道，在过去 5 年内，美国和英国的花生过敏儿童成倍增长，儿童中的花生过敏发病率可能高达 1.5%（Schmitt et al，2009）。在美国，花生及坚果类过敏人群大概占到总人口的 1.1%，其中儿童占 0.4%，成人占 0.7%（HA，2003）。法国花生过敏人数占总人口的 0.3%～0.75%（G，2005），而丹麦占 0.2%～0.4%（Osterballe et al，2005）。据中国协和医科大学变态反应科的调查，北京地区 4% 的食物过敏患者对花生过敏（李宏，2000）。到目前为止，被报道的花生过敏原已经有 13 种，分属于不同的蛋白质家族，其中 11 种被命名为 Ara h1～11，而另外两种是最近刚被鉴别的，分别是凝集素和 18kDa 的油质蛋白。主要的花生过敏原是 Ara h1，3.90% 的病人血清都能识别它们。丛艳君等人（丛艳君，娄飞，薛文通，李林峰，王晶，张惠，范俊峰，2007）的研究表明，Ara h1 和 Ara h3 是中国主要的致敏蛋白。其中 Ara h1 占花生蛋白质总量的 12%～16%，是一种分子质量为 63.5kDa、等电点为 4.55 的糖蛋白，属于 cupin 家族（白卫东，沈棚，钱敏，黄静瑜，2012）。

（3）大豆主要过敏原

大豆过敏原早在 20 世纪 60 年代就被发现，包括大豆球蛋白（11S）、α-伴大豆球蛋白（2S）、β-伴大豆球蛋白（7S）和 γ-伴大豆球蛋白，这几乎包含大豆的所有成分，并没有细分。随着科学家的不断努力，最终确定的大豆的主要致敏蛋白是大豆球蛋白和 β-伴大豆球蛋白（Burks Jr et al，1988；Kilshaw and Sissons，1979；Sissons and Smith，1976）。接着，Gonzalez 等人利用 IgE 抗体与抗原结合的特性，检索了大豆蛋白质各种成分的抗原性，发现 Gly m Bd30K、Gly m

Bd28K 和 β-伴大豆球蛋白（β-conglyeinin）的 α 亚单位是大豆 7S 中的三种主要致敏原（Gonzalez et al，1992）。Natarajan 等研究发现大豆球蛋白的三个致敏单体分别是 Gly m glycinin G1、Gly m glycinin G2、Gly m glycinin G4（Natarajan et al，2006）。近年来，通过对与大豆过敏相关的多肽进行识别和表征，已经确定了一些能与 IgE 结合的大豆过敏原，包括 Gly m1、Gly m2、Gly m3、Gly m4、Gly m Bd28K、Gly m Bd30K、Gly m Lectin、Gly m Bd60K、Gly m glycinin G1、Gly m glycinin G2、Gly m glycinin G4 和 Gly m T1。

　　Gly m Bd30K 是目前研究最多的大豆过敏原，也被称作 P34，属于半胱氨酸蛋白酶的木瓜蛋白酶超家族的一个边缘成员。由 379 个氨基酸组成，分子量为 43kDa（Bando et al，1996）。在大豆过敏原中占据着主要的免疫优势（Ogawa et al，1991；Yaklich et al，1999）。对大豆敏感的人群中，65% 的人都是对 Gly m Bd30K 敏感（Helm et al，1998）。Bando 等人研究发现 Gly m Bd30K 是一种糖蛋白，并发现了它的糖基化位点（Bando et al，1996）。Hiroshi 等人通过对其一级氨基酸序列进行测定确定了 Gly m Bd30K 的抗体结合部位。T. Ogawa 等人使用免疫印迹方法确定了 Gly m Bd30K 中五个主要的致敏表位（Helm et al，1998；Ogawa et al，1991；Yaklich et al，1999）。Hosoyama 等人重点分析 Gly m Bd30K 中五个主要的致敏表位的 2 个，并成功合成相应的单克隆抗体（Hosoyama et al，1996）。Helm 等人同样研究 Gly m Bd30K 与抗体结合的表位上关键氨基酸时发现，五个表位中的两个氨基酸用丙氨酸取代后，可使其表位不与抗体结合（Helm et al，2000）。

　　近年来，许多学者也应用基因工程的方法来研究 Gly m Bd30K，Babiker 等人成功构建出 Gly m Bd30K 全长基因的原核表达载体，并成功在大肠杆菌中得到大量表达，得到的蛋白质在免疫原性方面与 Gly m Bd30K 类似（Babiker et al，2000）。

　　Gly m Bd28K 首次是从豆粕中作为一个 28kDa 的糖基化蛋白被分离出来（Nishikawa and OGAWA，1997）。之后它就被描述为由一个单一的糖基化位点与一个 N-连接的糖链部分附着到天冬酰胺（在纯化的蛋白质中的第 20 个氨基酸）上（Hiemori et al，2000）。Gly m Bd28K 的完整的开放阅读框是由 473 个氨基酸的前体蛋白和一个预测 21 个氨基酸的信号肽组成的。总体而言，Gly m Bd28K 与南瓜蛋白 MP27/MP32 有着显著的同源性（50.4% 相同），以及与胡萝卜的球蛋白样蛋白 Gea8 有 45.9% 的相似性。Gly m Bd28K 的抗原性研究主要集中在两段多肽上，一个是约有 240 个氨基酸的 N 末端多肽，还有一个是约有 212 个氨基酸的 C 末端多肽。迄今为止，大多数对 Gly m Bd28K IgE 结合能力的研究已经聚焦到它 N 末端的将近 240 个末端残基上（Hiemori et al，2000；Tsuji et al，2001）。在其中的一个研究中，N-连接的碳水化合物多肽在 IgE 结合测试血清的能力上明显地展现出比去糖基化更强的结合能力。然而，IgE 与 Gly m Bd28K 的结合并没有因为抑制 IgE 与糖基化位点的结合而完全消除，此外，重组多肽，相对应 Gly m Bd28K 全长开放阅读框的位点 22～259 处仍保留了显著的 IgE 结合能力。这些数据都暗示了去糖基化的 N 末端 Gly m Bd28K 多肽含有 IgE 结合表位，从而可能导致了体内的过敏反应。C 末端的研究相对较少，在 Gly m Bd28K 的 C 末端的区域中，260～266 这一区域与 IgE 的结合有关（Xiang et al，2004）。

β-伴大豆球蛋白由 3 种亚基组成，分别是 α、α′ 和 β 亚基，分子质量分别是 67kDa、68kDa 以及 48kDa。其中 α 亚基占主要地位。β-伴大豆球蛋白的 α 亚基又称 Gly m Bd60K，它作为一种大豆中的主要贮藏蛋白而为人们所熟知，同时，近年来也作为一种重要的过敏原被人们所认识。在所有的大豆过敏患者中大约有 25％的患者是由于 Gly m Bd60K 所引起的（Ogawa et al，1995）。识别 α 亚基的 IgE 抗体对于 α′ 和 β 亚基没有交叉反应，而这两种亚基是已知的对 α 亚基高度同源的亚基（Thanh and Shibasaki，1977）。用 cDNA 推导的 α 亚基的氨基酸序列前体可知，β-伴大豆球蛋白的 α 亚基是由 543 个氨基酸残基组成的（Sebastiani et al，1990）。目前对于 β-伴大豆球蛋白的 α 亚基表位的研究还不是很多，Ogawa 等人研究发现 β-伴大豆球蛋白的 α 亚基的表位位于 232～383 这一区域内，但具体是哪些片段还不清楚（Ogawa et al，1995）。

（4）牛奶主要过敏原

牛奶主要由两部分组成：可溶性的乳清蛋白以及凝固物（酪蛋白）。乳清蛋白在牛奶蛋白中的比重是 14％～24％，主要由 α-乳白蛋白、β-乳球蛋白、牛血清蛋白、免疫球蛋白和乳铁蛋白组成。酪蛋白在牛奶蛋白中含量达到 76％～86％，主要由 α-酪蛋白、β-酪蛋白和 κ-酪蛋白组成（Baumgartner，2010）。目前，酪蛋白、α-乳白蛋白、β-乳球蛋白被普遍认为是主要的过敏原。

酪蛋白是由乳腺上皮细胞合成的，以酪蛋白胶粒的状态存在，能与磷酸钙形成酪蛋白酸钙-磷酸钙复合体，因此酪蛋白中含有大量的磷和钙，是牛奶中特有的磷蛋白。酪蛋白在牛奶蛋白中的比重很高，是牛奶中主要的蛋白质，分子质量为 20～30kDa，等电点为 pH4.6～4.8。酪蛋白并不是单一成分的蛋白质，它由三种独立的蛋白质组成，分别是 α-、β-和 κ-酪蛋白（Restani et al，2009）。α-酪蛋白又分为 αs1-、αs2-酪蛋白，分子质量分别是 23.6kDa 和 25.2kDa。酪蛋白中 80％是由 αs1-酪蛋白组成，凡是对酪蛋白过敏的患者一般都对 αs1-酪蛋白过敏。

β-酪蛋白含有 209 个氨基酸，分子质量为 24kDa，是过敏原性比较低的一种蛋白质，它能够水解得到 3 种 γ-酪蛋白（Bernard et al，2000）。κ-酪蛋白由 169 个氨基酸组成，分子质量为 19kDa，不能与钙离子结合（Chatchatee et al，2001）。总体而言，酪蛋白的 3 种蛋白质的共同结构特点是它们的三级结构很松散（Wal，2001）。酪蛋白能够被婴幼儿胃肠道中的蛋白酶分解成多种活性肽，这些活性肽具有调节消化、吸收等方面的功能，而对于过敏人群而言，酪蛋白是引起人体牛奶过敏反应的主要过敏原之一（蔡小虎等，2010）。

α-乳白蛋白由 123 个氨基酸组成，分子质量为 14.2kDa，pH 值 4.2～4.5，它存在于所有哺乳动物的乳中。与此相反的是，β-乳球蛋白母乳中不存在，它被认为是牛奶中最主要的过敏原之一，它的分子质量为 18.3kDa，由 162 个氨基酸组成，pH 值为 4.2～4.5。β-乳球蛋白比较耐热，它的存在形式与 pH 值相关。目前，对于 β-乳球蛋白的研究是比较透彻的，对于其他两种蛋白质的研究比较少。

（5）大豆和牛奶过敏的免疫学机制

大豆和牛奶过敏都是由蛋白质引起的，是 IgE 介导的血管和平滑肌反应，主要症状是支气管哮喘、荨麻疹、过敏性休克等（Sampson，1999；云庆，1998）。IgE 介导的食物过敏包括致敏和效应两个阶段。首先，一定量的过敏蛋白刺激淋巴细胞和巨噬细胞，从而产生大量的 IgE 抗体，IgE 通过血循环分布全身。此时 IgE 会与肥大细胞和嗜碱性粒细胞相结合，使机体处于致敏状态。当人体再次接触含相同或相似过敏蛋白成分的食物时，该过敏蛋白或过敏原相似物就与附着于肥大细胞上的 IgE 相结合，激发肥大细胞的脱颗粒和颗粒中介质的释放以及细胞膜中原位介质合成和释放，从而触发过敏症。另外，由于儿童的胃肠道黏膜发育不完全，屏障不够成熟，当未完全消化分解的抗原物质进入体内后，更容易导致儿童的过敏反应，所以这也是儿童比成人更容易过敏的原因（刘风林等，2011）。

（6）食物过敏的危害

食物过敏是一种特殊的病理性免疫反应，据报道，儿童食物过敏反应的患病率约为 8%，而成人约为 2%（E，2004）。食物过敏可影响呼吸系统、肠胃系统、中枢神经系统、皮肤、肌肉和骨骼等，有时可能产生过敏性休克，甚至危及生命。

食物过敏症状表现是多样的，也因人而异，不一定具备所有的过敏症状。临床症状的严重程度不仅与食物中致敏原性的强度有关，还与宿主的易感性有关。最常见的食物过敏症状表面为唇舌麻胀、恶心、呕吐、腹痛、腹胀、腹泻等消化道症状。食物过敏症状按出现快慢可分以下两类。①速发型。食物过敏症状多在进食某种食物半小时内出现，一般症状严重，来势凶猛，可有唇舌麻木、咽部及食道发痒、喉部阻塞感，全身出现荨麻疹或有哮喘发作；有的可出现腹痛、腹泻、呕吐，甚至有急腹症表现；有的有胸闷、气急，可迅速发生过敏性休克；还有的可有过敏性紫癜，乃至发生便血等。②缓发型。食物过敏症状一般在进食后数小时至数天后才发病，以食欲不振、腹痛、腹泻、皮疹、紫癜、黏膜溃疡、关节疼痛较多见。有些人还表现在神经系统上，如头痛、头昏，严重的还可能发生过敏性休克，血压急剧下降、意识丧失、呼吸不畅，如果抢救不及时还会有生命危险。食物过敏不像食物中毒，过敏往往不在乎量，有的沾一点都不行。一旦发生严重的食物过敏反应，如过敏性休克，要赶快打急救电话，让病人平躺，如果病人呼吸不畅，必要时要进行人工呼吸。

8.1.2 过敏原的管理

从目前研究情况来看，避免接触含有过敏原的食品或食物成分是降低食物过敏发生的有效措施，而通过对食品标签内容进行适当标注认为是有效的商业措施。在现代食品制造业中，食品原料原始形态已完全发生改变，一种食品成分往往来源于几种乃至几十种原料，因此在未加适当标注情况下，食品过敏消费者就很容易因误食而发生食品过敏事件。如大豆分离蛋白因其较高营养和功能特性而在食品工业中广泛应用，而大多数食品标签只是简单标注为蛋白质或植物蛋白质，消费者因无法识别其蛋白质种类及来源而对大豆过敏人群形成潜在威胁。因此在食品标签上注明蛋白质成分、种类和来源，可有效避免过敏人群误食而发生食品过敏事件（王国政，徐彦渊，2007）。

国外许多国家都加强了对食品过敏原的标识管理。日本厚生省规定小麦、荞麦、蛋、牛奶和花生是五种强制性标注的过敏源物质。当食品含有这五种食品中的任一种，或含有由这五种物质制备的成分时，必须标注。在对上述成分进行标注时，必须指明是哪种可能的致敏源，即当食品含有规定过敏原物质制备的成分时，要标出来源。这五种食品不论在最终食品中的含量为多少，即使是作为加工助剂或由于残留而只有痕量存在，都须以"可能含有"方式进行标注。对这五种物质不适当的标注，都将认为是违反了食品卫生法的规定，并且可能会导致食品被召回。除了上述五种物质以外，建议对另外的 19 种可能引发过敏反应的食品进行自愿性标注。这 19 种食品是鲍鱼、乌贼、大马哈鱼卵、对虾、橙子、蟹、猕猴桃、牛肉、栗子、大马哈鱼、鲭鱼、大豆、鸡肉、猪肉、蘑菇、桃子、山药、苹果和骨胶。在美国又有新的有关食品过敏原标签法规的议案获美国众议院卫生健康小组委员会通过。新的食品过敏原标签法规要求食品生产企业明确标明其产品是否含有 8 种主要的食品过敏原,包括牛奶、鸡蛋、花生、坚果、鱼、贝类、小麦和大豆,这些成分可以引发 90% 以上的过敏反应(陈古,2004)。新的法律可以使患有食品过敏症的消费者更容易分辨出食品成分,免受过敏食品带来的危害。欧盟公布第 2003/89/EC 号指令规定食品标签必须列明多类致敏成分,要求成员国从 2005 年 11 月 25 日起禁止销售不符合标签规定的产品。根据这项指令,食品销售商须在产品标签上列出所有成分。该指令还列出 12 种可引起过敏反应的食品成分〔谷物、鱼、甲壳动物、蛋、花生、大豆、奶及奶类产品(包括乳糖)、果仁、芹菜、芥末、芝麻、亚硫酸盐〕,这些成分必须在食品标签列明。我国于 2005 年 10 月 1 日实施的《预包装食品标签通则》(GB 7718—2003)对此没有提及,更没有强制性地要求食品生产厂家对食品过敏原予以明确标示,对此我国在今后修订完善该标准时可借鉴国外发达国家的对过敏原标识的管理办法(陈锡文,邓楠,2004)。

食品过敏原风险管理示意图见图 8-1。

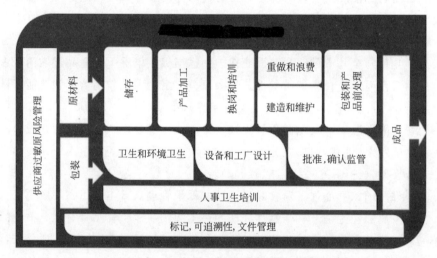

图 8-1　食品过敏原风险管理示意图

8.1.3　食品脱敏技术

根据去除食物过敏原原理的不同,食品脱敏技术可大致分为物理与化学法、酶法、生物学方法等 3 类,其中最常用的是物理与化学法和酶法。

8.1.3.1　物理与化学法

（1）物理法

① 超滤　大豆蛋白通过超滤离心可以去除其中的过敏原 Gly m 1 (glycine

max 1)。但因为 Gly m 1 并非大豆中的主要过敏原，这对于降低大豆整体致敏性非常有限。酶解或水解中的牛乳可通过超滤使其肽链分子量全部降低至 8000 以下，降低其致敏性（李欣，陈红兵，2005）。Brenna 等人研究表明，桃子果肉中的过敏原可以通过超滤完全去除，而存在于桃子表皮中的主要过敏原 Pru p3（prunus persica 3）由于先前经过化学脱皮而去除，因此最后经过超滤可以制得一种低致敏性的桃子汁（Brenna et al，2004），但感官特性有关的分子由于超滤而除去，今后需要解决制品中由于碳水化合物等的存在而形成的浑浊度和口感等问题（Sathe et al，2005b）。

② 热处理　由于食物过敏原主要由蛋白质组成，而高温会引起蛋白质空间构象及三维结构的变化。因此，食物加热到一定程度可以降低致敏性或去除过敏原。Kennet 等人研究不同加工处理对杏仁过敏原活性的影响，在经过烘烤、脱白、高压蒸汽加热等加工处理后发现，最多可消除杏仁过敏原 AMP（almond major protein）40% 的活性（杨勇等，2008）。牛乳经加热不一定会减少其过敏蛋白质成分的含量，但研究表明，乳清蛋白在经过剧烈的加热后会使其失去致敏性（Sharma et al，2001）。Norgaard 等人证实，牛乳煮沸 2～5min，其致敏性不会有明显变化，而煮沸 10min 后，其致敏性会显著降低；脱脂乳加热 10min，IgE 介导的乳白蛋白和酪蛋白的致敏性分别降低 50% 和 66%。Leduc 等人研究了 3 组添加了 2% 蛋白粉的猪肉酱，115℃ 加热 90min，通过 SDS-PAGE、免疫印迹法未检测到蛋白质的过敏原（Besler et al，2001），充分说明蛋白质过敏原在此加热过程中已被除去。

Kato（Kato et al，2001）等人研究表明，鸡蛋白与不同的小麦粉混合后经过揉捏、加热等处理，卵类黏蛋白（ovomu ciod，OM）的致敏性显著降低，其中以与硬粒小麦粉混合的效果最为显著。这是因为在面团形成过程中有二硫交换反应发生，即由于加热导致了卵类黏蛋白与麦胶蛋白、麦谷蛋白通过分子间的二硫键发生了聚合。而硬粒小麦比其他的小麦含有更多的麦胶蛋白，因此卵类黏蛋白的致敏性也减少得更为明显。

根据 Gall 等人的研究，猕猴桃从 40℃ 加热到 90℃ 的过程中，随着温度的升高，其致敏性会下降（Dube et al，2004）。也有报道，在大规模的猕猴桃加工过程中，采用 100℃ 的蒸汽加热 5min 并且均质可以消除其对儿童的致敏性（Sathe et al，2005b）。

③ 辐照　辐照能降低食物的致敏性主要是因为辐照导致蛋白质二级结构和更高级结构发生变化。Su（Su et al，2004）等人研究过射线辐照对杏仁、腰果和胡桃的致敏蛋白的影响，结果表明其致敏性保持稳定。但 Byun（Byun et al，

2002）等人的研究表明，射线辐照能有效地破坏牛乳、鸡蛋以及小虾中的主要过敏原，且辐照剂量越大，过敏原破坏越多。Lee（Lee et al，2005）等人也采用射线对鸡蛋白进行处理，结果表明在 10kGy 的剂量下，致敏性卵白蛋白的含量减少了 96％。

④ 其他方法　由于谷物和小麦的过敏原主要存在于外皮中，因此通过研磨去除外皮后，可以去掉其中相当部分的过敏原（李欣，陈红兵，2005）。Karsten（Olsen et al，2003）等人研究了高静压对胰蛋白酶水解乳球蛋白的影响，结果表明，随着压力的增大，其水解率也随之增大。因此，可考虑用此技术生产低过敏性的乳清蛋白制品。由于过敏蛋白大多为盐溶蛋白，也可利用它和非过敏蛋白的溶解性差异达到把过敏蛋白去除的目的。例如，用盐溶液萃取经酸浸泡的大米，大部分过敏蛋白会溶解于盐溶液中（陈宝宏，朱永义，2002）。此外，Ryo-Nakamura 利用超声波处理浸泡过的大米，结果去除了 90％的过敏蛋白，而其他蛋白质没有明显损失（王文高，陈正行，2001）。

（2）化学法

大米中的过敏蛋白包含有二硫键，这种二硫键的存在使得大米过敏蛋白具有较高的耐热性且不易消化。可以用硫氧还原剂还原二硫键使之降解，这样其过敏性便会消失。日本在生产低过敏大米方面已取得了一定的进展，一种实用工艺是在低压状态下用碱溶解（碱溶法），离心后再用盐酸溶液浸泡，水洗干燥得到成品。Brenna 等人证实，桃子的主要过敏原 Pru p3 存在于其表皮中，通过化学去皮的方法可以去除此种过敏原。所采用的化学去皮方法为：将桃子浸入质量分数 10％的 NaOH 溶液中 2min 后，自来水冲洗降温和去皮，置于等温的质量分数 2％ NaOH 溶液中浸泡 2min，随后在水中降温，用质量分数 1％的柠檬酸溶液冲洗。研究者还发现（Bernna et al，2005），杏子的主要过敏原 Pru ar 3（prunus armeniaca 3）也存在于其表皮中，且可以通过同样的化学去皮方法脱除。豆乳中的过敏原也可以通过物理化学方法去除。大豆中的主要过敏原为 Gly m Bd 30K（Glycine max Band 30K），利用其物理化学特性，可通过调节溶解脱脂豆乳的无机盐种类、浓度、pH 以及温度等使其沉淀，再离心分离除去；也可利用 Gly m Bd 30K 的脂溶性，在还原剂存在下对豆乳进行离心处理，回收含有 Gly m Bd 30K 的上层油组分，从而脱除其中的过敏原。此方法优点在于可维持制品的加工特性，但无法完全去除过敏原（唐传核，2000）。

8.1.3.2　酶法

蛋白酶可以通过改变抗原决定簇的三级结构，或者断裂一些化学键使之失去原有的活性而降低其致敏性，也可通过断裂酰胺键降低过敏原的分子量来减弱其致敏性。例如小麦谷蛋白中结合 IgE 的抗原决定簇有 Gln-Gln-Gln-Pro-Pro 的结构，菠萝蛋白酶和梭状芽孢杆菌中的胶原酶可以在接近脯氨酸（Pro）处将其断裂开，从而降低其致敏性。

Watanabe 等人利用胶原酶和转糖苷酶处理小麦蛋白质生产出低过敏性的小麦粉，该方法的不足之处在于酶解的特异性作用会破坏大量的蛋白质结构而影响面粉的质地。再如，蘑菇中含有一种由 67ku 的同分异构体形成的多酚氧化酶，用胰蛋白酶可将其分解成 58ku 和 43ku 两种组分，从而破坏其致敏性。

大豆粒经水浸渍与膨胀后，较容易受酶的分解。Tsumura 等人通过对 4 种微生物蛋白酶进行筛选，发现碱性蛋白酶 Proleather FG-F 在体系水解度达到 25％时能有效水解 Gly m Bd 30K 致敏蛋白。小幡明雄等人采用酶处理方法开发出适合过敏患者的豆腐食品，所用粗酶液主要来源于酱油中的曲霉属菌株。利用此酶液浸泡豆腐，不但降低豆腐的过敏性，同时赋予豆腐乳酪样的物性。此外，此粗酶液中存在外切蛋白酶，能够降解苦味多肽，从而避免出现苦味（唐传核，2000；唐传核，彭志英，2000）。

采用单一的蛋白酶处理牛乳，得到的水解牛乳呈味欠佳，伊藤典之采用一种改良的酶法，通过内切型蛋白酶和外切型蛋白酶的协同作用，得到了呈味较好且低过敏性的水解牛乳，后来又进一步通过乳酸发酵处理，开发出低过敏性、呈味和风味都良好的水解牛乳制品（唐传核，彭志英，2000）。Guadix（Guadix et al，2006）等人将乳清蛋白放在膜反应器中，采用一种细菌蛋白酶在 50℃、pH8.5 的条件下进行水解，结果发现乳清蛋白水解制品的致敏性减少了99.97％。Michiko 等人采用 6 种不同的酶水解大米蛋白以破坏其抗原决定簇，发现肌动蛋白处理效果最佳，参加试验的 7 名患者中有 6 名不再对此大米过敏。该方法不足之处在于需酶量很大，制成的低过敏大米的价格很昂贵。日本学者也采用蛋白水解酶及碱溶的方法来去除大米中的过敏原，去除率可达 68.8％，所得产品性能、感官指标与普通大米近似，但同样用酶量较大、产品成本较高。陈宝宏（陈宝宏，朱永义，2004）等人采用木瓜蛋白酶分解大米过敏原，并确定了木瓜蛋白酶分解大米过敏原的最佳条件为：温度 39℃，pH 值 7.45，时间 25h，酶添加量 6186mg/g。通过木瓜蛋白酶分解大米中的过敏原，不仅可降低大米的过敏性，同时也可以改善大米的蒸煮品质和食用品质，尤其是对于陈化大米的效果更明显。Chung（Chung et al，2004）等人采用过氧化物酶（POD）处理烘干花生，结果其主要致敏蛋白 Ara h1 和 Ara h2 显著减少。可能是由于此酶促使蛋白质之间发生了交联，使致敏蛋白上的结合部位被掩蔽所致。此外，Shimakura

（Shimakura et al，2005）采用胰凝乳蛋白酶等 3 种酶对螃蟹、龙虾等进行处理，ELISA 实验结果表明，其主要过敏原原肌球蛋白的致敏性几乎或完全消失。

8.1.3.3　生物学方法

（1）发酵法

分析 β-乳球蛋白的抑制性，发现一些经过发酵的酸化牛乳（如酸乳）中，其残留免疫反应性与未经发酵的牛乳相比显著降低，可能是由于蛋白质水解与酸变性的双重作用所致（Sathe et al，2005b）。用嗜温、嗜热的乳酸菌对消毒的牛乳进行发酵，ELISA 实验检测发现：α-乳白蛋白和 β-乳球蛋白致敏性降低 99%，但是在皮肤实验中，其致敏性则不太受影响（李欣，陈红兵，2005）。

（2）育种法

通过筛选育种的方法，中国科学院已筛选到了缺失 Gly m Bd 28K 和 7S 球蛋白 α 亚基的品种。美国科学家应用生物技术培育出低致敏性的大豆品种，该新型大豆在发芽率、生长性、结果率、蛋白质含量、含油率等方面与普通大豆相同（尹红，2003）。日本京都大学也采用自然杂交法和伽马射线照射法，通过诱发植株突变和优选的方法培育出低变应原大豆。

（3）基因工程法

运用基因工程，可以消除内源基因来根除食物蛋白质的过敏性。有 2 种方法可以消除植物中的内源基因，一是创建反义基团，二是运用共抑制技术。这 2 种方法都要求同一基因和克隆基因全部或部分引入植物中。Tada 等人研究表明，单一基因序列的反义基团表达，可导致转基因水稻种子总过敏原含量大幅度下降，从约 300g/粒降到 60～70g/粒。这与野生型正常转录水平下降 20% 有关。Herman 等人报道，采用基因抑制的方法可成功消除大豆主要过敏原 Gly m Bd30K。然而，该技术仅对只需较短时间生长的植物和种子比较有效，对于那些需要几年时间才能获得可接受品质的植物和种子来说却不那么容易被采用（Sathe et al，2005a）。

此外，Gilissen 等人采用基因沉默技术成功去除了苹果的过敏原 Mal d1（malus domestica 1）（Sathe et al，2005a）。Ryo 开发出一种转基因大米，其所含过敏蛋白量只有普通大米的 1/5（王文高，陈正行，2001）。King（King et al，2005）等人采用基因工程的方法对花生主要过敏原 Ara h2（arachis hypogaea 2）进行修饰，结果表明大多数病人结合此种过敏原的 IgE 显著减少。

8.1.4　大豆脱敏技术

根据去除过敏原致敏性原理的不同，大豆脱敏技术可以分为热加工处理、超高压法、酶水解法、化学法、育种法以及基因工程法等。

（1）热加工处理

对于过敏原是蛋白质的食品，热处理会破坏蛋白质的空间构象，进而在一定程度上可降低食品的致敏性。Lakemond（Lakemond et al，2000）等研究发现高温会引起大豆球蛋白空间构象及三维结构的变化，即加热到一定程度可以降低其致敏性或去除致敏性。Koshiyama（Koshiyama et al，1981）等也发现，加热使 11S 大豆球蛋白变性，其四级结构会发生变化，从而使大豆的致敏性降低。尽管多数人认为热加工会破坏蛋白质的空间结构从而降低大豆的致敏性，但 Davis 等（Davis et al，2001）却对此观点提出了质疑。他认为，由热加工引起的 Maillard 反应的糖基化产物会变成新的抗原，并产生新的过敏原表位。而 Friedman 等（Friedman and Brandon，2001）的研究也证实了这个观点，他们的研究发现，经过高压热处理后的 Gly m Bd 30K 蛋白，与 IgE 结合能力显著增强。此外，Boxtel 等（van Boxtel et al，2008）研究却发现，热处理并不影响大豆球蛋白与 IgE 的结合能力。这一系列研究表明，由于大豆过敏原表位数量结构的复杂性，仅凭热处理很难有效地降低大豆蛋白质的致敏性。

（2）超高压法

超高压就是利用 100MPa 以上的压力，在常温或较低温度下，使食品中的酶、蛋白质和淀粉等生物大分子改变活性、变性或糊化，同时杀灭细菌等微生物以达到灭菌的过程，而食品的天然味道、风味和营养价值不受或很少受到影响，并可能产生一些新的质构特点的一种加工方法（Mozhaev et al，1994）。因此，超高压处理技术可能为开发低过敏性大豆制品开辟一种新的方法。Tang（Tang and Ma，2009）等研究发现，在大于或者等于 300MPa 高压的条件下，大豆球蛋白解离为亚基，而且这些亚基的构象也发生了改变，还有含硫基团、疏水区域以及具紫外线吸收能力的氨基酸的数量大大增加了；经 400MPa、10min 高压条件下处理，大豆球蛋白完全变性；经 500MPa、10min 条件下处理，大豆球蛋白的二级结构 α-螺旋和 β-折叠被破坏并转变为无规卷曲。Peñas 等（Peñas et al，2006）则发现，大豆中的 7S 球蛋白（β-伴大豆球蛋白）和 11S 球蛋白在 300MPa 和 400MPa 高压条件下，两种蛋白质都变性失活。此后他又进一步研究并发现，在 200MPa 和 300MPa 条件下，大豆中的 Gly m1 的致敏性也大幅度降低（Peñas et al，2006）。

综上所述，超高压处理能够改变大豆球蛋白的原有构象甚至将其完全变性，大豆球蛋白构象的变化必然会对其过敏原性产生影响。因此，超高压法作为一种新的大豆脱敏技术，越来越受到食品工业的重视。

（3）酶水解法

大豆中的过敏原绝大多数是蛋白质，而酶解是一种常用的蛋白质改性方法。在蛋白酶的作用下，可以通过改变过敏原表位原有的空间结构，或者断裂一些化学键改变原有结构而降低其致敏性，也可通过水解酰胺键产生小分子肽段来减弱或消除其致敏性。此外，可产生具有调节免疫功能、降血压等其他生理功能的活性肽。基于以上原因，利用酶解改性降低大豆蛋白过敏原性也受到了广泛关注。Tsumura 等（Tsumura et al，1999）发现一种 Proleather FG-F 的碱性蛋白酶，当水解度达到 25%时，能有效水解 Gly m Bd 30K 致敏蛋白，而且此时 7S 球蛋白 α 亚基和 Gly m Bd 28K 的电泳条带消失，可知此条带已经被水解，说明大豆的过敏原性已降低。此外，Lee 等（Lee et al，2007）用胃蛋白酶和糜蛋白酶对大豆 11S 球蛋白进行水解，结果显示 11S 的酶解片段的致敏性降低甚至消失。Cabanillas 等（Cabanillas et al，2010）进一步用酶联免疫吸附实验法对大豆水解产物进行检查，结果表明大豆水解产物的免疫原性远远低于其底物蛋白质。

酶解大豆配制婴幼儿乳，是牛乳过敏婴儿的良好替代品。然而，据研究表明 8%~14%的牛奶过敏的婴儿仍然对大豆酶解配方乳过敏（Maldonado et al，1998）。事实上，水解调制婴儿乳中存在少量的天然大豆蛋白，这些残存的蛋白质或蛋白质片段有可能引起过敏反应，甚至激发速发型超敏反应（Businco et al，1998）。Ahn 等（Ahn et al，2003）开展了牛奶过敏儿童是否对大豆蛋白发生超敏反应的研究工作，发现 224 名牛乳过敏儿童中大豆特异性阳性患者占 18.3%。这说明，酶法水解加工大豆蛋白的安全性取决于水解程度和致敏片段是否存在（Ortolani et al，1999）。因此，酶法制备低致敏大豆乳的方法仍值得进一步研究与评估。

（4）化学法

目前用于降低大豆蛋白致敏性的化学方法主要是利用大豆蛋白的糖基化作用。糖基化作用就是将碳水化合物以共价键的形式与蛋白质分子上的 α 或 β-氨基相连接而形成糖基化蛋白的化学反应。van de Lagemaat 等（van de Lagemaat et al，2007）用竞争酶联免疫吸附实验法，检测了大豆分离蛋白被果糖和低聚果糖等糖基化前后过敏原活性的变化，发现糖基化后大豆分离蛋白的过敏原性降低了 90%。此外，Wilson 等（Wilson et al，2005）也报道了用瓜尔豆胶制备的半乳甘露聚糖掩蔽 Gly m Bd 30K 抗体识别结构，从而成功地消除了 Gly m Bd 30K 的致敏作用。Usui 等（Usui et al，2004）研究发现壳聚糖比半乳甘露聚糖更能通过糖基化作用降低大豆蛋白的过敏原性。但是，Ogawa 等（Ogawa et al，1995）认为糖基化不是与 IgE 结合的必要条件。他们对水解后的 β-伴大豆球蛋白的肽段进行了 Western blotting 实验，发现与 IgE 结合的肽段并不是糖肽。而后，Calabozo 等（Calabozo et al，2002）则采用斑点印迹检测法发现，IgE 也可与脱糖基的肽段或蛋白质反应。因此，无法确定糖链在致敏反应中的作用。在其他过敏原的研究中也有类似结果，如当检测花粉 Pla 11 的碳水化合物时，则发现部分患者血清中的 IgE 与脱糖基蛋白反应的强度降低了 20%，但也有患者对此无反应。可见，目前关于糖基化作用在大豆致敏反应方面有着不同的结论和观点。当然，这些差异一方面与确定过敏反应的诊断方法有关，另一方面与实验所采用的血清类型（动物或人）有关，而且食物过敏原间的交叉反应非常复杂。因此，对糖基及其结构在致敏反应中所起的作用仍需要进一步研究。

（5）育种法

Takahashi 等（Takahashi et al，1994）通过 γ 射线辐射，培育出了缺失 α 与 α′亚基的大豆品种，通过两代检测，发现这种亚基缺失的性状能够稳定遗传。此后，中国科学院采用筛选育种的方法，筛选到了缺失 Gly m Bd 28K 和 7S 球蛋白 α 亚基的大豆新品种（刘晓毅，2005）。美国科学家应用生物技术也培育出了缺失 Gly m Bd 30K 的低致敏性大豆品种，这种大豆在发芽率、生长性、结果率、蛋白质含量、含油率等方面均与普通大豆相同（尹红，2003）。另外，日本京都大学的研究人员采用自然杂交法和 γ 射线照射法，通过诱导植株突变和优选的方法同样培育出了低致敏性大豆品种，而且临床实验表明这种低致敏性大豆的味道没有变化，安全性等也没有问题（Sathe et al，2005a）。

（6）基因工程法

运用基因工程的方法可以通过消除内源性基因，从而根除大豆过敏原的致敏性。Ogawa 等（Ogawa et al，1995）应用遗传修饰法，成功地去除了大豆中的主要过敏原 Gly m Bd 30K。然而，单纯地去除过敏原，可能会对大豆植株的生理特性以及大豆蛋白的加工性能产生一定的影响。比如，Gly m Bd 30K 可能是与植物病理相关的蛋白质，去除后是否会影响大豆植株的抗病性，还待进一步的验证。另外，通过基因工程法去除过敏原本身就具有争议性，它可能会带来新的潜在过敏原。如巴西三角形胡桃中富含蛋氨酸的白蛋白被引入到大豆中，以弥补大豆中这种必需氨基酸的缺乏。然而，Nordlee 等（Nordlee et al，1996）研究却发现，巴西三角形胡桃过敏患者的血清中特异性 IgE 可识别转基因大豆中的过敏原，这大大增加了转基因大豆的致敏性。因此，这种大豆产品没有商业化推广（Taylor and Hefle，2002）。另外，国内外对转基因大豆致敏性评价方法的研究仍在进行之中，尚没有统一可信的评价方法。

至于大豆及其制品的脱敏技术（杨慧等，2011），热加工法与酶处理法已经在食品工业中广泛应用，它们可以有效地降低部分大豆蛋白质的致敏性，将一直是工业化生产低致敏大豆制品的一种选择。化学法中关于糖基化作用应用在大豆致敏反应方面，目前有着不同的结论和观点。因此，这种方法仍具有争议性，值得进一步研究。育种法由于育种年限较长，研究成果较少，尚需进一步探索。超高压法作为一种新的大豆脱敏技术，不影响大豆的营养价值和风味，越来越受到食品工业的重视，具有潜在的应用前景。基因工程法则是近年来大豆食品脱敏技术的一个新的选择，它直接作用于过敏原的源头，通过消除内源基因彻底消除过敏原的致敏性。但基因食品的安全性却饱受争议，能否实际应用于脱敏仍待研究，将是未来食品脱敏技术关注的热点。

8.2　食品中过敏原的风险评估

传统的食品安全风险评估和风险描述方法不一定适用于过敏原风险评估（Flanagan，2015）。在传统的风险评估中，评估风险是否可能发生在实际中通常表示为：一个风险因素的危害严重程度得分乘以一个似然得分（不太可能——分数1、可能——分数2或很有可能——分数3）。所有的风险分数表明低风险除外的指示必须经过调查和执行风险控制或管理程序。风险的严重程度取决于传统风险评估中可能的后果以及一个简单的三点分数：规模较小损伤——得分1，重大人身伤害——得分2或死亡——得分3。

传统的风险评估定义为"通过风险评估识别中度或高度风险的方法是消除或降低风险到可接受的水平"。如果我们尝试直接把这些原则作为过敏原的风险评估，会有一定数学化的差距，特别是在关系到严重程度的描述风险。临床研究表明，不同的过敏原及其派生的成分有不同的过敏效力和流行性。这个信息源于对基于阈值的研究。另一个考虑的关键因素是过敏性蛋白质（IgE的诱发因素介导反应）的过敏成分，过敏物质的水平包括加工过程中过敏原在制品中的百分比含量。以大豆卵磷脂为过敏原为例子，其中主要是磷脂，是已知的潜力低过敏原，它有一个极低的蛋白质含量（0.001%），精加工时，通常在成品如巧克力中用作低水平（<0.3%）乳化剂。研究过敏性蛋白质的过敏成分则从另一方向提供了一个不同的风险评估，它将作为传统使用大豆卵磷脂的风险评估方法。

风险的严重程度还依赖于消费者在临床的过敏阈值和已知敏感人群差异性的过敏反应（轻度从口腔过敏综合征到致命的过敏反应休克）。因此，使用传统的风险评估方法是有缺陷的。由于传统风险评估应用上存在的问题，若在当前国际公认的安全阈值水平上来实施风险控制和管理，是难以将风险消除或降低到可接受水平的。因此需要一种不同的但是健全的方法对过敏原进行风险评估。完善的过敏原风险评估是有效的过敏原管理的基础。风险的评估需要仔细考虑在配方中使用原料的故意过敏原的存在和无意过敏原的存在的交叉污染。风险评估的范围必须涵盖所有阶段的食品生产过程的主要生产原料到完成产品的调度。

8.2.1　过敏原的风险监测新方法

8.2.1.1　过敏原表位预测方法进展

一般来说，蛋白质是作为抗原引起食物过敏，但事实上，真正与过敏反应有关的是蛋白质上的抗原决定簇（数个至数十个氨基酸），后者被称为"表位"（epitope）。表位一般由5～7个氨基酸组成，最多不超过30个氨基酸。表位根据其结合受体细胞的不同，分为B细胞表位和T细胞表位；按表位结构的不同分为线性表位和构象性表位。前者又称连续性表位，是由肽链上顺序连续的氨基酸组成的；后者又称非连续性表位，是由空间邻近但顺序上不连续的氨基酸组成的。表位是抗原与抗体结合反应的本质，抗体的特异性是针对表位的，因此研究表位有助于诊断试剂的研制，对于过敏原在食物过敏反应中的作用有着重要意义。

目前，应用于研究过敏原表位的方法有很多，由于抗原决定簇在蛋白质中的情况比较复杂，在预测与定位上存在着很大的困难。许多学者应用了多种方法来对其进行研究，包括采用酶解过敏原产生多肽片段并使用过敏血清筛选、制备单克隆抗体筛选、根据过敏原氨基酸序列设计重叠肽筛选、使用二维免疫印迹和质谱法确定构象和线性表位等方法进行研究。但是这些方法有诸如操作繁琐、难度较大、工作量大、效率低等缺点。因此，单纯使用实验方法来寻找表位是非常困难的，随着生物信息学进入人们的视线，利用生物信息学数据库和相关软件进行表位的预测工作，有效缩小抗原表位筛选的范围，大大减轻实验工作量，提高工作效率，可以使发现新表位的效率提高10～20倍，节约大量研究经费并大大地加快新表位研究的进展。

B细胞线性表位预测是目前研究的重点，它是研究抗原表位与已知氨基酸序列的蛋白质的某些结构特征关系，即以氨基酸序列的亲水性、表面可及性、柔韧性等为基础，进行序列的分析预测。常用的软件有BepiPred、SOPMA、ABCpred，其中BepiPred、SOPMA这两种软件比较常用，它们的基本原理是综合抗原蛋白理化性质、结构特点、统计显著性度量等指标进行预测，且操作比较简单，只需输入蛋白质的氨基酸序列，就能直接得出结果。Zheng 等利用 BepiPred 软件预测，准确度为 80%；胡纯秋等利用 SOPMA 软件预测花生过敏原的表位，得到了 7 个花生过敏原的优势表位。DNAStar 软件是发展比较成熟的序列分析软件，它可以分析基因、核苷酸和蛋白质等序列，是一种综合性很强的软件。近年来，该软件常用于蛋白质抗原 B 细胞表位预测。郭永超运用此软件成功预测出虾过敏原 Pen a1 的 6 条具有过敏活性的抗原肽，预测成功率为 66.67%。Sah 等开发了基于人工神经网络的 ABCpred 软件，预测灵敏度也较好。

8.2.1.2　大豆和牛奶过敏原表位预测

大豆过敏原表位的研究主要集中在 Gly m Bd 30K、Gly m Bd 28K 这两种主要大豆过敏原。Hosoyama 等发现 Gly m Bd 30K 两个重要的抗原表位区分别是 F5 和 H6，并制备了相应的单克隆抗体。Ricki 等通过重叠肽方法筛选得到了 5 个抗原表位区域，分别是 3～12、100～109、207～225、229～238、340～359。Gly m Bd 28K 的抗原表位研究主要集中在其 N 末端多肽和 C 末端多肽。目前，Gly m Bd 28K 的表位区域确定是 N 末端上的 20 个氨基酸。发现 N-连接的碳水化合物多肽在 IgE 结合测试血清的能力上明显地展现出比去糖基化更强的结合能力。C 末端的研究相对较少，在 Gly m Bd 28K 的 C 末端的区域中，260～266 这一区域与 IgE 的结合有关。对 β-伴大豆球蛋白的表位的研究较少，目前还不是很清楚其表位区域。

牛奶主要过敏原的表位已经研究得比较透彻。α-酪蛋白的 B 细胞表位和 T 细胞表位均有见报道，Chatchatee 等利用重叠肽的方法发现了 α-酪蛋白的 IgE 表位和 IgG 表位，之后，Elsayed 等发现了 α-酪蛋白的 7 个 T 细胞识别表位，随后 Ruiter 等发现 43～66、73～96、91～114 和 127～180 是主要 T 细胞表位识别位点。α-乳白蛋白的 B 细胞表位也已被筛选出来，Jarvinen 等发现了 4 个 α-乳白蛋白的 IgE 结合表位，分别是 1～16、13～26、47～58 和 93～102。β-乳球蛋白在 B 细胞表位和 T 细胞表位方面都有被深入研究。Solo 等确定了 β-乳球蛋白主要 IgE 结合表位，分别是 1～8、25～40、41～60、102～124 和 149～162。Totsuka 等研究确定了 β-乳球蛋白主要和次要 T 细胞表位。

8.2.1.3　花生致敏蛋白的检测方法

花生是一种常见的过敏食物，过敏反应长期而严重，目前尚无有效治疗花生过敏症的方法，因此避免摄入含花生致敏原的食物是最有效的预防方法，因此食物中是否含有花生致敏原，以及所含花生致敏原的含量就成为花生致敏原检测的重点。

花生过敏原的检测方法很多，但就检测对象而言，无非是花生致敏蛋白的检测，或是花生过敏成分的 DNA 的检测。前者的检测方法主要有酶联免疫吸附试验（ELISA）、印迹法、免疫传感器、质谱法等；后者的检测方法主要有聚合酶链反应（PCR）技术（包括荧光定量 PCR 法）、DNA 传感器、环介导等温扩增技术等。

花生过敏患者的致敏原因人而异，但研究发现主要是 Ara h1、Ara h2 和 Ara h3，通常检测花生致敏蛋白就是检测这几种过敏原。

（1）酶联免疫吸附试验

ELISA 是将抗原抗体的特异反应性与酶对底物的高效催化作用相结合的一种灵敏度很高的免疫分析技术。其具有特异性强、灵敏度高、方便快捷、分析容量大、安全可靠等优点。在 ELISA 的众多分类方法中，双抗夹心法和竞争法应用最为广泛（孙秀兰，管露，单晓红，等，2012）。

吉坤美等人（吉坤美，陈家杰，汤慕瑾，等，2009）建立了检测食品中花生过敏蛋白成分的双抗夹心 ELISA 法，最低检出限为 8ng/mL，线性范围为 8～125ng/mL，且该方法被成功应用于实际样品的检测。Oliver Stephan 等人（Stephan and Vieths，2004）也建立了夹心 ELISA 法来检测花生蛋白，该方法的特异性较好，与 22 种食物（谷类、坚果类、豆类）无交叉反应，且加工食品中的花生检测限低于 10μg/mL。Schmitt 等人（Schmitt et al，2004）建立了竞争抑制 ELISA 法，用于定量检测花生中主要过敏原 Ara h1 和 Ara h2，灵敏度分别达到了 12ng/mL 和 0.5ng/mL。邵景东等（邵景东，孙秀兰，张银志，等，2011）利用自己研制的抗花生过敏原抗体，建立了检测花生过敏蛋白的间接 ELISA 法，该法的检测范围在 0.01ng/mL，检出限为 0.1ng/mL。

目前，ELISA 可能是最常用的检测花生中过敏原的方法。而且目前市场上已经有很多快速检测花生过敏原的 ELISA 试剂盒，德国拜发 R-Biopharm 公司和美国 Neogen 公司，以及国内的一些生物公司都在出售，可见花生过敏原 ELISA 检测试剂盒的商品化程度还是很高的，ELISA 方法也几乎是公认的可靠检测花生过敏原的方法。

近年来，参照 ELISA 方法进行的创新也引起了一些研究者的兴趣，如 Francesca Speroni 等人（Speroni et al，2010）就报道了一种创新的 ELISA 方法，其以 MP-NH(2)PAMAM G1.5-Pn-b 为载体，取代传统 ELISA 方法中的聚苯乙烯塑料板，测定花生过敏原 Ara h3/4，检测限达到 0.2mg/kg。

虽然 ELISA 方法简便、快速、灵敏，但也有其局限性，如抗原、抗体制备和纯化的方法和程度会直接影响到该方法的灵敏度，且该方法对试剂的选择性也高，对结构类似物也有一定程度的交叉反应等。

（2）印迹法

印迹法的原理与 ELISA 相似，只是将反应载体转换为硝酸纤维素膜或聚偏氟乙烯膜等。印迹法通常有免疫印迹和斑点印迹，通过显色或显影反应对待测物进行检测。

Lewis 等人（Lewis et al，2005）采集 40 名花生过敏患者血清，对血清中的花生特异性 IgE 进行了测定，并用 Western blotting 分析了 IgE 与花生蛋白的结合模式，通过与患者过敏症的严重性比对，发现 Ara h3/4 和 Ara h1 是主要的过敏原。Schäppi 等人（Schäppi et al，2001）结合斑点印迹和免疫印迹方法，利用花生过敏患者血清，检测实际样品中隐藏的花生过敏原，发现了标签中未注明的含花生过敏原的食品。

印迹法的特意性较强，用于致敏原的检测时，一般会用到过敏患者的血清，但如果过敏原确定，也可以用实验动物所产生的相应抗体来进行检测，从而替代人血清的作用。

（3）免疫传感器

Clark 所制备的酶电极掀起了生物传感器的革命。生物传感器是一个典型的多学科交叉产物，结合了生命科学、分析化学、物理学和信息科学及相关技术，能够对所需要检测的物质进行快速分析和追踪。生物传感器可应用于很多领域，近年来也有很多应用于花生过敏原检测的报道，其中应用较多的是免疫传感器，其特异性来源于抗原抗体的特异性反应。

Singh 等人（Singh et al，2010）建立了纳米微孔免疫传感器用于检测花生过敏原 Ara h1。该传感器是将 Ara h1 的抗体固定于金包被的聚碳酸酯膜纳米孔上，通过抗原抗体结合反应导致孔传导性的变化来检测花生过敏原。研究发现孔的直径和花生蛋白的浓度会影响抗原抗体的结合反应，且孔径越小传感器灵敏度越高。Liu 等人（Liu et al，2010）构建的是检测花生过敏原抗体的免疫传感器，其是在热解石墨电极表面固定金纳米粒子-花生表位肽膜，用以检测鸡血清中的抗花生抗体（IgY），并通过 HRP 标记的羊抗鸡二抗与 IgY 的结合，将 HRP 固定于电极表面进行酶放大信号检测，检测限可达 5pg/mL。

沈丽燕（沈丽燕，2008）和宁炜（宁炜，2009）都建立了压电免疫传感器，用于检测花生过敏原。通过将 1，6-己二硫醇-纳米金自主装于电极表面，以提高压电信号的灵敏度。根据抗原抗体结合产生的质量变化，来检测花生过敏原的含量。前者制作的压电免疫传感器的最低检测限可达 $0.2\mu g/mL$，后者制作的压电免疫传感器测定的花生抗体亲和常数为 $2.86\times10^7 L/mol$。

免疫传感器具有特异性好、灵敏度高、响应和检测快速、操作简单、携带方便等优点，但是如 ELISA 一样，抗原抗体的制备及纯化是其局限因素，同时传感器敏感膜上抗原或抗体的固定量以及固定分子的活性都很难控制，从而使传感器的稳定性、再生性等特性受到限制，因此有必要对该方法进行进一步的完善（韩远龙，吴志华，闫飞，等，2012）。

（4）质谱法

质谱技术是测量离子荷质比（电荷-质量比）的一种分析方法。其具有灵敏度高、样品用量少、分析速度快、分离和鉴定同时进行等优点，已得到广泛的应用。该技术可用于过敏原表位的定位，也可用于过敏原的定量测定（孙秀兰，管露，单晓红，等，2012）。目前也已有将该技术用于检测花生过敏原的报道。

Chassaigne 等（Chassaigne H，2009）应用四极杆飞行时间串联质谱仪对花生中的蛋白质进行分析，鉴定出花生主要过敏原 Ara h1、Ara h2 和 Ara h3/4。Careri 等（Careri et al，2008）则是应用电感耦合等离子体质谱和液质联用技术对谷类、巧克力中的花生过敏原进行检测，鉴定出其中的 Ara h2 和 Ara h3/4，且两种方法的检测限分别为 2.2μg/g 和 5μg/g。

质谱技术是蛋白质组学技术中的一种，近年来随着蛋白质组学的发展，质谱技术也得到了广泛应用，但是用于质谱测定的样品要求高，操作要求也高，而且由于仪器比较昂贵，其普及化应用受到了一定限制。

8.2.1.4　花生过敏成分的 DNA 检测

目前食品工业所生产的花生制品，一般是经过一些加工处理制成的，如烘烤、高温加热等，这些操作手段往往会引起花生致敏蛋白组分的空间结构的改变，导致过敏原变性，从而会影响致敏蛋白的检测。相比于蛋白质，DNA 在加热、压力等处理下能较长时间保持稳定性，因此残留的花生致敏原的 DNA 也被应用于花生致敏原的检测。

（1）聚合酶链反应（PCR）技术

PCR 技术是生物体外特定 DNA 的放大技术，标准的 PCR 技术由 DNA 变性、退火、延伸三个步骤组成，经过多个循环的扩增，目的基因的含量呈指数倍增长。可见只要有微量的目的基因，经过 PCR 反应后就可以扩增出高于检测限的含量，因此 PCR 检测方法可以克服蛋白质含量低而被食品基质掩盖的缺点。同时 DNA 的特异性也较高，因此 PCR 可以用于一些过敏原含量低或者成分复杂的食品的检测。

Hird 等人（Hird，2005）通过设计 Ara h2 基因的引物和探针，建立了 Taq-

Man 荧光定量 PCR 技术，并将该技术成功应用于饼干（用 2mg/kg 轻微烤制的花生粉制备）的检测。Scaravelli 等人（Scaravelli et al, 2008）根据花生过敏原 Ara h3 的基因，设计了 3 对上下游引物和探针，建立了 3 种荧光定量 PCR 方法来检测加工食品中的花生过敏原。该方法可检测 2.5pg 的花生 DNA，并被成功应用于模式食品的检测。吉坤美等人（吉坤美，陈家杰，王海燕，等，2010）根据 Ara h1 的基因序列设计了特异性引物和 TaqMan 探针，建立了检测花生过敏原 Ara h1 的实时定量 PCR 方法，在 $1.5 \times 10^3 \sim 1.5 \times 10^7$ copies 范围内具有良好的线性关系，应用该方法检测的 8 种样品的检测结果与标签标注的过敏原信息一致。

PCR 扩增具有特异性强、灵敏度高、简便、快速、对待扩增样品的纯度要求低等优点，但是普通 PCR 只能实现定性测定，其操作比较复杂，而能进行定量测定的荧光定量 PCR 仪比较昂贵，与仪器相配套的上样板和膜的价格也不低廉，再加上 PCR 对环境要求较高，因此，PCR 技术有一定的局限性。

（2）DNA 传感器

DNA 传感器是近几年来迅速发展起来的一种生物传感器，相比于酶电极、免疫传感器、微生物传感器等一些其他的传感器，直到 20 世纪 90 年代中期以后才有陆续报道。DNA 传感器是将 DNA 探针作为敏感元件，根据与互补 DNA 杂交后产生的信号变化进行定量的一种方法。由于其在花生过敏原检测方面报道较少，因而此处不做详细介绍。

（3）环介导等温扩增技术（LAMP）

LAMP 是一种新型的核酸扩增技术，其依靠一种具有链置换活性的 DNA 聚合酶和两对特殊设计的引物，在恒温条件下（60～65℃）保温几十分钟就可快速完成核酸的扩增（黄火清，郁昂，2012）。其与普通 PCR 相比，具备特异性强、灵敏度高、反应时间短、设备简单、产物易检测等优点（黄火清，郁昂，2012）。

自 TsugunoriNotomi 等于 2000 年提出 LAMP，近年来该技术已经得到了广泛应用。李一鸣等人（李一鸣，王宇珂，叶宇鑫，等，2012）将该方法应用于花生过敏原的检测，发现其特异性良好，并验证了该方法检测的可行性。

（4）电化学 DNA 传感器

电化学 DNA 传感器虽然起步较晚，但是发展迅速，目前已经被广泛应用于工业生产、环境监测、食品安全、疾病诊断和治疗、药物筛选、基因多态性分析等领域（马丽，白燕，刘仲明，等，2002；邹小勇，陈汇勇，李荫，2005）。

电化学 DNA 传感器通常由寡核苷酸探针和电极组成，探针分子一般为已知序列的单链分子，为了提高杂交的专一性，探针长度从十几个到上千个核苷酸不等。按照 DNA 碱基配对的原理，探针能够特异性地识别样品中的靶 DNA（变性为单链）并与之杂交，通过信号转换器将杂交生物学信号转变成可检测的光、电、声波等物理信号，这一过程可以通过电化学、SPR 等方法加以检测（张先恩，2006）。如图 8-2 所示，电化学 DNA 传感器的一般原理主要包括 DNA 敏感膜的制备、杂交、电化学信号检测这三个部分。

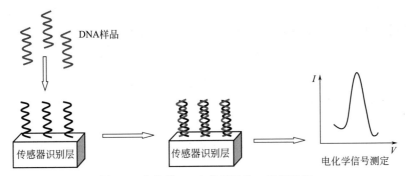

图 8-2　电化学 DNA 传感器的一般原理图

电化学 DNA 传感器的特征（张先恩，2006）一般可归纳为以下几点：①DNA分子双链间高特异性识别能力使其特异性良好；②离体 DNA 比多数蛋白质（酶）的稳定性更好，故该传感器稳定性较免疫传感器或酶电极好；③获取 DNA 较容易，制备简单；④DNA 的操作方法通用，易标准化；⑤结合芯片技术，可实现高通量测定；⑥灵敏度高；⑦用途广泛。

探针在传感器表面的固定可以采取多种方法，如多聚物包埋、共价结合、亲和作用（生物素-链霉亲和素的作用）、吸附作用、组分混合、直接自主装、间接自主装等。其中采用最多的是将探针末端修饰（如巯基或氨基）后，进行直接自主装，该法简单、探针密度可控。

根据作用原理的不同，可将电化学 DNA 传感器分为五类：直接 DNA 电化学、间接 DNA 电化学、特异性氧化还原指示剂型、DNA 介导的带电传输、纳米颗粒电化学放大。为提高 DNA 传感器的灵敏度，目前通常都采用纳米颗粒电化学放大的方法，将纳米金、石墨烯、碳纳米管等纳米材料应用于电化学传感器。

纳米金凭借其良好的导电性和生物相容性，在电化学传感器中得到了广泛应用。姜炜等人（姜炜，黄蕾，张玉忠，2011）构建了基于金纳米粒子/多壁碳纳米管（AuNPs/PFA/MWCNTs）修饰电极的 DNA 生物传感器，以六氨基合钌作为杂交指示剂，采用计时库仑法进行检测，该法的检测范围为 $1.0 \times 10^{-14} \sim 1.0 \times 10^{-9}\,mol/L$，检出限为 $3.5 \times 10^{-15}\,mol/L$。韩晓萍（韩晓萍，2011）通过电沉积的方法制备了杨梅状纳米金和树枝状纳米金，并将这两种纳米金分别修饰电极，制备电化学 DNA 生物传感器。杨梅状纳米金修饰的 DNA 传感器，以六氨基合钌作为杂交指示剂，检测限可达 $1×10^{-15}$ mol/L。树枝状纳米金修饰的 DNA 传感器，以亚甲基蓝作为杂交指示剂，可实现靶片段的超灵敏（1fmol/L）检测。Meng 等人（Meng，2012）通过在电极表面沉积金纳米粒子，并自主装上锁核酸修饰的茎环 DNA 探针，建立了酶信号放大的 DNA 传感器，该方法的检测范围在 10~1000pmol/L，检测限为 6.0pmol/L。

石墨烯表面积大、电子传递速率快等优点，为其在 DNA 生物传感中的应用提供了有利条件。Lin 等人（Lin L，2011）直接将捕获 ssDNA 探针自主装到石墨烯修饰的电极表面，然后将目标序列和标记了 AuNPs 的寡核苷酸探针分别与捕获探针杂交，形成夹心结构，通过 AuNPs 催化银的沉积，用差分脉冲伏安法测定银的电化学信号。该方法的检测范围是 200pmol/L~500nmol/L，检测限为 72pmol/L。Yin 等人（Yin H S，2012）构建了石墨烯/树状纳米金/分子信标探针修饰的 DNA 传感器，通过探针与微小 RNA-21 杂交后，将 AuNPs 标记的带有生物素的锁核酸报告基因也杂交到探针的另一端序列上，经由酶的催化放大作用，使该方法的检测限达到 0.06pmol/L。

碳纳米管的电子传递性能也很优秀，加上良好的生物相容性，也为其在电化学生物传感器中的应用提供了良好的平台。Dong 等（Dong X Y，2012）建立了夹心结构的 DNA 传感器，放大材料是 Pt 纳米粒子包被的碳纳米管，经过 DNA 酶的催化放大作用，使该方法的检测限达到 0.6fmol/L。刘百祥（刘百祥，2011）通过将氧化锆多孔薄膜沉积到多壁碳纳米管修饰的玻碳电极表面，建成了电化学 DNA 传感器，以亚甲基蓝为氧化还原媒介体，测得检出限为 $6.58×10^{-12}$ mol/L。

8.2.1.5　加工对致敏原的影响

加工处理可能会暴露或者破坏过敏原的表位或者导致过敏原的构象发生变化，掩盖原来的表位或者产生新的表位，从而改变其致敏性。不同类型的加工方式对抗原表位的影响也可能是不同的。就目前而言，热加工研究得比较多，尤其是牛奶和花生这两种食物，但对于大豆过敏原方面的研究还较少，特别是 β-伴大豆球蛋白这一领域。由于热加工会破坏蛋白质的活性、营养价值等缺陷，冷加工的优势逐渐受到人们的关注。牛奶由于其加工特性，对于冷加工的需求较多，而冷加工对过敏原的影响这一方面的研究还是较少的，且多集中在杀菌、保鲜和蛋白质结构的变化这些方面，对于过敏原性的研究还较少。

目前热加工的方式有很多，对于大豆而言，主要有蒸、煮。而最常用的方式是煮,但是目前的研究重点都在热处理后大豆的消化、营养价值变化等方面,对于结构和免疫方面的研究较少。Helena Peres 等研究不同温度和处理时间下,大豆的营养价值的变化。H. S. Lee 等研究了热处理后豆粕在猪体内和体外的质量变化,M. H. Fathi Nasri 等研究了热处理后大豆在胃和肠道氨基酸的降解情况。而热加工对牛奶的影响研究是比较多的,Maite 等研究热处理和高压对 β-乳球蛋白的影响,发现热处理和高压都导致了 β-乳球蛋白结构的变化。Perla Relkin 等研究了热处理对 β-乳球蛋白结构和表面亲水性的影响。Bu 等研究了热处理对 α-乳白蛋白和 β-乳球蛋白的抗原性和结构的影响。

    热加工方式虽然能有效地降低蛋白质的致敏性,但是会降低口感和使食物中的营养物质降低或丧失。因此非热处理方式在降低致敏性的同时又保持了食物的口感和营养物质,从而被人们越来越重视。目前的非热处理方式主要是超声波、紫外线、辐照、超高压、脉冲电场和脉冲磁场等,最常用的是紫外线、辐照以及超高压等。近年来,新兴技术也逐渐加入,比如采用高静水压、高压二氧化碳等。虽然前面常用的冷加工方式使用得比较多,但是脉冲电场和脉冲磁场也逐渐受到学者的关注,尤其是脉冲电场在牛奶方面的应用日益增多。脉冲电场主要应用在牛奶的杀菌保鲜方面,而脉冲电场对牛奶蛋白质的影响也逐渐受到关注。WeiWeiSun 等研究了脉冲处理对牛奶乳清蛋白理化特性的影响。Bob 等研究了脉冲处理对乳清蛋白结构变化的影响。脉冲处理对牛奶的研究主要集中在乳清蛋白上,对于酪蛋白的研究尤其是结构和抗原性的影响还较少。需要注意的是,脉冲与适度的热处理结合,能够增加杀菌的效果。Walkling-Ribeiro 等人将温度控制在 45~55℃,脉冲强度为 24~34kV/cm,在这样的处理条件下,能够杀死比原来多 2 倍的大肠杆菌群。Fox 等也同样发现脉冲电场与热处理结合,能够增加细菌的致死率。高压脉冲与适度的温度结合起来要遵循两个原则:①对食物热处理之前或者之后应用高压脉冲电场;②在高压脉冲过程中要控制温度。合适的温度与高压脉冲电场结合已经被证明能够产生与常规巴氏杀菌(72℃,26s)相似的效果。Phil E. Johnson 研究了高压、热处理和脉冲电场对食物过敏原结构的影响,使用圆二色谱法研究了花生和苹果过敏原结构的改变,结果发现脉冲处理对食物过敏原结构没有任何明显的影响,热处理在低温时,对过敏原的影响很小,只有高压和高温时才能对其产生较大的影响。

8.2.2   过敏原的风险评估

    风险评估是一个科学评估危害健康的化学、物理或生物制剂对个人或人群的影响的过程(Spanjersberg et al,2007)。健全的风险评估过程通常包括四个步骤：风险识别、危害描述（剂量-反应评估）、暴露评估和风险描述（IPCS，1999）。

风险识别包括评估人类潜在的有害影响的证据。根据现有的数据对这些潜在的物质的性质和作用方式进行评估。数据会表明物质是否构成健康危害，如果是，是何种情况。

危害描述是指暴露和发生可能性之间的关系，包括接触后产生的不利影响及严重程度。假设对于大多数类型的影响有最小剂量或浓度低于阈值限时不良反应会发生。为了确定阈值，对不同剂量进行测试，通常是在实验室试验动物，但有时也会包括人类。最高的且没有副作用的测试剂量称为无明显损害作用水平（NOAEL）。基于建立的无明显损害作用水平的实验来研究计算人类的极限值，需要考虑到不确定性和实验设计的差异性。不确定性和差异受到不确定性因素的影响（例如跨物种的差异，种内可变性和暴露时间）。对于某些类型会假设每一个物质暴露可能导致的负面影响，在这种情况下不存在任何假设阈值。

在食物过敏原中，通常人群的阈值实际上并不清楚。因此，对于过敏原使用可观察最低诱导剂量（LOED），它实际上是与最低可见有害作用水平（LOAEL）的化学物质相似。

暴露评估确定在不同的条件下接触物质的性质和范围。

风险描述结合了来自风险识别、危害描述和暴露评估的信息。暴露评估是指以暴露水平与无明显损害作用水平（NOAEL）之间的比值进行估算剂量-反应关系的评估。如果这个值（估值点）高于1或接近1，结论可能会有健康风险。

危害分析和关键控制点（HACCP）风险评估，健全的HACCP风险评估机制是用来识别过敏原危害发生的可能性，以及在现有系统条件下能否正常地进行潜在风险操作和良好生产规范（GMP）的有效保障。而作为一个产品质量和食品安全控制体系则需要有相关经验的风险分析专家，例如HACCP小组组成成员。过敏食品还需考虑那些被认为具有公共卫生重要性和标签强制性的衍生物。

目前过敏原风险评估被认为是行业中最佳的实践方式，监管机构和行业协会遵循这些通用的步骤：

第一步：过敏原评估风险成分和原材料——系统和提供程序，以确保所有有意和无意加入的过敏原是清晰可辨的以及进行风险评估时是可理解的。

第二步：评估过敏原故意的成分，以确保系统和程序配方中使用的所有应申报的过敏原/配方成分中列出信息/材料声明。

第三步：评估过敏原无意加入成分，评估内容覆盖生产加工的所有过程，包括原料、配方和工艺流程、整个生产过程及相关参与者、生产环境。

第四步：在正常控制措施操作条件下的对故障发生概率的估计（可能/远程）。

第五步：风险描述，通过对人群健康有可能产生的不良效果进行估计，来确定变应原性/严重程度，并制定相关的卫生安全标准。

第六步：验证现有的控制措施，以减少意外过敏原的风险的存在。

过敏原风险评估是开发一个健全的过敏原控制的基础计划。如果操作系统比较完备，风险评估将可表明在现有的有意或无意存在的过敏原产品需要改善的地方或者风险沟通中，强有力的风险管理将显得十分必要。

当务之急是进行全面的调查和证据收集工作，使得风险评估控制的有效性基本原理能够详细描述且完全规范化。通过准确地记录风险中的评估过程，食品生产经营者可以有一个明确的过敏原控制计划，在应对书面记录证据相关问题时也有一个简洁合理的解决方案。

8.3   典型过敏原风险评估案例分析

8.3.1   案例 1

双盲评估苹果的食物激发试验，这项研究的目的是开发和评估双盲的不同苹果食物激发试验（DBPCFC）方法。对三种不同的 DBPCFC 模型进行了评价：新鲜的苹果汁，新鲜磨碎的苹果，冷冻干燥苹果粉。所有的激发试验进行在花粉季节外，于1997 年至 1999 年发生。冻干苹果模型激发试验通过白细胞释放组胺（HR）、皮肤点刺试验（SPT）、免疫印迹实验进行。研究对象包括桦树花粉过敏患者、在桦树花粉的季节具有历史性过敏性鼻炎和对桦木具有积极的特异性 IgE 的患者。为了比较 DB-PCFC 的模型，选择 65 例患者进行阳性苹果激发试验。在表征的冻干苹果材料组，有 46 例桦树花粉过敏的患者都包括在内。对苹果的免疫球蛋白 E 活性（IgE）通过特异性 IgE、白细胞释放组胺（HR）、皮肤点刺试验（SPT）测量评估。金冠苹果被用在所有的实验中。本研究的结果表明，苹果对桦树花粉过敏个体的食物激发试验是可行的。鲜榨苹果汁模型的灵敏度很低，但是对安慰剂显示出高频率的反应，可能是由于原料成分导致的。新鲜磨碎的苹果和干苹果粉的模型灵敏度为 0.74、0.60。提高灵敏度是可行的。皮肤点刺试验（SPT）、白细胞释放组胺（HR）和口腔刺激冻干苹果粉被证明是有用的，但需要进一步调查稳定性和材料的过敏性。

8.3.2   案例 2

为了评估食品过敏原无意暴露的风险，通常采用传统的确定风险评估，这使得结果具有不合理性，即"过敏反应不能排除"（Spanjersberg et al，2007）。荷兰应用科学研究院（TNO）因此发明了一种基于概率过敏原技术的定量风险评估模型，使得风险评估和获得信息更为详尽，将可作为过敏原风险评估的有效方法。Claudia Paoletti博士主持召开的欧洲食品安全研讨会中，以榛子蛋白巧克力酱为例进行了验证。

传统上，风险描述是基于一个确定性的方法，这意味着预期风险是为基于一个点估算，通常以最坏数值为每个输入变量（即最坏数值的科学评价因素和暴露水平）。由于这个以最坏情况进行分析的方法是为了在所有条件下，最敏感的那部分人群均能得到保护，因此通常是潜在地过高评估健康风险。在含食品过敏原的情况下，易敏人群对食物的最大摄入量要乘以最大浓度过敏原的食物量，而这一结果会使过敏原的评估量趋于最大化。如果这个量高于假设的最低量或阈值，那么该过敏原反应的可能性不能排除。食品过敏原难以或者是不可能基于最坏的情况来设定一个阈值，任何暴露水平的检测均有可能影响一部分过敏原敏感的人群。

确定性方法的另一个缺点是潜在问题严重性的未知性：没有相关研究表明有关人口比例可能面临的食物过敏风险。平均消费、平均浓度和最低表现价值也可以用于建立最坏情况的模型。这可能会使问题更加明确，但高危人群比例仍无法获知。荷兰应用科学研究院（TNO）因此研究是否可以使用精密的概率技术风险评估模型作为评定潜在健康问题的准确定义。安全评估概率的方法适用于推荐标准的确定和验证。在风险评估方面，它是适用于建立评估与超过相关的风险推荐标准和评估情况的限定。

案例研究：榛子蛋白巧克力酱过敏反应，由于巧克力可能含有榛子蛋白质通过生产设施传播，并可能因为交叉污染使得对榛子过敏患者形成威胁。这种存在蛋白质过敏反应的产品类型已被用来作为研究概率风险评估的模型。运行这个模型所需的四个输入变量包括榛子过敏的患病率、榛子过敏患者的最低观察引发剂的范围、食用巧克力消耗的范围和榛子蛋白在这种类型产品中浓度的范围。

使用软件如下：@RISK（风险）使用蒙特卡罗模拟软件执行风险分析。

食品过敏原风险评估的概率方法示意图见图8-3。

结果表明，过敏性的风险反应是早餐时高于午餐。这是显而易见的，因为巧克力主要在早餐时消费较高。而与男性相比，女性的风险反应会低一些，这也是显而易见的，因为男性通常也会进食巧克力。此外，消费分布的不确定性也会影响结果。

定量的风险表达式可为适当程度的保护提供保障：部分过敏人群可避免严重

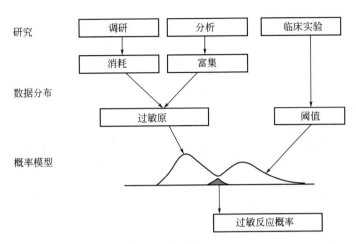

图 8-3　食品过敏原风险评估的概率方法示意图

的过敏反应发生，这样可以避免一些不必要的标签召回。当前标签预防措施是基于潜在的过敏原的存在，而不是风险的评估定量。因为根据产品的标签声明，人群可避免发生过敏反应，因此标签预防可为消费者避免对含过敏原食品的选择提供参考。并非所有的数据都是有效可用的（如所有已知食品过敏原的分布阈值和过敏人群的消费模式），但随着过敏反应以及数据统计资料的增加，模型可进一步完善。其他可能会影响过敏反应发生概率的因素，如体育锻炼，也可在模型条件下作为充分的数据添加到模型中。

　　总之，荷兰应用科学研究院发明的过敏原定量风险评估模型可以被看作是在改善过敏原风险评估和管理方法上的一个重要策略。

参 考 文 献

白卫东，沈棚，钱敏，黄静瑜. 2012. 花生过敏原物质及其脱敏方法研究进展. 广东农业科学，（7）：233-236.

蔡小虎，李欣，陈红兵，高金燕. 2010. 牛乳中主要过敏原的分离纯化研究进展. 食品科学，（23）：429-433.

陈宝宏，朱永义. 2002. 低过敏性大米的开发. 粮食与饲料工业，（12）：6-7.

陈宝宏，朱永义. 2004. 木瓜蛋白酶分解大米过敏原的研究. 粮食与饲料工业，（3）：9-11.

陈古. 2004. 新的食品过敏原标签法在美国通过. 食品科技，7：82-82.

丛艳君，娄飞，薛文通，李林峰，王晶，张惠，范俊峰. 2007. 中国花生致敏蛋白的识别. 食品科学，（10）：109-112.

韩晓萍. 2011. 电沉积金纳米材料修饰电极及其 DNA 生物传感性能研究. 青岛：青岛科技大学.

韩远龙，吴志华，闫飞，等. 2012. 花生过敏原检测方法研究进展. 食品科学，（13）：305-308.

黄火清，郁昂. 2012. 环介导等温扩增技术的研究进展. 生物技术，（3）：90-94.

吉坤美，陈家杰，汤慕瑾，等. 2009. 双抗体夹心 ELISA 法测定食物中花生过敏原蛋白成分. 食品研究与开发，30（6）：110-114.

吉坤美，陈家杰，王海燕，等.2010.实时定量 PCR 技术检测食品中花生过敏原 Ara h1 基因成分.食品研究与开发，（12）：188-193.

姜炜，黄蕾，张玉忠.2011.基于金纳米粒子/聚阿魏酸/多壁碳纳米管修饰电极的 DNA 计时库仑法生物传感器的制备.分析化学，39（7）：1038-1042.

李宏.2000.花生变应原研究.北京：中国协和医科大学.

李欣，陈红兵.2005.过敏原在食品加工中的变化.食品工业，26（1）：50-52.

李一鸣，王宇珂，叶宇鑫，等.2012.环介导等温扩增技术检测花生过敏原.现代食品科技，（1）：126-130.

刘百祥.2011.多壁碳纳米管修饰的 DNA 电化学传感器.华东理工大学学报：自然科学版，37（3）：311-314.

刘风林，李娟，王婧，赵煜，司徒爱明，张金婷.2011.食物不耐受在消化系统疾病发病中的作用.实用儿科临床杂志，26（7）：505-507.

刘晓毅.2005.大豆食源性致敏蛋白的识别、去除及脱敏后加工特性研究.北京：中国农业大学.

马丽，白燕，刘仲明，等.2002.电化学 DNA 传感器研究进展.传感器技术，21（3）：58-60.

聂凌鸿，周如金，宁正祥.2002.食物过敏原研究进展.生命的化学，22（5）：474-478.

宁炜.2009.花生河虾过敏原抗体的制备及压电免疫传感器同步检测.无锡：江南大学.

邵景东，孙秀兰，张银志，等.2011.酶联免疫吸附分析法检测花生过敏原的研究.分析科学学报，（1）：89-92.

沈丽燕.2008.食品过敏原压电型免疫传感快速检测技术的研究.无锡：江南大学.

孙秀兰，单晓红，张银志，等.2012.过敏原分离纯化技术的研究进展.食品工业科技，33（05）：391-395.

孙秀兰，管露，单晓红，等.2012.食品过敏原体外检测方法研究进展.东北农业大学学报，43（2）：126-132.

唐传核.2000.低过敏大豆制品开发.粮食与油脂，1：31-32.

唐传核，彭志英.2000.低过敏以及抗过敏食品研究进展.食品与发酵工业，26（4）：44-49.

王定坤，曹劲松，唐传核.2006.食品脱敏技术研究的新进展.食品与发酵工业，（7）：79-82.

王国政，徐彦渊.2007.食品过敏原的安全管理.食品科学，28（4）：355-359.

王文高，陈正行.2001.低过敏大米研究进展.粮食与油脂，5：32-33.

吴海强，刘志刚.2006.食品过敏原的检测与分析.热带医学杂志，6（5）：599-603.

锡文，楠.2004.中国食品安全战略研究.北京：化学工业出版社.

胥传来.2007.食品免疫学.北京：化学工业出版社：121-150.

杨慧，陈红兵，程伟，高金燕，李欣.2011.大豆主要过敏原及其脱敏方法的研究进展.食品科学，（21）：54，273-277.

杨勇，阚建全，赵国华，付陈梅.2008.食物过敏与食物过敏原.粮食与油脂，（3）：43-45.

尹红.2003.美国科学家首次成功培育过敏性低大豆品种.粮食与油脂，1：22.

云庆.1998.免疫学基础.北京：科学技术出版社.

张先恩.2006.生物传感器.北京：化学工业出版社：122-131.

邹小勇，陈汇勇，李荫.2005.电化学 DNA 传感器的研制及其医学应用.分析测试学报，（1）：123-128.

Ahn K-M, Han Y-S, Nam S-Y, Park H-Y, Shin M-Y, Lee S-I, 2003. Prevalence of soy protein hypersensitivity in cow's milk protein-sensitive children in Korea. Journal of Korean medical science, 18（4）：473.

Babiker E E, Azakami H, Ogawa T, Kato A. 2000. Immunological characterization of recombinant soy protein allergen produced by Escherichia coli expression system. Journal of agricultural and food chemistry, 48 (2): 571-575.

Bando N, Tsuji H, Yamanishi R, Nio N, Ogawa T. 1996. Identification of the glycosylation site of a major soybean allergen, Gly m Bd 30K. Bioscience, biotechnology, and biochemistry, 60 (2): 347-348.

Baumgartner S. 2010. Milk Allergen Detection. Molecular Biological and Immunological Techniques and Applications for Food Chemists: 349-357.

Bernard H, Negroni L, Chatel J, Clement G, Adel-Patient K, Peltre G, Creminon C, Wal J. 2000. Molecular basis of IgE cross-reactivity between human β-casein and bovine β-casein, a major allergen of milk. Molecular Immunology, 37 (3): 161-167.

Bernna O V, Pomei C, Pravettoni V, Farioli L, Pastorello E A, 2005. Production of hypoallergenic foods from apricots. Journal of food science, 70 (1): S38-S41.

Besler M, Steinhart H, Paschke A. 2001. Stability of food allergens and allergenicity of processed foods. Journal of Chromatography B: Biomedical Sciences and Applications, 756 (1): 207-228.

Brenna O V, Pastorello E A, Farioli L, Pravettoni V, Pompei C. 2004. Presence of allergenic proteins in different peach (Prunus persica) cultivars and dependence of their content on fruit ripening. Journal of agricultural and food chemistry, 52 (26): 7997-8000.

Burks Jr A, Brooks J R, Sampson H A. 1988. Allergenicity of major component proteins of soybean determined by enzyme-linked immunosorbent assay (ELISA) and immunoblotting in children with atopic dermatitis and positive soy challenges. Journal of Allergy and Clinical Immunology, 81 (6): 1135-1142.

Businco L, Bruno G, Giampietro P G. 1998. Soy protein for the prevention and treatment of children with cow-milk allergy. The American journal of clinical nutrition, 68 (6): 1447S-1452S.

Byun M-W, Lee J-W, Yook H-S, Jo C, Kim H-Y, 2002. Application of gamma irradiation for inhibition of food allergy. Radiation Physics and Chemistry, 63 (3): 369-370.

Cabanillas B, Pedrosa M M, Rodríguez J, González Á, Muzquiz M, Cuadrado C, Crespo J F, Burbano C. 2010. Effects of enzymatic hydrolysis on lentil allergenicity. Molecular nutrition & food research, 54 (9): 1266-1272.

Calabozo B, Barber D, Polo F, 2002. Studies on the carbohydrate moiety of Pla l 1 allergen. Identification of a major N-glycan and significance for the immunoglobulin E-binding activity. Clinical & Experimental Allergy, 32 (11): 1628-1634.

Careri M, Elviri L, Maffini M, Mangia A, Mucchino C, Terenghi M, 2008. Determination of peanut allergens in cereal-chocolate-based snacks: metal-tag inductively coupled plasma mass spectrometry immunoassay versus liquid chromatography/electrospray ionization tandem mass spectrometry. Rapid Communications in Mass Spectrometry, 22 (6): 807-811.

Chassaigne H T V, NΦrgaard J V, et al. 2009. Resolution and identification of major peanut allergens using a combination of fluorescence two-dimensional differential gel electrophoresis, Western blotting and Q-TOF mass spectrometry. Journal of Proteomics, 72 (3): 511-526.

Chatchatee P, Järvinen K M, Bardina L, Vila L, Beyer K, Sampson H, 2001. Identification of IgE and IgG binding epitopes on β-and κ-casein in cow's milk allergic patients. Clinical & Experimental Allergy, 31 (8):

1256-1262.

Chung S-Y, Maleki S J, Champagne E T. 2004. Allergenic properties of roasted peanut allergens may be reduced by peroxidase. Journal of agricultural and food chemistry, 52 (14): 4541-4545.

Davis P, Smales C, James D. 2001. How can thermal processing modify the antigenicity of proteins?. Allergy, 56 (s67): 56-60.

Dong X Y, Mi X N, Zhang L, et al. 2012. DNAzyme-functionalized Pt nanoparticles/carbon nanotubes for amplified sandwich electrochemical DNA analysis. Biosensors and Bioelectronics, 38 (1): 337-341.

Dube M, Zunker K, Neidhart S, Carle R, Steinhart H, Paschke A. 2004. Effect of technological processing on the allergenicity of mangoes (*Mangifera indica* L.). Journal of agricultural and food chemistry, 52 (12): 3938-3945.

FAO. 1995. Report of the FAO Technical Consultation on Food Allergies [C]. Rome: Food and Agriculture Organization.

Flanagan S. 2015. Assessment and communication of allergen risks in the food chain. Handbook of Food Allergen Detection and Control: 67-87.

Friedman M, Brandon D L. 2001. Nutritional and health benefits of soy proteins. Journal of Agricultural and Food Chemistry, 49 (3): 1069-1086.

Gonzalez R, Polo F, Zapatero L, Caravacaj F, Carreira J. 1992. Purification and characterization of major inhalant allergens from soybean hulls. Clinical & Experimental Allergy, 22 (8): 748-755.

Guadix A, Camacho F, Guadix E M. 2006. Production of whey protein hydrolysates with reduced allergenicity in a stable membrane reactor. Journal of Food Engineering, 72 (4): 398-405.

Hird H, Lloyd J, Goodier R, et al. 2005. Detection of peanut using real-time polymerase chain reaction. European Food Research and Technology A, 220 (2): 1438-2377.

Helm R, Cockrell G, Herman E, Burks A, Sampson H A, Bannon G. 1998. Cellular and molecular characterization of a major soybean allergen. International archives of allergy and immunology, 117 (1): 29-37.

Helm R M, Cockrell G, Connaughton C, West C M, Herman E, Sampson H A, Bannon G A, Burks A. 2000. Mutational analysis of the IgE-binding epitopes of P34/Gly m Bd 30K. Journal of allergy and clinical immunology, 105 (2): 378-384.

Hengel M B R M A V. 2008. Development of three real-time PCR assays to detect peanut allergen residue in processed food products. European Food Research and Technology A, 227 (3): 857-869.

Hiemori M, Bando N, Ogawa T, Shimada H, Tsuji H, Yamanishi R, Terao J. 2000. Occurrence of IgE antibody-recognizing N-linked glycan moiety of a soybean allergen, Gly m Bd 28K. International archives of allergy and immunology, 122 (4): 238-245.

Hosoyama H, Obata A, Bando N, Tsuji H, Ogawa T. 1996. Epitope analysis of soybean major allergen Gly m Bd 30K recognized by the mouse monoclonal antibody using overlapping peptides. Bioscience, biotechnology, and biochemistry, 60 (7): 1181-1182.

Kato Y, Oozawa E, Matsuda T. 2001. Decrease in antigenic and allergenic potentials of ovomucoid by heating in the presence of wheat flour: dependence on wheat variety and intermolecular disulfide bridges. Journal of agricultural and food chemistry, 49 (8): 3661-3665.

Kilshaw P, Sissons J. 1979. Gastrointestinal allergy to soyabean protein in preruminant calves. Allergenic constituents of soyabean products. Research in veterinary science, 27 (3): 366-371.

King N, Helm R, Stanley J S, Vieths S, Lüttkopf D, Hatahet L, Sampson H, Pons L, Burks W, Bannon G A. 2005. Allergenic characteristics of a modified peanut allergen. Molecular nutrition & food research, 49 (10): 963-971.

Koshiyama I, Hamano M, Fukushima D. 1981. A heat denaturation study of the 11S globulin in soybean seeds. Food Chemistry, 6 (4): 309-322.

Kumar S, Verma A K, Das M, et al. 2012. Molecular mechanisms of IgE mediated food allergy. International Immu nopharmacology, (13): 432-439.

Lakemond C M, de Jongh H H, Hessing M, Gruppen H, Voragen A G. 2000. Heat denaturation of soy glycinin: influence of pH and ionic strength on molecular structure. Journal of agricultural and food chemistry, 48 (6): 1991-1995.

Lee H W, Keum E H, Lee S J, Sung D E, Chung D H, Lee S I, Oh S. 2007. Allergenicity of proteolytic hydrolysates of the soybean 11S globulin. Journal of food science, 72 (3): C168-C172.

Lee J-W, Seo J-H, Kim J-H, Lee S-Y, Kim K-S, Byun M-W. 2005. Changes of the antigenic and allergenic properties of a hen' s egg albumin in a cake with gamma-irradiated egg white. Radiation Physics and Chemistry, 72 (5): 645-650.

Lewis S A, Grimshaw K E C, Warner J O, Hourihane J O B. 2005. The promiscuity of immunoglobulin E binding to peanut allergens, as determined by Western blotting, correlates with the severity of clinical symptoms. Clinical & Experimental Allergy, 35 (6): 767-773.

Lin L, Liu Y, Tang L H, et al. 2011. Electrochemical DNA sensor by the assembly of graphene and DNA-conjugated gold nanoparticles with silver enhancement strategy. Analyst, 136 (22): 4732-4737.

Liu H, Malhotra R, Peczuh M W, Rusling J F. 2010. Electrochemical Immunosensors for Antibodies to Peanut Allergen Ara h2 Using Gold Nanoparticle-Peptide Films. Analytical Chemistry, 82 (13): 5865-5871.

Maldonado J, Gil A, Narbona E, Molina J A. 1998. Special formulas in infant nutrition: a review. Early human development, 53: S23-S32.

Meng X M, Xu M R, Zhu J Y, et al. 2012. Fabrication of DNA electrochemical biosensor based on gold nanoparticles, locked nucleic acid modified hairpin DNA and enzymatic signal amplification. Electrochimica Acta, (71): 233-238.

Morisset M, Moneret-Vautrin D A, Kanny G. 2005. Prevalence of peanut sensitization in a population of 4,737 subjects: an Allergo-Vigilance Network enquiry carried out in 2002. Eur Ann Allergy Clin Immunol, 37 (2): 54-57.

Mozhaev V V, Heremans K, Frank J, Masson P, Balny C. 1994. Exploiting the effects of high hydrostatic pressure in biotechnological applications. Trends in Biotechnology, 12 (12): 493-501.

Natarajan S S, Xu C, Bae H, Caperna T J, Garrett W M. 2006. Characterization of storage proteins in wild (Glycine soja) and cultivated (Glycine max) soybean seeds using proteomic analysis. Journal of agricultural and food chemistry, 54 (8): 3114-3120.

Nolan R C, de Leon M P, Rolland J M, et al. 2007. What's in a kiss: Peanut allergen transmission as asensitizer?. Journal of Allergy and Clinical Immunology, 119 (3): 755.

Nordlee J A, Taylor S L, Townsend J A, Thomas L A, Bush R K. 1996. Identification of a Brazil-nut allergen in transgenic soybeans. New England Journal of Medicine, 334 (11): 688-692.

Ogawa T, Bando N, Tsuji H, Nishikawa K, Kitamura K 1995. Alpha-subunit of beta-conglycinin, an allergenic protein recognized by IgE antibodies of soybean-sensitive patients with atopic dermatitis. Bioscience, biotechnology, and biochemistry, 59 (5): 831-833.

Ogawa T, Bando N, Tsuji H, Okajima H, Nishikawa K, Sasaoka K. 1991. Investigation of the IgE-binding proteins in soybeans by immunoblotting with the sera of the soybean-sensitive patients with atopic dermatitis. Journal of nutritional science and vitaminology, 37 (6): 555-565.

Olsen K, Kristiansen K R, Skibsted L H. 2003. Effect of high hydrostatic pressure on the steady-state kinetics of tryptic hydrolysis of β-lactoglobulin. Food chemistry, 80 (2): 255-260.

Ortolani C, Bruijnzeel - koomen C, Bengtsson U, Bindslev-jensen C, Björkstén B, Høst A, Ispano M, Jarish R, Madsen C, Nekam K. 1999. Controversial aspects of adverse reactions to food. Allergy, 54 (1): 27-45.

Osterballe, M., Hansen, T. K., Mortz, C. G., Høst, A., Bindslev-Jensen, C., 2005. The prevalence of food hypersensitivity in an unselected population of children and adults. Pediatric Allergy and Immunology 16 (7), 567-573.

Peñas E, Restani P, Ballabio C, Préstamo G, Fiocchi A, Gómez R. 2006. Assessment of the residual immunoreactivity of soybean whey hydrolysates obtained by combined enzymatic proteolysis and high pressure. European Food Research and Technology, 222 (3-4): 286-290.

Peñas E, Préstamo G, Polo F, Gomez R. 2006. Enzymatic proteolysis, under high pressure of soybean whey: Analysis of peptides and the allergen Gly m 1 in the hydrolysates. Food Chemistry, 99 (3): 569-573.

Poms R E, Klein C L, Anklam E. 2004. Methods for allergen analysis in food: a review. Food Additives and Contaminants, 21 (1): 1-31.

Restani P, Ballabio C, Di Lorenzo C, Tripodi S, Fiocchi A. 2009. Molecular aspects of milk allergens and their role in clinical events. Analytical and bioanalytical chemistry, 395 (1): 47-56.

Sampson H A, 1999. Food allergy. Part 1: immunopathogenesis and clinical disorders. Journal of Allergy and Clinical Immunology, 103 (5): 717-728.

Sathe S K, Kshirsagar H H, Roux K H. 2005a. Advances in seed protein research: a perspective on seed allergens. Journal of food science, 70 (6): r93-r120.

Sathe S K, Teuber S S, Roux K H. 2005b. Effects of food processing on the stability of food allergens. Biotechnology advances, 23 (6): 423-429.

Scaravelli E, Brohée M, Marchelli R, et al. 2008. Development of three real-time PCR assays to detect peanut allergen residue in processed food products. European Food Research and Technology A, 227 (3): 857-869.

Schäppi G F, Konrad V, Imhof D, Etter R, Wüthrich B. 2001. Hidden peanut allergens detected in various foods: findings and legal measures. Allergy, 56 (12): 1216-1220.

Schmitt D A, Nesbit J B, Hurlburt B K, Cheng H, Maleki S J. 2009. Processing Can Alter the Properties of Peanut Extract Preparations. Journal of Agricultural and Food Chemistry, 58 (2): 1138-1143.

Sebastiani F L, Farrell L B, Schuler M A, Beachy R N. 1990. Complete sequence of a cDNA of α subunit of soybean β-conglycinin. Plant molecular biology, 15 (1): 197-201.

Sharma S, Kumar P, Betzel C, Singh T P. 2001. Structure and function of proteins involved in milk allergies. Journal of Chromatography B: Biomedical Sciences and Applications, 756 (1): 183-187.

Shimakura K, Tonomura Y, Hamada Y, Nagashima Y, Shiomi K. 2005. Allergenicity of crustacean extractives and its reduction by protease digestion. Food chemistry, 91 (2): 247-253.

Sicherer S H, Muñoz-Furlong A, Sampson H A. 2003. Prevalence of peanut and tree nut allergy in the United States determined by means of a random digit dial telephone survey: a 5-year follow-up study. Journal of Allergy and Clinical Immunology, 112 (6): 1203-1207.

Singh R, Sharma P P, Baltus R E, et al. 2010. Nanopore immunosensor for peanut protein Ara h1. Sensors and Actuators. B: Chemical, (1): 98-103.

Sissons J, Smith R. 1976. The effect of different diets including those containing soya-bean products, on digesta movement and water and nitrogen absorption in the small intestine of the pre-ruminant calf. British Journal of Nutrition, 36 (03): 421-438.

Skamstrup H K, Vesterqaard H, Stahl S P, et al. 2001. Double-Blind, Placebo-Controlled Food Challenge with Apple. Allergy, (2): 109-117.

Spanjersberg M Q, Kruizinga A G, Rennen M A, Houben G F. 2007. Risk assessment and food allergy: the probabilistic model applied to allergens. Food and chemical toxicology: an international journal published for the British Industrial Biological Research Association, 45 (1): 49-54.

Speroni F, Elviri L, Careri M, Mangia A. 2010. Magnetic particles functionalized with PAMAM-dendrimers and antibodies: a new system for an ELISA method able to detect Ara h3/4 peanut allergen in foods. Anal Bioanal Chem, 397 (7): 3035-3042.

Stephan O, Vieths S. 2004. Development of a Real-Time PCR and a Sandwich ELISA for Detection of Potentially Allergenic Trace Amounts of Peanut (Arachis hypogaea) in Processed Foods. Journal of Agricultural and Food Chemistry, 52 (12): 3754-3760.

Su M, Venkatachalam M, Teuber S S, Roux K H, Sathe S K. 2004. Impact of γ-irradiation and thermal processing on the antigenicity of almond, cashew nut and walnut proteins. Journal of the Science of Food and Agriculture, 84 (10): 1119-1125.

Takahashi K, Banba H, Kikuchi A, Ito M, Nakamura S. 1994. An induced mutant line lacking the alpha-subunit of beta-conglycinin in soybean [Glycine max (L.) Merrill]. Japanese Journal of Breeding.

Tang C-H, Ma C-Y. 2009. Effect of high pressure treatment on aggregation and structural properties of soy protein isolate. LWT-Food science and technology, 42 (2): 606-611.

Taylor S L, Hefle S L. 2002. Genetically engineered foods: implications for food allergy. Current opinion in allergy and clinical immunology, 2 (3): 249-252.

Thanh V H, Shibasaki K. 1977. Beta-conglycinin from soybean proteins. Isolation and immunological and physicochemical properties of the monomeric forms. Biochimica et Biophysica Acta (BBA) -Protein Structure, 490 (2): 370-384.

Tsuji H, Bando N, Hiemori M, Yanmanishi R, Kimoto M, Nishikawa K, Oqawa T. 1997. Purification of characterization of soybean allergen Gly m Bd 28K. Biosci Biotechnol Biochem, (6): 942-947.

Tsuji H, Hiemori M, Kimoto M, Yamashita H, Kobatake R, Adachi M, Fukuda T, Bando N, Okita M, Utsumi S. 2001. Cloning of cDNA encoding a soybean allergen, Gly m Bd 28K. Biochimica et Biophysica Acta

(BBA) -Gene Structure and Expression, 1518 (1): 178-182.

Tsumura K, Kugimiya W, Bando N, Hiemori M, Ogawa T. 1999. Preparation of hypoallergenic soybean protein with processing functionality by selective enzymatic hydrolysis. Food Science and Technology Research, 5 (2): 171-175.

Usui M, Tamura H, Nakamura K, Ogawa T, Muroshita M, Azakami H, Kanuma S, Kato A. 2004. Enhanced bactericidal action and masking of allergen structure of soy protein by attachment of chitosan through Maillard-type protein-polysaccharide conjugation. Food/Nahrung, 48 (1): 69-72.

van Boxtel E L, van den Broek L A, Koppelman S J, Gruppen H. 2008. Legumin allergens from peanuts and soybeans: effects of denaturation and aggregation on allergenicity. Molecular nutrition & food research, 52 (6): 674-682.

van de Lagemaat J, Manuel Silván J, Javier Moreno F, Olano A, Dolores del Castillo M. 2007. In vitro glycation and antigenicity of soy proteins. Food Research International, 40 (1): 153-160.

Wal J. 2001. Structure and function of milk allergens. Allergy, 56 (s67): 35-38.

Wilson S, Blaschek K, Mejia E G. 2005. Allergenic proteins in soybean: processing and reduction of P34 allergenicity. Nutrition reviews, 63 (2): 47-58.

Xiang P, Haas E J, Zeece M G, Markwell J, Sarath G. 2004. C-Terminal 23 kDa polypeptide of soybean Gly m Bd 28 K is a potential allergen. Planta, 220 (1): 56-63.

Yaklich R, Helm R, Cockrell G, Herman E. 1999. Analysis of the Distribution of the Major Soybean Seed Allergens in a Core Collection of Accessions. Crop science, 39 (5): 1444-1447.

Yin H S, Zhou Y L, Zhang H X, et al. 2012. Electrochemical determination of microRNA-21 based on graphene, LNA integrated molecular beacon, AuNPs and biotin multifunctional bio bar codes and enzymatic assay system. Biosensors and Bioelectronics, 33 (1): 247-253.

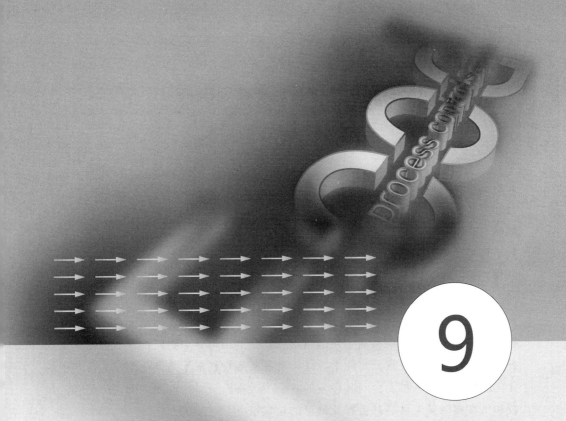

9

食品包装材料的安全性评价及风险评估

9.1　食品包装材料危害物及其迁移规律

　　食品包装能有效地保护食品，防止其受某些外界因素（如昆虫、气味、微生物、光线和氧气）的影响而变质，但食品包装中化学物的迁移，又会给食品安全和质量带来负面影响。因此，对食品包装和其他食品接触材料中化学物的迁移进行研究、关注和控制非常必要。食品包装是最重要、最常见和最典型的与食品接触的材料或制品。在食品的生产、运输、储存、制造和消费过程中，还有一些材料不可避免地与食品发生接触，这些材料包括用于制作容器、传送带、管子、食品加工接触表面、烹调用具和餐具等的材料。

　　食品和饮料可能具有较强腐蚀性，会与它们接触的材料发生剧烈反应。总的来说，大多数食品的性质类似于化学实验室中所用的溶剂。例如，食品中的酸性物质会腐蚀金属；脂肪和油会使塑料溶胀，并溶出塑料中物质；饮料会使未加保护处理的纸和纸板分解。实际上，任何食品接触材料都不是完全惰性的，其中的化学组成物质很有可能会向其包装的食品中迁移。金属、玻璃、陶瓷、塑料、橡胶和纸在接触某类食品时会释放微量的化学组分。

　　化学物释放到食品中的过程通常被称为"迁移"，其科学定义为"从外源向食品经过亚显微过程的传质"。通俗地讲就是化学物质通过"浸提"、"流失"、"渗漏"等过程进入食品。本章中"食品"泛指食品和饮料，"包装"也包括其他与食品接触的材料。

　　任何向食品发生的化学迁移对食品影响都很大，主要表现在以下两个方面。

　　① 食品安全：生产包装所用的物质迁移入食品中并达到一定量时是有害的。

　　② 食品质量：迁移物造成食品腐烂和变味，降低消费吸引力。

　　包装中化学物的迁移不容忽视。据估计，按人均计算，欧盟国家每人每天使用零售食品包装材料约为 $1200cm^2$，相当于两张 A4 纸的大小，也大约相当于两包 35g 薯片包装膜的面积，数量很可观（王志才，2008）。随着快餐和外卖食品的发展，以及为了满足小家庭使用和食用方便，小包装（增大了表面积和食品质量的比例）使用越来越多，食品与包装接触面积的增加不可避免。

　　一些食品包装化合物迁移入食品的浓度类似于食品添加剂的浓度水平，为几十毫克/千克。因此，了解食品生产、运输、销售和消费所有过程中潜在的化学迁移，找出减少其迁移的方法非常必要。食品包装使用链中的相关生产者、使用者和管理者必须确保包装材料符合技术规范和满足预期用途，以保证没有过量的化学迁移。食品包装使用链主要包括（郁新颜，2006）：

① 原料初加工者，如聚合物和纸的制造者；

② 将原料加工为食品包装的生产者；

③ 材料供应商，如材料零售商、供应商；

④ 包装使用者，包装食品者；

⑤ 食品零售商；

⑥ 执法机构；

⑦ 消费者，包括消费预包装食品及在家庭中使用食品接触材料和制品。

要想正确使用食品包装，必须保证使用链上各环节进行有效的信息交换，同时也必须了解化学物的迁移及其主要影响因素。

9.1.1　食品包装材料危害物的来源及范围

与食品接触的材料通常有十种主要类型。总的来看，下列包装材料在市场上都经批准，但是前四种在发达国家占主导地位。

① 塑料，包括清漆和涂料；

② 纸和纸板；

③ 金属和合金；

④ 玻璃；

⑤ 再生纤维；

⑥ 陶瓷；

⑦ 人造橡胶和橡胶；

⑧ 固体石蜡和微晶石蜡；

⑨ 木制品，包括软木塞；

⑩ 纺织品。

由于许多纸和纸板需要与塑料材料复合，大多数金属罐需要涂有高分子涂层，如此才能使食品免受侵蚀，因此塑料包装材料的使用占绝对主导地位（袁振华，1999）。

9.1.2　食品接触材料中的化学物质

包装材料中的化学物质主要有以下来源：

① 已知的组成塑料、纸、有涂层和无涂层金属、玻璃等包装材料的基本成分，例如，塑料中的单体和添加剂，用于造纸的化学物，制作陶瓷用的颜料；

② 将基本包装材料转化或构造成为包装物成品的化学物质，例如，油墨和

黏合剂；

③ 已知成分的已知或未知的异构体、杂质、转化产物；

④ 原材料中的未知污染，特别是给料过程中使用的材料是回收再利用材料时。

在上述化学物质中，后两类材料中的未预料到或未知的物质被认为是非有意添加物（NIAS）。这对于工厂和执法机构来说都是一大挑战（朱辉，2013）。

9.1.3 食品包装材料危害物的化学迁移

9.1.3.1 迁移机制

化学物的迁移是一个遵循动力学和热力学的扩散过程，该过程可用根据菲克定律得到的扩散数学模型来描述。该模型将扩散过程描述为以时间、温度、材料厚度、物质中化学物的含量、分配系数和扩散系数为变量的函数。动力学部分表征迁移发生速度，热力学部分表征当迁移结束，即体系达到迁移平衡时化学物的转移程度，二者不能混淆。例如，迁移可能以低速进行，但如果包装中的化学物对食品的亲和力大于对包装材料的亲和力时，只要有足够的时间（如较长的保质期），化学物就会大量向食品迁移。假如包装其他食品或饮料，包装中的化学物在该食品或饮料中的溶解度很小，则无论放置多长时间迁移量都不会很高（袁振华，1999）。

作为一种分子扩散过程，化学物的迁移遵循一般的化学和物理规律。决定化学物迁移的因素如下：首先是包装材料中所含化学物的特性和浓度，其次是食品性质以及接触条件等，再次是包装材料本身的内在特性。如果一种包装与食品发生的反应强烈，则通过溶解将产生高迁移量；相反，一种扩散性小的惰性材料，产生的迁移量可能较小。因此，必须了解影响迁移的因素，从而获得避免或限制向食品中发生有害迁移的方法。

9.1.3.2 包装材料成分

任何化学迁移都来源于包装材料。迁移程度首先取决于包装中化学物的浓度。如果包装中本身没有这种物质，则不会发生该物质的迁移，这是显而易见而又容易被忽视的道理，在评价消费暴露的模型时尤其重要。如果保持其他成分不变，增加包装中所含化学迁移物的含量，则迁移水平会增加，反之亦然。

9.1.3.3 接触的状态和程度

包装与食品接触的状态和程度是需要考虑的另一个重要因素。这取决于食品的物理特性（固体食品接触有限，液体食品接触程度增大）以及包装袋的规格和形状。用同种塑料（如聚苯乙烯或聚丙烯）制作两种盛装人造黄油，但规格不同的包装，一种是独立小包装（假设 7g 接触面积为 $28cm^2$，即 $4000cm^2/kg$），另一种是餐馆用包装（假设 2kg 接触面积 $1050cm^2$，即 $525cm^2/kg$）。二者相比，假如单位面积迁移量相同，前者食用暴露风险相当于后者的 8 倍。这种表面积与食品质量比例的最极端的情况发生在一般包装之外的其他与食品接触的材料，例如，大型食品加工厂使用的接触面相对有限的小衬垫，包装厂用来处理大量食品的手套和传送带，或者在使用期内输送大量液体食品的管道等。

另一个影响包装与食品接触状态和程度的因素是阻隔层。尽管在包装材料中的某一层含有可能发生迁移的化学物，如果在包装上加一层膜，使其不与食品接触，那么介于食品和化学迁移物中间的阻隔层也会延缓或抑制迁移的发生。随着现代多层复合包装材料的出现，在多层材料中的油墨、黏合剂，或者其中的一层或多层不与食品直接接触，这种情况越来越普遍。在控制包装内部气体环境（即气调包装），以及维持食品原有风味，防止外界异味侵入的过程中，包装行业早已使用阻隔层来保护食品免受空气、光和水分的影响，这些阻隔层发生作用的物理化学原理，不仅可以给保持食品质量带来益处，同样也可应用于避免或限制化学物的迁移（靳秋梅，孙增荣，2008）。

9.1.3.4　食品的性质

接触包装的食品的性质主要从以下两方面考虑。

（1）不相容性

如果包装与某一类特定食品不相容，则它们之间可能会发生剧烈的反应，从而加速化学物的释放。例如，脂肪和油会使某种塑料溶胀，析出化学物。析出，即一般认为的第三类迁移，由塑料溶胀、扩散性增大引起。随着溶胀的发生，塑料的性状开始接近液体。更易理解的类似的例子还有无涂层金属的腐蚀，导致金属大量释放进入一些酸性食品，或者重金属从陶瓷釉面溶出。一定要避免诸如此类明显的不相容性，确保包装材料适用各种类别的食品。

（2）溶解性

食品性质制约着包装中的化学物在食品中的溶解性，因此也制约着化学迁移，影响着可能发生的迁移量。食品通常分为五类：水性食品、酸性食品、醇类食品、脂类食品和干性食品。根据迁移物质与食品亲和力越高，越容易迁移进入食品的特点，将不同食品归纳为三大类。

① 酸性食品、水性食品和低酒精度饮料：其中的极性有机化学物、盐类、

金属类。

② 脂类食品、精馏酒精：其中的亲脂的、非极性有机物。

③ 干性食品：其中的低分子质量、挥发性物质。

9.1.3.5　接触温度

与任何物理和化学过程相似，加热会使化学物迁移加速，所以当温度升高时迁移加快。包装材料使用的温度范围日益扩大，从深度冷冻储藏、冷藏和室温，到煮沸、杀菌、微波甚至在包装中烘焙。显然，一种具有特定用途的材料不一定适用于其他用途。

9.1.3.6　接触时间

适于短期接触使用的材料可能不适合长期使用。迁移的动力学是一阶近似，迁移程度与接触时间的平方根成正比：$M \propto t^{1/2}$。一般包装的接触时间变化范围很大：

① 分钟（如外卖食品）；

② 小时（如鲜面包、三明治）；

③ 天（如新鲜牛奶、肉、水果和蔬菜）；

④ 周（如黄油、干酪）；

⑤ 月和年（如冷冻食品、干性食品、罐装食品、饮料）。

对于每种包装材料必须规范说明其使用要求。

9.1.3.7　包装中化学物的流动性

如果化学物与包装材料具有相容性，那么包装中化学物的流动性取决于其分子的大小和形状、与材料的相互作用以及材料本身对传质的内在阻力。如果化学物和包装材料不相容，则化学物会在材料表面"结晶"，增加迁移量。从以下三种材料（不渗透材料、渗透性材料、多孔材料）考虑迁移，有助于了解其基本机理（石万聪，赵晨阳，2007）。

（1）不渗透材料

这是一类所谓"硬质"材料，如金属、玻璃和陶瓷。这些材料具有绝对阻隔作用，内部未发生任何迁移，迁移只限于表面。

（2）渗透性材料

诸如塑料、橡胶和人造橡胶属于这类材料。这类材料在一定程度上阻隔迁移，但是迁移不仅来源于外表面，还来源于内部。对物质转移的阻隔性取决于材料的结构、密度、晶体结构等。

（3）多孔材料

这类材料如不同种类的纸和纸板，有着各种各样的开放式网状纤维，其中有大量的空间或通道。低分子质量物质迁移阻碍小，迁移速度相当快。

9.1.3.8 迁移过程控制因素

包装中发生的迁移是一个遵循一般化学物理自然规律的扩散过程。迁移量随以下几个因素增加：

① 延长接触时间；

② 升高接触温度；

③ 包装材料中迁移化学物的含量高；

④ 接触表面积增大；

⑤ 腐蚀性食品。

迁移量随以下几个因素减少：

① 包装材料中分子质量较大的物质；

② 仅为干燥的或间接的接触；

③ 低扩散性（惰性）包装材料；

④ 存在阻隔层。

9.2   国内外对食品接触的包装材料风险评估的要求

与其他风险评估一样，食品接触材料风险评估包括危害性描述、不良作用与剂量关系评估（数学模型建立）、暴露评估和风险特征描述 4 个部分，需要有非毒理学和毒理学资料。非毒理学资料包括物质的物理化学属性、迁移试验数据、残留量数据、其他国家的批准使用情况等；毒理学资料是在迁移试验结果的基础上进行的，但是具体的迁移试验的条件、具体的毒理学试验要求则有所区别。下面简要介绍欧盟、美国和中国在食品接触材料风险评估方面的一般要求。

9.2.1   欧盟

在食品接触材料安全管理方面，欧盟立法体系建立得较早且较为完善。1978年欧盟就颁布了 78/142/EEC 理事会指令（《关于各成员国用于食品接触的设计含有乙烯基氯化物单体的材料和物品的法律的一致性》），明确塑料中乙烯基氯化物单体（VCM）的限值。目前已建立框架法规［（EC）NO.1935/2004］、专项指令（在欧盟规定的必须制定专门管理要求的 17 类物质中，目前仅有陶瓷、再生纤维素薄膜、塑料 3 类物质颁布了专项指令）和单独法规（欧盟已经颁布的针对某种物质的单独法规仅有 3 项：78/142/EEC 氯乙烯单体，93/11/EEC 亚硝基胺类；EC 1895/2005 BADGE，BFDGE，NOGE）3 种管理制度相结合的立体管理制度（刘君峰等，2009）。

欧盟法律规定，用于包装食品的材料应该是安全的，同时迁移到食品中的成分含量应在人类可接受的范围内。为保护消费者健康，欧盟对食品包装用塑料设立了两种类型的迁移限定值，即总的迁移限量（overall migration limit，OML）和特定迁移限量（specific migration level，SML）。OML 适用于所有可能从食品接触材料迁移到食品中的物质，其限量为 60mg/kg 食品原料或食品模拟物或 $10mg/dm^2$。SML 适用于特定物质，单位是 mg/kg 食品或食品模拟物，SML 通常是根据日容许摄入量（ADI）或日耐受摄入量（TDI）确定的。若一种食品接触材料存在 TDI 时，则 SML＝体重×TDI/食品质量（kg）。若没有 TDI 且毒理学资料有限，SML＝0.05mg/kg 食品；若毒理学资料很充分，则 SML＝5mg/kg 食品。

欧盟对食品接触材料暴露评估的基本前提是人均体重按 60kg 计，在其一生中每天摄入用塑料类接触材料包装的食品的量是 1kg，食品接触材料中被检测物质以最大允许使用浓度计，模拟试验是按照最坏的情况进行。2002/72/EC 指令经过修订后，新增了一个亲脂性物质清单，列出了约 70 种物质。这类物质在脂肪类食品中的特定迁移量应使用脂肪缩减系数 [fat reduction factor，FRF，通常为 1~5，FRF＝（g 食品中的脂肪/kg 食品）/200＝（脂肪％×5）/100]，校正后再与 SML 比较。由于每人每日摄入的脂肪不会超过 200g。因此，对容积小于 500mL 或大于 10L 的容器薄片和薄膜，若其拟接触的食品中脂肪含量大于 20％，则有害物质的迁移量（MFRF）可以食品或食品模拟物中的浓度 M（mg/kg）除以 FRF 的方式（MFRF＝M/FRF）计算，或不使用 FRF 而换算成 mg/dm^3。在对食品接触材料进行风险评估时，如果被检测的物质有 SML，则可将迁移试验的结果与 SML 比较，如果迁移试验的结果小于 SML 则是安全的；反之则认为该食品接触材料的安全性值得关注。若被检测的物质没有 SML，则建议根据迁移试验的结果做特定的毒理学试验，基于毒理学试验的结果决定是否批准使用该食品接触材料（刘君峰等，2009）。

欧盟食品接触材料的风险评估需要递交非毒理学资料和毒理学资料两部分。非毒理学资料包括：物质的特性描述（包括物质名称及其相关信息纯度、降解性以及降解产物的理化性质、所有相关的物理和化学信息、降解性及降解产物用途描述）、物质的微生物属性（主要针对具有微生物杀灭作用的食品接触材料）、该物质的批准使用情况（即该物质在欧盟成员国或其他国家如美国、日本的批准使用信息）、该物质的迁移数据（包括迁移试验以及分析方法，迁移试验一般不是用实际的食品来做的，而是采用食品模拟物在一定的试验温度、试验时间内完成，在迁移实验中接触温度与接触时间是选取食品接触材料在实际使用过程中可预见的与食品接触的最长时间和最高使用温度，迁移试验的结果则选择不同食品模拟物迁移结果的最高值，即该物质可以在食品中残留的最高浓度）。迁移试验资料是所有食品接触材料进行安全性评价之前必须要提供的，根据迁移试验的结果，决定需要做何种类型的毒理学试验（Shi et al，2006；孙利等，2008）。

9.2.2　美国

1997 年，美国食品药品管理现代化法案对食品药品化妆品法进行修订，对食品接触物质（food contact substance）的管理程序作了规定。一种物质要作为食品接触材料，需要向 FDA 提供食品接触通报。FDA 在接到申请资料 120 天内确定是否同意该物质的通报，如果 120 天后 FDA 未给出不同意申请的答复，则意味着该通报已经生效，并在 FDA 网站公布。食品接触物质通报系统通报的物质仅适用于该物质的申请者，如其他生产商要应用同种物质，则必须再次向 FDA 申请该物质的通报。通报的物质一旦出现食品安全问题，申请通报者应当承担全部责任。

美国 FDA 在对食品接触材料进行风险评估时，假定每人每天摄入用食品接触材料包装的固体和液体食品总量为 3kg。测定从食品接触材料迁移到食品中被检测物质的浓度 M，即可估算出该物质的估计日摄入量（EDI），即 $M=$ 食品分配系数 $f_1 \times$ 迁移水平 M_i。对于食品模拟剂来说，M_i 为 3 种食品模拟溶剂的加权，根据每种类型食品实际接触包装材料的比例，可对每种食品模拟剂有效地确定出迁移浓度值 $M = f_{水杨酸}M_{10\%乙醇} + f_{酒精}M_{50\%乙醇} + f_{脂肪}M_{脂肪}$，其中，$M_{脂肪}$ 指食物油或其他含脂肪食品模拟剂的迁移浓度值。用 M 乘以消费系数（CF）求得膳食中由食品接触材料迁移出的被检测物质浓度（DC），然后再乘以每人每天消耗的食品总量，求得估计日摄入量（EDI），即：$DC = M \times CF$，$EDI = 3kg$ 食品/（d·人）$\times DC$。CF 描述的是可能与一些特定包装材料接触的总膳食比例，即接触某种特定包装材料包装的食品量与所包装食品量的比值。通常假定食品接触物质在整个目标市场是普遍存在的，这种假设反映出市场占有率的不确定性以及调查数据的局限性。消耗系数值是经过分析食品种类的消耗信息、接触包装表面的食品种类信息、每种食品包装类别下食品包装单位的数造信息、容器尺寸分布信息以及被包装食品的重量与包装重量的比值信息后得出的，而食品分配系数

f_1 是指食品接触材料与各种类别的食品（主要是水溶性或酸性的一些醇类和脂肪类）接触的比例（樊永祥，王竹天，2006）。

向 FDA 申请食品接触物质通报，主要申请材料包括化学、毒理学和环境安全性 3 个方面的评价资料。

化学资料包括：物质的特性，物质的化学名、普通名和/或商业名、化学分类号、化学成分、物理和化学特点以及分析方法和使用条件。其中使用条件又包括最高使用温度、拟接触的食品、单次使用或重复使用接触时间、可能的技术效应（即因某种需要而添加的物质对食品接触材料本身的技术效应，如食品接触材料中添加抗氧化剂预防某一特殊多聚体降解的效应同时，还需提供数据证明达到预期效应所需的最小添加物量）、迁移试验和分析方法。

美国 FDA 建议的迁移试验的模拟溶剂与欧盟的略有区别，主要表现在对酸性食品模拟物的不同，欧盟用 3％的乙酸，而美国则用 10％的乙醇。在脂溶性食品的模拟溶剂方面也存在差异，欧盟所用模拟溶剂的种类比美国多。此外，申请人还应提供足够的信息，用于估计消费者的每日膳食摄入量暴露评估数据。

环境学资料，美国国家环境保护法（1969）要求每个联邦机构在决策过程中都要考虑对环境的影响。美国 FDA 在法规 21CFR 第 25 部分中设定了补充法规 40CFR 1500-1508 关于环境质量方面的评估程序，详细阐述了免于提供环境资料的说明、需要提供的环境评估资料以及环境影响陈述资料等。

9.2.3　中国

我国的风险评估起步较晚，目前尚未完整系统地开展食品接触材料的风险评估，偶尔进行的评估主要是参考欧盟的风险评估方法。因为我国目前尚无食品接触材料的消费系数和分配系数数据库，所以只能参考欧盟的暴露评估方法，即取 4 种模拟溶剂中迁移实验结果的最高值（最坏的情况），同时假定每天摄入盛放在食品接触材料中迁移实验结果的最高值（最坏的情况），同时假定每天摄入盛放在食品接触材料中的食品的量是 1kg，这有可能高估了暴露风险。因此，我国亟须建立一套食品消费系数、分配系数数据库，以便较为精确地进行食品接触材料的风险评估。

我国对申请新型食品接触材料需要递交的材料进行了明确的规定，于 2009 年 5 月在卫生部网站上向社会广泛征求意见，已经通过世贸组织/卫生和植物卫生措施协定（WTO/SPS）通报，需要提交的材料和欧盟、美国等基本相同，包括化学特性资料（化学性质、结构式等）、用途及使用条件、生产工艺、企业标准、毒理学资料、其他国家批准使用情况及相关证明文件。估计的膳食摄入量以及迁移量分析方法等毒理学资料也是基于迁移实验的结果而确定。食品容器包装材料中，各添加剂在食品中的特定迁移量除应符合 GB 9685—2008《食品容器包装材料用食品添加剂》的规定外，还应符合相应食品容器包装材料中规定的卫生标准。特定迁移量测定方法优先采用国家标准检验方法，在尚无国家标准检验方法的情况下，可以参考欧盟、美国等官方认可的方法（曹国洲等，2010）。

国际上食品接触材料的评估致力于活性食品接触材料、智能型食品接触材料、纳米材料以及可回收食品接触材料的评估，而我国对食品接触材料的研究起步较晚，特别是对迁移物高灵敏度检测技术残留迁移规律及模型、有害物质风险评估技术等方面，与发达国家相比，差异较大甚至空白。目前，我国尚未建立食品接触材料的消费系数和分配系数数据库，偶尔进行的暴露评估只能参考欧盟的方法。因此，借鉴国外先进经验，加强食品接触材料安全性评估是未来风险评估工作的重中之重。

9.3　典型包装材料中邻苯二甲酸酯类增塑剂

9.3.1　食品接触材料中邻苯二甲酸酯类增塑剂的风险评估

邻苯二甲酸酯类物质作为最常用的增塑剂，广泛应用于食品、医药等行业。然而此类物质在生物特性上却是一类环境雌激素，其毒性也越来越引起人们的重视。食品在与含有邻苯二甲酸酯类物质的包装材料、容器等接触时，邻苯二甲酸酯类单体会迁移融入食品中，造成食品污染，直接危害人类健康。欧盟已把邻苯二甲酸酯类物质列为需要进行风险评估的重点化学物质之一，欧盟的 2005/84/EC、2007/19/EC 等指令明确规定了邻苯二甲酸酯类物质含量及迁移的限量。

9.3.1.1　邻苯二甲酸酯类物质危害性描述

按照分子组成及结构，邻苯二甲酸酯类物质包括邻苯二甲酸二（2-乙基己基）酯（DEHP）、邻苯二甲酸二丁酯（DBP）、邻苯二甲酸苄基丁酯（BBP）、邻苯二甲酸二异壬酯（DINP）、邻苯二甲酸二异癸酯（DIDP）、邻苯二甲酸二辛酯（DOP）等 16 种物质。经商业化调查，DEHP、DBP、BBP 等物质的应用相对比较普遍。邻苯二甲酸酯类物质的危害性主要是以下两个方面（柴丽月等，2008）。

① 生物致癌、致畸性。邻苯二甲酸酯类物质是一类环境雌激素。1982 年，

美国国家癌症研究所对 DOP、DEHP 的致癌性进行了生物鉴定，认为 DOP 和 DEHP 是大鼠和小鼠的致癌物，能使啮类动物的肝脏致癌。对于 DEHP 是否对人类产生致癌作用，目前有许多不同观点，但 IARC 根据 DEHP 为过氧化物酶体增殖剂（PP），已将其列为人类可疑的促癌剂，美国环保署（EPA）也将 DEHP 列为 B2 类致癌物质（曹国洲等，2010）。

② 生殖发育毒性。欧洲化学品管理署已明确把 DBP、BBP 两种邻苯二甲酸酯类物质列入高关注物质（SVHC）来管理，其定性标准是该类物质具有高的生殖毒性（第 2 类），研究表明邻苯二甲酸酯类增塑剂是一种具有生殖毒性和发育毒性的环境雌激素，可通过消化系统、呼吸系统及皮肤接触等途径进入人体。生殖毒性机制主要是与睾丸 Leydig 细胞、Sertoli 细胞、germ 细胞等作用，干扰雄激素合成。最近，越来越多的权威科学家和国际研究小组已认定，过去几十年来男性精子数量持续减少、生育能力下降与吸收的邻苯二甲酸酯类物质越来越多有关。欧盟一科研小组研究表明，DEHP 可能引起磷酸戊糖旁路代谢，加速引起睾丸内还原型酰胺腺嘌呤二核苷酸磷酸（NADPH）缺乏，导致睾酮合成障碍，从而影响生精过程的正常进行。另外，DEHP 主要通过影响胎盘脂质及锌代谢影响胚胎发育，研究发现 DBP 的代谢产物邻苯二甲酸单丁酯（MBP）对大鼠具有胚胎毒作用，导致胚胎生长缓慢（Shi et al，2006）。

9.3.1.2　邻苯二甲酸酯类物质人体暴露量评估

人体一般通过食品或其他相关来源摄入邻苯二甲酸酯类物质，例如通过饮水、进食、皮肤接触（化妆品）和呼吸等途径进入人体。邻苯二甲酸酯类物质从食品接触制品中迁移到食品中是产生人体暴露剂量的主要途径。调查发现，目前邻苯二甲酸酯类物质作为增塑剂在与食品接触的聚氯乙烯（PVC）和弹性硅胶等制品中应用比较普遍。所以主要针对以上两种材料来评价人体暴露剂量水平。

由于邻苯二甲酸酯类物质不能与高分子物质聚合，且其分子量较小，所以此类物质迁移特性比较显著。同济大学基础医学院有关科研小组分别采集了不同品牌和不同出厂日期的塑料桶装大豆色拉油、调和油、花生油、散装豆油、固体起酥油、居民厨房抽油烟机收集的冷凝油等检测样品。检测发现，几乎所有品牌的食用油中都含有 DBP 和 DOP，并证实食用油中检出的增塑剂主要来源于塑料容器。有关部门对其辖区内有关食品接触制品中增塑剂的使用情况进行了抽查，实验室按照欧盟的有关要求，并根据产品的使用环境及条件用相应模拟物进行浸泡，通过测定模拟物中相关物质含量来分析其迁移特性。结果发现在抽检的 98 个样品中，共有 37 个样品中被检出含有 DEHP、BBP、DBP 等物质，分别存在于尼龙餐具、PVC密封圈和硅胶模制品中，其中最高含量达到8.8mg/kg，其中DEHP和DBP的平均含量为1.06mg/kg。由此以正常环境和条件为前提，以人类的正常食物消耗量为基础对人体的暴露量进行评估。即假定成年人每日摄入水（饮料）量为2L，固体食物为2kg，考虑当前水及食物的包装及其与塑料包装制品的关联度情况，假定60%水及食物与塑料制品相接触，由此得出摄入的DBP等有害物质总量为2.78mg，成年人体重按照60kg计算，每日暴露剂量＝1.06×4×60%/60＝42μg/(kg体重)，对于儿童来说，其相对比值可能更大（柴丽月等，2008）。

以上暴露估计是建立在这样一个假设之上，即其所摄入的水和食物大部分接触了塑料及其相关材料，在这种情况下，人体对邻苯二甲酸酯类物质的暴露量已处于高风险水平。如果再考虑其他途径的摄入，如大气环境及水本身污染、化妆品、医疗器械等，人体的暴露量会更大，健康风险大大提高。如果要定量计算邻苯二甲酸酯类物质的摄入量，可以按照个人的食物日记，按照蒙特卡罗（Monte-Carlo）模型中拟合不同的分布得到。

9.3.1.3　邻苯二甲酸酯类增塑剂案例分析

2011年4月，中国台湾卫生部门例行抽验食品时，在一款"净元益生菌"粉末中，发现含有DEHP，浓度高达600mg/kg。追查发现，DEHP来自中国台湾昱伸香料公司所供应的起云剂。此次污染事件规模之大为历年罕见，在中国台湾引起轩然大波。

2011年6月，四款方便面的调味粉和酱料在中国香港被检出含有塑化剂，分别是"御品皇生面香浓牛肉味"，日清生产的"大将炒面日式烧汁味"，韩国农心出产、上海制造的"辛拉面特辣香菇味"与金粉牌"河粉王原汁牛腩味"。在这4款产品中，日清和农心的产品在中国内地均有售。此次方便面调料中含有塑化剂的报道将中国台湾塑化剂事件引起的食品安全危机推向了高潮。

中国台湾塑化剂风波酿成重大食品安全危机，2011年6月1日，卫生部专门为此公布第六批食品中可能违法添加的非食用物质和易滥用的食品添加剂名单，其中包括邻苯二甲酸酯类物质共17种。公告指出，此类物质可能添加在乳化剂类食品添加剂、使用乳化剂的其他类食品添加剂或食品中，并明确检验方法为GB/T 21911—2008《食品中邻苯二甲酸酯的测定》。

2011年6月10日，国家认监委开辟绿色通道，紧急批准并委托厦门检验检疫局牵头起草《食品中邻苯二甲酸酯测定》行业标准。6月27日，该标准已经正式通过专家组审订。经中国检验检疫科学院、广东检验检疫局、上海检验检疫局、江苏检验检疫局、厦门市质检院等5家实验室验证，可一次性检测22种邻苯二甲酸酯［包括国际高度关注的DINP、DIDP和邻苯二甲酸二丙烯酯（DAP）等］，检出限值（0.01～0.5mg/kg）高于国家标准。

2011年6月13日，中华人民共和国卫生部办公厅发布了《卫生部办公厅关于通报食品及食品添加剂邻苯二甲酸酯类物质最大残留量的函（卫办监督函［2011］551号）》，其中明确指出"食品容器、食品包装材料中使用邻苯二甲酸酯类物质，应当严格执行《食品容器、包装材料用添加剂使用卫生标准》（GB 9685—2008）规定的品种、范围和特定迁移量或残留量，不得接触油脂类食品和婴幼儿食品，食品、食品添加剂中的DEHP、DINP和DBP最大残留量分别为1.5mg/kg、9mg/kg和0.3mg/kg。"

2011年6月30日，工业和信息化部印发《关于防范邻苯二甲酸酯类物质污染的紧急通知》，其中要求"各省（自治区、直辖市）工业主管部门要立即行动起来，开展对涉及邻苯二甲酸酯类物质的排查工作。对辖区内的相关生产经营企业，要依职责、划区域实施拉网式排查，重点检查有关生产邻苯二甲酸酯类物质的企业有无将该类产品向食品包装材料企业销售、有关食品企业有无使用邻苯二甲酸酯类物质的包装材料、食品企业有无使用台湾问题企业生产的起云剂、食品添加剂企业有无采购或使用邻苯二甲酸酯类物质等情况。"

9.3.2 增塑剂应用现状和问题

中国每年的增塑剂产量约为120万吨，但这些增塑剂的具体流向很难追踪。塑料种类繁多，常用的有140多种，并非每一种都要使用增塑剂。增塑剂有上百种，也并非每一种都会损害人体健康。我国对用于食品包装的增塑剂用量和使用范围有相关限定，但是目前增塑剂产业仍存在诸多问题，需要整顿规范。

9.3.2.1 增塑剂标准不完善

2008年8月4日，中华人民共和国国家质量监督检验检疫总局和中国国家标准化管理委员会联合发布了GB/T 1844.3—2008《塑料符号和缩略语第3部分：增塑剂》，并于2009年4月1日起实施，该标准中共规范了89种增塑剂的缩略语（石万聪，赵晨阳，2007）。

2008年9月9日，中华人民共和国卫生部和中国国家标准化管理委员会联合发布了GB 9685—2008《食品容器、包装材料用添加剂使用卫生标准》，并于2009年6月1日起实施，其中规定了允许用于食品容器、包装材料的添加剂共959种，并明确规定"未在列表中规定的物质不得用于加工食品用容器、包装材料"。

结合 GB/T 1844.3—2008，GB 9685—2008 中允许用于塑料包装材料的增塑剂包括邻苯二甲酸酯类 8 种物质、环氧大豆油、己二酸二正辛酯（DOA）等近20 种，并对其使用范围、最大使用量、特定迁移量或最大残留量等进行了相应规定，但是并未明确相应的检测方法，尤其是特定迁移量的检测没有具体规定。在 GB 9685—2008 "特定迁移量的判定" 中有：特定迁移量的测定应采用国家标准检验方法。在尚无相应国家标准检验方法的情况下，可以参考欧盟、美国等官方认可的检验方法。在允许使用的近 20 种增塑剂中，有部分增塑剂的测定在国内有检测方法，如 GB/T 21928—2008《食品塑料包装材料中邻苯二甲酸酯的测定》、GB/T 20500—2006《聚氯乙烯膜中己二酸二（2-乙基）己酯与己二酸二正辛酯含量的测定》。因此，对于有相应国家标准检验方法的增塑剂，可依据 GB 9685—2008 中规定的特定迁移量进行判定。对于部分用于食品包装材料的增塑剂，国家标准中并没有相应检测方法，无法检测更无法判定其是否合格。

9.3.2.2 制品企业不明增塑剂使用要求

制品企业的不明增塑剂使用要求，导致盲目生产增塑剂。增塑剂主要起到软化塑料、增加塑料弹性的作用，因此在塑料制品中应用较多。聚氯乙烯（PVC）是一种硬塑料，要想将其制成透明柔软的食品保鲜膜，必须加入大量增塑剂。

GB 9685—2008《食品容器、包装材料用添加剂使用卫生标准》中要求 DEHP 在塑料材料中的特定迁移量或最大残留量不得超过 1.5mg/kg；GB/T 21928—2009《食品塑料包装材料中邻苯二甲酸酯的测定》中规定，食品包装材料中邻苯二甲酸酯化合物的检出限为 0.05mg/kg（孙利等，2008）。

截至 2011 年 7 月 27 日，由国际食品包装协会、北京凯发环保技术咨询中心以及中央电视台等开展的关于 PVC 保鲜膜情况的调查显示，在被调查的 7 个不同品牌的 PVC 保鲜膜样品中，有 4 个含有增塑剂 DEHP，检出数值分别为 116mg/kg、92.1mg/kg、49.1mg/kg、10.3mg/kg，根据 GB 9685—2008 中的规定，以上数值均已超标。

国家质检总局于 2005 年 10 月 25 日公布的《进一步加强食品保鲜膜监管有关问题公告》（国家质量监督检验检疫总局公告 2005 年第 155 号）中规定，禁止企业用 DEHA［二(2-乙基己基)己二酸酯，又名己二酸二(2-乙基)己酯］等不符合强制性国家标准规定的物质生产食品保鲜膜；GB/T 20500—2006《聚氯乙烯膜中己二酸二(2-乙基)己酯与己二酸二正辛酯含量的测定》中规定，PVC 膜中 DEHA 的检测限为 0.05%。

截至 2011 年 7 月 27 日，由国际食品包装协会、北京凯发环保技术咨询中心以及中央电视台等开展的关于 PVC 保鲜膜情况的调查显示，在被调查的 7 个不同品牌的 PVC 保鲜膜样品中，有 5 个含有增塑剂 DEHA，检出数值分别为 0.717%、0.865%、0.539%、1.53%、3.15%，根据国家质检总局公告，检出数值的产品均已违规。

此外，调查组还对 PVC 保鲜膜样品进行了正己烷蒸发残渣的检测，GB 9681—88《食品包装用聚氯乙烯成型品卫生标准》中对正己烷蒸发残渣的要求是不高于 150mg/L，被检测的 5 种不同品牌的 PVC 保鲜膜制品，正己烷蒸发残渣检测数值分别为 48.2mg/L、43.2mg/L、44.8mg/L、42.2mg/L、45.8mg/L，均为合格。

保鲜膜制品的原料包括 PVC 树脂和增塑剂，有些保鲜膜生产企业表示在生产过程中并未添加 DEHP 或 DEHA，因此调查组推断问题极有可能出现在上游增塑剂生产企业，即保鲜膜生产企业采购的增塑剂可能是混合物，其中含有其他增塑剂，从而导致保鲜膜成品中含有相应检出物。

9.3.2.3　保鲜膜中的增塑剂问题

保鲜膜中的增塑剂使用问题在 2005 年就被媒体报道过，由于当时大量日韩品牌的 PVC 保鲜膜中被测出含有 DEHA，因此 2005 年 10 月 25 日，国家质检总局禁止企业用 DEHA［二(2-乙基己基)己二酸酯，又名己二酸二（2-乙基）己酯］等不符合强制性国家标准规定的物质生产食品保鲜膜，要求食品保鲜膜生产企业在产品外包装上标明产品的材质和适用范围以及不适宜使用范围，凡是不按要求明示的，一律禁止销售。

由于增塑剂不溶于水、溶于油，因此在与油脂类食品接触时，只要接触就会渗出，渗出或迁移的量与接触的时间及温度有关，从而随着食品进入人体，对人体健康造成威胁。因此，PVC 保鲜膜生产企业应在产品外包装上标注使用范围。

然而，调查组发现，在被调查的 7 种不同品牌的 PVC 保鲜膜样品中，大部分保鲜膜的外包装上没有标注"禁止用于微波炉"，只有少部分标注了使用温度范围等内容；另外，大部分被调查的 PVC 保鲜膜的单卷包装上没有中文信息，多为英文、韩文、日文等消费者不易辨别的标识（万聪等，2002）。

9.3.2.4　白酒中的增塑剂问题

2012 年 12 月以来，白酒中增塑剂问题引起社会广泛关注。在国务院食品安全办的协调下，原卫生部委托国家食品安全风险评估中心开展风险评估工作。国家食品安全风险评估中心根据国际通用原则和方法，依据我国居民食物消费量和主要食品中增塑剂含量数据，对成人饮酒者的健康风险进行了评估。国家食品安全风险评估专家委员会根据评估结果认为，白酒中 DEHP 和 DBP 的含量分别在

5mg/kg 和 1mg/kg 以下时，对饮酒者的健康风险处于可接受水平。

白酒产品中增塑剂风险评估工作严格遵循国际通用的风险评估原则和方法，充分利用国家食品安全风险监测、专项检测和监督抽检数据，并考虑我国居民食物（包括白酒）消费模式和特点，科学回答 DEHP 和 DBP 的健康危害以及我国居民的膳食暴露水平及其潜在风险等问题（孙利等，2008）。

（1）收集国内外科学资料，明确邻苯二甲酸酯类（DEHP 和 DBP）的毒性和安全限量

通过检索国际化学物安全规划署、欧洲食品安全局、美国环境保护署、美国食品药品管理局、英国卫生部、澳大利亚新西兰食品标准局等近 10 个国际权威网站，收集约 30 篇科学文献。科学分析后发现，DEHP 和 DBP 对实验动物具有内分泌干扰作用，可影响实验动物的生殖发育，但目前尚缺乏人体健康损害的直接证据。目前，不同国际组织提出了不同的 DEHP 和 DBP 安全限值［每日耐受摄入量（TDI）］。国家食品安全风险评估中心综合分析后认为，欧洲食品安全局经科学评估后制定的 DEHP 和 DBP 的 TDI（分别为 0.05mg/kg 体重和 0.01mg/kg 体重）是科学的，可用于本次风险评估。即成人（体重以 60kg 计）每天摄入 3.0mg 的 DEHP、0.6mg 的 DBP 不会对健康造成损害。

（2）全面分析我国主要食品中邻苯二甲酸酯类（DEHP 和 DBP）的含量水平

专项工作组首先按照污染物暴露的通用原则，获得 DEHP 和 DBP 膳食暴露的允许水平。通常情况下，膳食暴露占机体总暴露的 80%，即每天允许来自膳食的 DEHP 和 DBP 分别为 2.4mg 和 0.48mg。

虽然本项风险评估是针对白酒产品中的增塑剂，但鉴于增塑剂也在其他食品中存在，因此需要考虑其他食品中的增塑剂。专项工作组收集谷类、蔬菜、乳类、禽畜肉类、水产品、饮用水、蛋类、饮料、方便面、植物油、果冻、果蔬调味料、调味料等食品中 DEHP 和 DBP 的含量数据，结合我国居民各类食物消费量，计算通过其他食品摄入的 DEHP 和 DBP 水平。从膳食允许暴露水平中去除通过其他食品摄入的 DEHP 和 DBP，获得 DEHP 和 DBP 来自白酒产品的"份额"，即每天允许通过白酒产品摄入的 DEHP 和 DBP 水平。

（3）估计白酒产品中邻苯二甲酸酯类（DEHP 和 DBP）的最大允许含量

为了避免白酒产品中 DEHP 和 DBP 对饮酒者造成健康损害，专项工作组采用保守估计方法，假定饮酒者每天饮酒量达到 6 两❶以上（调查发现这类人仅占

❶ 1 两＝50g。

5%左右），推算出白酒产品中 DEHP 和 DBP 的最大含量不应超过 7.3mg/kg 和 1.2mg/kg。

考虑到本次评估所涉及的食品类别和样本量的局限性等不确定因素，国家食品安全风险评估专家委员会认为，白酒中 DEHP 和 DBP 的含量分别在 5.0mg/kg 和 1.0mg/kg 以下时，对饮酒者的健康风险处于可接受水平。

（4）风险评估结果的意义和作用

本次风险评估工作充分考虑了 DEHP 和 DBP 的非膳食来源以及在其他主要食品中的存在等因素，所得出的白酒产品中 DEHP 和 DBP 最大允许含量相对保守。对现有数据进行分析发现，绝大多数白酒产品的 DEHP 和 DBP 含量低于本次风险评估结果。在正常饮食习惯下，只要白酒产品中 DEHP 和 DBP 含量低于本次风险评估结果，膳食中的 DEHP 和 DBP 一般不会对饮酒者造成健康损害。

需要指出的是，该风险评估结果是从保护健康角度得出的，未考虑其他相关因素，不是食品安全国家标准。

9.3.3　应对增塑剂的对策和建议

增塑剂的生产和使用问题一直是食品包装行业的一个重要控制点，能否规范增塑剂的流通和使用，关系到食品包装行业的发展，更与人们的身体健康密切相关，因此，国际食品包装协会对增塑剂的生产和使用企业提出了以下建议。

9.3.3.1　PVC 保鲜膜政策及标准需完善

2011 年 3 月 27 日，中华人民共和国国家发展与改革委员会公布了《产业结构调整指导目录（2011 年本）》（第 9 号令），并于 6 月 1 日起执行。其中"聚氯乙烯（PVC）食品保鲜包装膜"被列为限制类，"直接接触饮料和食品的聚氯乙烯（PVC）包装制品"被列为淘汰类。

"聚氯乙烯（PVC）食品保鲜包装膜"属于"直接接触饮料和食品的聚氯乙烯（PVC）包装制品"，却为何被单独挑出，归为限制类产品呢？

《食品用塑料自粘保鲜膜》强制性国家标准（GB 10457—2009）于 2009 年 4 月 17 日由国家质检总局和国家标准委共同发布，标准定于 2009 年 12 月 1 日正式实施。为给予一定缓冲期，2009 年 11 月 27 日，国家标准委同意了中国轻工业联合会关于延期的申请，并发布延期实施通知，将实施日期延期至 2010 年 9 月 1 日；2010 年 9 月，在新的实施日期到来之际，全国塑料制品标准化技术委员会再次将新标准进行延期，且延期至何时没有明确规定。

目前，PVC 保鲜膜未被淘汰，但却没有执行标准，未被列入生产许可市场准入范围，即无法获得生产许可证，因此，现阶段 PVC 食品保鲜膜的国家政策和标准体系存在冲突，需要尽快完善和说明（樊永祥，王竹天，2006）。

9.3.3.2 未列入国家准许用于食品容器、包装材料的物质应申报行政许可

2010 年 10 月 23 日，卫生部对外发布了包括《食品安全国家标准聚氯乙烯成型品》在内的 38 项食品安全国家标准，于 2010 年 12 月 21 日结束了征求意见。

目前添加剂的种类随着科技的进步也在不断推出新的物质，目前虽然已经公布的可用于食品包装容器、材料用添加剂达 959 种，但仍不能满足生产需要，因此，对于新的可用于食品容器、包装材料的物质，我国也在不断出台新的政策，鼓励用于食品包装。

2011 年 1 月 31 日，卫生部公布了第一批拟批准用于食品包装材料的添加剂共 196 种，征求意见截止时间为 2011 年 3 月 11 日；2011 年 6 月 22 日，卫生部公布了第二批拟批准食品包装材料用添加剂共 118 种，征求意见截止时间为 2011 年 7 月 25 日。对于开发应用于食品包装中的增塑剂等添加剂，应及时向卫生部门申请行政许可。

9.3.3.3 增塑剂国家标准应尽快完善

由于在我国国家标准 GB 9685—2008《食品容器、包装材料用添加剂使用卫生标准》中规定的允许用于塑料包装材料的近 20 种增塑剂中，大部分尚无检测方法，导致无法判定其是否合格，因此，相关部门应尽快完善增塑剂检测方法并明确判定标准。

9.3.3.4 增塑剂生产企业应明确产品成分

根据此次的调查结果，保鲜膜按照 PVC 成型品卫生标准进行检测正己烷蒸发残渣是合格的，但是按照增塑剂测试方法进行检测，却检测出了 DEHA（国家禁止用于 PVC 保鲜膜）、DEHP 含量超标（特定迁移量或最大残留量为 1.5mg/kg），按照生产工艺流程分析，问题很有可能出现在上游增塑剂生产企业，即保鲜膜生产企业采购的增塑剂实际是含有其他增塑剂的混合物。因此专家呼吁增塑剂生产企业应在产品外包装上明示增塑剂名称及含量，并按照国家标准规定的英文缩写进行标注，避免增塑剂使用企业混淆不同增塑剂的名称及概念。

9.3.3.5 增塑剂使用企业应明确所用增塑剂

为了保证食品包装的安全性，相关生产企业应向其增塑剂供应商索要产品合格证、检验报告等资质手续，明确自己所用增塑剂的成分，按照国家标准的限定量进行生产，并在所生产的塑料食品包装上用中文标明所用增塑剂种类及产品适

用范围。即使再精准的生产技术也难免有缺失，因此，增塑剂使用企业，还应定期将产品进行增塑剂含量/迁移量的测定，以保证生产的产品所有环节均满足"合格"的要求。

9.3.3.6　消费者不必谈"剂"色变，正确认识和使用是关键

我国《食品容器、包装材料用添加剂使用卫生标准》GB 9685—2008 中规定，DEHP 特定迁移量为 1.5mg/kg，并明确要求"仅用于接触非脂肪性食品的材料，不得用于接触婴幼儿食品用材料"，而食品中不得添加。按照惯例，目前各国可容忍的 60kg 成人每日摄取量范围为 1.2～8.4mg，这样的含量标准内，人体会将其以尿液、粪便形式代谢出体外。

因此，消费者不必谈"剂"色变，只要食品容器、包装材料中的添加剂在国家标准规定的范围内，且正确使用塑料包装容器和材料，如 PVC 保鲜膜不能用于包装含油脂的食品，不要在微波炉内加热等，就是安全的。

参 考 文 献

曹国洲，肖道清，朱晓艳. 2010. 食品接触制品中邻苯二甲酸酯类增塑剂的风险评估. 食品科学，（5）：325-327.

柴丽月，辛志宏，蔡晶，俞美香，胡秋辉. 2008. 食品中邻苯二甲酸酯类增塑剂含量的测定. 食品科学，29（7）：362-365.

樊永祥，王竹天. 2006. 国内外食品包装材料安全管理状况及对策分析. 中国食品卫生杂志，18（4）：342-345.

靳秋梅，孙增荣. 2008. 邻苯二甲酸酯类化合物的生殖发育毒性. 天津医科大学学报，（S1）.

刘君峰，商贵芹，汤礼军. 2009. 我国出口欧盟食品接触材料风险评估. 食品科技，（2）：261-263.

农志荣，覃海元，黄卫萍，陆建林，陆璐. 2008. 食品塑料包装的安全性及其评价与管理. 广西质量监督导报，9：042.

石万聪，赵晨阳. 2007. 增塑剂的毒性与相关法规. 塑料助剂，（2）：46-51.

孙利，陈志锋，雍伟，储晓刚. 2008. 与食品接触的塑料成型品中邻苯二甲酸酯类增塑剂迁移量的测定. 中国卫生检验杂志，18（3）：393-395.

万聪，志博，平平. 2002. 增塑剂及其应用. 北京：化学工业出版社.

王志才. 2008. 国内外食品包装材料安全管理现状. 中国公共卫生管理，23（6）：562-564.

郁新颜. 2006. 食品包装的卫生安全分析. 包装工程，26（5）：43-46.

袁振华. 1999. 食品包装材料中化学物向食品迁移和安全评价. 浙江预防医学，11（11）：29-31.

朱辉. 2013. 包装材料中有毒有害物质在食品中的迁移研究. 化学工程与装备，8：015.

Shi P，Du J，Ji M，Liu J，Wang J-A. 2006. Urban risk assessment research of major natural disasters in China. Advances in Earth Science，21（2）：170-177.

索　引

A

癌症作用 ……………………… 7

安全性评价 ……………………… 116

B

包装材料 ……………………… 357，363

暴露评估 ……………………… 234

比色传感器 ……………………… 189

丙烯酰胺 ……………………… 93

不渗透材料 ……………………… 360

部分相似作用 ……………………… 71

C

参考点指数 ……………………… 140

产气荚膜梭菌 ……………………… 209

肠毒素 ……………………… 211

DNA 传感器 ……………………… 340

D

大肠杆菌 O157：H7 ……………………… 217

大豆脱敏技术 ……………………… 330

代表性数据 ……………………… 60

代谢产物 ……………………… 274

代谢学方法 ……………………… 221

电化学 DNA 传感器 ……………………… 340

电阻抗技术 ……………………… 221

定量风险评估 ……………………… 234

定性风险评估 ……………………… 234

毒素 ……………………… 211，231

T-2 毒素 ……………………… 276

α 毒素 ……………………… 210

β 毒素 ……………………… 210

ε 毒素 ……………………… 211

毒性当量因子 ……………………… 139

毒性疾病 ……………………… 208

毒性作用 ……………………… 7，14，16，17

毒性作用机理 ……………………… 14，15

多孔材料 ……………………… 360

E

二级结构 ……………………… 186

F

反式脂肪酸 ……………………… 158

非毒理学资料 ……………………… 362

非相似作用 ……………………… 70

分子场分析法 ……………………… 47

分子生物学方法 ……………………… 221

风险 ……………………… 30

风险交流 ……………………… 157

风险评估 ……………… 284，334，364，372

伏马毒素 ……………………… 275

辐照食品 ……………………… 101

G

概率密度函数 ……………………… 62

概率评估 ……………………… 48

感染 ……………………… 231

个体暴露 ……………………… 141

个体关键效应剂量 …………………… 141
共同反应性模式方法 ……………… 48

H

禾谷镰刀菌 ……………………………… 276
DEHP 和 DBP 安全限值〔每日耐受摄入量
（TDI）〕 …………………………… 371
化学迁移 ………………………………… 356
化学物的迁移 ………………………… 358
化学物联合作用 ……………………… 138
化学物质的调整系数 ……………… 37
化学资料 ………………………………… 364
环境学资料 ……………………………… 364
黄曲霉毒素 …………………………… 274

J

基因芯片 ………………………………… 222
基于联合作用的危害指数法 ……… 74
PCR 技术 ……………………………… 339
剂量-反应关系评估 ………………… 238
剂量-反应评估 ……………………… 183
剂量可加 ………………………………… 138
荚膜 ……………………………………… 213
交叉污染 ………………………………… 244
阶层式评估 …………………………… 52
接触时间 ………………………………… 360
拮抗 ……………………………………… 138
结构-活性关系（structure-activity relation-
ships，SAR）建模 ……………… 74
金黄色葡萄球菌 ……………………… 207
金属汞 …………………………………… 177
金属离子 ………………………………… 186
经验分布函数 …………………………… 63
橘青霉素 ………………………………… 276
距离几何学三维定量构效关系 ……… 48
菌毛 ……………………………………… 213

L

累积风险指数 ………………………… 140
联合暴露边界 ………………………… 140
联合毒性 ………………………………… 294
镰刀菌属毒素 ………………………… 289
邻苯二甲酸酯类物质 ………………… 365
邻苯二甲酸酯类物质的危害性 ……… 365
邻苯二甲酸酯类物质最大残留量 …… 368

M

酶联免疫吸附技术 …………………… 220
每日可耐受摄入量 …………………… 138
每日允许摄入量 ……………………… 138
蒙特卡罗分析 ………………………… 50
蒙特卡罗模拟 ………………………… 50
免疫传感器 ……………………… 223，339
免疫磁性分离技术 …………………… 220
免疫胶体金技术 ……………………… 220
免疫学方法 …………………………… 220
敏感度分析 …………………………… 164

N

内源性化学污染物 …………………… 134

Q

器官芯片 ………………………………… 228
迁移 ……………………………………… 356
迁移量 …………………………………… 361
5-羟甲基糠醛 ………………………… 97
侵袭性疾病 …………………………… 208
全风险概率模型 ……………………… 79

R

热休克蛋白 …………………………… 191

S

沙门氏菌 …………………………………… 212

沙门氏菌毒力质粒 ………………………… 215

沙门氏菌空泡 ……………………………… 213

膳食暴露评估 ……………………………… 134

神经毒性 …………………………………… 167

渗透性材料 ………………………………… 360

生理毒代动力学 …………………………… 140

生理毒代动力学模型 ……………………… 77

生物标志物 ………………………………… 135

生物传感器 ………………………………… 222

DNA 生物传感器 …………………………… 223

生物毒素 …………………………………… 274

ATP 生物发光技术 ………………………… 221

生物防治 …………………………………… 298

生物监测当量 ……………………………… 135

生物芯片技术 ……………………………… 222

生物致癌、致畸性 ………………………… 365

生殖毒性 …………………………………… 167

生殖发育毒性 ……………………………… 366

食品安全 ………… 3，4，5，6，19，22

食品安全法 ………………… 5，6，17，26

食品安全性毒理学检验 …………………… 26

食品安全性毒理学检验和评价 …………… 26

食品安全性毒理学评价 …………………… 26

食品安全性评价 …………………… 6，17，24

食品包装 …………………………………… 356

食品包装使用链 …………………………… 356

食品的性质 ………………………………… 359

食品加工过程风险评估 …………………… 31

食品接触材料 ……………………………… 356

食品接触材料安全管理 …………………… 361

食品接触材料风险评估 …………………… 361

食品接触材料迁移 ………………………… 363

食品接触物质 ……………………………… 363

食品脱敏技术 ……………………………… 326

食物过敏 …………………………………… 320

食物过敏症状 ……………………………… 324

DNA 双螺旋结构 …………………………… 186

G-四链体 …………………………………… 187

T

DNA 探针技术 ……………………………… 222

特定迁移限量 ……………………………… 362

体外毒性试验 ……………………………… 189

添加剂 ……………………………………… 368

脱氧雪腐镰刀菌烯醇 ……………………… 276

W

外膜蛋白 …………………………………… 213

弯曲杆菌属 ………………………………… 216

危害描述 …………………………………… 168

危害识别 …………………………… 183，234

危害特征描述 ……………………… 33，234

危害指数 …………………………………… 140

危险性评估 ………………………………… 234

危险性特征描述 …………………………… 234

微波加热食品 ……………………………… 101

微量量热技术 ……………………………… 221

微生物风险评估 …………………………… 233

微生物生长预测模型 ……………………… 238

无机汞 ……………………………………… 177

X

细胞传感器 ………………………… 148，223

细胞毒性 …………………………………… 289

细胞贴附 …………………………………… 148

B 细胞线性表位预测 ……………………… 335

细菌菌膜结构 ……………………………… 209

相对效能因子 ……………………………… 139

相互作用 …………………………………… 71

相似性指数分析法 ·················· 48

相似作用 ························· 70

消耗系数值 ······················ 363

效能当量因子 ···················· 139

效应可加 ························ 138

协同 ·························· 138

新型食品接触材料 ················· 364

秀丽隐杆线虫 ···················· 230

血铅警戒水平 ···················· 135

Y

一般毒性 ······················· 167

依赖作用 ························ 71

遗传毒性 ······················· 167

印迹法 ························· 338

应用危险性评估软件@RISK4.5 ········· 235

有机汞 ························· 177

有阈值（threshold） ·············· 33

玉米赤霉烯酮 ···················· 275

Z

杂色曲霉毒素 ···················· 275

增塑剂使用问题 ··················· 370

展青霉素 ························ 275

赭曲霉毒素 ······················ 274

整合概率风险评估 ················· 141

脂多糖 ························· 213

致癌性 ························· 167

专家判断 ······················· 61

转基因食品 ······················ 112

总的迁移限量 ···················· 362

阻隔层 ························· 359

其 它

LAMP ························· 340

ELISA ························· 337

Kuiper-GoodmanT ················ 309

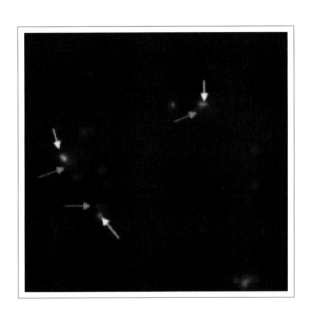

图6-6　异硫氰酸荧光素（FITC）标记的致病性大肠杆菌EPEC
黏附在肠癌细胞HT-29表面(Gao et al，2012)

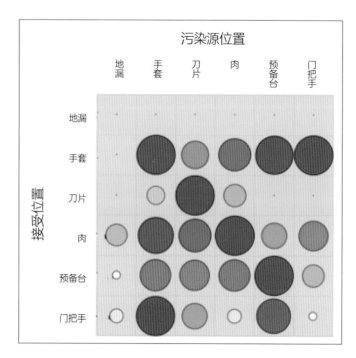

图6-22　**弗吉尼亚理工大学模拟熟食店实验结果**
（Maitland et al，2013）

大小和颜色强度表明代替品从来源向接受位置转移的数量